“十二五”上海重点图书

机械原理

JIXIE YUANLI（第二版）

主编 高 志
参编 殷勇辉 章兰珠

華東理工大學出版社
EAST CHINA UNIVERSITY OF SCIENCE AND TECHNOLOGY PRESS
·上海·

图书在版编目(CIP)数据

机械原理 / 高志主编. —2版. —上海:华东理工大学出版社,2015.1(2023.1重印)
ISBN 978-7-5628-4070-1

Ⅰ.①机… Ⅱ.①高… Ⅲ.①机构学—高等学校—教材 Ⅳ.①TH111

中国版本图书馆CIP数据核字(2014)第237843号

内容提要

本书是机械原理精品课程建设的成果之一。全书以培养现代工程技术人才为目标,以提高机械系统方案创新设计能力为重点。全书内容分为五篇,第一篇为总论,第二篇为机构的组成和分析,第三篇为常用机构及其设计,第四篇为机械系统的动力学,第五篇为机械运动系统的方案设计。

本书可作为高等院校机械类各专业的教学用书,也可作为相关专业及工程技术人员的参考书。

"十二五"上海重点图书

机械原理(第二版)

主　　编 / 高　志
责任编辑 / 吴蒙蒙
责任校对 / 李　晔
出版发行 / 华东理工大学出版社有限公司
地　址:上海市梅陇路130号,200237
电　话:(021)64250306(营销部)
传　真:(021)64252707
网　址:www.ecustpress.cn
印　　刷 / 江苏凤凰数码印务有限公司
开　　本 / 787mm×1092mm　1/16
印　　张 / 18.75
字　　数 / 475千字
版　　次 / 2015年1月第2版
印　　次 / 2023年1月第3次
书　　号 / ISBN 978-7-5628-4070-1
定　　价 / 39.50元

联系我们:电子邮箱 zongbianban@ecustpress.cn
官方微博 e.weibo.com/ecustpress
天猫旗舰店 http://hdlgdxcbs.tmall.com

前　言

机械原理是研究机械共性问题的课程，是培养机械类专业人才的重要专业基础课程，是联系基础课程与专业课程的桥梁，在学科体系中起着承上启下的作用。在培养具有创造性机械人才所需的知识结构中占有核心地位。

华东理工大学2003年开始启动精品课程建设工作，机械原理课程经过10余年的课程建设，成为上海市精品课程。机械原理课程在教学内容、教学方法上进行了多方位的探索，逐步形成了一套效果显著、特色鲜明的教学模式，使教学质量得到稳步提高。

本书的编写以现代工程技术人才为培养目标，以创新型、应用型机械类人才为对象，内容力求简洁、新颖、实用、利于教学。

本书在重点阐述机械原理基本概念、基本原理和基本方法的同时，在选材上注重体现应用性和实践性。在注重理论推导过程的同时，加强了机构应用内容的介绍，在教学方法上，既采用概念清晰、方法步骤明确的图解法，又注重适应现代技术需求、易于采用计算机精确求解的解析法，以提高教学方法的选择性和学习的灵活性。

本书主要作为高等工科院校机械类本科各专业机械原理课程教材，教学计划适宜于课堂教学56学时左右，实验课6～8学时，课程设计1周。

本书是华东理工大学机械原理精品课程建设小组在“十五”国家重点图书《机械原理》的基础上编写的第二版。全书由高志主编，章兰珠(1～4章)、高志(5～8章)、殷勇辉(9～12章)分别负责相关章节的再版工作，最后由高志、殷勇辉、章兰珠共同对全书进行统一审核。

华东理工大学出版社对本书的编写和出版工作给予了极大的支持和帮助，在此一并表示衷心的感谢。

由于编者水平有限，不足之处在所难免，真诚希望同仁及广大读者批评指正。

编　者

2014年10月

目　录

第一篇　总　论

1　绪论 …… 1
1.1　机械原理课程的研究对象 …… 1
1.2　机械原理课程的地位、研究内容及学习方法 …… 5
1.3　机械原理学科发展及机械工业展望 …… 6
思考题 …… 8

第二篇　机构的组成和分析

2　机构的组成和结构分析 …… 9
2.1　机构的组成 …… 9
2.2　机构运动简图 …… 13
2.3　机构的自由度及其计算 …… 18
2.4　平面机构的组成原理及结构分析 …… 22
思考题与习题 …… 26
3　平面机构的运动分析 …… 31
3.1　机构运动分析的目的和方法 …… 31
3.2　速度瞬心法在平面机构运动分析中的应用 …… 32
3.3　整体运动分析法在平面机构运动分析中的应用 …… 34
3.4　杆组法在平面机构运动分析中的应用 …… 38
3.5　典型题解析 …… 44
思考题与习题 …… 48
4　平面机构的力分析和机械效率 …… 53
4.1　机构力分析的目的和方法 …… 53
4.2　作用在机构上的力 …… 54
4.3　杆组法在平面连杆机构动态静力分析中的应用 …… 55
4.4　运动副中的摩擦和自锁 …… 60
4.5　考虑摩擦时平面机构的动态静力分析 …… 63
4.6　机械的效率与自锁 …… 66
4.7　典型题解析 …… 71
思考题与习题 …… 73

第三篇　常用机构及其设计

5　平面连杆机构及其设计 …… 77
5.1　连杆机构及其传动特点 …… 77
5.2　平面四杆机构的基本类型及其演化 …… 78
5.3　平面四杆机构的基本特性 …… 86
5.4　平面连杆机构的设计 …… 93
5.5　多杆机构的应用简介 …… 102
思考题与习题 …… 103
6　凸轮机构及其设计 …… 108
6.1　凸轮机构的应用与分类 …… 108
6.2　从动件的运动规律设计 …… 111
6.3　凸轮轮廓曲线的设计 …… 116
6.4　凸轮机构基本参数设计 …… 124
思考题与习题 …… 127
7　齿轮机构及其设计 …… 130
7.1　齿轮机构的应用、特点与分类 …… 130
7.2　齿廓啮合基本定律与齿轮的齿廓曲线 …… 132
7.3　渐开线齿廓 …… 134
7.4　渐开线齿廓的啮合特性 …… 135
7.5　渐开线标准齿轮的基本参数和尺寸计算 …… 136
7.6　渐开线直齿圆柱齿轮的啮合传动 …… 142
7.7　渐开线齿轮的加工 …… 148
7.8　变位齿轮传动 …… 152
7.9　斜齿圆柱齿轮传动 …… 160
7.10　蜗杆传动机构 …… 168
7.11　直齿圆锥齿轮传动 …… 172
7.12　典型题解析 …… 176
思考题与习题 …… 178
8　齿轮系及其设计 …… 182
8.1　齿轮系及其分类 …… 182
8.2　定轴轮系的传动比 …… 184
8.3　周转轮系的传动比 …… 187
8.4　复合轮系的传动比 …… 191
8.5　轮系的功用 …… 194
8.6　轮系的设计 …… 197
8.7　其他行星传动简介 …… 201
思考题与习题 …… 206
9　其他常用机构 …… 210

9.1　间歇运动机构……210
9.2　万向联轴节机构……223
9.3　螺旋机构……226
思考题与习题……228

第四篇　机械系统的动力学

10　机械的运转及其速度波动的调节……230
10.1　概述……230
10.2　机械系统运动方程的建立……233
10.3　机械系统运动方程式的求解……237
10.4　机械速度波动及其调节……239
思考题与习题……244
11　机械的平衡……247
11.1　机械平衡的目的、分类与方法……247
11.2　刚性转子平衡的原理与方法……248
11.3　刚性转子的平衡试验……253
11.4　平面机构的平衡……254
思考题与习题……257

第五篇　机械运动系统的方案设计

12　机械运动系统的方案设计……260
12.1　机械运动系统方案设计的内容……260
12.2　执行机构的功能原理设计……261
12.3　执行机构的运动规律设计……263
12.4　执行机构的型式设计……267
12.5　执行机构的运动协调设计……273
12.6　原动机的选择……277
12.7　机械传动系统方案设计……279
12.8　机械系统运动方案的评价……286
思考题与习题……288
附录　渐开线函数 invα_x 表……289
参考文献……291

第一篇　总　论

篇导学

本篇介绍机械原理课程的研究对象和研究内容；从认识机器入手，了解机器与机构的特点和组成，形成机械原理的基本概念；掌握本课程的学习特点及本学科的发展状况和趋势。

1 绪　论

1.1　机械原理课程的研究对象

机械原理是机器与机构理论的简称，它是一门以机器和机构为研究对象的学科，是一门研究机械的运动学、动力学分析及设计基本理论问题的课程。机器于我们而言并不陌生，如家用的洗衣机、自行车；旅行用的汽车、火车、飞机；建筑用的推土机、吊车；加工用的车床、铣床、刨床等。虽然机器种类繁多，其用途和结构各不相同，但组成机器的常用机构是有限的，本课程通过学习机构的组成和分析，来掌握常用机构的设计、分析和综合方法，以此研究各种机构和机器所具有的一般共性问题。

1.1.1　机器

尽管各种机器的组成、功能和运动特点不尽相同，但它们都具有如下三个共同特征：

(1) 机器是人为的实物组合；

(2) 机器各部分之间具有确定的相对运动；

(3) 机器具有确定的功能，可以用来转换能量、传递信息、完成有用功，以代替或减轻人类的劳动。

如图 1-1 所示为空气压缩机的工作原理，它将机械能转换成气体的势能。压缩机的动力来自于曲轴 8，通过连杆 7 将曲轴 8 的旋转运动转变成滑块 5 的往复运动，并通过连接杆 4 带动活塞 3 做往复运动。当活塞 3 从左向右运动时，气缸 2 内的气腔容积增大，腔内压力低于进气口压力 p_0，此时进气阀 9 打开，排气阀 1 关闭，压力较低的外部气体充满气腔；当活塞 3 从右向左运动时，弹簧 10 使进气阀 9 关闭，此时气体处于密闭状态，随着运动的继续，腔内气体受到压缩压力增高，当腔内压力大于排气口压力 p 时，排气口 1 打开，压力较高的压缩空气向外排出。

在图 1-1 中，滑块 5、机架 6、连杆 7、曲轴 8 组成了一个机构，它们将曲轴的旋转运动转变成为滑块的往复运动，这种机构称为曲柄滑块机构。

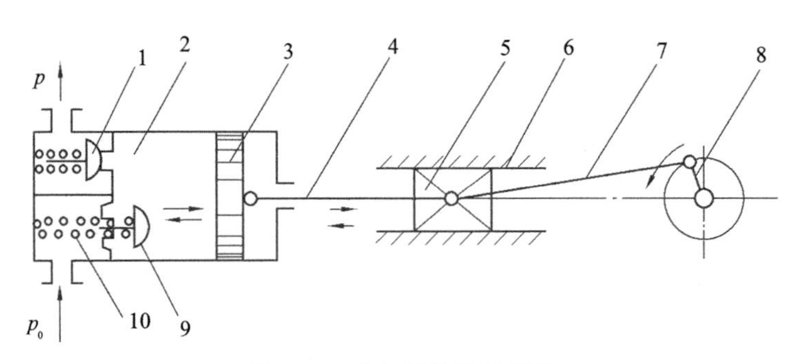

图 1-1　空气压缩机原理图

图 1-2 所示为单缸四冲程内燃机结构图,它是由气缸体 1,曲轴 2,连杆 3,活塞 4,排气阀 5,火花塞 6,进气阀 7,顶杆 8,齿轮 9、10、11,凸轮 12 等组成的。燃气推动活塞做往复移动,经连杆转变为曲轴的连续转动。凸轮和顶杆是用来启闭进气阀和排气阀的。为了保证曲轴每转两周进、排气阀各启闭一次,曲轴与凸轮轴之间安装了齿数比为 1∶2 的齿轮。其运动关系如图 1-3 所示。这样,当燃气推动活塞运动时,各构件协调地动作,进、排气阀有规律地启闭,加上汽化、点火等装置的配合,就把热能转换为曲轴回转的机械能。

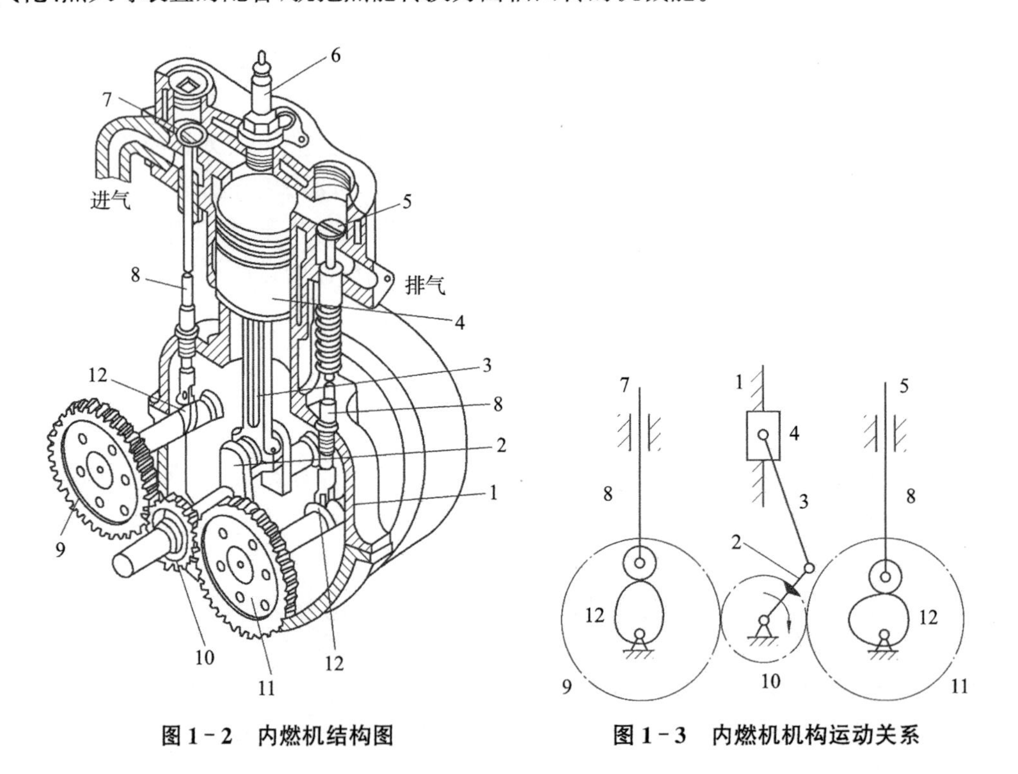

图 1-2　内燃机结构图　　　图 1-3　内燃机机构运动关系

内燃机中主要包含了以下机构(图 1-3):

(1) 曲柄滑块机构:由曲轴 2(曲柄)、连杆 3、活塞 4(滑块)和汽缸体 1(机架)组成,活塞为主动件,曲轴为从动件,其功用为将活塞的往复运动转变为曲轴的旋转运动,用于实现移动与转动之间的运动变换,完成吸气、压缩、做功、排气等工作过程所需的运动。

(2) 凸轮机构:由凸轮 12、顶杆 8 和机架(内燃机壳体)组成,两套凸轮机构相差一定的相位,分别控制进、排气阀的动作。

(3) 齿轮机构：由小齿轮 10、大齿轮 9、11 组成，其传动比为 2。用于保证进气阀 7、排气阀 5 和活塞 4 之间形成一定的运动规律(曲轴每转两周进、排气阀各启闭一次)。

另外，内燃机的工作循环包括进气、压缩、做功、排气四个冲程。这四个冲程中，只有一个冲程做功，因此，单缸四冲程内燃机的运转不平稳，常在曲轴上安装一个具有很大转动惯量的圆盘，称之为“飞轮”，其目的是减少速度波动。

从如上所介绍的各种类型机器中可以看出，尽管其用途和结构各不相同，机器的主体部分都是由各种运动构件组成的。根据工作类型或用途的不同，机器可分为动力机器、加工机器、运输机器和信息机器。

动力机器的用途是转换机械能。将机械能转换为其他形式能量的机器称为换能机，如空气压缩机(图 1-1)。将其他形式的能量转换为机械能的机器称为原动机，如蒸汽机、内燃机(图 1-2)、电动机等。

加工机器用来改变被加工对象的尺寸、形状、性质或状态。如金属加工机床、纺织机、轧钢机、包装机等。

运输机器用来搬运物品和人，如各种汽车、飞机、起重机、运输机。加工机器和运输机器都要完成有用功。

信息机器的功能是处理信息，完成信息的传递与变换，例如复印机、打印机、照相机等。信息机器虽然也做机械运动，但其目的是处理信息，而不是完成有用的机械功，因而其所需的功率甚小。

1.1.2 机构

在理论力学中我们对一些机构的运动学、动力学问题进行过研究。而上面提到的曲柄滑块机构、齿轮机构、凸轮机构等组成了机器。那么什么是机构呢？

用来传递运动和力的、有一个构件为机架的、用构件间能够相对运动的连接方式组成的构件系统称为机构。

机构所涉及的基本单元是构件，如曲轴、连杆、滑块等，它们具有各自的运动特征。如图 1-4 所示为内燃机的连杆，它由连杆体 1、连杆盖 2、轴瓦 3、4 和 5 以及螺栓 6、螺母 7、开口销 8 等零件构成。这些零件之间没有相对运动，它们是作为一个整体来运动的。构件和我们常用的另一个术语——零件——有所不同。构件是运动的单元，而零件是制造的单元。构件可以是由一个零件组成的，也可以是由多个没有相对运动的零件组成的。

机构具有以下两个特征：

(1) 机构是人为的实物组合；

(2) 机构各部分之间具有确定的相对运动。

由此可见，机构具有机器的前两个特征。

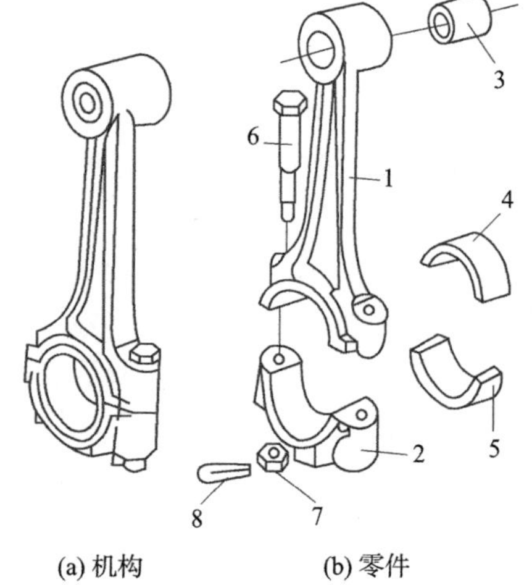

(a) 机构 (b) 零件

图 1-4 内燃机的连杆

机器是由各种机构组成的，它可以完成能量的转换或做有用的机械功，而机构则仅仅起着传递运动和力的作用。也就是说，机构是实现预期机械运动的实物组合体，而机器是由各种机构组成的，能实现预期机械运动并完成有用机械功或转换机械能的机构系统。由于机构具有机器的前两个特征，所以从结构和运动的观点来看，两者之间并无区别，传统上认为，机械是机器和机构的总称，将机器和机构均用“机械”来表示。

1.1.3　现代机械的组成

随着科技的发展，机械的内涵不断变化。机电一体化已成为现代机械的最主要特征，机电一体化拓展到光、机、电、声、控制等多学科并形成有机融合。现代机械系统综合运用了机械工程、控制系统、电子技术、计算机技术和电工技术等多种技术；将计算机技术融合于机械的信息处理和控制功能中，实现机械运动、动力传递和变换，完成设定的机械运动功能。就功能而言，一台现代化的机械包含四个组成部分：

(1) 动力部分：其作用是向机器提供动力，称之为原动机，可采用人力、畜力、液力、电力、热力、磁力、压缩空气等作为动力源。其中以利用电力（电动机）和热力（内燃机）的原动机应用得最为广泛。

(2) 执行系统：执行系统是直接完成机器功能的部分，按照工艺要求完成确定的运动，其动力由原动机通过传动系统提供。因此，在机器中，执行系统处于整个传动路线的终端，执行系统的工作原理和结构随机器的用途不同而不同，它属于各种专业机械课程研究的内容。

(3) 传动部分：传动部分介于驱动部分和执行部分之间。将原动机的运动和动力传递给执行装置，并实现运动速度和运动形式的转换。例如，电动机都是做回转运动，而机器的执行部分则可能有各种运动形式：如回转、往复摆动、往复移动、间歇运动等，还有的执行部分要走出一定的轨迹，这就需要实现运动形式转换的各种机构，即传动部分。另外，一般原动机的转速都比较高，而机器的执行部分速度则各不相同，而且许多机器还需要执行装置可以有多种不同的速度，这就需要实现速度变换的机构，此亦为传动部分。从上一节的实例中可以清楚地看出，连杆机构、凸轮机构、棘轮机构用来实现运动形式的转换，而齿轮机构和带传动则用来实现速度变换。

(4) 控制部分：它的作用是控制机器各部分的运动，处理机器各组成部分之间的工作协调。以及与外部其他机器或原动机之间的关系协调。如对各种传感器的信息收集，输入计算机进行处理，并向机器各个部分发指令等。随着现代机械设备自动化程度的提高，控制部分将变得越来越重要。

如图 1-5 所示的工业机器人的构造，工业机器人由主体、驱动系统和控制系统三个基本部分组成。主体即机座和执行机构，包括臂部、腕部和手部，有的机器人还有行走机构。执行机构由多个刚性的杆件所组成，各杆件间由运动副相连（在机器人学中，通常称这些运动副为关节），使得相邻杆件间能产生相对运动。大多数工业机器人有 3～6 个运动自由度，其中腕部通常有 1～3 个运动自由度；驱动系统包括动力装置和传动机构，用以使执行机构产生相应的动作；控制系统是按照输入的程序对驱动系统和执行机构发出指令信号，并进行控制。

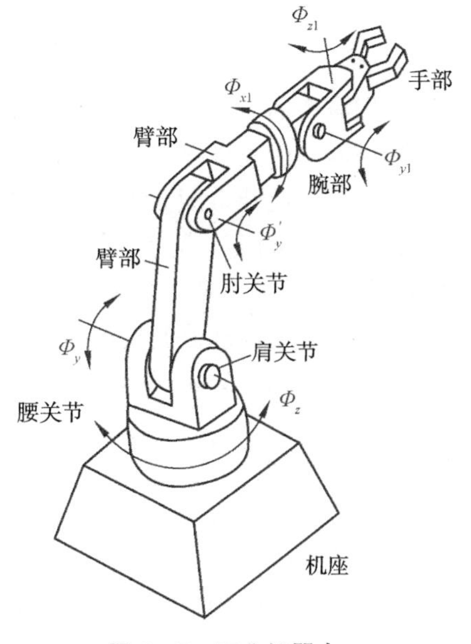

图 1-5　工业机器人

图1-6为“神舟”飞船模拟图，飞船各组成系统通常按照功能或应用情况分乘员舱、服务舱、轨道舱等。乘员舱是航天员在飞行过程中生活和工作的地方，除结构外，它包含了全部环境控制与生命保障系统，如用于空气更新、废水处理和再生、通风、温度和湿度控制等的环境控制和生命保障系统、报话通信系统、仪表和照明系统、宇航服、载人机动装置和逃逸系统等。服务舱用于装载各种消耗器、安装姿态和轨道控制系统发动机。轨道舱主要用于装载各类科学探测与试验仪器。宇宙飞船都有基本的结构系统、通信系统、电源系统、温控系统、遥测系统、姿态控制系统、变轨系统和推进器等。在回收时，只需将乘员舱实施软着陆并安全回收。而宇宙飞船的发射塔、运载火箭也都是组成庞大的机械系统。

图1-6 “神舟”飞船模拟图

1.2 机械原理课程的地位、研究内容及学习方法

1.2.1 机械原理课程的地位

机械原理是许多产品和现代技术装备创新的基础和技术创新的核心，它不仅对培养学生的工程素质和综合能力具有重要的教学作用，而且在整个机械类创新型人才培养的全局中占据重要的教学地位。作为一门技术基础课，它一方面比物理、理论力学等理论课程更加结合工程实际；另一方面又不同于流体机械、机械装备设计等研究某一类机械所具有的特殊问题的专业课程；它具有更宽的研究面和更广的适应性。在专业教学体系中，机械原理课程具有承上启下的作用，为学生学习后续课程和掌握专业知识以及新的科学技术打下基础。通过本课程的学习，使学生掌握关于机构的结构、机构运动学和机器动力学的基本理论和基本知识，初步具备机构分析和设计的综合能力，并得到必要的基本技能训练。

1.2.2 机械原理课程的研究内容

机械原理课程的研究内容一般可以概括如下：

(1) 对已有机械进行分析：它包括机构的结构分析，即研究机构的组成原理、机构运动的可能性及确定性条件；机构的运动分析，即研究在给定原动件运动的条件下，机构各点的轨迹、位移、速度和加速度等运动特性；机构的动力分析，即研究机构各运动副中力的计算方法、摩擦及机械效率等问题。

(2) 常用机构的分析和设计问题：如连杆机构、凸轮机构、齿轮机构、间歇运动机构等常用机构的相关概念、结构特点、基本设计理论与方法。它们是机械原理课程学习的主要内容。

(3) 机器动力学问题：研究在已知力作用下，具有确定惯性参量的机械系统的真实运动规律；分析机械运动过程中各构件之间的相互作用力；机械运转过程中速度波动的调节和飞轮设计问题，回转构件和机构平衡的理论和方法。

(4) 根据运动和动力性能方面的要求设计新机械：包括机构的选型、机构的构型、机构的创新设计、机构的运动设计及动力设计。最后确定能够满足功能要求的机构运动简图。

本课程着重于根据运动和动力要求，设计机构的结构类型，确定机构的几何尺寸，亦即进行机构的结构综合和运动综合，但不涉及各零件的强度计算、材料选择、具体结构形状、工艺要求等方面的内容。

1.2.3 机械原理课程的学习方法

在学习本课程的过程中，最好把所学理论知识与工程实践相结合，从对现有机械的分析与观察中体会本课程介绍的基本理论与方法，从本课程知识体系的学习中领悟现有机械的长处、发现现有机械的不足，这样，既可以提高本课程的学习效率，又可巩固和加深本课程所学的知识。具体学习要求综述如下：

(1) 熟悉和掌握各种常用机构的结构和运动特点，深入理解满足实际生产需要的机构分析和设计方法。

(2) 熟悉和掌握机械运动简图的画法，习惯采用运动简图来描述机构和机器，分析机构和机器的运动情况。

(3) 深刻理解课程中的基本概念，如各种机构的压力角、运动的相对性和运动几何学等基本概念，这样对更好地掌握课程内容，能起到事半功倍的效果。

(4) 深入理解和全面掌握本课程的基本研究方法。这些基本研究方法有：速度瞬心法、杆组分析法、转换机架法、机构演化法、等效法等。这些方法使我们能容易地对各种机构进行分析和设计。

(5) 注意在学习中联系实际、融会贯通，求解习题前应先重点复习有关例题，归纳总结解题思路，以达到举一反三的效果。

(6) 强化工程观点，注重实践环节，使学生具备机械系统运动方案设计的能力。通过实验课的安排和课程学习结束后的课程设计，使课程学习的理论知识得到综合运用。

1.3 机械原理学科发展及机械工业展望

1.3.1 机械原理学科发展

机械原理学科是机械学学科的重要组成部分，是机械工业和现代科学技术发展的重要基础。这一学科的主要组成部分为机构学和机械动力学。

18 世纪下半叶，由于资本主义的兴起，在英国产生了世界第一次工业革命，推动了用机械化生产代替手工生产的过程，大大促进了纺织机械、缝纫机械、农业机械、蒸汽机、内燃机等各类机械的产生和应用。同时，也促进了机械工程学科的形成和发展。机构学在原来的机械力学的基础上发展为一门独立的学科。

机构学的研究对象是机器中的各种常用机构，如连杆机构、凸轮机构、齿轮机构和间歇运动机构等。它的研究内容是机构结构的组成原理和运动确定性，以及机构的运动分析和综合。机构学在研究机构的运动时仅从几何的观点出发，而不考虑力对运动的影响。如内燃机、压缩机等的主体机构都是曲柄滑块机构，这些机构的运动不同于一般力学上的运动，它只与其几何约束有关，而与其受力、构件质量和时间无关。1875 年，德国的 F. 勒洛把上述共性问题从一般力学中独立出来，编著了《理论运动学》一书，创立了机构学的基础。书中提出的构件、运动副、运动链和机构运动简图等概念，以及相关观点和研究方法至今仍在沿用。1841 年，英国的

R. 威利斯发表《机构学原理》。早期的机构学局限在具有确定运动的刚性构件系统，且将运动副视为没有间隙的，将机器的概念局限于由原动机、传动机械和工作机械组成，用于代替人类的劳动。

机械动力学的研究对象是机器或机器的组合。研究内容是确定机器在已知力作用下的真实运动规律及其速度调节、摩擦力和机械效率、惯性力的平衡等问题。19 世纪中叶以来，由于各类机器的出现，工作负荷变化很大，产生很大速度波动，影响机器的工作质量，且在运动副中产生附加动压力，引起振动，降低工作精度和可靠性。因此，机械动力学也逐步形成。进入 20 世纪，出现了把机构学和机械动力学合在一起研究的机械原理。1934 年，中国人刘仙洲所著的《机械原理》出版。1969 年，在波兰成立了国际机构和机器原理协会。

传统的机械原理研究对低速运转的机械一般是可行的。但随着机械向高速、高精度方向发展，构件接触面间的间隙、构件的弹性或温差变形以及制造和装配等所引起的误差必将影响运动的变化，因而从 20 世纪 40 年代开始，提出了机构精确度问题。由于航天技术以及机械手和工业机器人的飞速发展，机构精确度问题已越来越引起人们的重视，并已成为机械原理的不可缺少的一个组成部分。

20 世纪 70 年代机电一体化概念的提出，形成了以计算机协调和控制的现代机械，如并联机床、柔性机器人、航天机械以及 21 世纪的智能机械、微型机械及仿生机械等。机器和机构的概念也有相应的扩展。如在某些情况下，组成机构的构件已不能再简单地视为刚体；有些时候，气体和液体也参与了实现预期的机械运动，如液动机构、气动机构等。现代机械概念的形成使得机构学发展成为现代机构学。将构件扩展到了弹性构件、柔性构件等，运动副也包括了柔性铰链。机械动力学的研究对象已扩展到包括不同特性的动力机和控制调节装置在内的整个机械系统，控制理论已渗入到机械动力学的研究领域。在高速、精密机械设计中，形成了考虑机构学、机械振动和弹性理论结合起来的运动弹性体动力学学科。

1.3.2 机械工业发展展望

随着科学技术的深入发展，降低能耗、保护环境、高精度、高性能的各类机械产品将不断涌现，机器的应用将不断进入过去从未达到过的领域。如人类正在进入太空、微观世界、深海(6 000 米及以上)等领域，未来一段时期机械工业发展方向主要表现在：

(1) 以太阳能和核能为代表的洁净能源的动力机械将会出现并投入使用，如燃氢发动机驱动的汽车将会行驶在公路上。

(2) 载人航天技术更加成熟，人类乘坐宇宙飞船登陆火星、月球和其他星球，甚至可以实现太空旅行和其他星球居住。

(3) 高精度、高效率的自动机床、加工中心更加普及，CAD/CAPP/CAM 系统更加完善。

(4) 微型机械将会应用到医疗和军事领域，人工智能机械将会大量出现。

(5) 绿色机械(不污染环境的报废机械又称为绿色机械)将会取代传统机械，设计方法智能化，大量工程设计软件取代人工设计与计算过程。

(6) 民用生活机械进入家庭，兵器更加先进，非金属材料和复合材料在机器中的应用日益广泛。

总之，未来的机械在能源、材料、加工制作、操纵与控制等方面都会发生很大变革。未来机械的种类更加繁多，性能更加优良，将会使人类生活更加美好！

思考题

1-1　试论述机器和机构的概念。

1-2　机器主要由哪几部分组成?

1-3　列举日常生活所用到的机械实例,分析其功用和结构组成。

1-4　机械原理课程的主要研究内容是什么?

1-5　机械原理课程在机械类专业人才培养中有什么作用?

第二篇　机构的组成和分析

篇导学

本篇讲述机构的组成和结构分析，介绍机构的基本概念和基本理论，并在此基础上进行机构的运动分析和力分析，以及机构的机械效率，为后续常用机构分析奠定基础。

2 机构的组成和结构分析

章导学

本章主要介绍机构的组成、运动副、运动链、约束和自由度等基本概念。分析组成机构的要素及机构具有确定运动的条件；研究机构的组成原理及结构特点。本章的重点是机构自由度的计算及机构运动简图的绘制方法。在进行平面机构自由度的计算时，要掌握有关虚约束的识别及处理问题，以及平面机构组成的基本原理和规律。

2.1　机构的组成

机构是具有相对运动的构件组合体，各构件按一定方式连接而成。这种构件间的可动连接称为运动副。因此，机构是由构件和运动副组成的。

2.1.1　构件

构件是组成机构的基本要素之一，是运动的单元体。构件可以由一个零件组成，也可以由多个彼此无相对运动的零件组成。

如图 1-2 所示，在内燃机中，曲柄既是一个零件，同时也是一个构件。而连杆作为一个参与运动的构件，则是由连杆体、连杆头、螺栓、螺母、垫圈等多个零件刚性连接组成。如图 1-4 所示。

构件上的每一个零件都必须单独加工制作，因此从加工的观点来说，零件是制造的单元体。

本课程在分析和研究机构的运动时，以构件作为主要研究对象。

2.1.2　运动副

运动副是组成机构的另一基本要素。在机构中，每个构件都是以一定方式与其他构件相互连接，这种连接是可动的，但又受到一定的约束，以保证构件间具有确定的相对运动。两构件之间的这种直接接触而又能产生一定相对运动的活动连接称为运动副。

1. 运动副元素

两构件组成运动副时，并不是整个构件都参与接触。因此，通常将两构件上参与接触而构成运动副的表面（点、线、面）称为运动副元素。

如图 2－1 所示，轴与轴承组成转动副，运动副元素分别为圆柱面和圆柱孔面；滑块与导轨组成移动副，运动副元素分别为棱柱面和棱柱孔面；一对齿轮啮合组成齿轮副，运动副元素为齿廓曲面。

(a) 轴与轴承

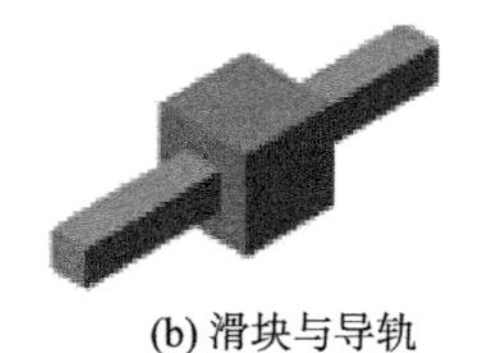

(b) 滑块与导轨

(c) 齿轮啮合

图 2－1　运动副元素

2. 高副和低副

高副：两构件通过点或线接触而构成的运动副称为高副。齿轮副和凸轮副是机构中两种常见高副。

低副：两构件通过面接触而构成的运动副称为低副。转动副和移动副均属于低副。

3. 自由度与约束

构件具有的独立运动的数目，称为构件的自由度。当物体在三维空间自由运动时，其自由度有 6 个，即分别沿 X、Y、Z 三个坐标轴的移动和绕它们的转动。当物体在平面内，如在 XY 平面运动时，其自由度有 3 个，即分别沿 X、Y 两个坐标轴的移动和绕 Z 轴的转动。

两构件组成运动副后，相互间的运动会受到一定程度的限制，这种限制作用称为约束。如图 2－1(a)所示的轴和轴承组成转动副后，轴体只能绕一个坐标轴转动。这说明两构件以某种方式相连接而构成运动副后，其相对运动便受到约束，其自由度就相应减少，减少的数目等于该运动副所引入的约束数目。

由于两构件构成运动副后，仍需具有一定的相对运动，故当物体做空间运动时，经运动副引入的约束数目最多只能为 5 个，而剩下的自由度至少为 1 个。当物体做平面运动时，经运动副引入的约束数目最多只能为 2 个，而剩下的自由度至少为 1 个。

4. 运动副的分类

运动副有多种分类方法，常见的有以下几种：

(1) 根据运动副所引入的约束数分类。把引入一个约束的运动副称为Ⅰ级副，引入两个约束的运动副称为Ⅱ级副，依此类推，最末为Ⅴ级副。

(2) 根据构成运动副的两构件的接触情况分类。理论上凡是以面接触的运动副称为低副，以点或线相接触的运动副称为高副。

(3) 根据构成运动副的两元素间相对运动的空间形式进行分类。如果运动副元素间只能相互做平面平行运动，则称之为平面运动副，否则称为空间运动副。应用最多的是平面运动副，它只有转动副、移动副（统称为低副）和平面高副三种形式。

(4) 根据运动副的锁合形式进行分类。运动副元素间的相互接触和所允许的相对运动，可通过运动副元素的几何形状或通过外力来加以保证，常称之为形锁合和力锁合。形锁合是通过运动副元素的结构来保持两构件运动副元素的相互接触，而力锁合则是通过施加各种外力保证运动副元素之间的接触。

5. 常用运动副及其简图和分类(GB/T 4460—2013)

表 2-1 给出了常用运动副及其简图和分类情况。

表 2-1 常用运动副及其简图和分类

名称	简图	符号及代号	约束数	自由度	相对运动数		类别
					转动	移动	
球面高副	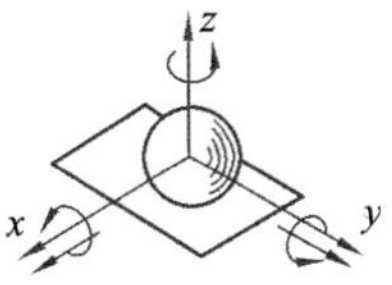		1	5	3	2	Ⅰ
柱面高副	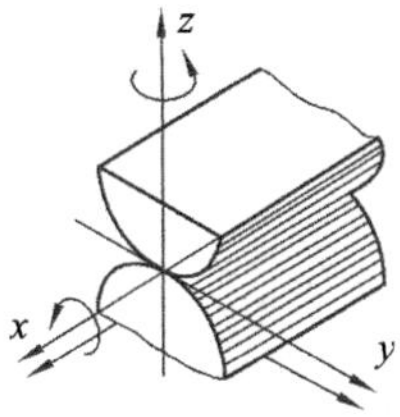		2	4	2	2	Ⅱ
球面低副	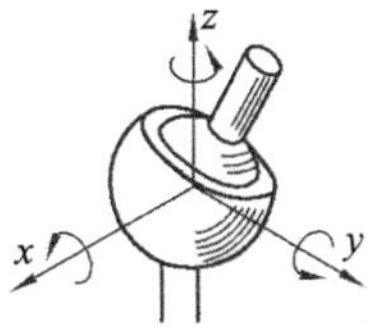		3	3	3	0	Ⅲ
球销副	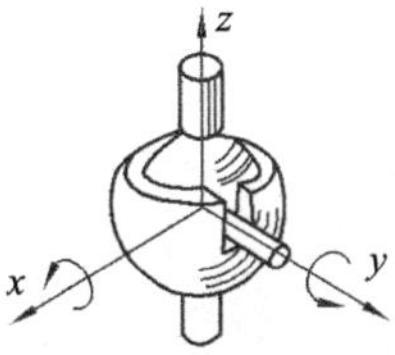	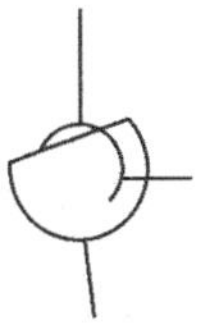	4	2	2	0	Ⅳ
圆柱副	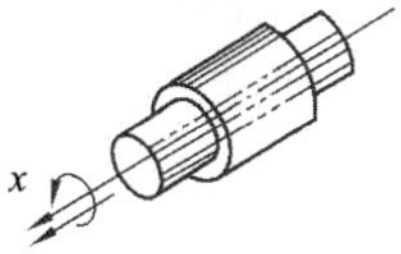	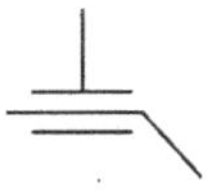	4	2	1	1	Ⅳ
转动副	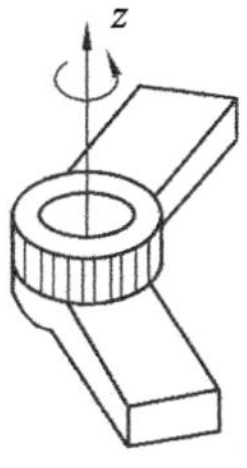	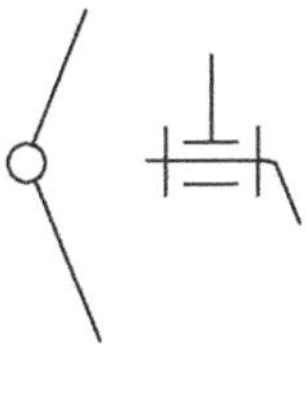	5	1	1	0	Ⅴ

续表

名称	简图	符号及代号	约束数	自由度	相对运动数		类别
					转动	移动	
移动副			5	1	0	1	V
螺旋副			5	1	1(0)	0(1)	V

2.1.3 运动链

由若干构件通过运动副连接而成的具有相对运动的系统称为运动链。

若运动链的各构件组成了首末封闭的系统，成为闭式运动链，简称闭链。如图 2－2 所示，各种机械中，一般采用闭式运动链。

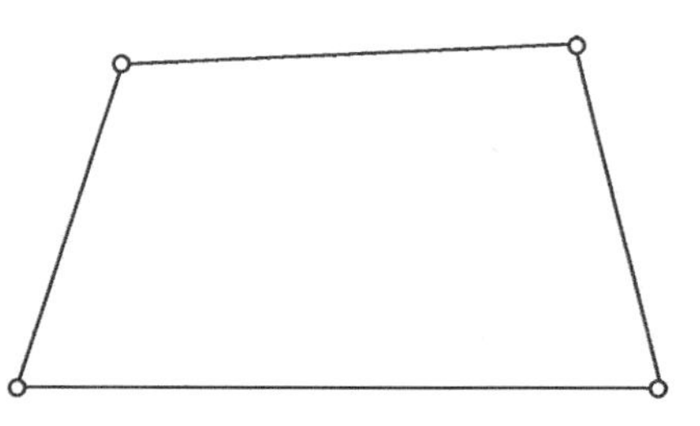

图 2－2 闭式运动链

若运动链的各构件未组成首末封闭的系统，成为开式运动链，简称开链，如图 2－3 所示。开链大多用在机械手等类型的机械中，如图 2－4 所示。

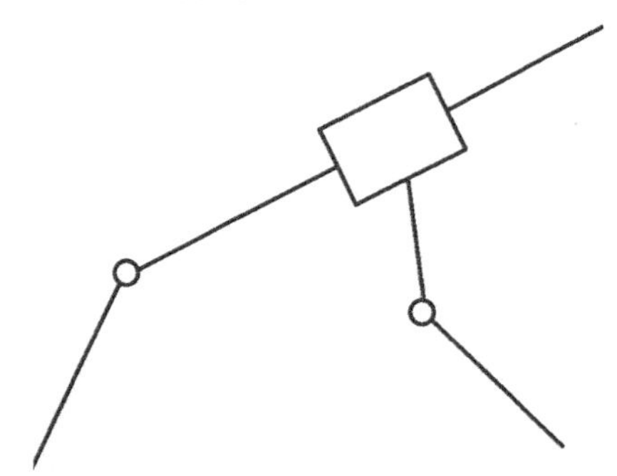

图 2－3 开式运动链

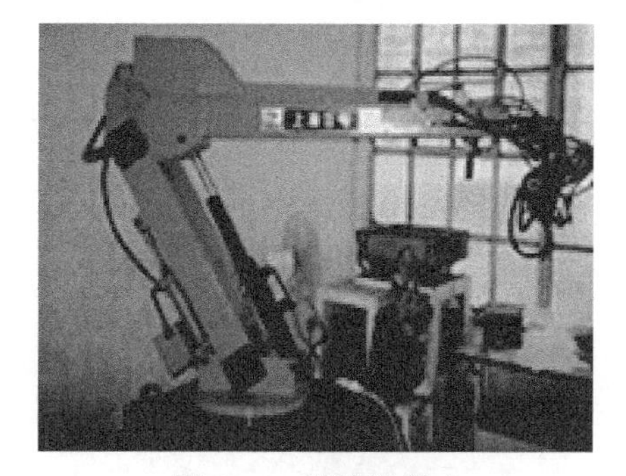

图 2－4 喷涂机器人

2.1.4 机构

在运动链中，若将其中某一构件固定作为机架或参考构件，则这种运动链便成为机构。

按照构件在机构中的作用和要求，可将其分为以下几种类型：

(1) 机架(参考构件) 在机构分析中视为固定不动的构件，用于支承和作为研究其他构件运动的参考坐标。

(2) 输入件、主动件或原动件 机构中的某些构件，其运动规律为给定或已知，或由外界输入驱动力或力矩。

(3) 从动件 除主动件外的所有可动构件。

另外，还有其他一些名词术语用于对构件类型进行描述，如：

输出件——机构中具有预期运动规律和运动要求的从动件。

传动件——在主动件和从动件间传递运动和动力的所有构件。

导引件——在机构中具有给定位置或轨迹要求的所有构件。

2.2 机构运动简图

2.2.1 机构运动简图定义

在生产实际中，各种机械在外形、结构和用途等方面往往各不相同，组成机械的各种机构及各个构件的形状和结构也很复杂，并且同一类构件也可具有不同的形状和结构。

但在对机构进行运动分析时，构件之间的相对运动和整个机构的运动状态仅与机构中所包含运动副的数量、类型以及运动副之间的相对位置（机构的运动尺寸）有关，而与构件和运动副的外形及具体结构无关。

因此，在研究机构的运动时，可以撇开构件、运动副的外形和具体构造，而只用简单的线条和符号代表构件和运动副，并按比例定出各运动副位置，来表示机构的组成和传动情况。这种能够准确表达机构结构和运动特性的简单图形称为机构运动简图，它与原机构具有完全相同的运动特性。有时，如果只是为了表明机构的运动状态或各构件之间的相互关系，而不按比例来绘制运动简图，这样的简图称为机构示意图。

2.2.2 常用运动副、构件及机构在机构运动简图中的符号或表示方法

表 2-2 至表 2-4 给出了常用运动副、构件及机构在机构运动简图中的符号或表示方法。

表 2-2 常用运动副在机构运动简图中的符号

运动副名称		运动副表示方法	
		两运动构件构成的运动副	两构件之一为固定时的运动副
平面运动副	转动副	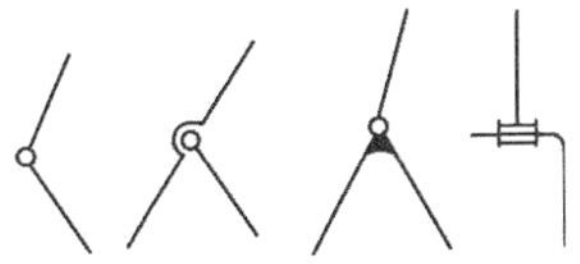	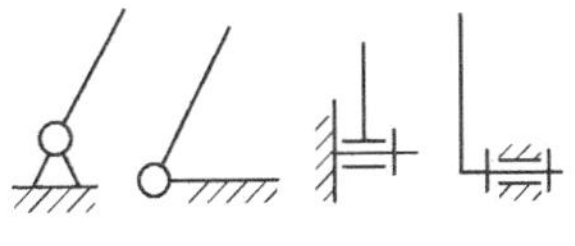
	移动副	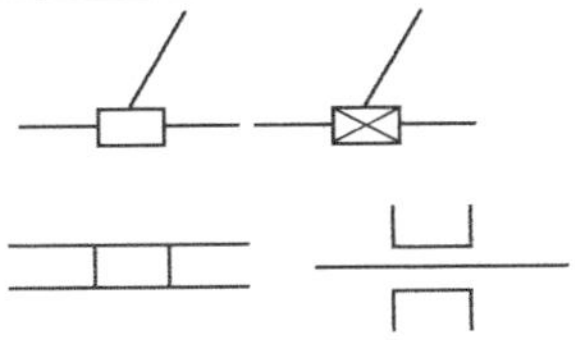	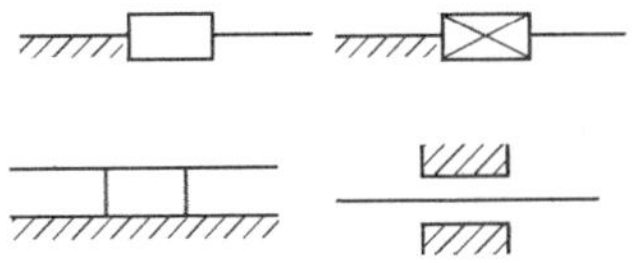
	平面高副		

续表

运动副名称		运动副表示方法	
		两运动构件构成的运动副	两构件之一为固定时的运动副
空间运动副	螺旋副		
空间运动副	球面副及球销副		

表 2-3　常用构件的表示方法

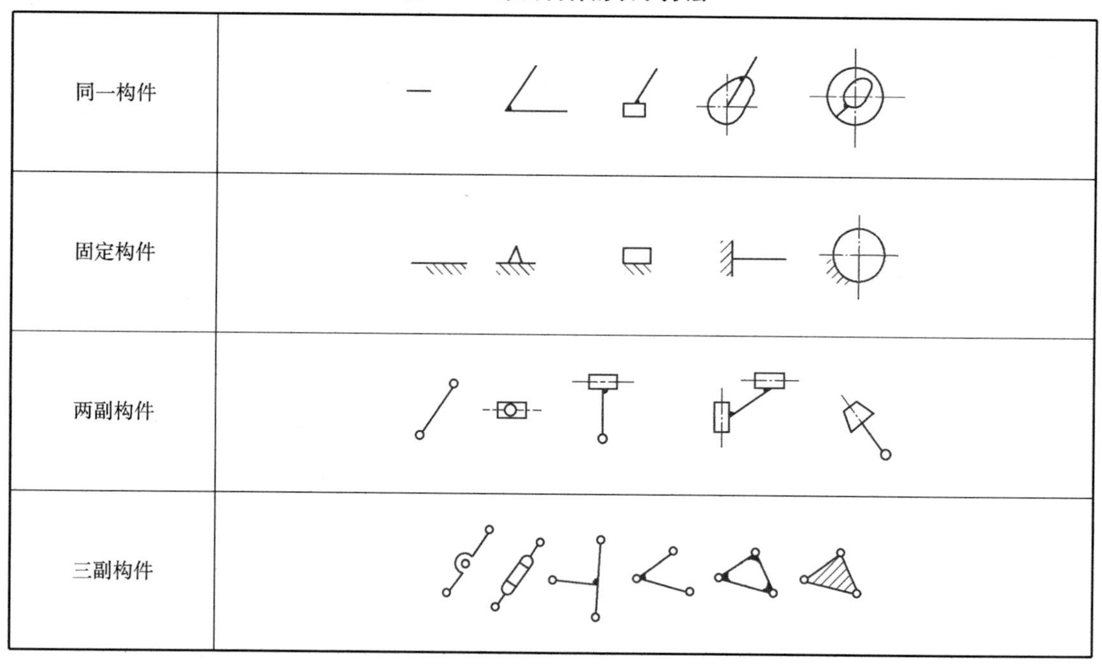

同一构件	
固定构件	
两副构件	
三副构件	

表 2-4　常用机构运动简图符号

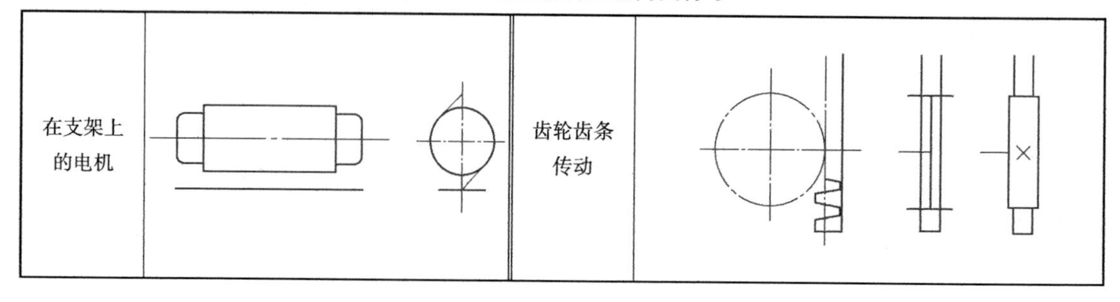

在支架上的电机		齿轮齿条传动	

续表

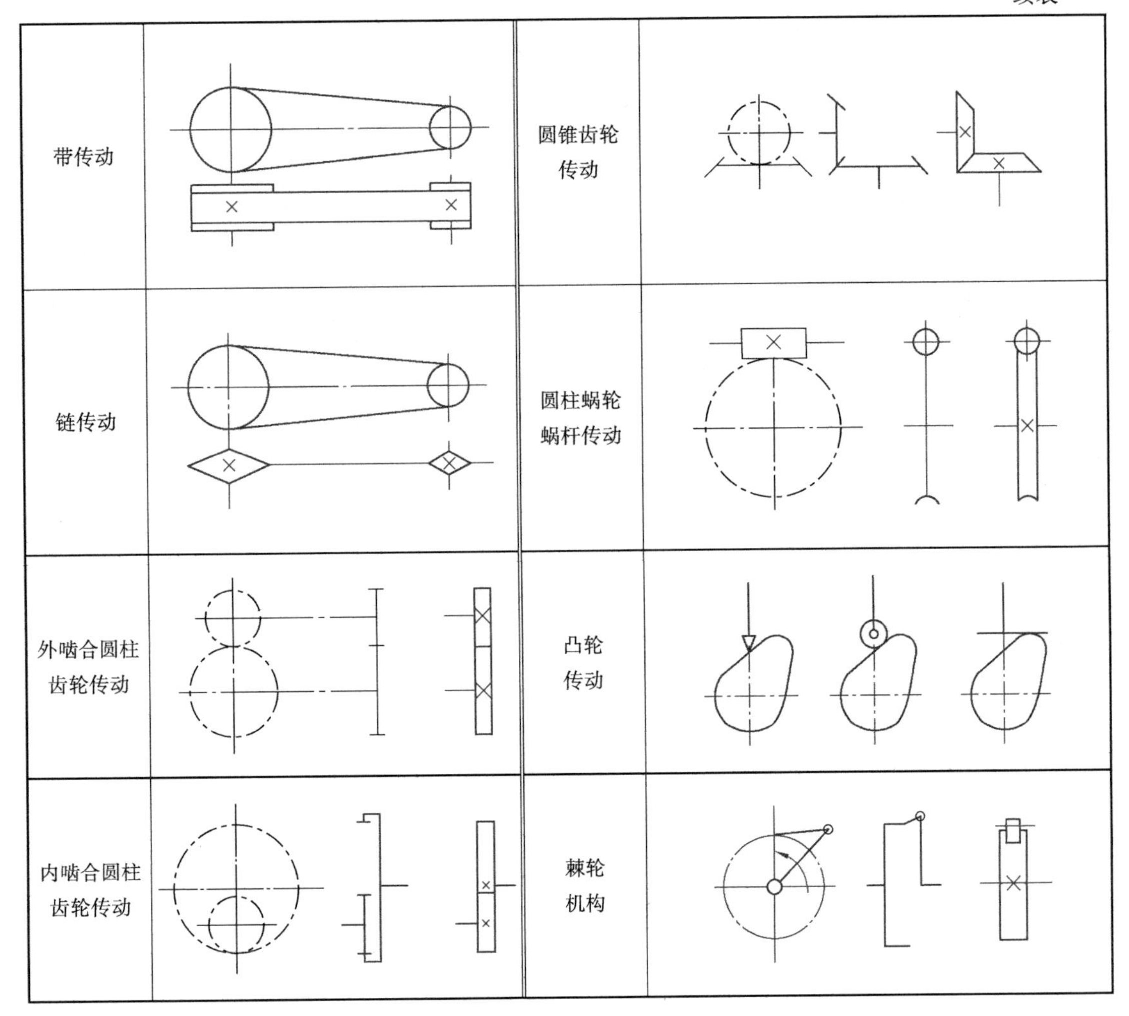

2.2.3　绘制机构运动简图的步骤和方法

(1) 了解机构的原理和结构　首先要了解机构的功能，确定机构的原动件和执行件，以及两者之间的传动部分，由此确定组成机构的所有构件，然后确定各构件间运动副的类型。

(2) 选择合适的投影面和原动件位置　投影面一般选择与多数构件的运动平面相平行的面，必要时也可以就机械的不同部分选择两个或两个以上的投影面，然后展开到同一平面上。原动件位置的选择一般要求各杆件的投影不重叠。总之，以正确、简单、清晰为原则。

(3) 选择适当的比例尺　根据机构实际尺寸与机构运动简图的相对大小选择合适的比例尺。定出各运动副之间的相对位置，然后用各运动副的代表符号、常用机构运动简图符号和简单线条，绘制出机构运动简图。

(4) 在原动件上标出箭头以表示其运动方向　机构运动简图能够方便我们对复杂的机构进行运动分析，而在进行机构运动方案设计时，也是通过机构运动简图来表达我们的设计思想。下面通过两个具体例子来说明机构运动简图的绘制步骤。

[例 2-1]　试绘制例图 2-1(a)所示液压泵机构的机构运动简图。

解： 按以下步骤进行。

(1) 工作原理分析　圆盘 1 为主动件，绕固定轴线 A 转动，并且带动柱塞 2 在构件 3 的圆孔中往复移动，柱塞 2 又带动构件 3 在泵体(机架)4 中绕固定轴线 C 往复摆动。当构件 3 上小孔对准泵体 4 的右侧孔时，将油吸入，对准左侧孔时，将油排出。

(2) 选择投影面　取视图面为机构运动简图投影面。

(3) 分析组成构件　机构共由四个构件组成，分别是圆盘 1、柱塞 2、从动构件 3 和泵体(机架)4。

例图 2-1　液压泵机构

(4) 分析运动副　圆盘 1 和机架 4 组成转动副 A，构件 1 和 2 组成转动副 B，构件 2 和 3 组成移动副，导路中心线为构件 3 上圆孔中心线，构件 3 和 4 组成转动副 C。

(5) 选定比例尺 μ_l 和作图位置，按实际尺寸和比例尺 μ_l 绘制机构运动简图。如例图 2-1(b)所示。

[例 2-2]　试绘制例图 2-2(a)所示压力机的机构运动简图。

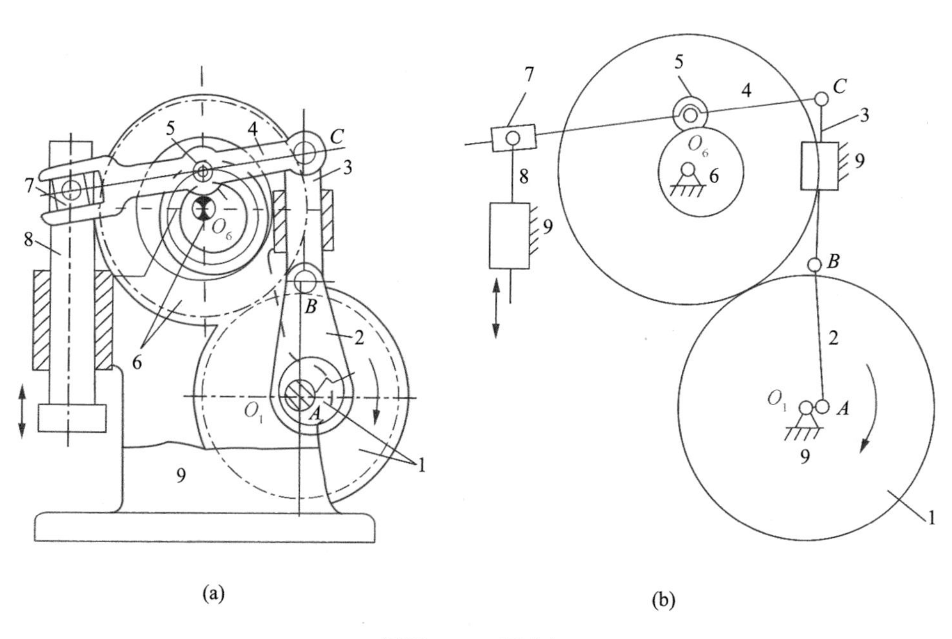

例图 2-2　压力机

解：(1) 视图面为机构运动简图投影面。

(2) 机构由 9 个构件组成。

(3) 当主动曲轴和与其相固连的齿轮 1 转动时，通过连杆 2、移动导杆 3 使连杆 4 上的点 C 获得确定的上下往复运动；与此同时，主动件 1 的运动通过一对外啮合齿轮使与从动轮相固连的凸轮 6 绕轴线 O_6 转动，通过与凸轮 6 相连接的滚子 5 使连杆 4 获得附加运动，由杆 4 的确定运动通过滑块 7 使从动件 8 上下移动完成工作过程。

(4) 主动构件 1 和构件 6 分别和机架 9 组成转动副；构件 8 和构件 3 分别和机架 9 组成移动副；构件 2 与构件 1 组成的转动副中心为偏心轴 1 的几何中心 A；构件 7 分别和构件 4、8 组成移动副和转动副；构件 6 和构件 5 组成凸轮高副、构件 6 和构件 1 组成一对外啮合齿轮高副。

(5) 选定比例尺 μ_i 和作图位置，按实际尺寸和比例尺 μ_i 绘制机构运动简图，如例图 2-2(b)所示。

2.2.4　机构运动简图的识别

机构运动简图与原机构具有相同的运动特性，但在结构上剔除了机械中与运动无关的因素而简洁地表示机械运动特征的图形，但无论由实际机械所绘制出的机构运动简图，还是新设计的机构运动简图，都会因运动副绘制或表达方式的不同而使同一机构所绘出的机构运动简图形态不尽相同，从而不利于对机构进行分析。为此，必须正确识别各种机构运动简图。

1. *由于移动副绘制和表达方法的不同而出现的简图“差异”*

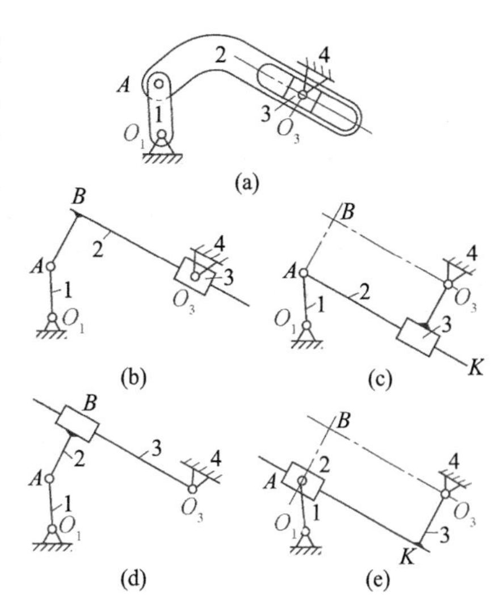

图 2-5　偏置曲柄滑块机构

组成移动副的两构件作相对移动时，相对移动的方向仅取决于移动副的方位，而与移动副的两元素(包容面和被包容面)的具体形状和位置无关。因而移动副两元素之一以长方框表示滑块，另一元素以直线表示导杆。它可以是固定导杆而成为机架，也可以是具有其他运动形式的摆动导杆、转动导杆或移动导杆。由于对哪个构件上的移动副元素以长方框或直线表示未作统一规定，导路位置又未限定。所以，存在这种移动副的机构可绘制成几种不同的图形，从直观上会感到有所差异。图 2-5 中(b)、(c)、(d)、(e)所示四种具有移动副的机构运动简图实际上表示了同一种机构[图 2-5(a)]。在这些机构中，相邻构件所组成的运动副类型保持不变；在由构件 2 和 3 组成的移动副中，可以用杆 2 作为导杆，杆 3 为滑块，见图 2-5(b)和(c)，也可用杆 2 为滑块，杆 3 为导杆，见图 2-5(d)和(e)；在任一机构中，杆 2 和杆 3 所组成的移动副导路方位或导路中心线方向应保持相同，图示机构中为直线 BO_3 平行于 AK。

在图 2-6 所示的牛头刨床主运动机构中，两种机构的运动简图在画法似有差异，但两种

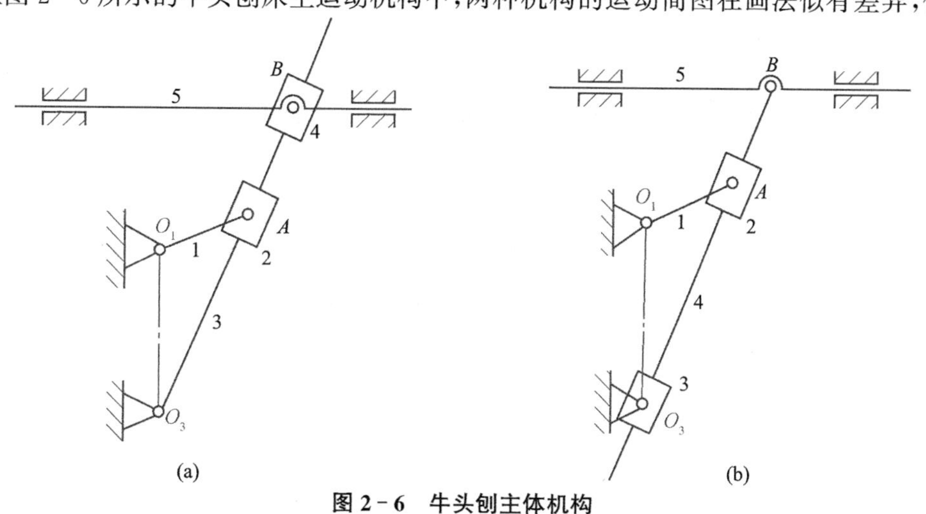

图 2-6　牛头刨主体机构

机构的运动完全相同。在绘制简图时仅将构件 3 和 4 的包容面和被包容面作了更替。为便于润滑和使机构结构更合理，在实体构造时，将图 2-6(a)所示的由构件 3 和 4 组成的移动副移到了图 2-6(b)所示机构的下部。

2. 由于转动副元素尺寸变化而出现的简图“差异”

两个不同形状的构件组成转动副时，不管构件外形以及转动副元素尺寸是否改变，但只要两构件组成的转动副中心保持不变，则两构件的相对运动性质是相同的。

图 2-7(a)所示为一个由四个构件组成的机构简图，图 2-7(b)为其运动简图。图 2-7(c)和(d)为对应于同一运动简图的另两个机构简图。在图 2-7(c)所示的机构中构成运动副 B 的构件 2 和 3 的运动副元素已由图 2-7(b)所示的销轴和销孔扩大为圆盘和圆环。当不需使构件 3 有运动输出时，图 2-7(a)所示机构可直接改成图 2-7(d)所示机构。由此可见，当保持转动副中心位置不变而仅改变构件形状和运动副元素尺寸时，即可得到对应同一机构运动简图的不同机构结构简图；当原设计机械的空间尺寸受限而不允许在运动副中心[如图 2-7(b)所示 B 处]有构件实体存在时，可采用图 2-7(a)和图 2-7(d)所示的机构结构。

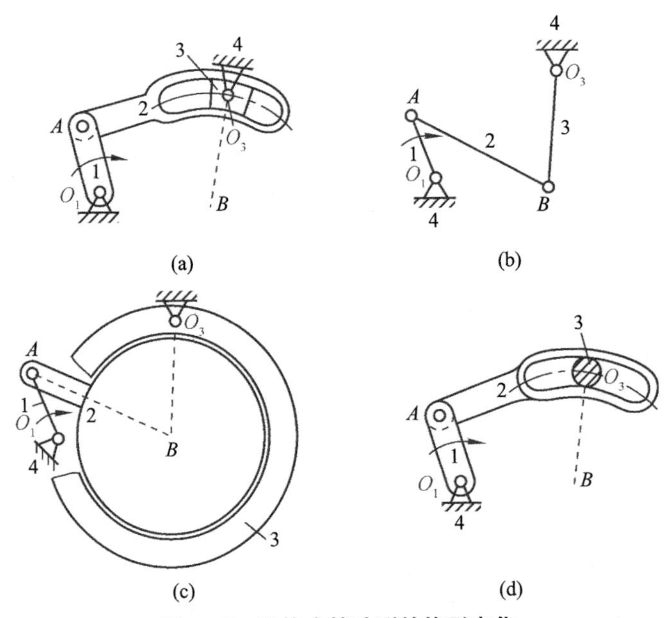

图 2-7　机构中转动副的构形变化

2.3　机构的自由度及其计算

2.3.1　平面机构的自由度计算方法

设某一平面运动链，具有 N 个构件、P_L 个低副和 P_H 个高副。现假定其中某个构件作为机架，则余下的活动构件数为 $n=N-1$，在未组成运动链前，这 n 个活动构件具有 $3n$ 个自由度。但在运动链中，每个构件至少必须与另一构件连接成运动副，在两构件连接成运动副后，其运动就受到约束，自由度将减少。自由度减少的数目，应等于运动副引入的约束数目。由于平面机构中的运动副只可能是转动副、移动副或平面高副，其中每个低副(转动副、移动副)引入的约束数为 2，每个平面高副引入的约束数为 1。因此对于平面机构，若各构件之间共构成

了 P_L 个低副和 P_H 个高副，则它们共引入 $(2P_L+P_H)$ 个约束。机构的自由度 F 应为

$$F=3n-(2P_L+P_H) \tag{2-1}$$

式中　n——活动构件数目；

P_L——低副数目；

P_H——高副数目。

这就是平面机构自由度的计算公式。机构的自由度数目，表示该机构可能接受外部输入的独立运动的数目，也就是允许外部给予该机构独立位置参数的数目。

［**例 2-3**］　计算图中各机构的自由度。

解：在例图 2-3(a)中，活动构件数 $n=3$，低副数 $P_L=4$(其中转动副 3 个，移动副 1 个)，高副数 $P_H=0$，所以机构的自由度 $F=3n-(2P_L+P_H)=3\times3-2\times4=1$。

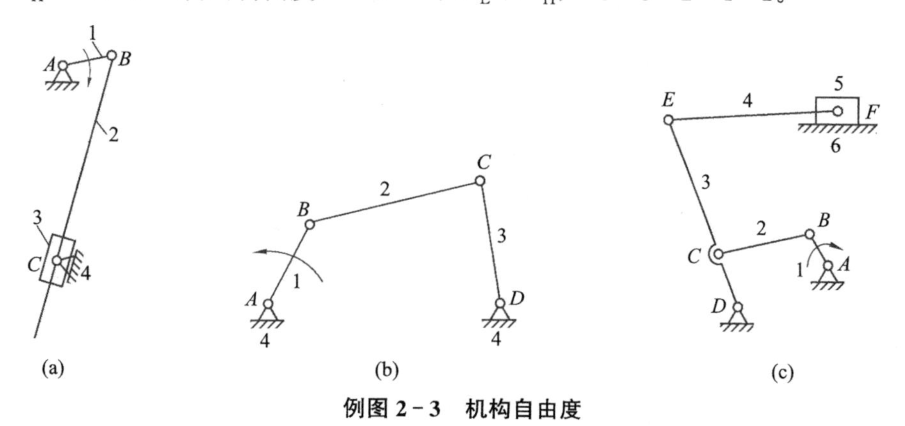

例图 2-3　机构自由度

在例图 2-3(b)中，活动构件数 $n=3$，低副数 $P_L=4$(都为转动副)，高副数 $P_H=0$，所以机构的自由度 $F=3n-(2P_L+P_H)=3\times3-2\times4=1$。

在例图 2-3(c)中，活动构件数 $n=5$，低副数 $P_L=7$(其中转动副 6 个，移动副 1 个)，高副数 $P_H=0$，所以机构的自由度 $F=3n-(2P_L+P_H)=3\times5-2\times7=1$。

2.3.2　机构具有确定运动的条件

通过计算机构的自由度可知，当机构的自由度小于或等于零时，机构的构件间不可能产生相对运动，机构将蜕化成一个刚性构件；当机构的自由度大于零时，若原动件的独立运动数大于自由度，则将导致机构产生运动干涉而损坏。反之，若原动件的独立运动数小于自由度，则机构将产生不确定的或无规则的运动。

因此，机构具有确定运动的条件是：机构的自由度大于零且等于原动件数。

2.3.3　计算平面机构自由度应注意的事项

在计算机构自由度时，应注意以下一些情况，否则计算结果往往会发生错误。

1. 复合铰链

两个以上构件在同一处以转动副连接，构成复合铰链。三个构件组成复合铰链，共构成两个转动副(图 2-8)。m

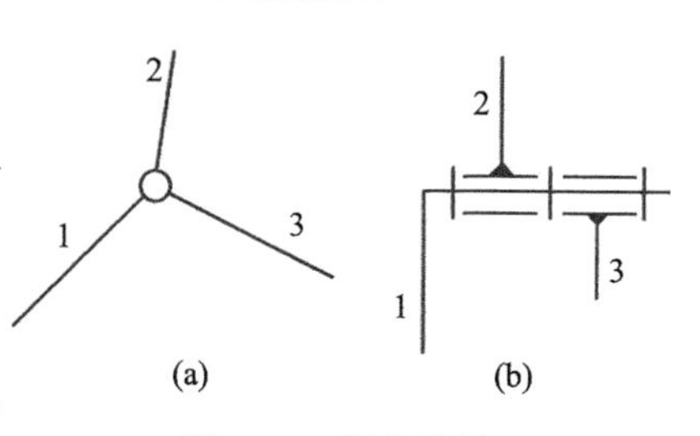

图 2-8　复合铰链

个构件以复合铰链相连接，转动副数目等于($m-1$)个。

［**例 2-4**］ 计算例图 2-4 所示的机构自由度。

解： 该机构中 B、C、D、F 四处都是由三个构件组成的复合铰链，各有两个转动副。因此，在该机构中，活动构件数目 $n=7$，低副数 $P_L=10$，高副数 $P_H=0$。

所以，机构自由度 $F=3\times7-2\times10=1$。

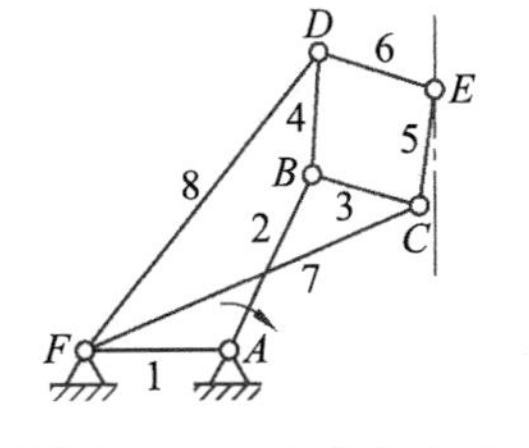

例图 2-4 机构自由度计算

2. 局部自由度

不影响机构中其他构件运动，仅与其自身的局部运动有关的自由度称为局部自由度。局部自由度常见于将滑动摩擦变为滚动摩擦时添加的滚子，轴承中的滚子等场合。在计算机构自由度时，应将局部自由度去除不计。

［**例 2-5**］ 计算例图 2-5(a)所示的滚子从动杆凸轮机构的自由度。

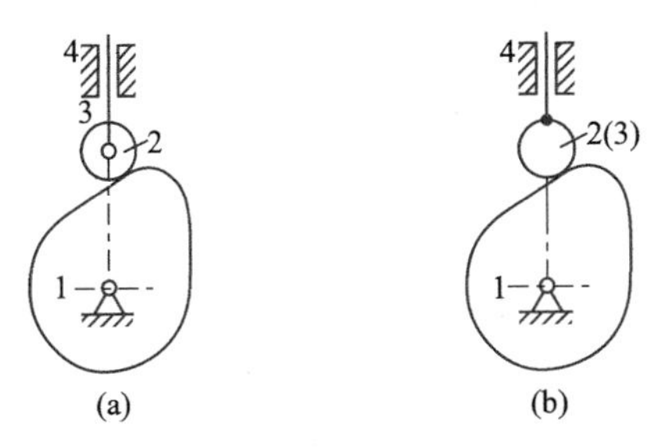

例图 2-5 凸轮机构的自由度计算

解： 在凸轮机构中，为减少高副元素间的磨损，通常在从动杆 3 和凸轮 1 之间装了一个滚子 2，将滑动摩擦变为滚动摩擦。由于滚子 2 绕其自身轴线的转动并不影响其他构件的运动，机构的运动效果与例图 2-5(b)所示机构相同，因而它只是一种局部自由度。在计算机构自由度时，应先将其去除，按例图 2-5(b)计算自由度。因此，机构自由度：

$$F=3n-(2P_L+P_H)=3\times2-(2\times2+1)=1$$

3. 虚约束

在机构中，如果某个约束与其他约束重复而不起独立限制运动的作用，则该约束称为虚约束。计算机构自由度时应将虚约束除去不计，虚约束常发生在以下场合：

(1) 当两构件组成多个移动副，且其导路互相平行或重合时[图 2-9(a)(b)]，则只有一个移动副起约束作用，其余都是虚约束。当两构件构成多个转动副，且轴线互相重合时[图 2-9(c)]，则只有一个转动副起作用，其余转动副都是虚约束。

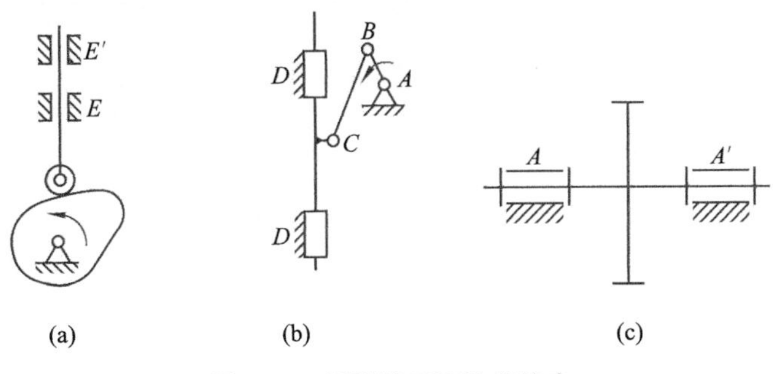

图 2-9 低副情况下的虚约束

(2) 如果两构件在多处相接触而构成平面高副，且各接触点的公法线彼此重合[图 2-10(a)]时，则只能算一个平面高副。但如果各接触点的公法线方向并不彼此重合[图 2-10(b)(c)]，则相当于一个低副，图 2-10(b)相当于一个转动副，图 2-10(c)相当于一个移动副。

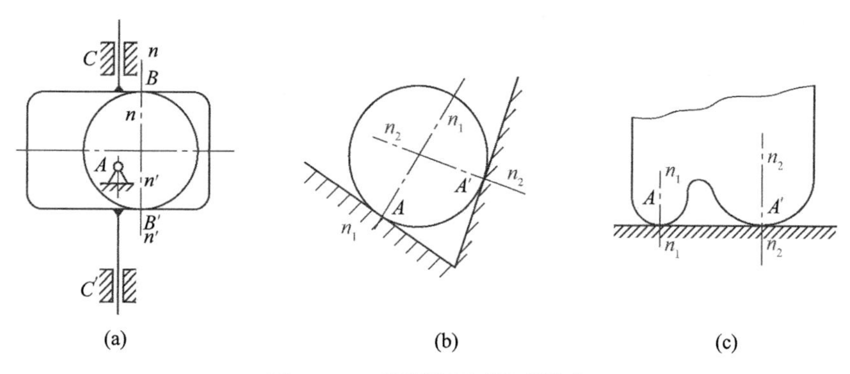

图 2-10　高副情况下的虚约束

(3) 在机构运动过程中，若两构件上某两点之间的距离始终保持不变，而用双转动副杆将此两点连接(图 2-11)，则将带入一个虚约束。

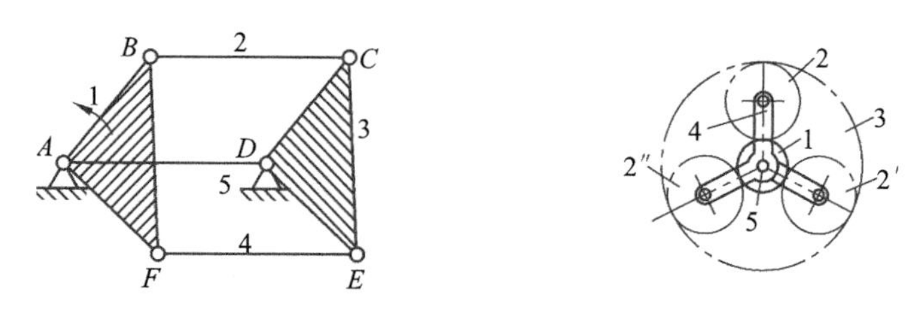

图 2-11　连接两等距点造成的虚约束

(4) 在机构中，不影响机构运动传递的重复部分所带入的约束为虚约束，如图 2-12 所示，为了改善受力状态，在机构的输入与输出构件之间采用多组对称和完全相同的运动链来传递运动。因此，从机构自由度来讲，这时仅有一组运动链起独立传递运动或实际约束的作用，其余各组均为虚约束。

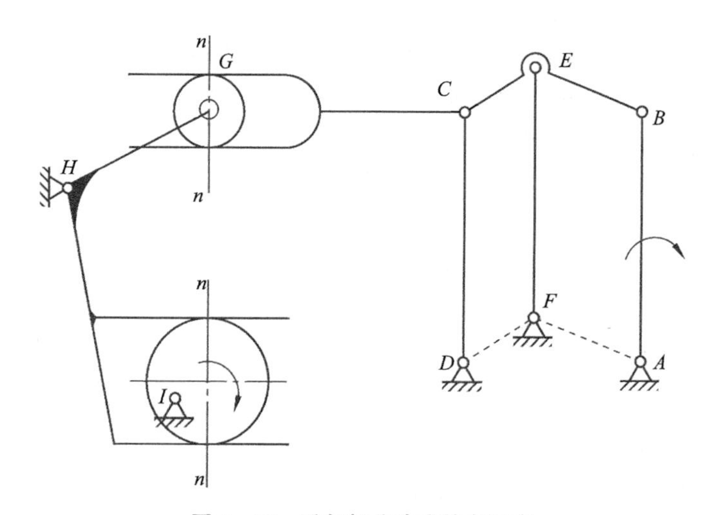

图 2-12　重复部分造成的虚约束

2.3.4 空间机构自由度计算简介

在三维空间中，一个活动构件具有 6 个自由度。在两构件组成运动副后，其相对运动便受到约束。空间机构所采用的运动副可从具有 1 个约束的Ⅰ级运动副到具有 5 个约束的Ⅴ级运动副。故空间机构自由度的计算公式为

$$F=6n-5P_5-4P_4-3P_3-2P_2-P_1 \tag{2-2}$$

在进行空间机构自由度计算时，除了同样需要注意复合铰链、局部自由度和虚约束外，还需要注意公共约束，所谓公共约束就是对机构中所有构件都具有的约束，即机构中所有构件共同失去的自由度，例如对于平面机构，所有构件都失去了 3 个自由度，既不能沿垂直于平面的轴线移动，也不能绕平行于该平面的两条轴线转动。

如果空间机构的公共约束数为 m，则由式(2-2)可得机构自由度计算公式

$$F=(6-m)n-\Sigma(i-m)P_i \tag{2-3}$$

对于平面机构，$m=3$，所以平面机构的结构公式为

$$F=(6-3)n-(5-3)P_5-(4-3)P_4=3n-2P_5-P_4$$

与式(2-1)对比可知：P_5 就是 P_L，P_4 就是 P_H。

2.4 平面机构的组成原理及结构分析

2.4.1 平面机构的组成原理

由于机构具有确定运动的条件是原动件的数目等于机构的自由度数目，因此，若将机构中的机架以及和机架相连的原动件与从动件系统分开，则所拆出的从动件系统的自由度必然为零。有时这种从动件系统还可分解为若干个更简单的、自由度为零的构件组。这种最简单的、不可再分的、自由度为零的构件组称为基本杆组或阿苏尔杆组。

图 2-13(a)所示为一平面六杆机构，机构自由度 $F=1$。设杆 1 为原动件，则该机构具有确定的运动。现将杆 1 和机架 6 从机构中拆出[图 2-13(b)]，则从动件系统由 2、3、4、5 这 4 个杆件和 6 个低副组成，其自由度 $F=3n-2P_L=3\times4-2\times6=0$。并且，对此从动件杆组还可做进一步拆分，成为两个基本杆组[图 2-13(c)]。

由此可见，机构的组成原理是：任何机构都可以看作是由若干个基本杆组依次连接于原动件和机架上所组成的系统。即：

自由度为 F 的机构＝F 个原动件＋1 个自由度为 0 的机架＋若干个自由度为 0 的基本杆组

2.4.2 基本杆组及其属性

基本杆组是组成机构的核心，它除了具有自由度为 0 和不可再分的属性外，还具有运动和动力的属性。因此在进行机构的运动和动力分析时，可以将类型繁多的各种机构的分析问题归纳为数量有限的几种基本杆组的求解问题，从而为机构的分析和研究提供了一条理想的途径。

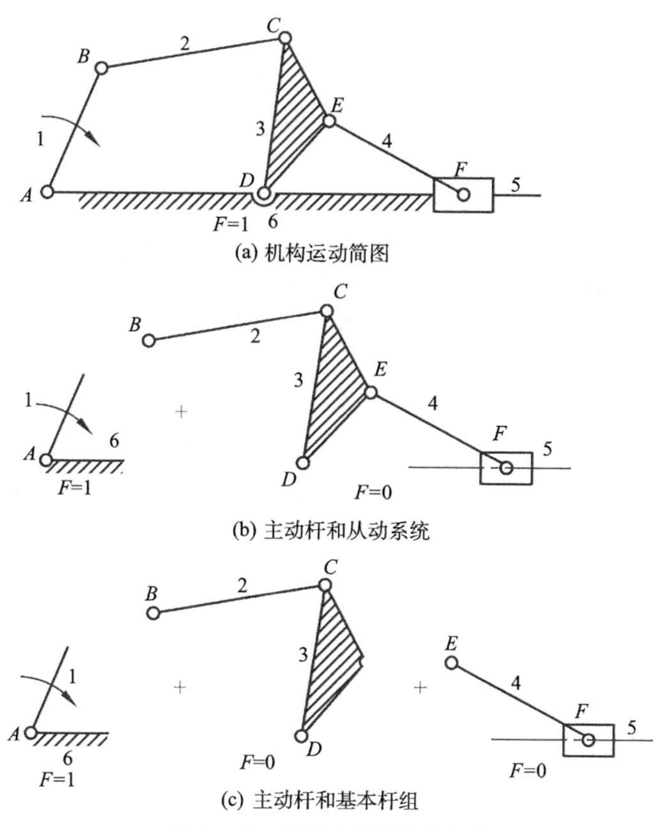

(a) 机构运动简图

(b) 主动杆和从动系统

(c) 主动杆和基本杆组

图 2-13 平面六杆机构的组成

组成平面机构的基本杆组应满足下列条件

$$F=3n-2P_{\mathrm{L}}-P_{\mathrm{H}}=0$$

式中，n 为基本杆组的构件数，P_{L} 和 P_{H} 分别为基本杆组中的低副和高副数。对于只含低副的基本杆组，则上式为

$$F=3n-2P_{\mathrm{L}}=0 \quad 或 \quad P_{\mathrm{L}}=3n/2$$

因为构件数和运动副数都必须是整数，所以 n 应是 2 的倍数，P_{L} 应是 3 的倍数，它们的组合是：$n=2$ & $P_{\mathrm{L}}=3$；$n=4$ & $P_{\mathrm{L}}=6$……

由 2 个构件、3 个低副组成的基本杆组称为Ⅱ级杆组，大多数的常用机构都是由Ⅱ级杆组组成的，Ⅱ级杆组有五种基本类型，如表 2-5 所示。表中 R 代表转动副，P 代表移动副。

表 2-5 Ⅱ级杆组的五种基本类型

代号	RRR	RRP	RPR	PRP	RPP
杆组简图	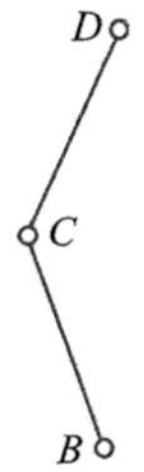	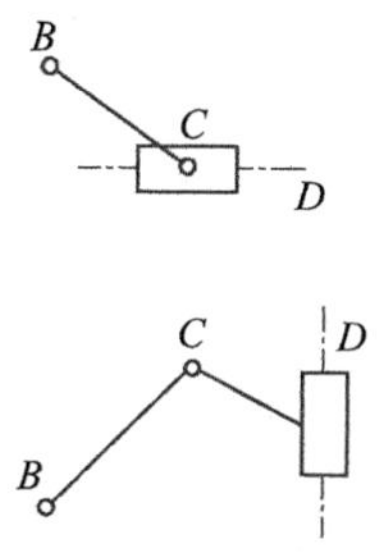	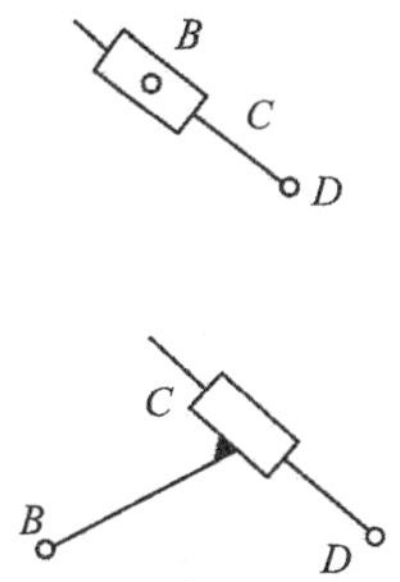	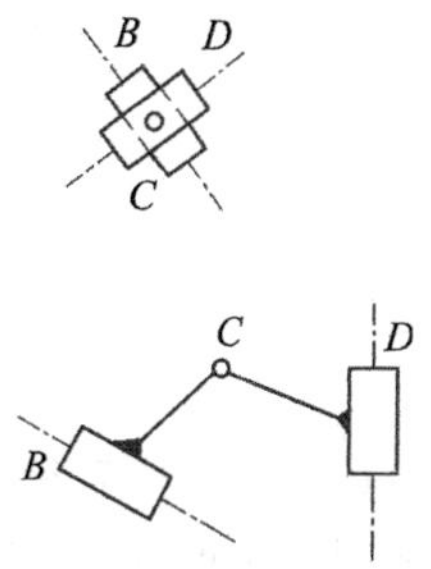	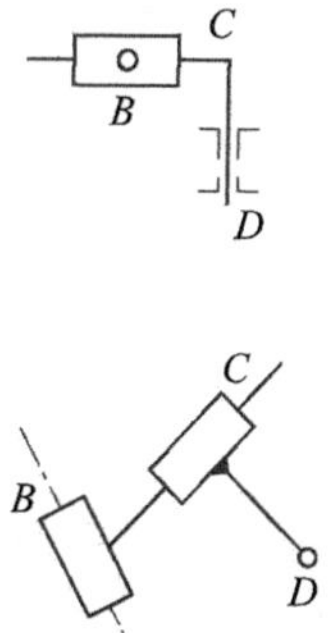

从组合原理分析，Ⅱ级杆组应该有6种基本类型，即还应有一种由3个移动副组成的PPP型杆组，但运动链中不允许这种杆组的存在，因为它会使与其相关的转动副失去作用。如图2-14所示。

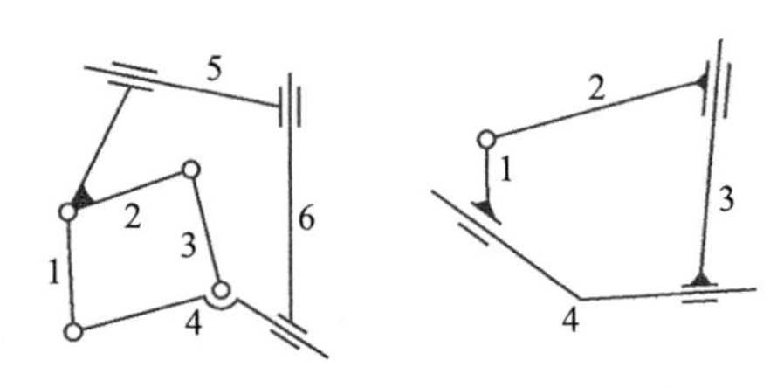

图2-14 PPP Ⅱ级杆组对相关转动副的影响

由4个构件、6个低副组成的基本杆组可能为Ⅲ级或Ⅳ级杆组。在该杆组中，由杆组中的4个构件相互组成的运动副称为内运动副，由杆组中的构件与外部构件组成的运动副称为外运动副。其中由三个内运动副组成闭廓的杆组称为Ⅲ级杆组，其特点是有一个具有三个内运动副的中心构件。而由四个内运动副组成闭廓的杆组称为Ⅳ级杆组。其基本类型如表2-6所示。在实际机构中，这些比较复杂的基本杆组应用较少。

表2-6 $n=4, P_L=6$ 组成的Ⅲ级和Ⅳ级杆组

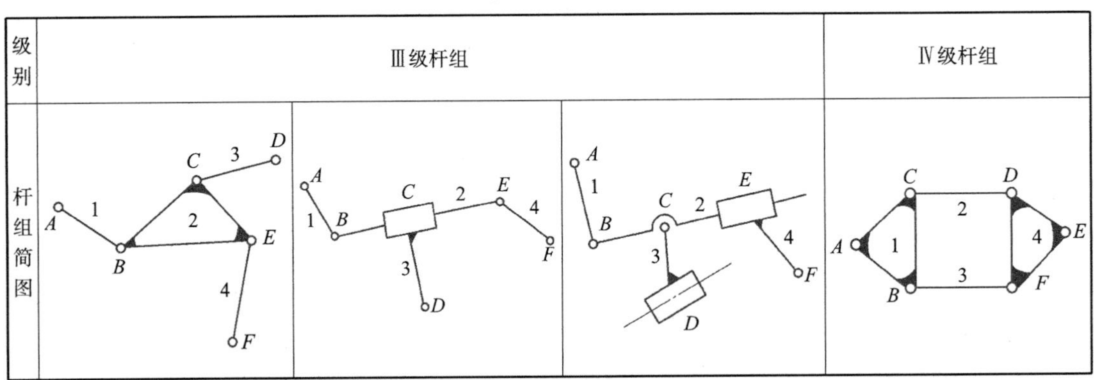

级别	Ⅲ级杆组			Ⅳ级杆组
杆组简图				

一个机构可以由不同级别的基本杆组组成，通常以机构中包含的基本杆组的最高级别来命名机构的级别。最高级别为Ⅱ级基本杆组构成的机构称为Ⅱ级机构。最高级别为Ⅲ级基本杆组构成的机构称为Ⅲ级机构。

需要注意的是，对于同一个机构，取不同的构件为原动件时，机构的级别可能不同。

2.4.3 平面机构中的高副低代

为了便于对含有高副的平面机构进行分析，可根据一定的约束条件将平面机构中的高副虚拟地用低副代替，这就是所谓的高副低代，高副低代后的机构就变成了仅具有低副的机构。

高副低代时必须满足的条件是：

(1) 代替前后机构的自由度保持不变。

(2) 代替前后机构的瞬时运动状况（速度、加速度）不变。

高副低代的方法：在组成高副两元素接触点的曲率中心处用一个附加构件与构成该高副的两构件用转动副相连接。

如图2-15所示为自由度等于1的平面高副机构，两高副元素是非圆曲线，假设在某运动瞬时高副接触点为C，可以过接触点C作公法线$n-n$，在公法线上找出两轮廓曲线在C点处曲率中心O_1和O_2，用在O_1、O_2处有两个转动副的构件4将构件1、2连接起来，便可得到它的代替机构——铰链四杆机构，如图中虚线所

图2-15 平面高副机构

示。替代前后两机构中构件 1 和构件 2 之间的相对运动完全一样，两机构的自由度完全相同。因此，机构中的高副 C 完全可用构件 4 和位于 O_1、O_2（曲率中心）的两个低副来代替。

需要注意的是，当机构运动时，随着接触点的改变，两轮廓曲线在接触点处的曲率中心也随着改变，O_1 和 O_2 点的位置也将随之改变。因此，就有不同的瞬时替代机构。如果两高副元素之一是直线，则因直线的曲率中心趋于无穷远，故该替代的转动副演化为移动副，如果两高副元素之一为一个点，则因点的曲率半径为零，故该曲率中心即为接触点本身，常见类型的高副低代形式见表 2 - 7。

表 2 - 7　常见的高副低代类型

高副元素	曲线和曲线	曲线和直线	曲线和点	点和直线
高副机构	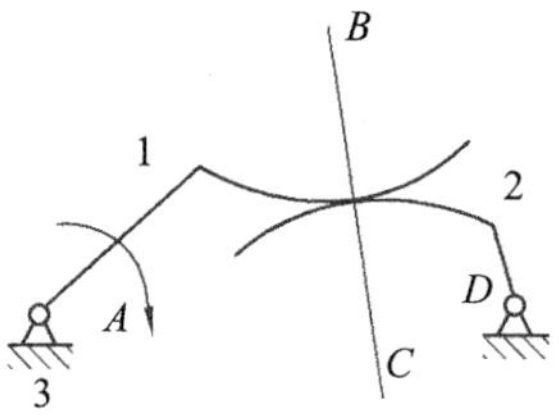	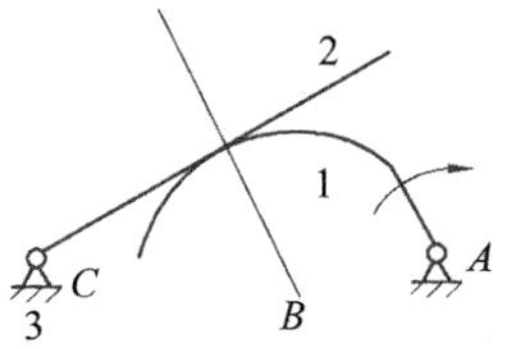	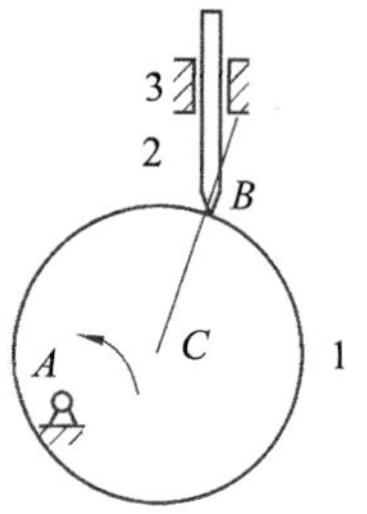	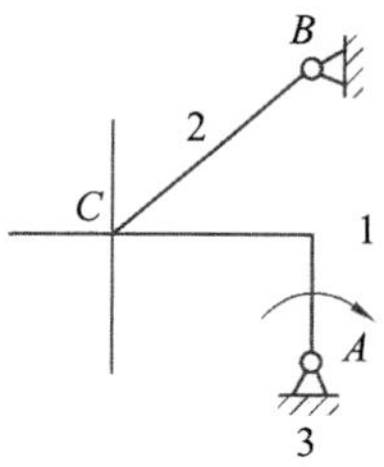
瞬时替代机构	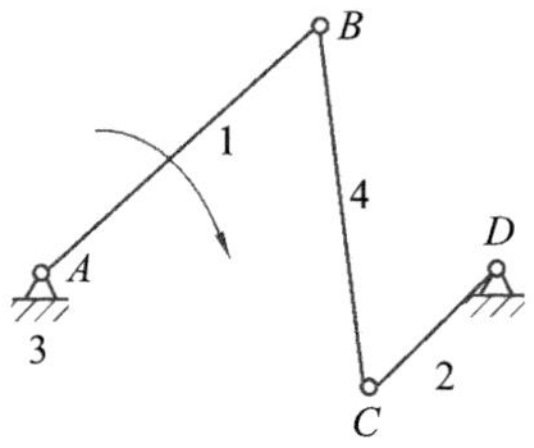	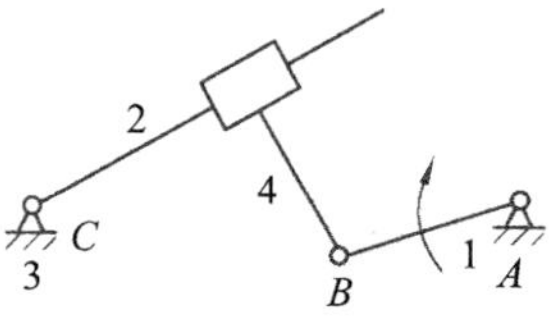	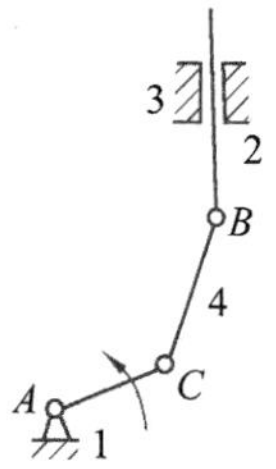	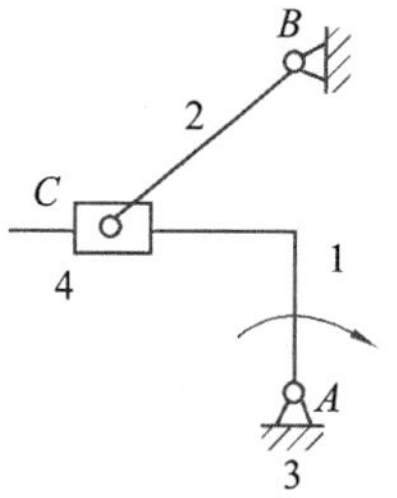

2.4.4　平面机构的结构分析

机构结构分析的目的就是将已知的机构分解为原动件、机架和若干个基本杆组，进而了解机构的组成、确定机构的级别，以便于对机构进行运动分析和动力分析。机构结构分析可按下列步骤进行：

（1）计算机构的自由度（注意去除机构中的局部自由度和虚约束，若有高副则要用低副替代），并确定原动件。

（2）从传动关系上离原动件最远的部分开始试拆杆组，每拆除一个基本杆组，机构剩余部分仍是一个完整的机构。

（3）拆杆组时，先按Ⅱ级杆组试拆，若无法拆除，再试拆高一级别的杆组，直至全部杆组拆除，只剩下原动件和机架为止。

（4）根据被拆下基本杆组的最高级别来确定机构的级别。

［例 2－6］ 分析图示机构，并说明机构的级别。

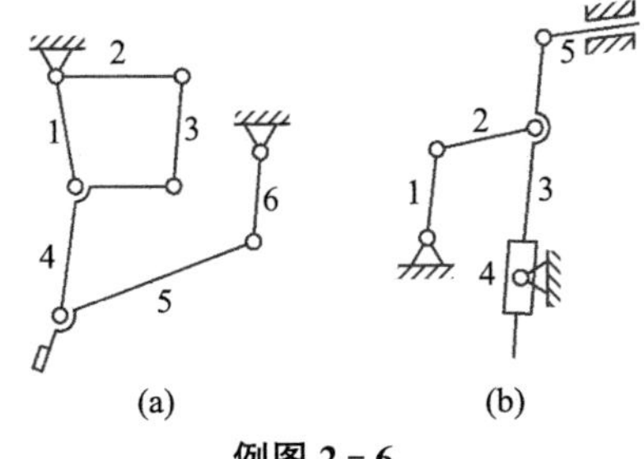

例图 2－6

解： 例图 2－6(a)所示机构未给出原动件，应选取连架杆为原动件，然后进行拆杆组分析。值得注意的是，选取不同的连架杆为主动件，基本杆组将不相同，机构的级别可能也不一样了。

首先计算例图 2－6(a)机构的自由度，活动构件数 $n=6$，低副数 $P_L=8$(注意构件 1、构件 2 和机架组成复合铰链)，高副数 $P_H=0$，机构的自由度 $F=3n-(2P_L+P_H)=3\times6-2\times8=2$。所以，该机构必须选取两个原动件，机构才有确定的运动。

若以构件 1、6 为原动件，该机构有 2、3 和 4、5 两个Ⅱ级杆组，该机构为Ⅱ级机构，如例图 2－6(c)所示。

若以构件 2、6 为原动件，该机构有 1、3、4、5 组成的一个Ⅲ级杆组，该机构为Ⅲ级机构，如例图 2－6(d)所示。

若以构件 1、2 为原动件，基本杆组情况及机构级别请读者自行分析。

计算机构例图 2－6(b)的自由度。机构活动构件数 $n=5$，低副数 $P_L=7$(其中转动副 5 个，移动副 2 个)，高副数 $P_H=0$，所以机构的自由度 $F=3n-(2P_L+P_H)=3\times5-2\times7=1$。所以，该机构选取一个原动件，机构具有确定的运动。

若以构件 1 为原动件，则构件 2、3、4、5 组成一个Ⅲ级基本杆组，该机构为Ⅲ机构，如例图 2－6(e)所示。

若以构件 5 为原动件，构件 1、2 和构件 4、5 各组成的Ⅱ级杆组，该机构为Ⅱ级机构，如例图 2－6(f)所示。

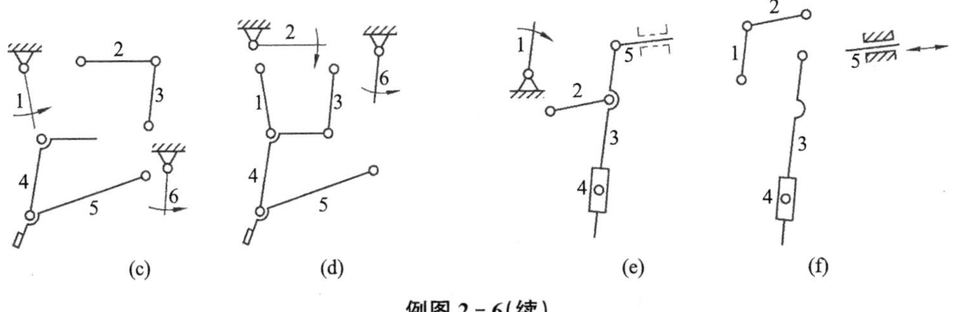

例图 2－6(续)

若以构件 4 为原动件，基本杆组情况及机构级别请读者自行分析。

思考题与习题

2－1　什么是构件？构件与零件有何区别？

2－2　高副和低副是怎么定义的？在平面机构中高副和低副一般各引入几个约束？齿轮副的约束数应如何确定？

2－3　试说明运动链与机构的联系和区别。

2－4　何谓机构运动简图？它与机构示意图有何区别？绘制机构运动简图的目的和意义是什么？绘制机构运动简图的主要步骤是什么？

2－5　什么是机构的自由度？在计算平面机构的自由度时应注意哪些问题？

2－6　什么是虚约束？虚约束对机构有哪些重要影响？

2－7　机构具有确定运动的条件是什么？该条件是在什么前提下获得的？若不满足这一条件，机构将会出现什么情况？

2－8　试绘出如题图 2－8 所示泵机构的机构运动简图，并计算其自由度。

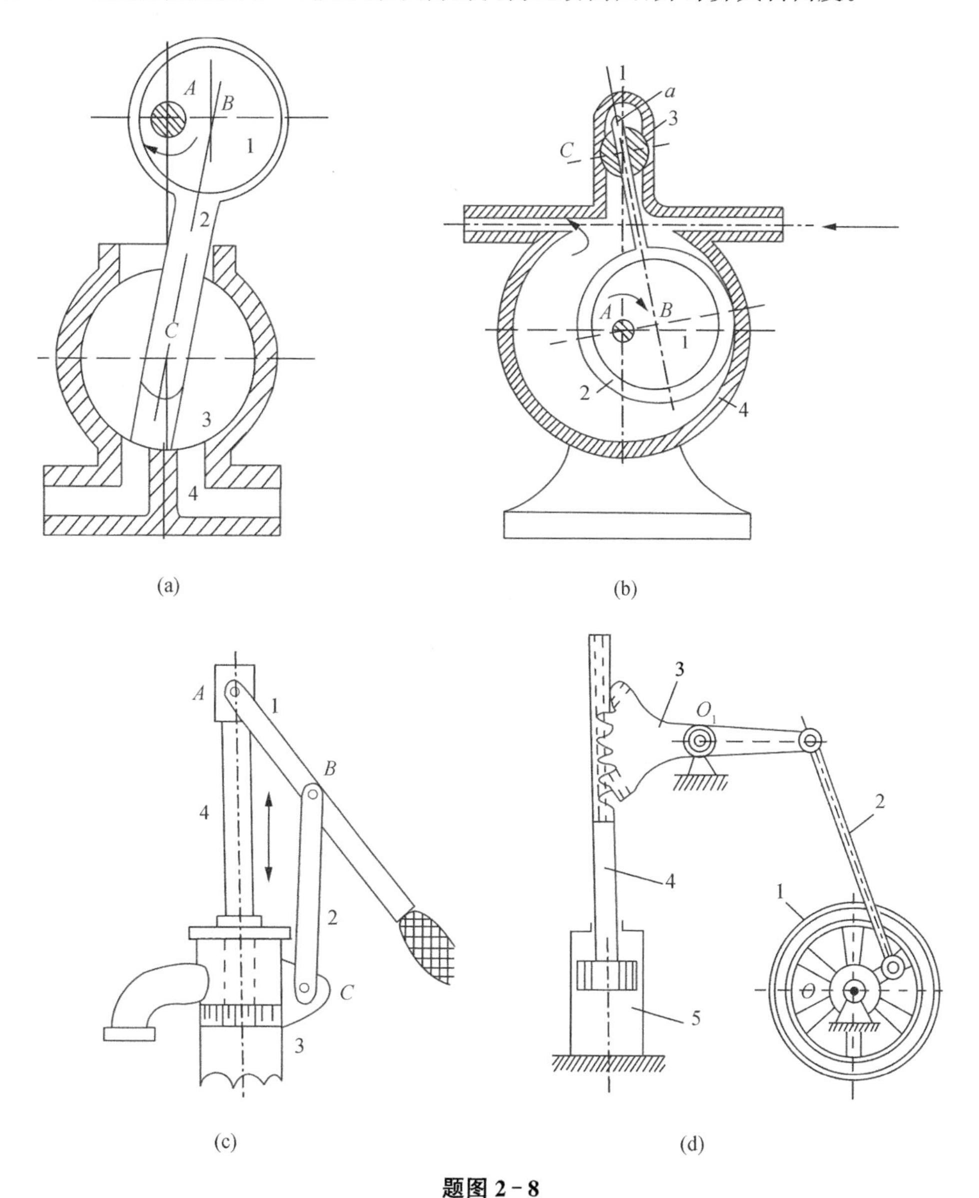

题图 2－8

2－9　试计算以下各运动链自由度(若有复合铰链、虚约束等特殊情况，应明确指出)，并判断其能否成为机构(图中标有箭头的构件为主动件)。

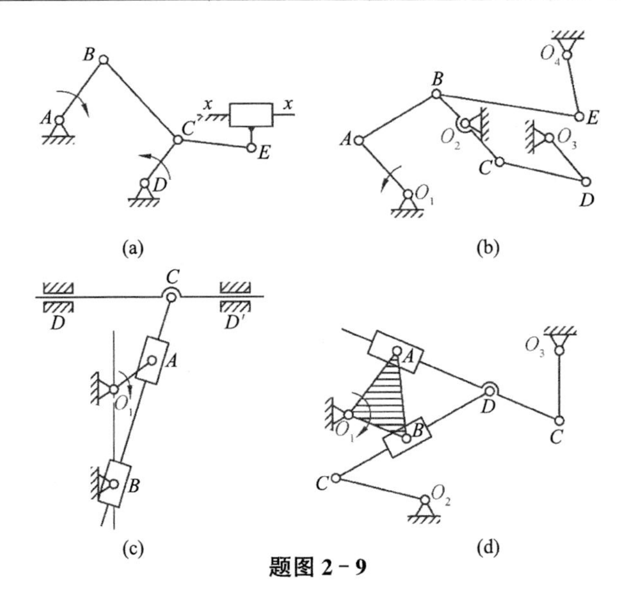

题图 2-9

2-10　计算下列机构的自由度。若存在局部自由度、复合铰链、虚约束等特殊情况，请指出。

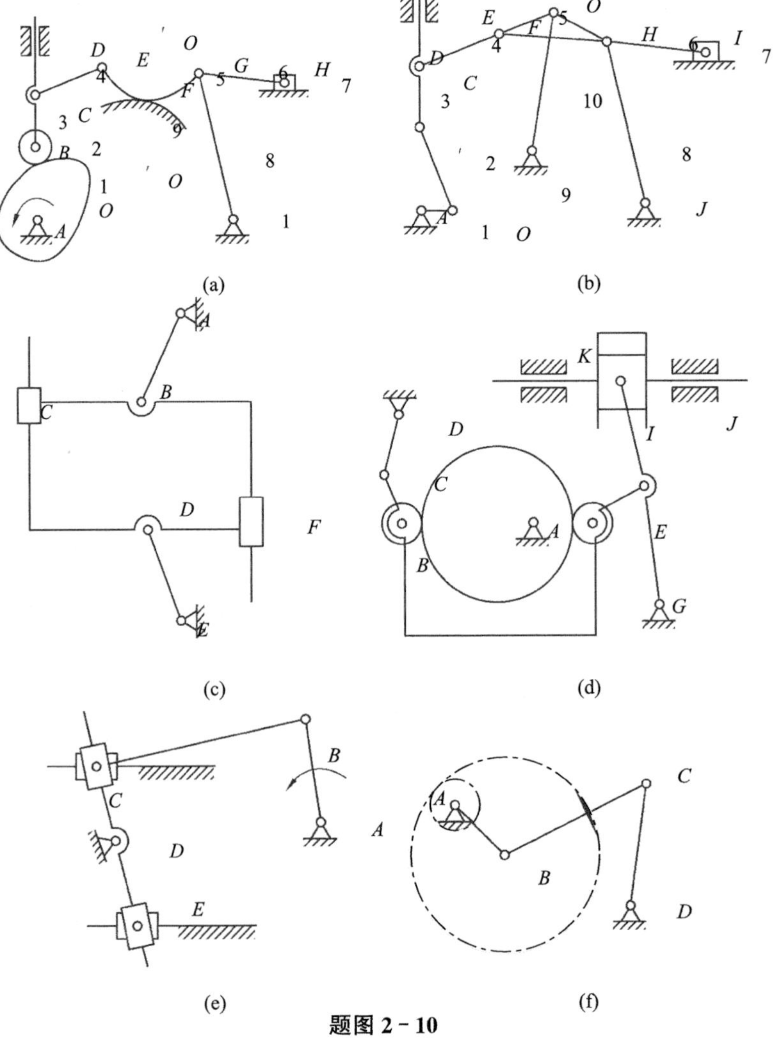

题图 2-10

2－11　(1) 试计算图示机构的自由度(机构中用圆弧箭头表示的构件为原动件)。

(2) 图示机构是由那些杆组组成的？请将这些杆组从机构中一一分离出来，并注明拆组的顺序及机构级别。

(3) 若以构件 7 为原动件，则此机构为几级机构？

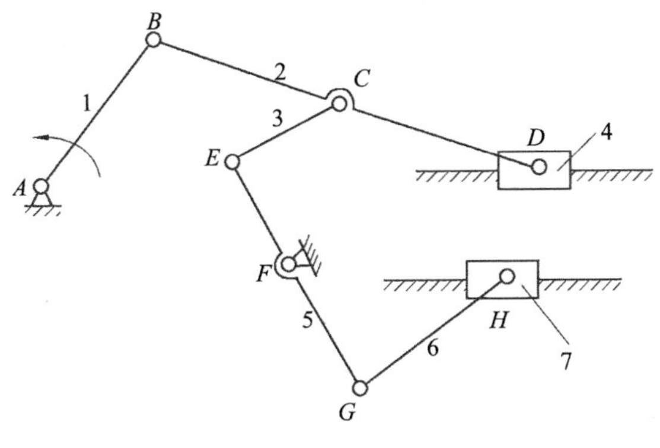

题图 2－11

2－12　图示是剪切钢材的飞剪机构示意图，试计算其自由度和所含的杆组。

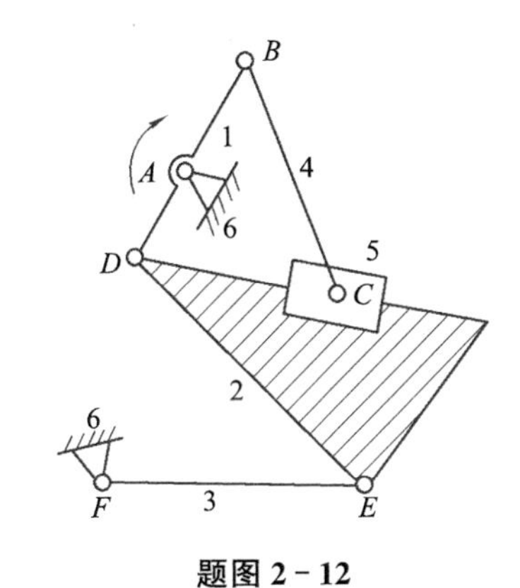

题图 2－12

2－13　求图示凸轮机构的自由度，并确定机构的级别。

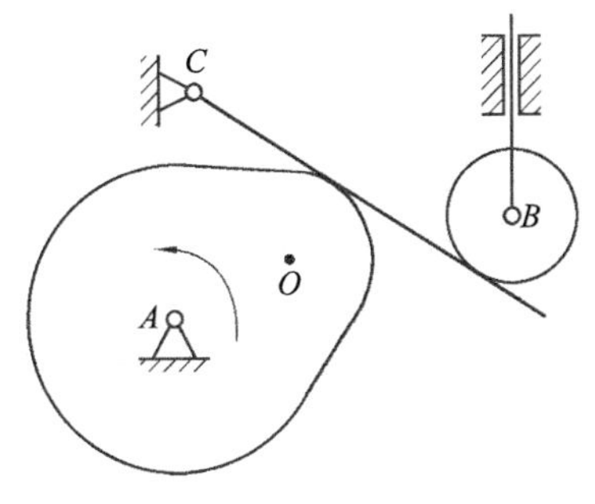

题图 2－13

2－14　求图示凸轮—连杆机构的自由度，并确定机构的级别。

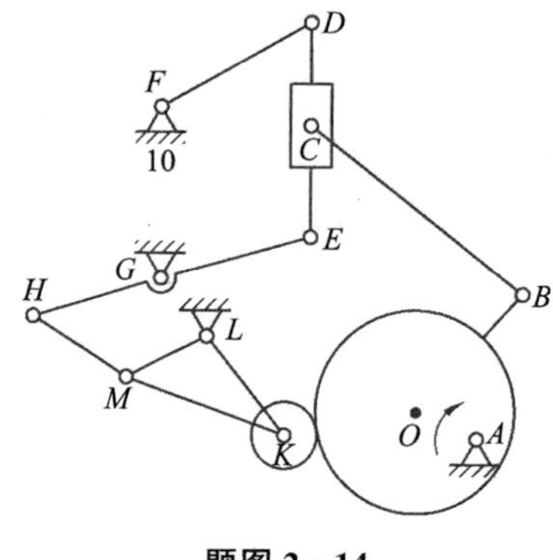

题图 2－14

2－15　请绘制图示机构在图示位置时的高副低代的机构简图，并计算其自由度。

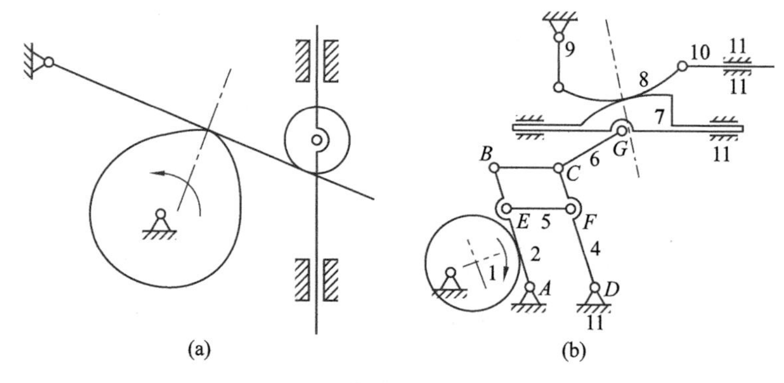

题图 2－15

3 平面机构的运动分析

章导学

本章主要论述在已知机构尺寸及原动件运动规律的基础上，如何确定各构件上点的位移、速度和加速度以及各构件的角位移、角速度和角加速度，为研究机械运动性能和动力性能提供必要的依据。本章的学习重点是速度瞬心法、整体运动分析法以及杆组法在平面机构速度分析中的应用。

3.1 机构运动分析的目的和方法

3.1.1 机构运动分析的目的

(1) 通过位移和轨迹分析，可考察构件或构件上某点能否实现预定的位置或轨迹要求，确定从动件的运动空间，判断运动中是否产生干涉，确定机器的外部尺寸。

(2) 速度分析是加速度分析及确定机器动能和功率的基础，通过速度分析，可了解从动件速度变化能否满足工作要求。

(3) 通过加速度分析，可确定构件的惯性力，便于研究机械的强度、振动和动力性能。

3.1.2 机构运动分析的方法

1. 图解法

图解法的特点是形象、直观、简捷，适用于结构相对简单的平面机构运动分析，但精度不高。图解法主要有速度瞬心法和矢量方程图解法，因矢量方程图解法在理论力学中已专门介绍，本章主要讨论速度瞬心法。

2. 解析法

解析法的特点是计算精度高，不仅可方便地对机械进行一个运动循环过程的研究，还可将机构分析与机构综合问题联系起来，便于机构的优化设计。其缺点是计算工作量较大，但随着计算机的普及，各种数学模型与算法的不断完善，解析法得到广泛应用，将成为机构运动分析的主要方法。本章主要讨论整体运动分析法和基本杆组法。

3. 实验法

实验法是运用非电测量的手段，通过位移、速度或加速度传感器将机械信号转变成电信号，再通过测试仪器或输入计算机进行信息处理，得到有关数值或显示它们的运动规律。

在位移分析中，实验法还可直接用来求解预定的轨迹问题。

3.2 速度瞬心法在平面机构运动分析中的应用

速度瞬心法用于对构件数目少的机构(凸轮机构、齿轮机构、平面四杆机构等)进行速度分析,既直观又简便。下面介绍速度瞬心的概念及其在速度分析中的应用。

3.2.1 速度瞬心的概念及机构中速度瞬心的数目

如图 3-1 所示,当两构件 i、j 做平面相对运动时,在任一瞬时,其相对运动可以看作是绕某一重合点的转动,该重合点称为速度瞬心,简称瞬心,用 P_{ij} 或 P_{ji} 表示。显然,速度瞬心是两构件上瞬时速度相同的重合点,在该重合点上两构件的相对速度为零,绝对速度相等。若重合点上的绝对速度为零,则为绝对瞬心;若不为零,则为相对瞬心。

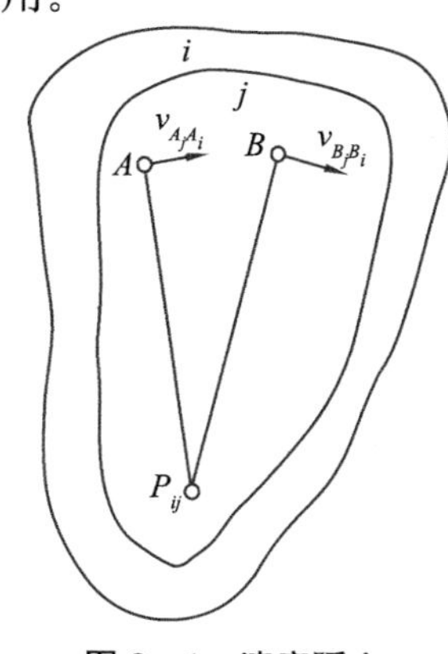

图 3-1 速度瞬心

机构中任意两构件之间都有一个速度瞬心,根据组合原理,由 N 个构件(包括机架)组成的机构中,瞬心的总数

$$K=C_N^2=\frac{N(N-1)}{2} \tag{3-1}$$

3.2.2 机构中瞬心位置的确定

在机构中,如果两个构件直接相连组成运动副时,则根据瞬心的定义可以直接求出其瞬心的位置;如果两构件不直接相连,则其瞬心位置需要用"三心定理"来确定,现分别介绍如下。

1. 当两构件直接相连组成运动副时

(1) 当两构件组成转动副时,瞬心位于转动副的中心,如图 3-2(a)所示。

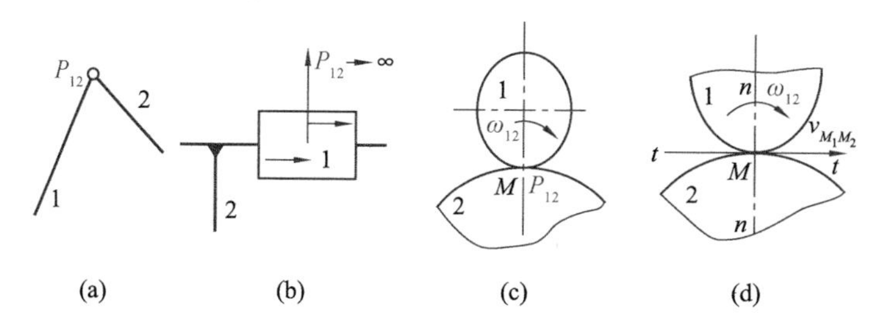

图 3-2 瞬心位置的确定

(2) 当两构件组成移动副时,瞬心位于垂直于导路方向的无穷远处,如图 3-2(b)所示。

(3) 当两构件组成纯滚动的高副时,瞬心位于其接触点上,如图 3-2(c)所示。

(4) 当两构件组成滚动兼滑动的高副时,瞬心位于其接触点处的公法线上,但具体位置需要借助其他条件才能确定。如图 3-2(d)所示。

2. 当两构件不直接连接时,用"三心定理"确定机构的瞬心位置

三心定理为:三个做平面平行运动的构件共有三个速度瞬心,并且这三个速度瞬心必在同一条直线上。证明如下。

根据式(3-1),三个构件共有三个速度瞬心 P_{13}、P_{23} 和 P_{12},为了简单起见,设构件 3 是固

定的(图 3-3),于是构件 1、2 分别绕绝对速度瞬心 P_{13}、P_{23} 回转,构件 1、2 间作非直接接触的平面运动。假设 P_{12} 的位置 K 不在 P_{13}、P_{23} 所连的直线上。由于构件 1、2 分别绕 P_{13}、P_{23} 转动,该二构件上任一点(图 3-3 中的 K_1、K_2)速度必分别垂直该点与 P_{13} 或 P_{23} 的连线,可见 v_{K_1} 和 v_{K_2} 的速度方向上就会不同。根据瞬心的定义 P_{12} 应是构件 1 和 2 上的绝对速度相等的重合点。因此,只有 K 点位于 P_{13} 和 P_{23} 连线上才能保证构件 1 和 2 的速度方向相同。因此,第三个瞬心 P_{12}(即 K 点)应和另两个瞬心在同一条直线上。于是,三心定理得以证明。

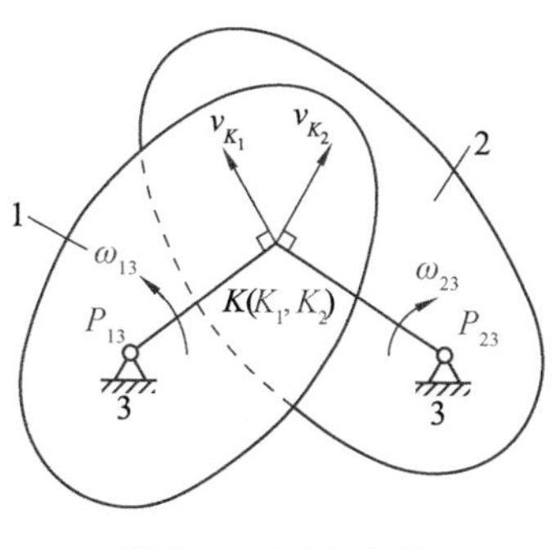

图 3-3　三心定理

3.2.3　速度瞬心法在平面机构速度分析中的应用

由于在瞬心位置两构件的相对速度为零,绝对速度相同,因此,两构件在该瞬时的相对运动可以视为绕该瞬心的相对转动。利用瞬心的这一特征来分析机构速度的方法称为速度瞬心法。

1. 铰链四杆机构

在图 3-4 所示的铰链四杆机构中,根据式(3-1)可知,它共有 6 个瞬心,其中 P_{12}、P_{23}、P_{34} 和 P_{14} 四个瞬心分别位于相应两构件组成的转动副中心。而构件 2 和 4 以及 1 和 3 都没有运动副直接相连,其瞬心 P_{13}、P_{24} 的位置要根据三心定理确定。

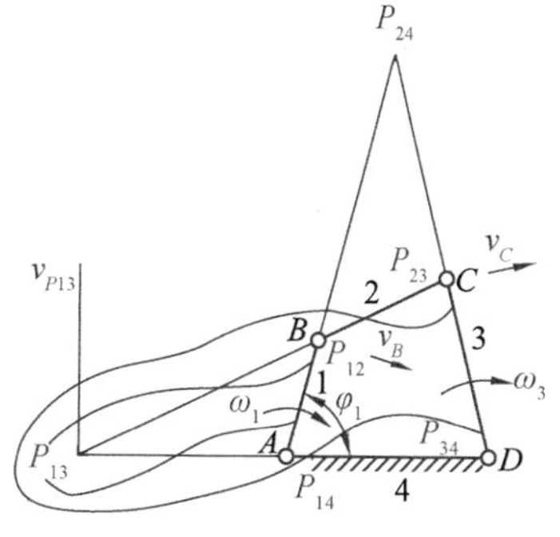

图 3-4　铰链四杆机构速度分析

根据三心定理,构件 1、2、3 的三个瞬心 P_{12}、P_{23} 和 P_{13} 应在一条直线上,构件 1、4、3 的三个瞬心 P_{14}、P_{34} 和 P_{13} 也应在一条直线上,故直线 $P_{12}P_{23}$ 和直线 $P_{14}P_{34}$ 的交点即是瞬心 P_{13}。同理,P_{24} 也应在 $P_{12}P_{14}$ 和 $P_{23}P_{34}$ 两连线的交点上。

通常,机构中的各杆长度以及构件 1 的角速度 ω_1 为已知,则图 3-4 所示瞬时位置点 B 的速度为 $v_B=\omega_1 l$(方向如图 3-4 所示),根据瞬心的特征,可求得此时点 C 的速度 v_C、构件 2 的角速度 ω_2 及构件 3 的角速度 ω_3。

因为 P_{24} 是绝对瞬心,故构件 2 可视为以瞬时角速度 ω_2 绕 P_{24} 作定点转动。

则由:$\dfrac{v_B}{BP_{24}}=\dfrac{v_C}{CP_{24}}=\omega_2$,得:$v_C=v_B\times\dfrac{\overline{CP_{24}}}{\overline{BP_{24}}}$,方向向右。

点 B 既绕绝对瞬心点 A 转动,也绕绝对瞬心点 P_{24} 转动。

由 $\omega_1\times\overline{AB}=\omega_2\times\overline{BP_{24}}=v_B$,得 $\omega_2=\omega_1\times\dfrac{\overline{AB}}{\overline{BP_{24}}}$,逆时针转动。

点 P_{13} 是构件 1 和 3 的同速点。

由 $\omega_1\times\overline{AP_{13}}=\omega_3\times\overline{DP_{13}}=v_{P_{13}}$,得 $\omega_3=\omega_1\times\dfrac{\overline{AP_{13}}}{\overline{DP_{13}}}$,顺时针转动。

2. 曲柄滑块机构

如图 3-5 所示的曲柄滑块机构中,已知各构件长度及构件 1 的角速度 ω_1,则可采用瞬心法求解图示位置中滑块 3 的移动速度 v_C 和构件 2 的角速度 ω_2。

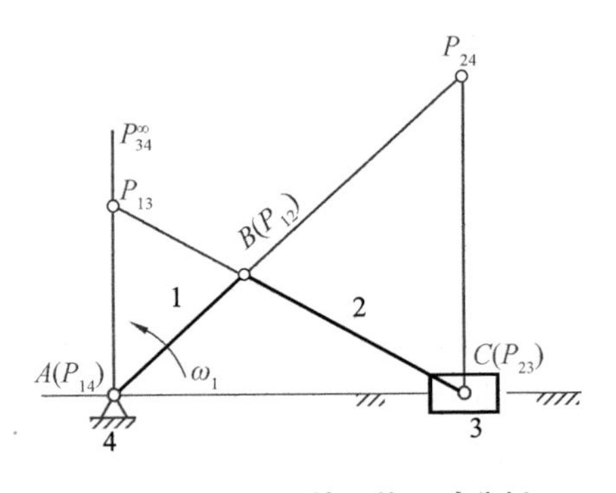

图 3-5　曲柄滑块机构运动分析

先求 6 个速度瞬心的位置，如前所述 P_{14}、P_{12} 及 P_{23} 位于相应转动副中心。滑块 3 与机架 4 组成移动副，瞬心 P_{34} 位于过点 C 所作导路线之垂线的无穷远处。根据三心定理，P_{24} 应位于直线 $P_{23}P_{34}$ 与 $P_{14}P_{12}$ 的交点上，P_{13} 应位于直线 $P_{12}P_{23}$ 与 $P_{14}P_{34}$ 的交点上。

点 P_{13} 是构件 1 和 3 的同速点。

由 $\omega_1\overline{AP_{13}}=v_3=v_{P_{13}}$，得 $v_C=v_3=\omega_1\overline{AP_{13}}$，方向向左。

点 B 既绕绝对瞬心点 A 转动，也绕绝对瞬心点 P_{24} 转动。

由 $\omega_1\times\overline{AB}=\omega_2\times\overline{BP_{24}}=v_B$，得 $\omega_2=\omega_1\times\dfrac{\overline{AB}}{\overline{BP_{24}}}$，顺时针转动。

3. 凸轮机构

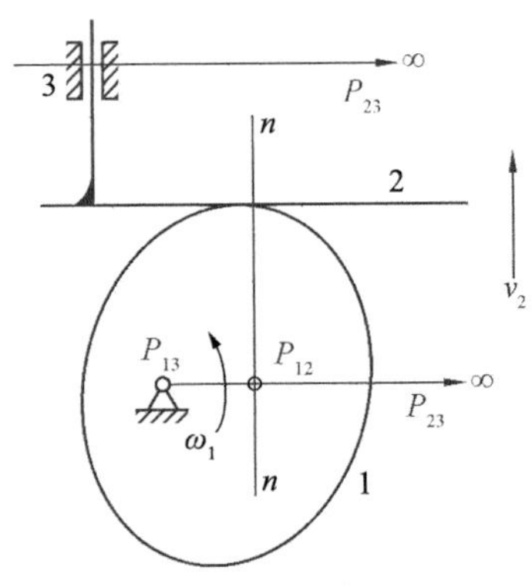

图 3-6　凸轮机构速度分析

如图 3-6 所示的凸轮机构中，已知各构件的尺寸及原动件凸轮 1 的角速度 ω_1，求从动件 2 的移动速度 v_2。用速度瞬心法求解很方便。

凸轮机构包含 3 个构件，共有 3 个速度瞬心，凸轮 1 与机架 3 组成转动副的瞬心 P_{13}；从动件 2 与机架 3 组成移动副的瞬心 P_{23}，位于垂直于导路的无穷远处；由于凸轮 1 和从动件 2 是高副接触（既有滚动又有滑动），则 P_{12} 应在过接触点 M 的公法线 $n—n$ 上，再根据三心定理，可确定 P_{12} 在 $P_{13}P_{23}$ 直线和法线 $n—n$ 的交点处。又因瞬心 P_{12} 是凸轮 1 和从动件 2 的等速重合点，故可求得从动件 2 的移动速度

$$v_2=v_{P_{12}}=\omega_1\overline{P_{13}P_{12}}$$

上述分析表明，利用瞬心法对四杆机构和平面高副机构进行速度分析非常方便。但对多杆机构进行速度分析时，由于瞬心数目多，就显得很烦琐。并且，速度瞬心法不能对机构进行加速度分析，所以应用起来有较大的局限性。

3.3　整体运动分析法在平面机构运动分析中的应用

3.3.1　整体运动分析法的基本概念

整体运动分析法是平面机构运动分析的基本方法，其求解过程如下：

(1) 针对具体机构选择合适的坐标系，建立机构的位置方程，并解出各构件间的位置关系。

(2) 将位置方程对时间进行一次求导，以求得机构的速度方程，并解出各构件间的速度、角速度关系。

(3) 将速度方程对时间进行一次求导，以求得机构的加速度方程，并解出各构件间的加速度、角加速度关系。

3.3.2　曲柄滑块机构的运动分析

在图 3－7 所示的曲柄滑块机构中，已知曲柄长 $\overline{AB}=l_1$、连杆长 $\overline{BC}=l_2$、偏距为 e，原动件 AB 以等角速度 ω_1 逆时针转动，对机构进行位移、速度、加速度分析。

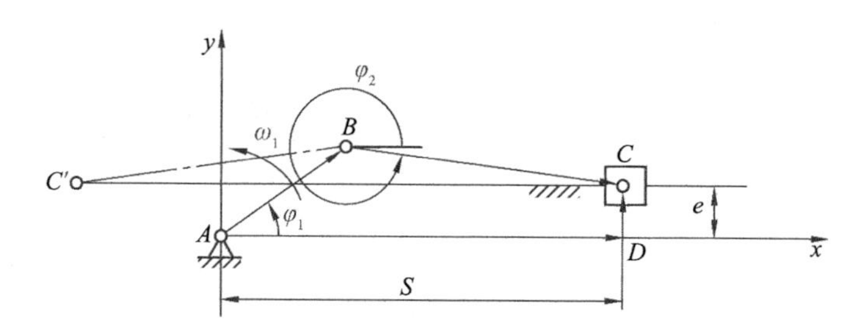

图 3－7　曲柄滑块机构的运动分析

1. 建立机构的位置方程，进行机构的位移分析

选择直角坐标 A 为坐标原点，x 轴平行于滑块导路方向，将各构件长度以矢量形式表示，各矢量形成一封闭的矢量多边形，其矢量方程为

$$\overrightarrow{AB}+\overrightarrow{BC}=\overrightarrow{AD}+\overrightarrow{DC} \tag{3-2}$$

矢量 $\overrightarrow{AB}$、$\overrightarrow{BC}$ 与 x 轴的夹角分别为 φ_1、φ_2，角位移取逆时针方向为正，将以上矢量方程分别向 x、y 轴投影，则有

$$\left.\begin{aligned} l_1\cos\varphi_1+l_2\cos\varphi_2=S \\ l_1\sin\varphi_1+l_2\sin\varphi_2=e \end{aligned}\right\} \tag{3-3}$$

此即为机构的位置方程，式中 φ_2 和 S 为未知量，消去 φ_2，则

$$l_2^2=(S-l_1\cos\varphi_1)^2+(e-l_1\sin\varphi_1)^2$$

即

$$S=l_1\cos\varphi_1\pm\sqrt{l_2^2-e^2-l_1^2\sin^2\varphi_1}+2l_1e\sin\varphi_1 \tag{3-4}$$

式中，“±”号表示机构可实现的两个对应位置，“＋”号为 ABC 所示位置，“－”号为 ABC' 所示位置，如图 3－7 所示。

滑块位置确定后，对应于一组 φ_1、S 值，由图 3－7 可得到连杆转角 φ_2 的三种表达形式，可取其中任意一种进行计算。即

$$\varphi_2=\arccos\frac{S-l_1\cos\varphi_1}{l_2} \tag{3-5}$$

$$\varphi_2=\arcsin\frac{e-l_1\sin\varphi_1}{l_2} \tag{3-6}$$

$$\varphi_2=\arctan\frac{e-l_1\sin\varphi_1}{S-l_1\cos\varphi_1} \tag{3-7}$$

2. 机构的速度分析

将式(3－3)对时间求导，则有

$$\left.\begin{aligned}-l_1\omega_1\sin\varphi_1-l_2\omega_2\sin\varphi_2=v_C\\ l_1\omega_1\cos\varphi_1+l_2\omega_2\cos\varphi_2=0\end{aligned}\right\}\tag{3-8}$$

式(3-8)中只有 ω_2、v_C 为未知量，属二元一次方程，故可求得

$$\omega_2=-\frac{l_1\omega_1\cos\varphi_1}{l_2\cos\varphi_2}\tag{3-9}$$

$$v_C=-l_1\omega_1\sin\varphi_1-l_2\omega_2\sin\varphi_2\tag{3-10}$$

3. 机构的加速度分析

将式(3-8)对时间求导，则有

$$\left.\begin{aligned}-l_1\omega_1^2\cos\varphi_1-l_2\omega_2^2\cos\varphi_2-l_2\varepsilon_2\sin\varphi_2=a_C\\ -l_1\omega_1^2\sin\varphi_1-l_2\omega_2^2\sin\varphi_2+l_2\varepsilon_2\cos\varphi_2=0\end{aligned}\right\}\tag{3-11}$$

式(3-11)中只有 ε_2、a_C 为未知量，属二元一次方程，故可求得

$$\varepsilon_2=\frac{l_1\omega_1^2\sin\varphi_1}{l_2\cos\varphi_2}+\omega_2^2\tan\varphi_2\tag{3-12}$$

$$a_C=-l_1\omega_1^2\cos\varphi_1-l_2\omega_2^2\cos\varphi_2-l_2\varepsilon_2\sin\varphi_2\tag{3-13}$$

3.3.3 曲柄摇杆机构的运动分析

在图3-8所示的曲柄摇杆机构中，已知各构件1、2、3、4的长度分别为 l_1、l_2、l_3、l_4，原动件1以等角速度 ω_1 逆时针转动，对机构进行位移、速度、加速度分析。

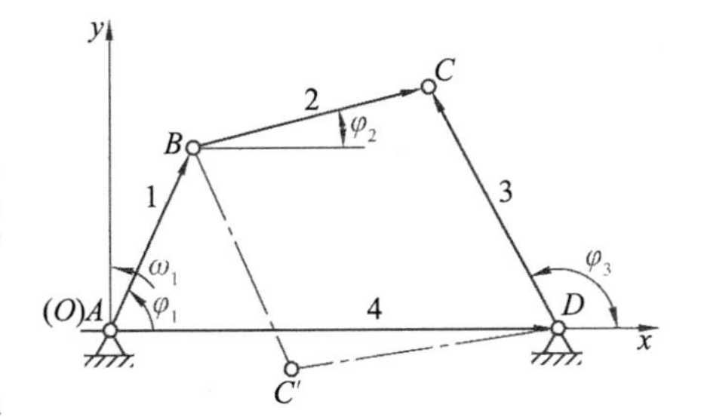

图3-8 曲柄摇杆机构的运动分析

1. 建立机构的位置方程，进行机构的位移分析

选择直角坐标 xOy，使 x 轴与机架重合，将各构件长度以矢量形式表示，各矢量形成一封闭的矢量多边形，其矢量方程为

$$\boldsymbol{l}_1+\boldsymbol{l}_2=\boldsymbol{l}_3+\boldsymbol{l}_4\tag{3-14}$$

各矢量与 x 轴的夹角分别为 φ_1、φ_2、φ_3 和0，角位移取逆时针方向为正，将以上矢量方程分别向 x、y 轴投影，则有

$$\left.\begin{aligned}l_1\cos\varphi_1+l_2\cos\varphi_2=l_4+l_3\cos\varphi_3\\ l_1\sin\varphi_1+l_2\sin\varphi_2=l_3\sin\varphi_3\end{aligned}\right\}\tag{3-15}$$

式(3-15)即为机构的位置方程，式中除各杆长度为已知外，φ_1 为所需给定的原动件位置，因此，只有 φ_2、φ_3 为未知量，故可解。将式(3-15)整理后得

$$\left.\begin{aligned}l_2\cos\varphi_2=(l_4-l_1\cos\varphi_1)+l_3\cos\varphi_3\\ l_2\sin\varphi_2=(-l_1\sin\varphi_1)+l_3\sin\varphi_3\end{aligned}\right\}\tag{3-16}$$

将式(3-16)两边分别平方后相加，即可消去 φ_2，得到只含 φ_3 的一阶的三角方程，为简化起见，令

$$A=l_4-l_1\cos\varphi_1$$

$$B=-l_1\sin\varphi_1$$

$$C=\frac{A^2+B^2+l_3^2-l_2^2}{2l_3}$$

则求解后的结果为

$$\varphi_3=2\arctan\frac{B\pm\sqrt{A^2+B^2-C^2}}{A-C} \tag{3-17}$$

$$\varphi_2=\arctan\frac{B+l_3\sin\varphi_3}{A+l_3\cos\varphi_3} \tag{3-18}$$

式(3-17)中根号前"±"号表示为同一尺寸的连杆机构错位不连续的两种状态,其中"+"号对应于图 3-8 所示的机构位置 $ABCD$,"—"号对应于图 3-8 中所示的机构位置 $ABC'D$。若根号内的数值小于零,则表示机构对应位置无法实现。

2. 机构的速度分析

将位移方程式(3-15)对时间求导数,则有

$$\left.\begin{aligned}l_1\omega_1\sin\varphi_1+l_2\omega_2\sin\varphi_2=l_3\omega_3\sin\varphi_3\\l_1\omega_1\cos\varphi_1+l_2\omega_2\cos\varphi_2=l_3\omega_3\cos\varphi_3\end{aligned}\right\} \tag{3-19}$$

式(3-19)中只有 ω_2、ω_3 为未知量,属二元一次方程,故容易求得

$$\omega_2=-\frac{l_1\sin(\varphi_1-\varphi_3)}{l_2\sin(\varphi_2-\varphi_3)}\omega_1 \tag{3-20}$$

$$\omega_3=\frac{l_1\sin(\varphi_1-\varphi_2)}{l_3\sin(\varphi_3-\varphi_2)}\omega_1 \tag{3-21}$$

若计算结果为正,则表示旋向为逆时针方向;反之,则为顺时针方向。

3. 机构的加速度分析

将速度方程式(3-19)对时间求导数,得

$$\left.\begin{aligned}l_1\omega_1^2\cos\varphi_1+l_2\omega_2^2\cos\varphi_2+l_2\varepsilon_2\sin\varphi_2=l_3\omega_3^2\cos\varphi_3+l_3\varepsilon_3\sin\varphi_3\\-l_1\omega_1^2\sin\varphi_1-l_2\omega_2^2\sin\varphi_2+l_2\varepsilon_2\cos\varphi_2=-l_3\omega_3^2\sin\varphi_3+l_3\varepsilon_3\cos\varphi_3\end{aligned}\right\} \tag{3-22}$$

式(3-22)中只有 ε_2、ε_3 为未知量,属二元一次方程,求解后整理得

$$\varepsilon_2=\frac{l_3\omega_3^2-l_1\omega_1^2\cos(\varphi_1-\varphi_3)-l_2\omega_2^2\cos(\varphi_2-\varphi_3)}{l_2\sin(\varphi_2-\varphi_3)} \tag{3-23}$$

$$\varepsilon_3=\frac{l_2\omega_2^2+l_1\omega_1^2\cos(\varphi_1-\varphi_2)-l_3\omega_3^2\cos(\varphi_3-\varphi_2)}{l_3\sin(\varphi_3-\varphi_2)} \tag{3-24}$$

若计算结果为正,则表示为加速运动;反之,则为减速运动。

由上述分析可知,机构的整体运动分析法简单明了、概念清楚,在简单机构的分析中得到广泛应用。但是,在进行复杂机构的运动分析时,可能面临着需要建立复杂的方程和方程求解困难两大问题,根据平面机构的组成原理,可以采用杆组法进行平面机构的运动分析。

3.4　杆组法在平面机构运动分析中的应用

3.4.1　采用杆组法进行机构运动分析的原理和方法

机构的组成原理表明，机构可由Ⅰ级机构＋基本杆组组成，当给定Ⅰ级机构的运动规律后，机构中各基本杆组的运动是确定的、可解的。因此，机构的运动分析可以从Ⅰ级机构开始，通过逐次求解各基本杆组来完成。

采用杆组法进行机构运动分析的步骤如下：

(1) 采用整体运动分析法，把Ⅰ级机构和各类基本杆组看成各自独立的单元，分别建立其运动分析的数学模型。

(2) 针对各基本杆组的数学模型，编制通用子程序，对其位置、速度及加速度和角速度、角加速度等运动参数进行求解。

(3) 在对复杂机构进行运动分析时，则依据机构的组成原理，将其分解成基本杆组，然后调用相关的通用子程序进行求解。

由于基本杆组结构简单且类型有限，其数学模型的建立和通用子程序的编写都较为容易，因此，采用杆组法可方便地对各种不同类型的平面连杆机构进行运动分析。

在生产实际中，应用最多的是Ⅱ级机构，Ⅲ级和Ⅳ级机构应用得较少，所以本章只讨论Ⅱ级机构的运动分析问题。

3.4.2　杆组法的运动分析的数学模型

1. 同一构件上点的运动分析

已知：构件1上A、B两点的距离l，点A的位置坐标为x_A，y_A，速度为v_A，加速度为a_A，构件的角位置为φ，角速度为ω，角加速度为ε。求：构件上另一点B的位置坐标x_B，y_B，速度v_B，加速度a_B。

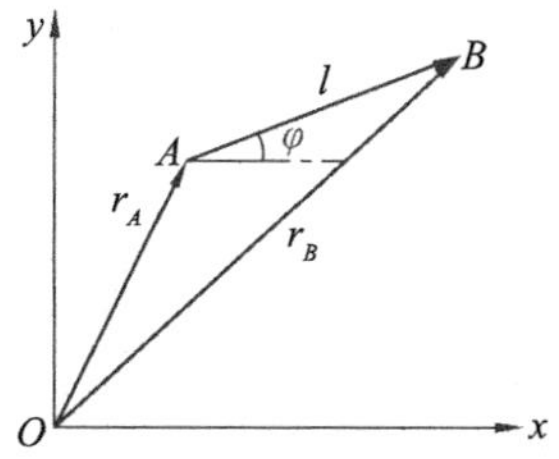

(1) 位移分析　由图3-9可得所求点B的矢量方程为

$$\boldsymbol{r}_B=\boldsymbol{r}_A+\boldsymbol{l} \tag{3-25}$$

图3-9　同一构件上点的运动分析

将矢量方程在x、y轴上投影即得位移方程为

$$\left.\begin{aligned} x_B&=x_A+l\cos\varphi \\ y_B&=y_A+l\sin\varphi \end{aligned}\right\} \tag{3-26}$$

(2) 速度分析　将位移方程式(3-26)对时间求导，得速度方程

$$\left.\begin{aligned} v_{Bx}&=\frac{\mathrm{d}x_B}{\mathrm{d}t}=x'_A-\dot{\varphi}l\sin\varphi=v_{Ax}-\omega(y_B-y_A) \\ v_{By}&=\frac{\mathrm{d}y_B}{\mathrm{d}t}=y'_A+\dot{\varphi}l\cos\varphi=v_{Ay}+\omega(x_B-x_A) \end{aligned}\right\} \tag{3-27}$$

(3) 加速度分析　将速度方程式(3-27)对时间t求导，即可得出加速度方程

即

$$\left.\begin{aligned} a_{Bx}&=a_{Ax}-\omega^2(x_B-x_A)-\varepsilon(y_B-y_A) \\ a_{By}&=a_{Ay}-\omega^2(y_B-y_A)+\varepsilon(x_B-x_A) \end{aligned}\right\} \tag{3-28}$$

上述结果的应用范围：若点 A 为固定转动副(与机架相固联)，即 x_A、y_A 为常数，则该点的速度和加速度均为零，此时构件 AB 和机架组成Ⅰ级机构。若 $0<\varphi_i<360°$，点 B 相当于摇杆上的点；若 $\varphi_i \geqslant 360°$(AB 整周回转)，点 B 相当于曲柄上的点。若点 A 不固定时，构件 AB 就相当于做平面运动的连杆，特殊情况下 A、B 还可能为曲柄或摇杆上的两个运动点。

2. RRRⅡ级杆组(A 型)的运动分析

如图 3-10 所示，已知两构件的杆长 l_i，l_j，两个外运动副 B、D 的位置 x_B，y_B，x_D，y_D，速度 v_B，v_D 和加速度 a_B，a_D。求内运动副 C 的位置 x_C、y_C，速度 v_C，加速度 a_C 以及两杆的角位置 φ_i、φ_j，角速度 ω_i、ω_j 和角加速度 ε_i、ε_j。

(1) 机构存在的装配条件检验

由图可见：$l_{BD}=\sqrt{(x_D-x_B)^2+(y_D-y_B)^2}$

若△BCD 存在，则杆长 l_{BD} 应同时满足 $l_{BD}\leqslant l_i+l_j$ 和 $l_{BD}\geqslant |l_i-l_j|$，否则无解。

若满足存在条件，则继续进行分析。

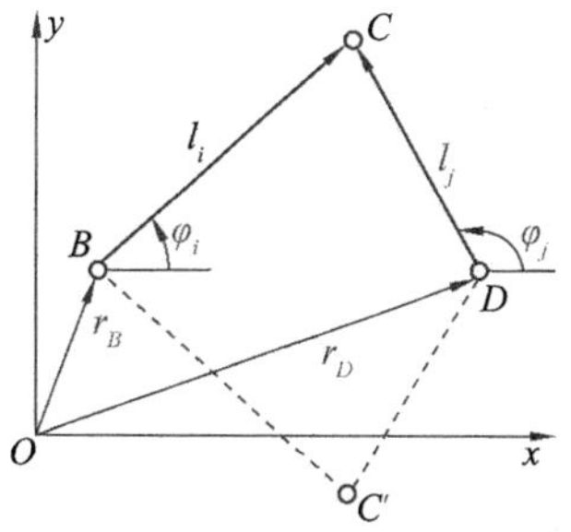

图 3-10　RRRⅡ级杆组(A 型)的运动分析

(2) 位移分析，内运动副 C 的矢量方程为

$$\boldsymbol{r}_C=\boldsymbol{r}_B+\boldsymbol{l}_i=\boldsymbol{r}_D+\boldsymbol{l}_j$$

将其向 x，y 方向投影，即得其位置方程为

$$\left.\begin{aligned} x_C&=x_B+l_i\cos\varphi_i=x_D+l_j\cos\varphi_j \\ y_C&=y_B+l_i\sin\varphi_i=y_D+l_j\sin\varphi_j \end{aligned}\right\} \tag{3-29}$$

为求解式(3-29)，应先求出 φ_i 或角 φ_j，首先消去 φ_j，将上式移项后得

$$\left.\begin{aligned} l_j\cos\varphi_j&=l_i\cos\varphi_i-(x_D-x_B) \\ l_j\sin\varphi_j&=l_i\sin\varphi_i-(y_D-y_B) \end{aligned}\right\}$$

方程两边分别平方后相加，消去 φ_j，并整理得

$$2(x_D-x_B)l_i\cos\varphi_i+2(y_D-y_B)l_i\sin\varphi_i-(l_i^2+l_{BD}^2-l_j^2)=0$$

令：$A_0=2(x_D-x_B)l_i$，$B_0=2(y_D-y_B)l_i$，$C_0=(l_i^2+l_{BD}^2-l_j^2)$，则有

$$A_0\cos\varphi_i+B_0\sin\varphi_i-C_0=0 \tag{3-30}$$

解上述三角函数方程式(3-30)可求得

$$\varphi_i=2\arctan\frac{B_0\pm\sqrt{A_0^2+B_0^2-C_0^2}}{A_0+C_0} \tag{3-31}$$

公式(3-31)中，"+"表示 B、C、D 三运动副为顺时针排列(图 3-10 中的实线位置)，"−"表示 B、C、D 为逆时针排列(虚线位置)。它表示已知两外副 B、D 的位置和杆长后，该杆组可有两种位置。

将 φ_i 代入式(3-29)可求得 x_C，y_C。而后即可按下式求得

$$\varphi_j=\arctan\frac{y_C-y_D}{x_C-x_D}$$

(3) 速度分析　将位置方程(3-29)求导，得

$$\left.\begin{aligned}x'_C&=x'_B-\dot{\varphi}_i l_i \sin\varphi_i=x'_D-\dot{\varphi}_j l_j \sin\varphi_j\\y'_C&=y'_B+\dot{\varphi}_i l_i \cos\varphi_i=y'_D+\dot{\varphi}_j l_j \cos\varphi_j\end{aligned}\right\}\tag{3-32}$$

即

$$\left.\begin{aligned}v_{Cx}&=v_{Bx}-\omega_i l_i \sin\varphi_i=v_{Dx}-\omega_j l_j \sin\varphi_j\\v_{Cy}&=v_{By}+\omega_i l_i \cos\varphi_i=v_{Dy}+\omega_j l_j \cos\varphi_j\end{aligned}\right\}\tag{3-33}$$

上式为 ω_i,ω_j 的二元一次方程,将 $l_i\sin\varphi_i=y_C-y_B$,$l_i\cos\varphi_i=x_C-x_B$,$l_j\sin\varphi_j=y_C-y_D$,$l_j\cos\varphi_j=x_C-x_D$ 代入方程式(3-32)并求解方程组得

$$\left.\begin{aligned}\omega_i&=\frac{(v_{Dy}-v_{By})(y_C-y_D)-(v_{Dx}-v_{Bx})(x_C-x_D)}{(y_C-y_B)(x_C-x_D)+(y_C-y_D)(x_C-x_B)}\\\omega_j&=\frac{(v_{Dy}-v_{By})(y_C-y_B)-(v_{Bx}-v_{Dx})(x_C-x_B)}{(y_C-y_D)(x_C-x_B)+(y_C-y_B)(x_C-x_D)}\end{aligned}\right\}\tag{3-34}$$

由于 B、C 同为构件 2 上的两点,故在求得 ω_i 的情况下,点 C 的速度就可用式(3-33)求得

$$\left.\begin{aligned}v_{Cx}&=v_{Bx}-\omega_i(y_C-y_B)\\v_{Cy}&=v_{By}+\omega_i(x_C-x_B)\end{aligned}\right\}\tag{3-35}$$

(4) 加速度分析　将式(3-32)对时间求导,得

$$\left.\begin{aligned}x''_C&=x''_B-\ddot{\varphi}_i l_i \sin\varphi_i-\dot{\varphi}_i^2 l_i \cos\varphi_i=x''_D-\ddot{\varphi}_j l_j \sin\varphi_j-\dot{\varphi}_j^2 l_j \cos\varphi_j\\y''_C&=y''_B+\ddot{\varphi}_i l_i \cos\varphi_i-\dot{\varphi}_i^2 l_i \sin\varphi_i=y''_D+\ddot{\varphi}_j l_j \cos\varphi_j-\dot{\varphi}_j^2 l_j \sin\varphi_j\end{aligned}\right\}\tag{3-36}$$

将相关几何关系代入并整理得:

$$\left.\begin{aligned}-\ddot{\varphi}_i l_i \sin\varphi_i+\ddot{\varphi}_j l_j \sin\varphi_j&=x''_D-x''_B+\dot{\varphi}_i^2 l_i \cos\varphi_i-\dot{\varphi}_j^2 l_j \cos\varphi_j\\\ddot{\varphi}_i l_i \cos\varphi_i-\ddot{\varphi}_j l_j \cos\varphi_j&=y''_D-y''_B+\dot{\varphi}_i^2 l_i \sin\varphi_i-\dot{\varphi}_j^2 l_j \sin\varphi_j\end{aligned}\right\}\tag{3-37}$$

$$\left.\begin{aligned}-\varepsilon_i(y_C-y_B)+\varepsilon_j(y_C-y_D)&=E\\\varepsilon_i(x_C-x_B)-\varepsilon_j(x_C-x_D)&=F\end{aligned}\right\}\tag{3-38}$$

式中,

$$E=a_{Dx}-a_{Bx}+\omega_i^2(x_C-x_B)-\omega_j^2(x_C-x_D)$$

$$F=a_{Dy}-a_{By}+\omega_i^2(y_C-y_B)-\omega_j^2(y_C-y_D)$$

解上述方程可得:

$$\left.\begin{aligned}\varepsilon_i&=\frac{E(x_C-x_D)+F(y_C-y_D)}{(x_C-x_B)(y_C-y_D)-(x_C-x_D)(y_C-y_B)}\\\varepsilon_j&=\frac{E(x_C-x_B)+F(y_C-y_B)}{(x_C-x_B)(y_C-y_D)-(x_C-x_D)(y_C-y_B)}\end{aligned}\right\}\tag{3-39}$$

B、C 同为构件 2 上的两点,所以由式(3-36)可求得点 C 的加速度为:

$$\left.\begin{aligned}a_{Cx}&=a_{Bx}-\omega_i^2(x_C-x_B)-\varepsilon_i(y_C-y_B)\\a_{Cy}&=a_{By}-\omega_i^2(y_C-y_B)+\varepsilon_i(x_C-x_B)\end{aligned}\right\}\tag{3-40}$$

3. RPR 双杆组(B 型)的运动分析

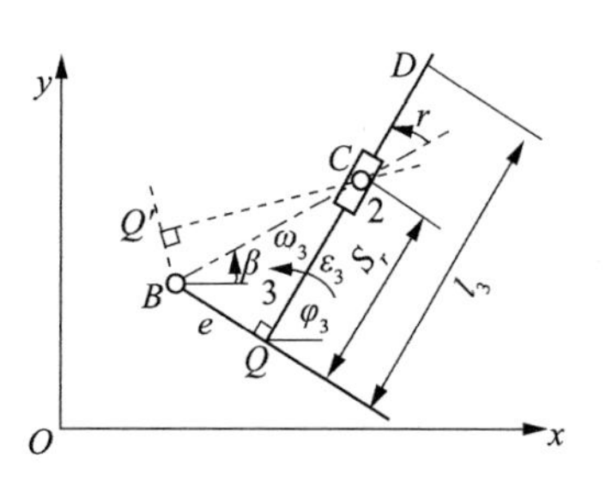

图 3-11 RPR 双杆组(B 型)的运动分析

如图 3-11 所示,已知:构件 3 与构件 2 组成 RPR 型基本杆组,已知 B、C 点的坐标 x_B,y_B;x_C,y_C,速度 v_B,v_C,加速度 a_B,a_C,以及尺寸参数 e 和 l_3。

求:导杆 3 的角位移 φ_3,角速度 ω_3,角加速度 ε_3;导杆上点 D 的位移坐标 x_D,y_D,速度 v_D,加速度 a_D;滑块相对于导杆的位置 S_r,速度 v_r,加速度 a_r。

(1) 位移分析

由图 3-11 可知:

$$S_r=\sqrt{(x_C-x_B)^2+(y_C-y_B)^2-e^2}$$

$$\gamma=\arctan\frac{e}{S_r}$$

$$\beta=\arctan\left(\frac{y_C-y_B}{x_C-x_B}\right)$$

$$\varphi_3=\beta\pm\gamma$$

讨论:当 BQC 为逆时针顺序时,如图 3-11 中实线所示,取"+"号;当 BQC 为顺时针顺序时,如图中虚线所示,取"-"号。

由图 3-11 可知:

$$\boldsymbol{r}_D=\boldsymbol{r}_B+\boldsymbol{e}+\boldsymbol{l}_3$$

其投影式为

$$\left.\begin{aligned}x_D&=x_B+e\sin\varphi_3+l_3\cos\varphi_3\\y_D&=y_B-e\cos\varphi_3+l_3\sin\varphi_3\end{aligned}\right\}\tag{3-41}$$

由图 3-11 可知点 C 的位置矢量为

$$\boldsymbol{r}_C=\boldsymbol{r}_B+\boldsymbol{e}+\boldsymbol{S}_r$$

分别向 x 轴和 y 轴投影:

$$\left.\begin{aligned}x_C&=x_B+e\sin\varphi_3+S_r\cos\varphi_3\\y_C&=y_B-e\cos\varphi_3+S_r\sin\varphi_3\end{aligned}\right\}\tag{3-42}$$

(2) 速度分析

将式(3-42)对时间求导,整理后得

$$\left.\begin{aligned}-\omega_3(S_r\sin\varphi_3-e\cos\varphi_3)+v_r\cos\varphi_3&=v_{Cx}-v_{Bx}\\\omega_3(S_r\cos\varphi_3+e\sin\varphi_3)+v_r\sin\varphi_3&=v_{Cy}-v_{By}\end{aligned}\right\}\tag{3-43}$$

由图 3-11 得

$$\left.\begin{aligned}S_r\cos\varphi_3+e\sin\varphi_3&=x_C-x_B\\S_r\sin\varphi_3-e\cos\varphi_3&=y_C-y_B\end{aligned}\right\}\tag{3-44}$$

解方程组式(3－43)，并将式(3－44)代入，得

$$\omega_3=\frac{(v_{Cy}-v_{By})\cos\varphi_3-(v_{Cx}-v_{Bx})\sin\varphi_3}{(x_C-x_B)\cos\varphi_3+(y_C-y_B)\sin\varphi_3} \tag{3-45}$$

$$v_r=\frac{(v_{Cy}-v_{By})(y_C-y_B)+(v_{Cx}-v_{Bx})(x_C-x_B)}{(x_C-x_B)\cos\varphi_3+(y_C-y_B)\sin\varphi_3} \tag{3-46}$$

求出 ω_3 后，进一步求出点 D 的速度分量：

$$\left.\begin{aligned}v_{Dx}&=v_{Bx}-\omega_3(y_D-y_B)\\v_{Dy}&=v_{By}+\omega_3(x_D-x_B)\end{aligned}\right\} \tag{3-47}$$

(3) 加速度分析

将式(3－43)对时间求导，并用式(3－44)代入，整理后得

$$\left.\begin{aligned}-\varepsilon_3(y_C-y_B)+a_r\cos\varphi_3&=E\\\varepsilon_3(x_C-x_B)+a_r\sin\varphi_3&=F\end{aligned}\right\} \tag{3-48}$$

式中：

$$E=a_{Cx}-a_{Bx}+\omega_3^2(x_C-x_B)+2\omega_3 v_r\sin\varphi_3$$

$$F=a_{Cy}-a_{By}+\omega_3^2(y_C-y_B)-2\omega_3 v_r\cos\varphi_3$$

解上述方程组得

$$\varepsilon_3=\frac{-E\sin\varphi_3+F\cos\varphi_3}{(x_C-x_B)\cos\varphi_3+(y_C-y_B)\sin\varphi_3} \tag{3-49}$$

$$a_r=\frac{E(x_C-x_B)+F(y_C-y_B)}{(x_C-x_B)\cos\varphi_3+(y_C-y_B)\sin\varphi_3} \tag{3-50}$$

求出 ε_3 后，可进一步求出点 D 的加速度分量：

$$\left.\begin{aligned}a_{Dx}&=a_{Bx}-\omega_3^2(x_D-x_B)-\varepsilon_3(y_D-y_B)\\a_{Dy}&=a_{By}-\omega_3^2(y_D-y_B)+\varepsilon_3(x_D-x_B)\end{aligned}\right\} \tag{3-51}$$

4. RRPⅡ级杆组运动分析

如图 3－12 所示，已知两杆长分别为 l_i 和 l_j，外回转副 B 的坐标(x_B，y_B)，速度 v_B，加速度 a_B。滑块导路方向角 φ_j 和计算位移 s 时参考点 K 的位置(x_K，y_K)，如若导路运动(如导杆)，还必须给出点 K 和导路的运动参数(x_K，y_K，v_K，a_K，ω_j，ε_j)。求内运动副 C 的运动参数(x_C，y_C，v_C，a_C)。

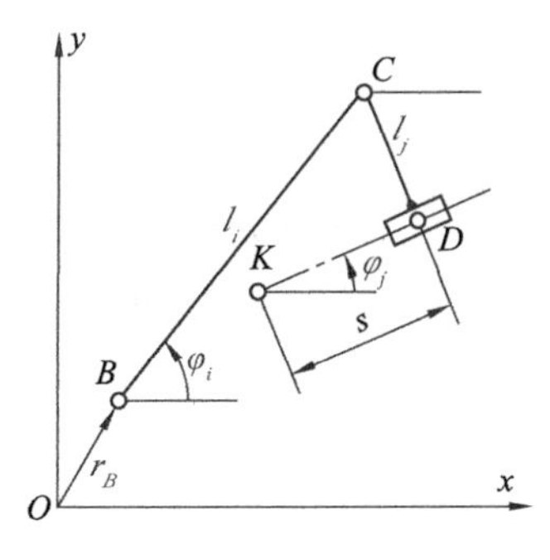

图 3－12　RRPⅡ级杆组运动分析

(1) 位置方程。内回转副 C 的位置方程

$$\left.\begin{aligned}x_C&=x_B+l_i\cos\varphi_i=x_K+s\cos\varphi_j-l_j\sin\varphi_j\\y_C&=y_B+l_i\sin\varphi_i=y_K+s\sin\varphi_j+l_j\cos\varphi_j\end{aligned}\right\} \tag{3-52}$$

消去式(3－52)中的 s，得

$$l_i\sin(\varphi_i-\varphi_j)=(x_B-x_K)\sin\varphi_j-(y_B-y_K)\cos\varphi_j+l_j$$

因$|\sin(\varphi_i-\varphi_j)|\leqslant 1$,故$|(x_B-x_K)\sin\varphi_j-(y_B-y_K)\cos\varphi_j+l_j|\leqslant l_i$,此为机构存在的基本条件。由式(3-52)得

$$\varphi_i=\arcsin\left[\frac{(x_B-x_K)\sin\varphi_j-(y_B-y_K)\cos\varphi_j+l_j}{l_i}\right]+\varphi_j \quad (3-53)$$

求得 φ_i 后,可按式(3-52)求得 x_C、y_C,而后即可求得滑块的位移

$$s=(x_C-x_K+l_j\sin\varphi_j)/\cos\varphi_j=(y_C-y_K-l_j\cos\varphi_j)/\sin\varphi_j \quad (3-54)$$

滑块点 D 的位置方程为

$$\left.\begin{aligned}x_D&=x_K+s\cos\varphi_j\\y_D&=y_K+s\sin\varphi_j\end{aligned}\right\} \quad (3-55)$$

(2) 速度方程。l_i 杆的角速度ω_i 和滑块D沿导路的移动速度

$$\omega_i=\dot{\varphi}_i=(-Q_1\sin\varphi_j+Q_2\cos\varphi_j)/Q_3 \quad (3-56)$$

$$v_D=\frac{\mathrm{d}s}{\mathrm{d}t}=-(Q_1l_i\cos\varphi_i+Q_2l_i\sin\varphi_i)/Q_3 \quad (3-57)$$

式中:$Q_1=x'_K-x'_B-\dot{\varphi}_j(s\sin\varphi_j+l_j\cos\varphi_j)$

$Q_2=y'_K-y'_B+\dot{\varphi}_j(s\cos\varphi_j-l_j\sin\varphi_j)$

$Q_3=l_i\sin\varphi_i\sin\varphi_j+l_i\cos\varphi_i\cos\varphi_j$

内回转副 C 的速度

$$\left.\begin{aligned}v_{Cx}&=x'_C=x'_B-\dot{\varphi}_il_i\sin\varphi_i\\v_{Cy}&=y'_C=y'_B+\dot{\varphi}_il_i\cos\varphi_i\end{aligned}\right\} \quad (3-58)$$

外移动副 D 的速度

$$\left.\begin{aligned}v_{Dx}&=x'_D=x'_K+\frac{\mathrm{d}s}{\mathrm{d}t}\cos\varphi_j-s\dot{\varphi}_j\sin\varphi_j\\v_{Dy}&=y'_D=y'_K+\frac{\mathrm{d}s}{\mathrm{d}t}\sin\varphi_j+s\dot{\varphi}_j\cos\varphi_j\end{aligned}\right\} \quad (3-59)$$

(3) 加速度方程。l_i 杆的角加速度α_i 和滑块沿导路移动加速度

$$\left.\begin{aligned}\alpha_i&=\ddot{\varphi}_i=(-Q_4\sin\varphi_j+Q_5\cos\varphi_j)/Q_3\\\frac{\mathrm{d}^2s}{\mathrm{d}t^2}&=(-Q_4l_i\cos\varphi_i-Q_5l_i\sin\varphi_i)/Q_3\end{aligned}\right\} \quad (3-60)$$

式中:

$$Q_4=x''_K-x''_B+\dot{\varphi}_i^2l_i\cos\varphi_i-\ddot{\varphi}_j(s\sin\varphi_j+l_j\cos\varphi_j)-\dot{\varphi}_j^2(s\cos\varphi_j-l_j\sin\varphi_j)-2\frac{\mathrm{d}s}{\mathrm{d}t}\dot{\varphi}_j\sin\varphi_j$$

$$Q_5=y''_K-y''_B+\dot{\varphi}_i^2l_i\sin\varphi_i+\ddot{\varphi}_j(s\cos\varphi_j-l_j\sin\varphi_j)-\dot{\varphi}_j^2(s\sin\varphi_j+l_j\cos\varphi_j)+2\frac{\mathrm{d}s}{\mathrm{d}t}\dot{\varphi}_j\cos\varphi_j$$

内回转副点 C 加速度

$$\left.\begin{aligned}a_{Cx}=x''_C=x''_B-\ddot{\varphi}_i l_i\sin\varphi_i-\dot{\varphi}_i^2 l_i\cos\varphi_i\\a_{Cy}=y''_C=y''_B+\ddot{\varphi}_i l_i\cos\varphi_i-\dot{\varphi}_i^2 l_i\sin\varphi_i\end{aligned}\right\}\tag{3-61}$$

滑块上点 D 的加速度

$$\left.\begin{aligned}a_{Dx}=x''_D=x''_K+\frac{\mathrm{d}^2 s}{\mathrm{d}t^2}\cos\varphi_j-s\ddot{\varphi}_j\sin\varphi_j-s\dot{\varphi}_j^2\cos\varphi_j-2\frac{\mathrm{d}s}{\mathrm{d}t}\dot{\varphi}_j\sin\varphi_j\\a_{Dy}=y''_D=y''_K+\frac{\mathrm{d}^2 s}{\mathrm{d}t^2}\sin\varphi_j+s\ddot{\varphi}_j\cos\varphi_j-s\dot{\varphi}_j^2\sin\varphi_j+2\frac{\mathrm{d}s}{\mathrm{d}t}\dot{\varphi}_j\cos\varphi_j\end{aligned}\right\}\tag{3-62}$$

完成各基本杆组的运动分析后，将计算结果编制成子程序，以供机构运动分析时调用。各计算程序可自行编写，也可通过参考资料查阅。

3.5　典型题解析

[例 3-1]　在例图 3-1 所示平面四杆机构中，已知各个构件的尺寸和主动件 2 的角速度 ω_2。试求：

(1) 机构在例图 3-1 所示位置时，该机构的瞬心数目及瞬心位置；

(2) ω_2 与 ω_4 的比值；

(3) 速度 v_C。

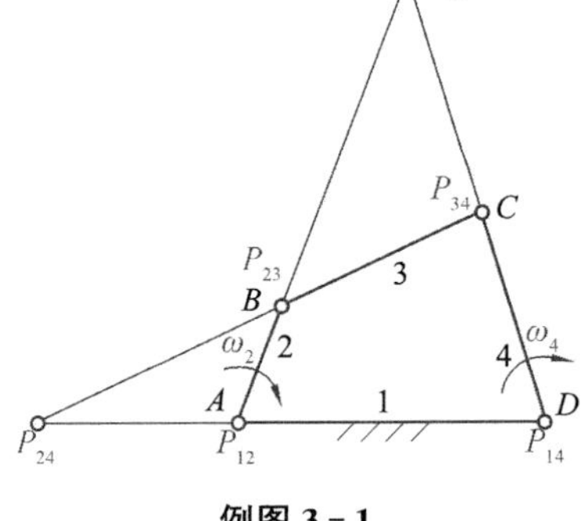

例图 3-1

解：(1) 该机构的瞬心数目 $K=\dfrac{N(N-1)}{2}=4\times(4-1)/2=6$

由例图 3-1 可知，回转副 A、B、C、D 分别为瞬心 P_{12}、P_{23}、P_{34} 和 P_{14}。

由三心定理知，构件 1、2、3 的三个瞬心 P_{12}、P_{23} 及 P_{13} 应位于同一条直线上；构件 1、4、3 的三个瞬心 P_{34}、P_{14} 及 P_{13} 也应位于同一条直线上。因此，两直线交点就是 P_{13}。同理，直线 $P_{14}P_{12}$ 和直线 $P_{34}P_{23}$ 的交点就是 P_{24}。

(2) 构件 1 为机架，所以 P_{13}、P_{12} 和 P_{14} 是绝对瞬心；而 P_{23}、P_{34} 和 P_{24} 是相对瞬心。

因为 P_{24} 为速度瞬心，也就是构件 2 和构件 4 在此点具有相同的绝对速度，所以其速度为

$$v_{P_{24}}=\omega_2 l_{P_{12}P_{24}}\mu_1=\omega_4 l_{P_{14}P_{24}}\mu_1$$

式中，μ_1 为机构的尺寸比例尺，它是构件的真实长度与图示长度之比(m/mm)。

由上式可得

$$\frac{\omega_2}{\omega_4}=\frac{l_{P_{14}P_{24}}}{l_{P_{12}P_{24}}}=\frac{P_{14}P_{24}}{P_{12}P_{24}}$$

式中，ω_2/ω_4 为该构件的主动件 2 与从动件 4 的瞬时角速度之比，即机构的传动比。上式表明，此传动比等于两构件 2 和 4 的绝对瞬心(P_{12}，P_{14})与其相对瞬心(P_{24})距离的反比。此关系可以推广到平面机构中任意两构件 i 与 j 的角速度之间的关系，即

$$\omega_i/\omega_j = P_{1j}P_{ij}/(P_{1i}P_{ij})$$

式中，ω_i、ω_j 分别是构件 i 与 j 的瞬时角速度；P_{1i} 及 P_{1j} 分别是构件 i 及 j 的绝对瞬心；而 P_{ij} 则为构件 i、j 的相对瞬心。因此，在已知 P_{1i}、P_{1j} 及构件 i 的角速度 ω_i 的条件下，只要定出 P_{ij} 的位置，便可求出构件 j 的角速度 ω_j。由此可得

$$\omega_3/\omega_4 = P_{14}P_{34}/(P_{13}P_{34})$$

(3) 点 C 的速度即为瞬心的速度，则有

$$v_C = \omega_3 P_{13}P_{34}\mu_1 = \omega_4 P_{14}P_{34}\mu_1 = \omega_2[P_{12}P_{24}/(P_{14}P_{24})]P_{14}P_{34}\mu_1$$

[例 3-2] 例图 3-2 所示为一曲柄摇块机构。已知原动件 1 以等角速度 ω_1 转动，各构件长度 l_1, l_4。试求导杆 2 的角位移 φ_2、角速度 ω_2 和角加速度 ε_2 及导杆相对滑块的位移 s、速度 $\frac{ds}{dt}$ 和加速度 $\frac{d^2s}{dt^2}$。

解： 机构的封闭矢量如例图 3-2 所示。

(1) 位置分析　机构的复数矢量方程为

$$\boldsymbol{l}_1 \mathbf{e}^{i\varphi_1} + \boldsymbol{s}\mathbf{e}^{i\varphi_2} = l_4 \tag{a}$$

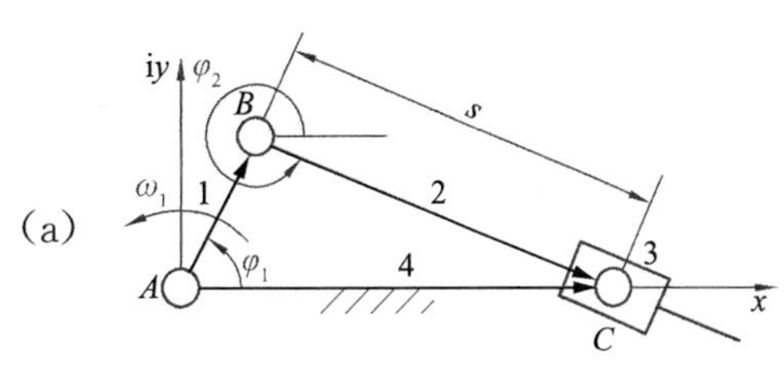

例图 3-2

将其展成实部、虚部为

$$l_1\cos\varphi_1 + s\cos\varphi_2 = l_4$$
$$l_1\sin\varphi_1 + s\sin\varphi_2 = 0$$

由此可得位移 s 和角位移 φ_2 为

$$s = (l_1^2 + l_4^2 - 2l_1 l_4\cos\varphi_1)^{\frac{1}{2}}$$
$$\varphi_2 = \arctan[-l_1\sin\varphi_1/(l_4 - l_1\cos\varphi_1)]$$

(2) 速度分析　将式(a)对时间 t 求导，得

$$il_1\omega_1 e^{i\varphi_1} + is\omega_2 e^{i\varphi_2} + \frac{ds}{dt}e^{i\varphi_2} = 0 \tag{b}$$

上式两端同乘以 $e^{-i\varphi_2}$，得

$$il_1\omega_1 e^{i(\varphi_1-\varphi_2)} + is\omega_2 + \frac{ds}{dt} = 0$$

分别取实部、虚部，可得速度 $\frac{ds}{dt}$ 和角速度 ω_2 为

$$\frac{ds}{dt} = l_1\omega_1\sin(\varphi_1 - \varphi_2)$$
$$\omega_2 = -l_1\omega_1\cos(\varphi_1 - \varphi_2)/s$$

(3) 加速度分析　将式(b)对时间 t 求导，得

$$-l_1\omega_1^2 e^{i\varphi_1} - s\omega_2^2 e^{i\varphi_2} + 2i\frac{ds}{dt}\omega_2 e^{i\varphi_2} + is\varepsilon_2 e^{i\varphi_2} + \frac{d^2s}{dt^2}e^{i\varphi_2} = 0 \tag{c}$$

上式两端同乘以 $e^{-i\varphi_2}$，得

$$-l_1\omega_1^2 e^{i(\varphi_1-\varphi_2)}-s\omega_2^2+2i\frac{ds}{dt}\omega_2+is\varepsilon_2+\frac{d^2 s}{dt^2}=0$$

分别取实部、虚部，可得角速度$\frac{ds}{dt}$和角加速度$\frac{d^2 s}{dt^2}$为

$$\frac{ds}{dt}=l_1\omega_1^2\cos(\varphi_1-\varphi_2)+s\omega_2^2$$

$$\frac{d^2 s}{dt^2}=\left[l_1\omega_1^2\sin(\varphi_1-\varphi_2)-2\frac{ds}{dt}\omega_2\right]\Big/s$$

［例 3-3］ 例图 3-3(a)为一双销四槽槽轮机构。已知中心距 $a=200$mm，主动件 1 以 $n_1=100$r/min 等速转动，当 $\theta_1=30°$时，试求槽轮 2 的角速度。

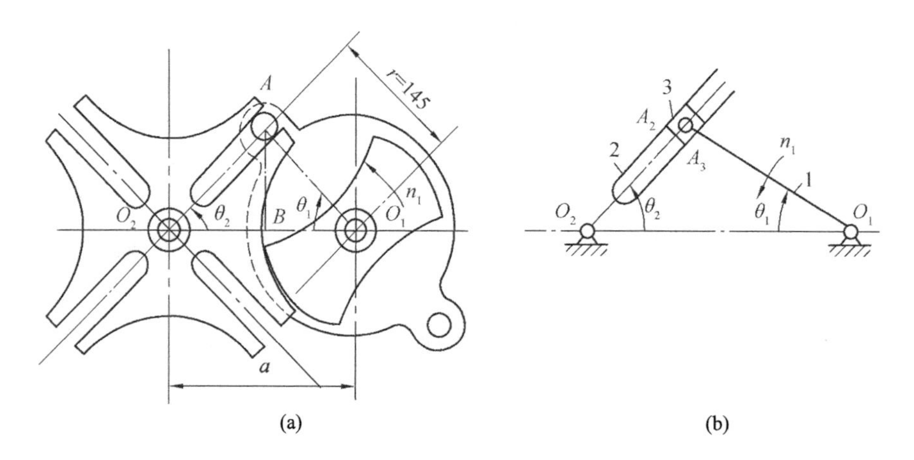

例图 3-3

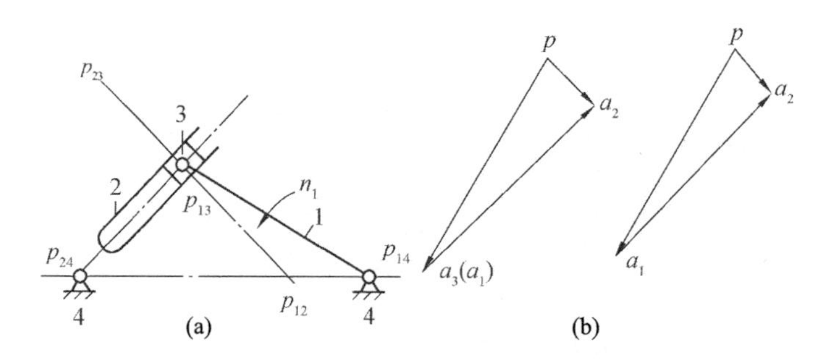

例图 3-3 解

解： 方法一（瞬心法）：将槽轮机构代换成例图 3-6(b)所示的形式，然后，求此机构构件 1 和 2 的相对瞬心 P_{12}，见例图 3-3 解(a)，构件 2 的角速度

$$\omega_2 P_{24}P_{12}=\omega_1 P_{14}P_{12}$$

$$\omega_2=\frac{P_{14}P_{12}}{P_{23}P_{12}}\omega_1=\frac{13.5}{36.5}\times\frac{2\pi\times100}{60}=3.871\ \text{rad/s}(\text{方向：顺时针})$$

方法二(图解法):在例图 3-3(b)中,点 A_2 的速度为

$$\bar{v}_{A_2}=\bar{v}_{A_3}+\bar{v}_{A_2A_3}$$

上式中,各变量的方向和大小见下表:

	$\bar{v}_{A_2}$	$\bar{v}_{A_3}$	$\bar{v}_{A_2A_3}$
方向	$\perp O_2A_2$	$\perp O_1A_3$	$//A_2O_2$
大小	?	$\omega_1 l_{AO_1}$	?

式中,$\omega_1=\dfrac{2\pi n_1}{60}=\dfrac{2\pi\times100}{60}=10.47\text{rad/s}$,$l_{AO_1}=0.145$。取长度 $pA_3=40\text{mm}$ 代表 $\bar{v}_{A3}$,其速度比例尺

$\mu_v=\dfrac{v_{A_3}}{pa_3}=\dfrac{10.47\times0.145}{40}=0.0380(\text{m/s/mm})$,作速度图如例图 3-6 解(b)所示,即可求得 pa_2。

$$v_{A_2}=pa_2\cdot\mu_v=10.5\times0.038=0.4011\text{m/s}$$

$$\omega_2=\frac{v_{A_2}}{l_{A_2O_2}}=\frac{0.4011}{0.104}=3.856\text{rad/s}$$

方法三:

在例图 3-6(a)中,槽轮机构在运动过程中的任一瞬时,槽轮 2 的转角 θ_2 与主动件 1 的转角 θ_1 间的关系为

$$\tan\theta_2=\frac{AB}{BO_2}=\frac{r\sin\theta_1}{a-r\cos\theta_1}$$

令 $\lambda=\dfrac{r}{a}$,代入上式后得

$$\theta_2=\arctan\frac{\lambda\sin\theta_1}{1-\lambda\cos\theta_1} \tag{a}$$

将式(a)对时间 t 求导后,得

$$\omega_2=\frac{\mathrm{d}\theta_2}{\mathrm{d}t}=\frac{\lambda(\cos\theta_1-\lambda)}{1-2\lambda\cos\theta_1+\lambda^2}\omega_1 \tag{b}$$

式中,取 $\lambda=\dfrac{r}{a}=\dfrac{145}{200}=0.725$,$\theta_1=30°$时

$$\omega_2=\frac{0.725(\cos30°-0.725)}{1-2\times0.725\cos30°+(0.725)^2}\times\frac{2\pi\times100}{60}\text{rad/s}=3.965\text{rad/s}$$

[例 3-4] 在例图 3-4 所示的六杆机构中,已知各杆长 $l_{AB}=100\text{mm}$,$l_{BC}=300\text{mm}$,$l_{CD}=250\text{mm}$,$l_{BE}=300\text{mm}$,$l_{AD}=250\text{mm}$,$l_{EF}=400\text{mm}$,$H=350\text{mm}$,$\delta=30°$,曲柄 AB 的角速度 $\omega_1=10\text{rad/s}$。求滑块点 F 的位移、速度和加速度。

解: 1. 划分基本杆组

该六杆机构是由Ⅰ级机构 AB、RRRⅡ级基本组 BCD 和 RRPⅡ级基本组 EF 组成。

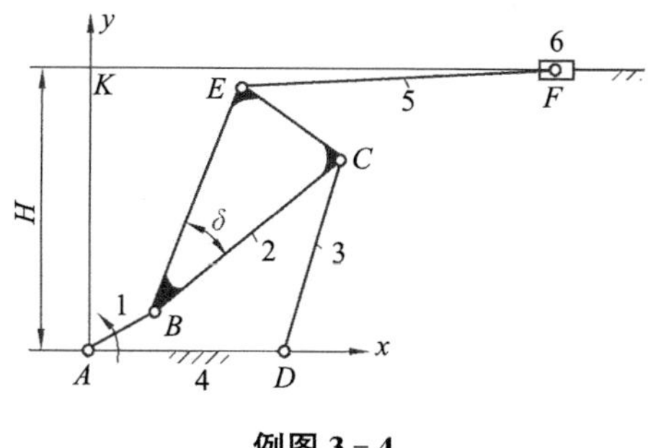

例图 3－4

2. 采用杆组法逐步求解，步骤如下：

(1) 调用Ⅰ级机构 AB 子程序，即已知构件上点 A 运动参数，求出同一构件上点 B（回转副）的运动参数。

(2) 在 RRRⅡ级杆组 BCD 中，已知 B、D 两点运动参数后，调用 RRR 基本组子程序求解内运动副点 C 运动参数和杆件 2、3 的角运动参数。

(3) 点 E 与点 B、C 相当于同一构件上的点，在已知点 C（或点 B）的运动参数情况下，调用求同一构件上点的运动分析子程序，求出点 E 的运动参数。

(4) 调用 RRPⅡ级基本组 EF 子程序，求出滑块 F 的位移、速度和加速度。

以曲柄转角 $\varphi_1=0$ 为初始位置，按计算要求设计间隔值（$\Delta\varphi_1=30°$），将计算结果以表格（如例表 3－4 所示）或图形形式表达出来。

例表 3－4　计算结果

曲柄转角 φ_1	滑块位置 x_6　y_6 (mm)	滑块速度 v(m/s)	滑块加速度 a(m/s^2)
0.00	516.40　350.00	2.11	16.71
30.00	591.64　350.00	0.67	−29.02
60.00	592.74　350.00	−0.50	−15.57
⋮	⋮　⋮	⋮	⋮
300.00	325.24　350.00	0.97	18.11
330.00	401.96　350.00	1.96	16.92
360.00	516.40　350.00	2.11	−16.71

思考题与习题

3－1　何谓速度瞬心？相对瞬心与绝对瞬心有何区别？

3－2　何谓三心定理？

3－3　速度瞬心法一般适用于什么场合？能否利用速度瞬心法对机构进行加速度分析？

3－4　用图解法、瞬心法、矢量方程图解法对机构作运动分析，若不首先准确作出机构运动简图将产生什么后果？采用解析法是否也有同样的问题？

3－5　用解析法作机构运动分析的关键是什么？解析法和图解法各有哪些特点？各应用

在什么场合下比较适宜？

3－6　试确定题图 3－6 所示各机构在图示位置时全部瞬心的位置(用符号 P_{ij} 表示)。

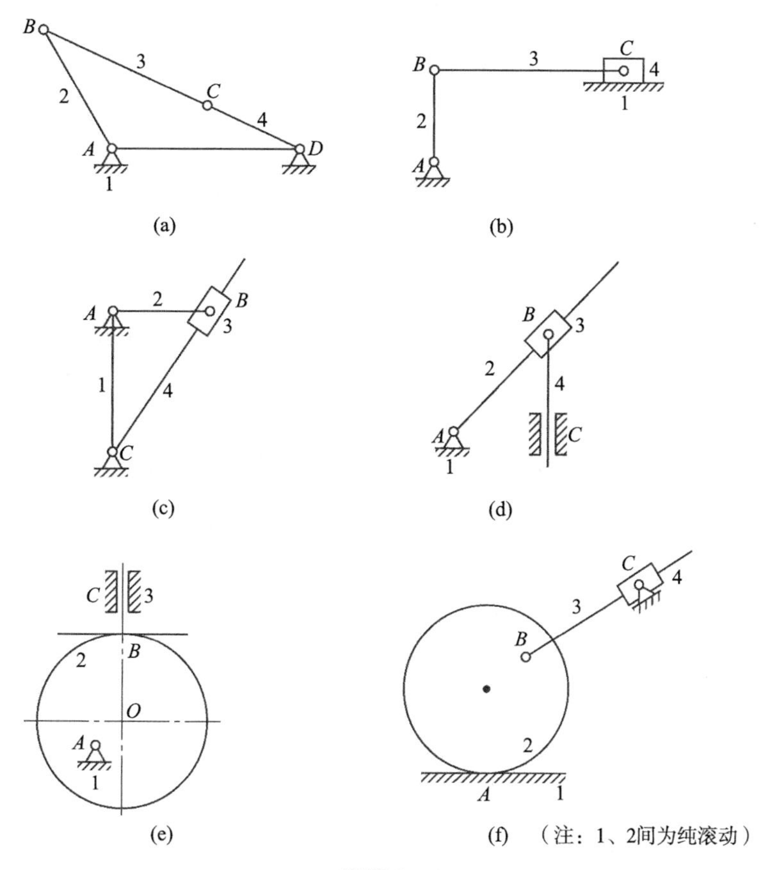

题图 3－6

3－7　已知题图 3－7 所示机构尺寸及 $\omega_1=1\text{rad/s}$，试用图解法求 ω_3。

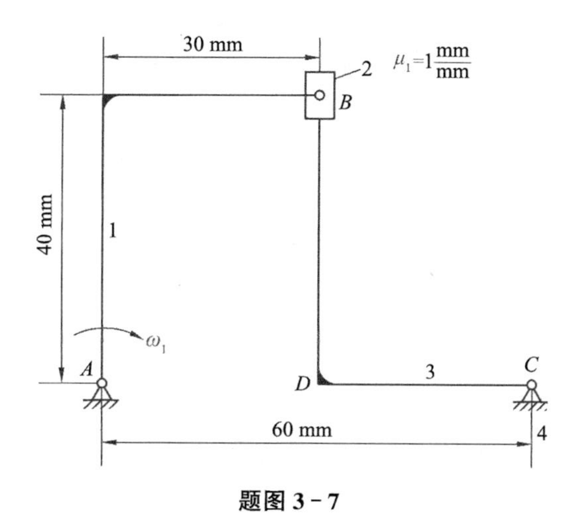

题图 3－7

3－8　在题图 3－8 所示的齿轮-连杆组合机构中，试用瞬心法求齿轮 1 与齿轮 3 的传动比 ω_1/ω_3。

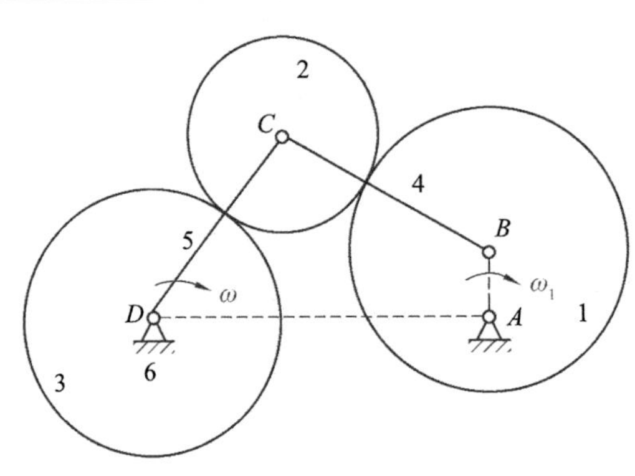

题图 3－8

3－9　在题图 3－9 所示六杆机构中，已知 $l_{AC}=25\text{mm}$，$l_{AB}=40\text{mm}$，$l_{BD}=20\text{mm}$，$l_{ED}=80\text{mm}$，$\omega_1=10\text{rad/s}$，$\varphi_1=30°$。

(1) 试用瞬心法求构件 4 上速度为零点的位置；

(2) 试用相对运动图解法求点 D 的速度 v_D（写出矢量方程式、各量的大小及方向，并画出速度多边形）；

(3) 求构件 4 的角速度 ω_4。

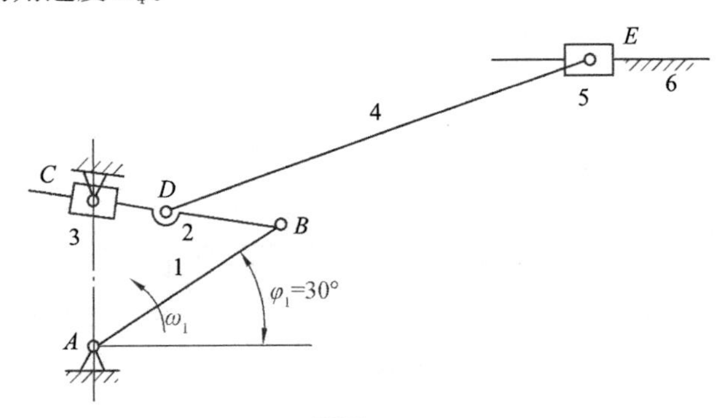

题图 3－9

3－10　题图 3－10 所示为齿轮-连杆机构运动简图。已知：$z_1=24$，$z_2=36$，$z_3=96$，$m=4\text{mm}$，$\omega_1=1\text{rad/s}$，顺时针方向转动，$\angle ABC=90°$，各齿轮均为标准齿轮。试求：

(1) 此机构的自由度；

(2) 此位置时构件 5 相对构件 6 的相对速度以及构件 5 的角速度（用相对运动图解法，列出必要解析式）。

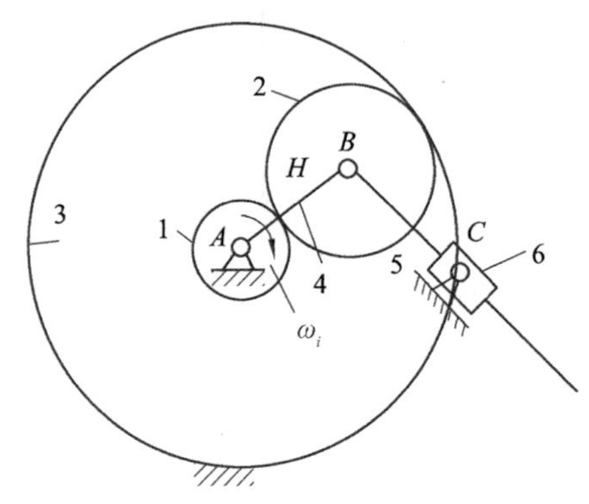

题图 3－10

3 - 11　拉杆夹斗的机构运动简图如题图 3 - 11 所示：已知：$l_{AB}=600\text{mm}$，$l_{BC}=400\text{mm}$，当拉杆 CD 以 0.1m/s 匀速上拉时，用相对运动图解法求：当 BC 与 CD 夹角为 60°时，夹斗运动的角速度。

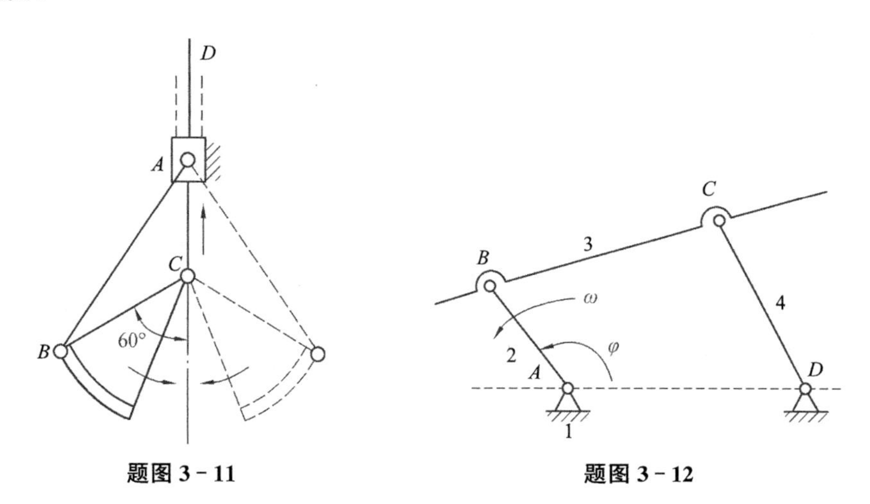

题图 3 - 11　　**题图 3 - 12**

3 - 12　在题图 3 - 12 所示的四杆机构中，$l_{AB}=60\text{mm}$，$l_{CD}=90\text{mm}$，$l_{AD}=l_{BC}=120\text{mm}$，$\omega_2=10\text{rad/s}$，试用瞬心法求：

(1) 当 $\varphi=165°$时，点 C 的速度 v_C；

(2) 当 $\varphi=165°$时，构件 3 的 BC 线上速度最小的一点 E 的位置及其速度的大小；

(3) 当 $v_C=0$ 时，φ 角之值(有两个解)。

3 - 13　如题图 3 - 13 所示的牛头刨床机构中，$h=800\text{mm}$，$h_1=300\text{mm}$，$h_2=120\text{mm}$，$l_{AB}=200\text{mm}$，$l_{CD}=960\text{mm}$，$l_{DE}=160\text{mm}$。设曲柄以等角速度 $\omega_1=5\text{rad/s}$ 逆时针方向回转，试用图解法求机构在 $\varphi_1=135°$位置时，刨头上点 C 的速度 v_C。

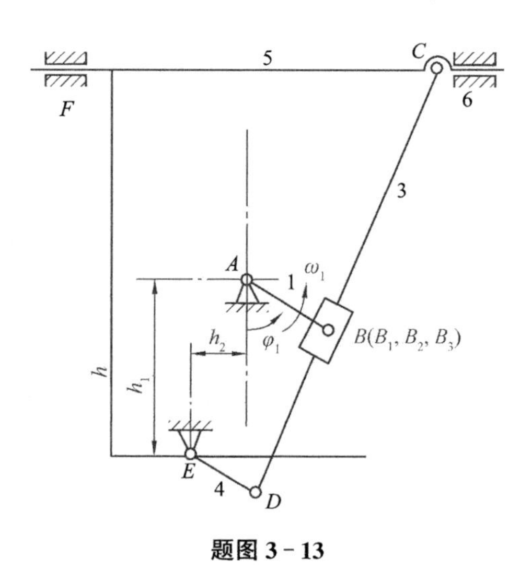

题图 3 - 13

3 - 14　如题图 3 - 14，设计一曲柄摇杆机构，使得曲柄等速转动时，摇杆的摆角 φ 在 70°～100°范围内变化。设摇杆为 1 个单位长，机架是 1.2 个单位长，以解析法求曲柄 AB 和连杆 BC 的长度。

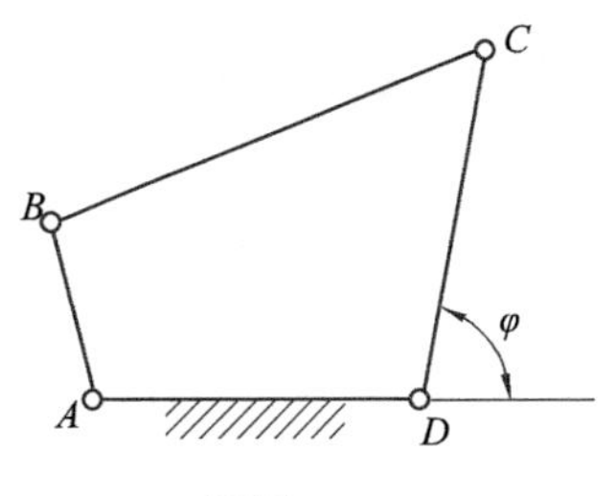

题图 3 - 14

3 - 15　在题图 3 - 15 所示正切机构中，已知 $h=400\text{mm}$，$\varphi_1=60°$，构件 1 以等角速度 $\omega_1=6\text{rad/s}$ 沿逆时针方向转动。试用解析法求构件 3 的速度 v_3。

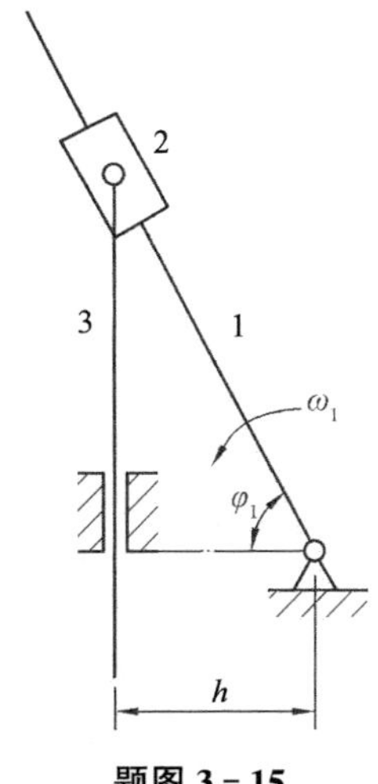

题图 3 - 15

4 平面机构的力分析和机械效率

章导学

本章主要论述有关机械中的力分析、移动副和转动副中摩擦的概念。分析摩擦力和摩擦力矩的计算，运动副中总反力作用线的确定，机械效率的计算和机械自锁条件的确定等问题。本章的学习重点为机构力分析，机械系统效率的计算以及机构自锁条件的确定。

4.1 机构力分析的目的和方法

在机械设计中，不仅要进行运动分析，而且还要对其机构的力学性能进行分析。作用在机械上的力，不仅影响机械的运动和动力性能，而且还是机械设计中强度计算、效率计算的基础和对运动副中的摩擦与润滑研究的前提条件。

4.1.1 机构力分析的目的

研究机构力分析有以下两个目的：

(1) 确定机构运动副中的约束反力。

因为这些力的大小和性质是决定机构中各零件的强度，确定机构运动副的摩擦、磨损和机械效率以及轴承形式和润滑方式的重要依据。

(2) 确定为维持机构做给定运动所需加在机械上的平衡力(或平衡力矩)。

所谓平衡力是指与作用在机械上的已知外力(包括惯性力)相平衡的未知外力(驱动力或阻力)。这对确定机器工作时所需要的最小驱动功率或所能承受的最大生产载荷都是必不可少的数据。

4.1.2 机构力分析的方法

机构力分析有静力分析和动态静力分析两种方法。

在低速轻型机械中，惯性力影响不大，因此，可在不计惯性力的条件下对机械进行力分析，称之为*静力分析*。

但对于高速及重型机械，惯性力的影响很大，不能忽略。当进行力分析时，可根据理论力学中的达朗贝尔原理将各构件在运动过程中所产生的惯性力(或力矩)视为一般外力或力矩加于产生惯性力的各构件上，然后仍按静力分析方法对机构进行力分析计算，这种力分析方法称之为*动态静力分析法*。

4.1.3 动态静力分析的步骤

机构动态静力分析可按以下步骤进行：

（1）确定机构的结构参数：确定各构件的尺寸、质量、转动惯量、质心位置，以及各构件之间的相互关系，很多情况下，还要建立合适的坐标系及确定各点的坐标位置。

（2）确定机构的运动参数：对机构进行运动分析，求出运动副和质心等点的位置、速度和加速度以及各构件的角速度和角加速度。

（3）计算出各构件的惯性力和惯性力矩的大小和方向，并作为已知外力施加到相应的构件上。

（4）分析各运动副中约束反力的性质，获得运动副中约束反力的部分信息。此时约束反力尚不能完全求得，但经过分析可获得如约束反力的方向、分布情况等相关信息。在考虑摩擦的条件下，还应分析计算出各运动副中的约束反力的相关信息。

（5）根据机构或构件的力系平衡原理，在已知以上各种力的基础上，可求出机构所需的平衡力（或力矩）。平衡力（或力矩）若作用在原动件上就是驱动力（或驱动力矩），若作用在从动件上就是阻力（或阻力矩）。

4.2　作用在机构上的力

在机构的运动过程中，每个构件都要受到各种力的作用，如原动力、生产阻力、重力、介质阻力、惯性力以及在运动副中的约束反力等，但从力对运动的影响而言，通常将作用在机械上的力分为驱动力和阻力两大类。

4.2.1　驱动力

驱动力：*凡是驱动机构产生运动的力称为驱动力*。驱动力所做的功为正值，通常称为驱动功或输入功。其特点是：*驱动力与其作用点速度的方向相同或成锐角*，驱动力矩与所作用构件的角速度方向一致。驱动力可由原动机提供，也可由上一级机构传递。如推动内燃机活塞的燃气压力和加在工作机主轴上的由原动机或传动机构提供的外力矩都是驱动力。

4.2.2　阻力

阻力：*凡是阻碍机构运动的力，统称为阻力*。阻力所做的功为负值，通常称为阻抗功。其特点是：*阻力与其作用点速度方向相反或成钝角*，阻力矩与所作用构件的角速度方向相反。

阻力又可分为有效阻力和有害阻力。

有效阻力又称为工作阻力，是与生产直接相关的阻力，如机床中工件作用于刀具上的切削阻力，起重机所提起重物的重力等。该力所做的功称为有效功或输出功。

有害阻力是指机械在运转过程中所受到的非生产性无用阻力，如齿轮间的摩擦力、介质阻力等。该力所做的功称为损耗功。

4.2.3　几种特殊的力

1. 运动副反力

当机构受到外力的作用时，在运动副中产生的反作用力称为运动副反力，它又可分为沿运动副两元素接触表面的法向和切向两个分力，法向反力又称为正压力，由于它与运动副元素的相对运动方向垂直，因而是所有力中唯一不做功的力。切向反力即为机构的摩擦力，是由于正压力的存在而产生的阻碍运动副之间产生相对运动的力，是有害阻力中的主要部分（其他如介

质阻力等往往可以忽略不计)。

但摩擦力具有两重性,在大多数情况下,它是有害阻力;但在某些情况下,它又是有效阻力,或是驱动力。如搅拌机叶片与被搅拌物质之间的摩擦阻力是有效阻力;在带传动和摩擦压力机中,在从动轮上产生的摩擦力则为驱动力。

2. 重力

作用在构件质心上的地球引力即为重力,当质心下降时,重力与运动方向相同或成锐角,此时,重力为驱动力,做正功;反之,当质心上升时,重力是阻力,做负功。因此,在一个运动循环中,重力所做的功为零。由于这一原因,并且在很多情况(如在高速机械中)下,重力通常比其他力小得多,因此,在力分析中,重力可以忽略不计。

3. 惯性力

可以虚拟地将惯性力看成是作用在机构上的外力,当构件做减速运动时,该力是做正功的驱动力,做加速运动时,则变成了阻力。在机构的一个运动循环过程中,惯性力所做的功等于零。

在机构力分析中还应注意:在上述各种力中,运动副反力对于整个机构来说是内力,但对于一个构件来说是外力,其他力则均为外力。

4.3 杆组法在平面连杆机构动态静力分析中的应用

4.3.1 采用杆组法进行平面机构动态静力分析的原理和方法

在第 2 章中,介绍了采用杆组法进行机构运动分析的原理和方法。杆组法进行平面连杆机构动态静力分析的原理与杆组法进行机构运动分析的原理是一致的:由于基本杆组的种类有限,所以建立起基本杆组力分析的数学模型后,对于复杂的机构,可以依据机构的组成原理,将其拆分成基本杆组,然后根据已建立的数学模型,可方便地对复杂机构进行运动分析。

采用杆组法进行机构运动分析是采用杆组法进行机构动态静力分析的基础。因此,在进行动态静力分析前,先要采用杆组法完成机构的运动分析,求出运动副和质心等关键点的位移、速度、加速度以及各构件的角速度和角加速度。

杆组法静力分析的基本步骤如下:

(1) 采用动态静力分析法,把Ⅰ级机构和各类基本杆组看成各自独立的单元,分别建立其动态静力分析的数学模型。

(2) 针对各基本杆组的数学模型,编制通用子程序,求解各运动副的反力。

(3) 在对复杂机构进行动态静力分析时,可以依据机构的组成原理,将其分解成基本杆组。

(4) 计算出各构件的惯性力和惯性力矩的大小和方向,并作为已知外力施加到相应的构件上。

(5) 从包含给定外力的构件开始,依次调用基本杆组动态静力分析的数学模型,求解各运动副的约束反力,最后求得所需的平衡力或平衡力矩。

4.3.2 杆组法进行动态静力分析的数学模型

1. 单一构件的力分析

由前面的机构组成原理可知,一个机构不但可拆成自由度为零的基本杆组,还应有Ⅰ级机

构(通常为原动件)。因此,首先对单一构件进行力分析。参见图 4-1,可列出如下力和力矩平衡方程

$$\left.\begin{aligned}&F_{RxA}-F_{RxB}+F_{Pxi}=0\\&F_{RyA}-F_{RyB}+F_{Pyi}=0\\&F_{RxB}(y_B-y_A)-F_{RyB}(x_B-x_A)-F_{Pxi}(y_{Si}-y_A)\\&+F_{Pyi}(x_{Si}-x_A)+T_i+T_y=0\end{aligned}\right\}\quad(4-1)$$

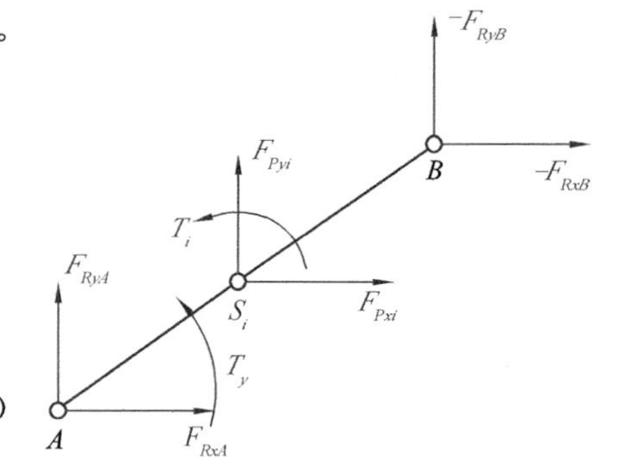

图 4-1 单一构件的力分析

从而得

$$\left.\begin{aligned}F_{RxA}&=F_{RxB}-F_{Pxi}\\F_{RyA}&=F_{RyB}-F_{Pyi}\\T_y&=F_{RyB}(x_B-x_A)-F_{RxB}(y_B-y_A)+F_{Pxi}(y_{Si}-y_A)\\&\quad-F_{Pyi}(x_{Si}-x_A)-T_i\end{aligned}\right\}\quad(4-2)$$

在求得运动副 B 的作用力 F_{RxB}、F_{RyB} 并已知外力(力矩)F_{Pxi}、F_{Pyi}、T_i 后,可以用式(4-2)求得运动副 A 的作用力以及作用于该构件上的平衡力矩 T_y。

2. RRRⅡ级杆组的动态静力分析

将 RRRⅡ级杆组 BCD 的内运动副 C 拆开,受力情况参见图 4-2 所示。

已知:两构件的长 l_i 和 l_j;运动副 B、C、D 和两杆件质心 S_i、S_j 上的位置和运动参数;构件的质量 m_i、m_j 及转动惯量 J_i、J_j;作用在构件质心上的外力 F_{Pxi}、F_{Pyi} 和 F_{Pxj}、F_{Pyj}(可将作用于任意位置的外力转换到质心处);外力矩 T_i、T_j。

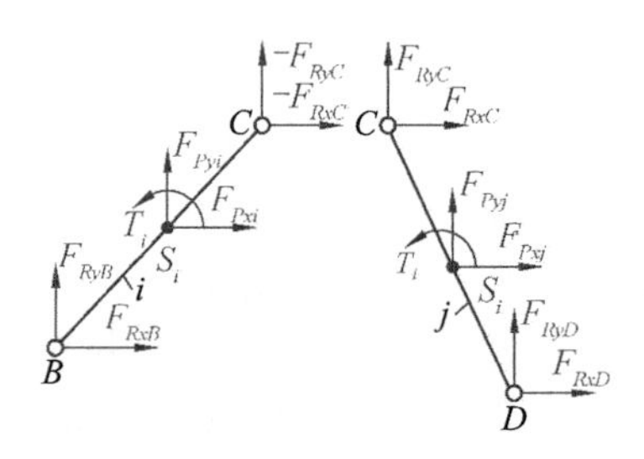

图 4-2 RRRⅡ级杆组的力分析

求:各运动副的反力 F_{RxB}、F_{RyB},F_{RxC}、F_{RyC},F_{RxD}、F_{RyD}。

解:(1) 如图 4-2 所示,计算构件上已知外力(力矩),首先按给定的各构件质量 m 和转动惯量 J,求出惯性力 mx'' 和 my''、惯性力矩 $J\ddot{\varphi}$,再将它们与已知外力(令所有的已知外力均作用于构件的质心处)合并,则可得出作用在 l_i 杆上的合外力 F_{xi}、F_{yi},合外力矩 M_{fi} 为

$$\left.\begin{aligned}F_{xi}&=F_{Pxi}-m_i x''_{Si}\\F_{yi}&=F_{Pyi}-m_i y''_{Si}-9.8m_i\\M_{fi}&=T_i-J_i\ddot{\varphi}_i\end{aligned}\right\}\quad(4-3)$$

作用在 l_j 杆上的合外力 F_{xj}、F_{yj},合外力矩 M_{fj} 为

$$\left.\begin{aligned}F_{xj}&=F_{Pxj}-m_j x''_{Sj}\\F_{yj}&=F_{Pyj}-m_j y''_{Sj}-9.8m_j\\M_{fj}&=T_j-J_j\ddot{\varphi}_j\end{aligned}\right\}\quad(4-4)$$

(2) 求解各运动副中的约束反力 F_{Rxi}、F_{Ryi},分别以构件 i、j 为平衡对象,可得以下力平衡方程

$$\sum F = 0$$

$$\left.\begin{aligned} F_{RxB} - F_{RxC} + F_{xi} &= 0 \\ F_{RyB} + F_{RyC} + F_{yi} &= 0 \\ F_{RxC} + F_{RxD} + F_{xj} &= 0 \\ F_{RyC} + F_{RyD} + F_{yj} &= 0 \end{aligned}\right\} \tag{4-5}$$

$\sum M_B = 0$, $\sum M_D = 0$

$$\left.\begin{aligned} F_{RxC}(y_C - y_B) - F_{RyC}(x_C - x_B) - F_{xi}(y_{Si} - y_B) + F_{yi}(x_{Si} - x_B) + M_{fi} = 0 \\ -F_{RxC}(y_C - y_D) + F_{RyC}(x_C - x_D) - F_{xj}(y_{Sj} - y_D) + F_{yj}(x_{Sj} - x_D) + M_{fj} = 0 \end{aligned}\right\} \tag{4-6}$$

(3) 解方程式(4－6) 可得

$$\left.\begin{aligned} F_{RxC} &= [FT_i(x_C - x_D) + FT_j(x_C - x_B)]/GG \\ F_{RyC} &= [FT_i(y_C - y_D) + FT_j(y_C - y_B)]/GG \end{aligned}\right\} \tag{4-7}$$

式中
$$FT_i = F_{xi}(y_{Si} - y_B) - F_{yi}(x_{Si} - x_B) - M_{fi}$$

$$FT_j = F_{xj}(y_{Sj} - y_D) - F_{yj}(x_{Sj} - x_D) - M_{fj}$$

$$GG = (x_C - x_D)(y_C - y_B) - (y_C - y_D)(x_C - x_B)$$

将式(4－7) 中求得的 F_{RxC},F_{RyC} 代入式(4－5) 中,得

$$\left.\begin{aligned} F_{RxB} &= F_{RxC} - F_{xi} \\ F_{RyB} &= F_{RyC} - F_{yi} \\ F_{RxD} &= F_{RxC} - F_{xj} \\ F_{RyD} &= -F_{RyC} - F_{yj} \end{aligned}\right\} \tag{4-8}$$

3. RRPⅡ级杆组的动态静力分析

将 RRPⅡ级杆组 BCD 的内运动副 C 拆开,受力情况参见图 4－3 所示。

已知:两构件的长 l_i 和 l_j;运动副 B、C、D 和两杆件质心 S_i、S_j 上的位置和运动参数;位移参考点 K,构件的质量 m_i、m_j 及转动惯量 J_i、J_j;作用在构件质心上的外力 F_{Pxi}、F_{Pyi} 和 F_{Pxj}、F_{Pyj},外力矩 T_i、T_j。

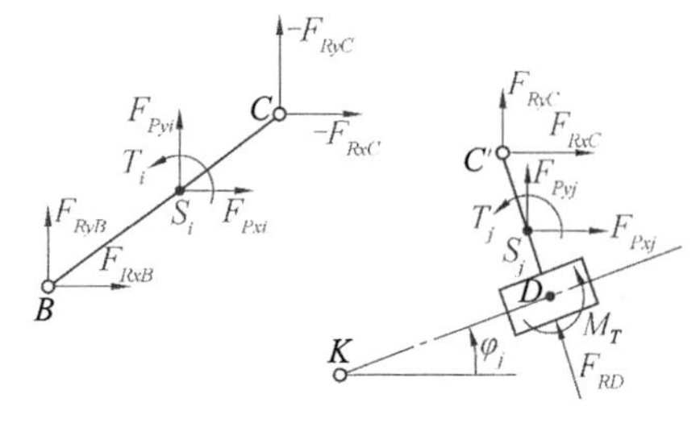

图 4－3　RRPⅡ级杆组的力分析

求:各运动副的反力 F_{RB}、F_{RC}、F_{RD}。

解:(1) 计算构件上已知外力(力矩)。

应用式(4－3)、式(4－4)求出作用在两构件质心处的合外力 F_{xi}、F_{yi},F_{xj}、F_{yj},合外力矩 M_{fi}、M_{fj}。

(2) 求各运动副的反力 F_{RB}、F_{RC}、F_{RD}。分别以构件 i 和 j 为平衡对象,得以下力平衡方程(参见图 4－3)。

$$\sum F = 0$$

$$\left.\begin{aligned}F_{RxB}-F_{RxC}+F_{xi}=0\\F_{RyB}-F_{RyC}+F_{yi}=0\\F_{RxC}-F_{RD}\sin\varphi_j+F_{xj}=0\\F_{RyC}+F_{RD}\cos\varphi_j+F_{yj}=0\end{aligned}\right\}\tag{4-9}$$

$\sum M_C=0$，$\sum M_{C'}=0$

$$\left.\begin{aligned}F_{RxB}(y_C-y_B)-F_{RyB}(x_C-x_B)+F_{xi}(y_C-y_{Si})-F_{yi}(x_C-x_{Si})+T_i=0\\F_{xj}(y_C-y_{Sj})-F_{yj}(x_C-x_{Sj})+T_j+M_T=0\end{aligned}\right\}\tag{4-10}$$

联立解式(4-9) 和式(4-10)，得

$$F_{RD}=\frac{(F_{xi}+F_{xj})(y_C-y_B)-(F_{yi}+F_{yj})(x_C-x_B)-F_T}{(x_C-x_B)\cos\varphi_j+(y_C-y_B)\sin\varphi_j}\tag{4-11}$$

式中，$F_T=F_{xi}(y_C-y_{Si})-F_{yi}(x_C-x_{Si})+T_i$

将式(4-11) 代入式(4-9)，得

$$\left.\begin{aligned}F_{RxC}=F_{RD}\sin\varphi_j-F_{xj}\\F_{RyC}=-F_{RD}\cos\varphi_j-F_{yj}\\F_{RxB}=F_{RD}\sin\varphi_j-F_{xj}-F_{xi}\\F_{RyB}=-F_{RD}\cos\varphi_j-F_{yj}-F_{yi}\end{aligned}\right\}\tag{4-12}$$

由于移动副中约束反力 F_{RD} 的大小和作用点均未知，前面已设定 F_{RD} 的作用点通过移动副中点 D，为使力系平衡，必须还有一项力矩 M_T 存在。由式(4-10)可得

$$M_T=F_{yj}(x_C-x_{Si})-F_{xj}(y_C-y_{Si})-T_j\tag{4-13}$$

基于采用同样的方法，可以建立起其他基本杆组动态静力分析的数学模型。

[例 4-1]　例图 4-1 中所示为一铰链四杆机构。已知机构尺寸 $l_i(i=1、2、3、4)$，原动件 1 以 ω_1 逆时针等速转动，且已知作用在构件 1、2、3 上的外力矩 M_1、M_2、M_3，作用在各构件质心 S_1、S_2、S_3 点上的外力 P_1、P_2、P_3，$AS_1=l_{S_1}$，$BS_2=l_{S_2}$，$DS_3=l_{S_3}$，构件 i 的位置角 $\varphi_i(i=1,2,3)$。求例图 4-1 所示位置时机构各运动副反力和作用在原件 1 上的平衡力矩 M_b。

解： 建立坐标系 xAy[如例图 4-1(a)所示]。对每一运动件分别列出力、力矩平衡方程，并规定位置角 φ_i 和力矩 M_i 均以逆时针方向为正值，将外力 P_1、P_2、P_3 沿坐标轴分解为 P_{1x}、P_{1y}；P_{2x}、P_{2y}；P_{3x}、P_{3y}。

1. 对构件 2[例图 4-1(c)]

$\sum F_x=0, R_{Cx}-R_{Bx}=-P_{2x}$

$\sum F_y=0, R_{Cy}-R_{By}=-P_{2y}$

$\sum M_B=0, -R_{Cx}l_2\sin\varphi_2+R_{Cy}l_2\cos\varphi_2=P_{2x}l_{S2}\sin\varphi_2-P_{2y}l_{S2}\cos\varphi_2-M_2$

2. 对构件 3[例图 4-1(d)]

$\sum F_x=0, R_{Dx}-R_{Cx}=-P_{3x}$

$\sum F_y=0, R_{Dy}-R_{Cy}=-P_{3y}$

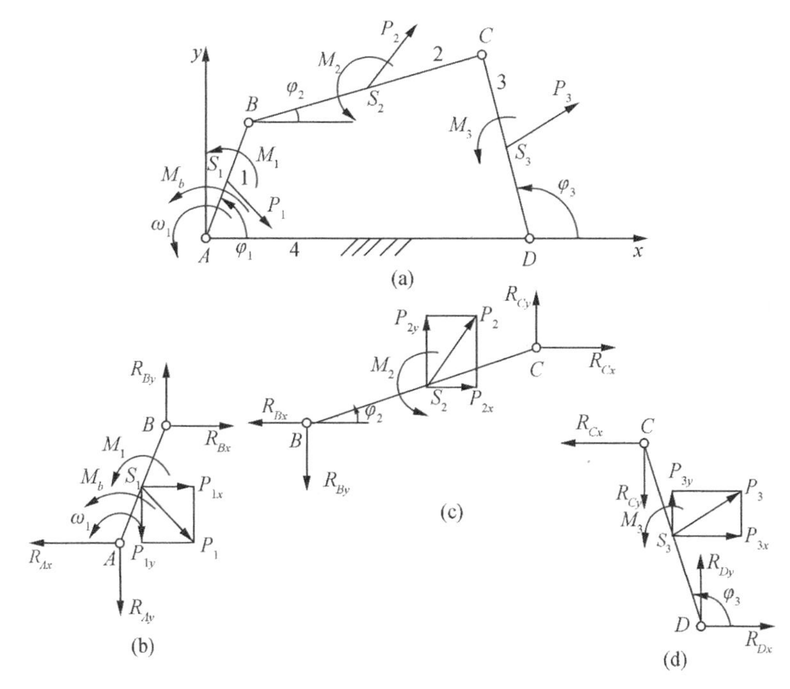

例图 4-1　机构的力分析

$\sum M_C = 0$,

$R_{Dx} l_3 \sin\varphi_3 + R_{Dy} l_3 \cos\varphi_3 = -P_{3x}(l_3 - l_{S_3})\sin\varphi_3 - P_{3y}(l_3 - l_{S_3})\cos\varphi_3 - M_3$

3. 对构件 1[例图 4-1(b)]

$\sum F_x = 0, R_{Bx} - R_{Ax} = -P_{1x}$

$\sum F_y = 0, R_{By} - R_{Ay} = P_{1y}$

$\sum M_A = 0, M_b - R_{Bx} l_1 \sin\varphi_1 + R_{By} l_1 \cos\varphi_1 = P_{1x} l_{S1} \sin\varphi_1 - P_{1y} l_{S1} \cos\varphi_1 - M_1$

将上述 9 个方程组列成矩阵形式为

$$\boldsymbol{AR} = \boldsymbol{B}$$

其中 **A** 为系数矩阵，**R** 为未知量列阵，**B** 为右端已知量矩阵。解此矩阵方程即可求出各运动副反力的分力和作用于原动件 1 上的平衡力矩 M_b。如解出的各分力和 M_b 为负值，说明该力、力矩与原假定方向相反。此方法可用于其他平面机构。

$$\boldsymbol{A} = \begin{bmatrix} 1 & 0 & -1 & 0 & 0 & 0 & 0 & 0 & 0 \\ 0 & 1 & 0 & -1 & 0 & 0 & 0 & 0 & 0 \\ -l_2\sin\varphi_2 & l_2\cos\varphi_2 & 0 & 0 & 0 & 0 & 0 & 0 & 0 \\ -1 & 0 & 0 & 0 & 1 & 0 & 0 & 0 & 0 \\ 0 & -1 & 0 & 0 & 0 & 1 & 0 & 0 & 0 \\ 0 & 0 & 0 & 0 & l_3\sin\varphi_3 & l_3 s\cos\varphi_3 & 0 & 0 & 0 \\ 0 & 0 & 1 & 0 & 0 & 0 & -1 & 0 & 0 \\ 0 & 0 & 0 & 1 & 0 & 0 & 0 & -1 & 0 \\ 0 & 0 & -l_1\sin\varphi_1 & l_2\cos\varphi_1 & 0 & 0 & 0 & 0 & 1 \end{bmatrix}$$

$$\boldsymbol{R}=[R_{Cx} \quad R_{Cy} \quad R_{Bx} \quad R_{By} \quad R_{Dx} \quad R_{Dy} \quad R_{Ax} \quad R_{Ay} \quad M_b]^T$$

$$\boldsymbol{B}=\begin{bmatrix} -P_{2x} \\ -P_{2y} \\ P_{2x}l_{S2}\sin\varphi_2-P_{2y}l_{S2}\cos\varphi_2-M_2 \\ -P_{3x} \\ -P_{3y} \\ -P_{3x}(l_3-l_{S3})\sin\varphi_3-P_{3y}(l_3-l_{S3})\cos\varphi_3-M_3 \\ -P_{1x} \\ P_{1y} \\ P_{1x}l_{S1}\sin\varphi_1+P_{1y}l_{S1}\cos\varphi_1-M_1 \end{bmatrix}$$

4.4 运动副中的摩擦和自锁

4.4.1 移动副中的摩擦和自锁

1. 移动副中的摩擦与摩擦角

如图 4 - 4 所示，滑块 1 与平面 2 组成移动副，滑块在驱动力 F 的作用下沿接触面向右移动，F 与接触面法线方向 n—n 的夹角为 β。

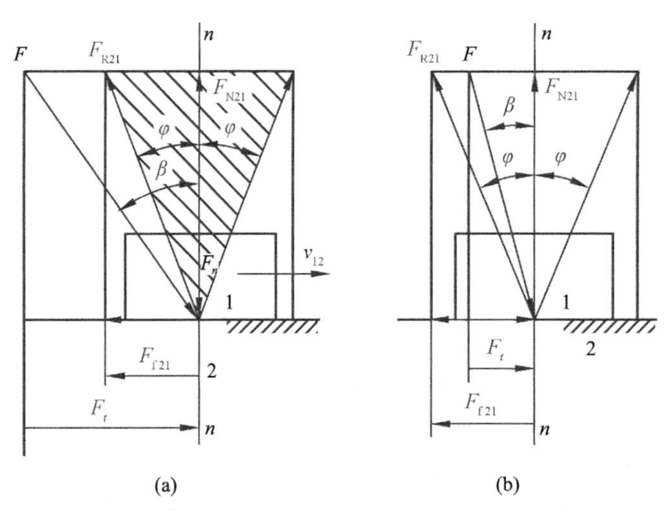

图 4 - 4 移动副中的摩擦与自锁

将驱动力 F 沿接触面的切线和法线方向分解为 F_t 和 F_n，即

$$\left.\begin{aligned} F_n&=F\cos\beta \\ F_t&=F\sin\beta=F_n\tan\beta \end{aligned}\right\} \qquad (4-14)$$

F_n 为接触面上的正压力，它与接触面上平面 2 对滑块 1 的法向反力 F_{N21} 大小相等，方向相反。同时，在接触面上，平面 2 对滑块 1 产生了与运动方向相反的摩擦力 F_{f21}，其值为

$$F_{f21}=fF_{N21}=fF\cos\beta$$

式中，f 为接触面上的摩擦因数，它与配对的材料有关。F_{f21} 即为作用在滑块上的切向反力，它与法向反力 F_{N21} 合成为平面 2 给滑块 1 所施加的总反力 F_{R21}。F_{R21} 与法线方向所夹的锐角 φ 称为摩擦角。

$$\tan\varphi = F_{f21}/F_{N21} = f \tag{4-15}$$

总反力方向与法向反力偏斜一摩擦角，偏斜的方向与构件 1 相对于构件 2 的相对速度 v_{12} 的方向相反，即 F_{R21} 与 v_{12} 成 $90°+\varphi$ 角。

2. 移动副中的自锁条件

分析作用在滑块上的力平衡条件，在法线方向，驱动力与总反力平衡，但在切线方向，两者不一定平衡。当 $F_t > F_{f21}$ 时，$\beta > \varphi$，滑块沿切线方向加速移动；当 $F_t = F_{f21}(\beta = \varphi)$ 时，二力平衡，滑块保持静止或匀速直线运动；当 $F_t < F_{f21}(\beta < \varphi)$ 时，滑块将静止不动或做减速移动。

进一步分析表明，如果滑块处于静止状态，当 $\beta < \varphi$ 时，无论驱动力 F 增加到什么程度都不会使滑块运动，这种现象称之为自锁。把以法线 n—n 为中线的角 2φ 构成的区域(图 4-4 阴影区)称为自锁区。$\beta < \varphi$ 称为移动副的自锁条件。

3. 当量摩擦因数

摩擦力是两接触表面之间阻碍相对运动的相互作用力，是一种分布力，当构成运动副两构件材料选定以后，摩擦因数是定值，但摩擦表面上法向反力的大小和分布与运动副的几何形状有关。因此，通过改变运动副的几何形状可以改变摩擦力的值。我们将非平面接触时的摩擦力按平面接触进行处理，而将变换后的摩擦因数称为当量摩擦因数，用 f_v 表示。

平面接触时[图 4-5(a)]：$f_v = f$；

槽面接触时[图 4-5(b)]：$f_v = f/\sin\theta$(θ 为槽型半角)；

圆柱面接触时[图 4-5(c)]：$f_v = kf = \left(1 \sim \frac{\pi}{2}\right)f$，$k$ 的大小取决于两元素接触情况；当轴颈和轴承之间磨损越少，摩擦表面接触越均匀时，k 值越大。完全均匀接触时，$k = \frac{\pi}{2}$。当接触面经过一段时间的运转后存在间隙后，k 取小值。间隙越大，越接近于平面接触的情况。

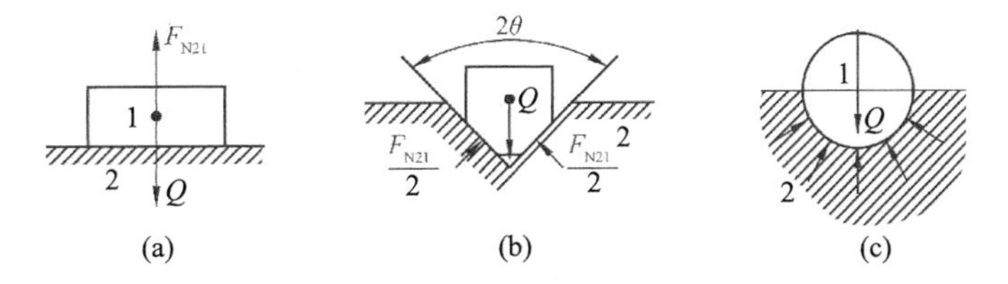

图 4-5　各种接触条件下的当量摩擦因数

[例 4-2]　如例图 4-2 所示，机床滑板 2 与导轨 1 组成移动副，其接触面的摩擦因数为 f。滑板 2 上受铅垂力(包括重力)Q 的作用，其作用线与左支承面(楔形面)、右支承面(平面)中心线之间距离分别为 l_1 和 l_2。左支承面的楔形角为 2θ。

试求该移动副中的当量摩擦因数 f_v。

解： 将 Q 向两支承分解得两个分力：

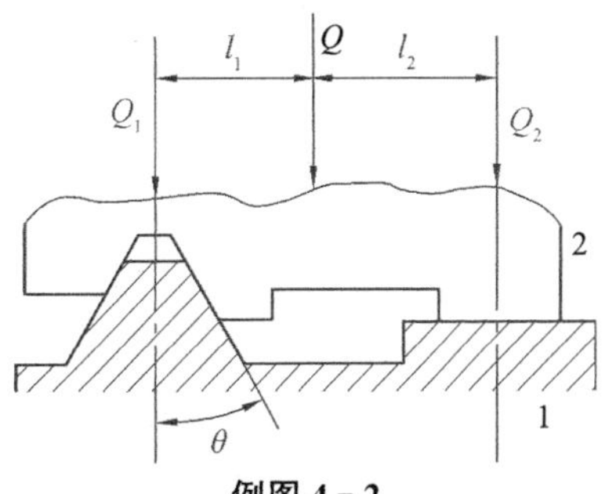

例图 4-2

$$Q_1=Q\frac{l_2}{l_1+l_2},Q_2=Q\frac{l_1}{l_1+l_2}$$

设滑板 2 沿导轨 1 移动,该滑板所受摩擦力为

$$F_{f12}=Q_1f_v+Q_2f=Q\times\frac{l_2}{l_1+l_2}\times\frac{f}{\sin\theta}+Q\times\frac{l_1}{l_1+l_2}\times f=Qf\left(\frac{l_2/\sin\theta+l_1}{l_1+l_2}\right)$$

所以该移动副的当量摩擦因数是

$$f_v=f\left(\frac{l_2/\sin\theta+l_1}{l_1+l_2}\right)$$

4.4.2 转动副中的摩擦和自锁

1. 摩擦力矩与摩擦圆

设受有径向载荷 G(包括自身重力)作用的轴颈 1,在驱动力矩 M_d 的作用下,在轴承 2 中匀速转动。转动副中的受力情况如图 4-6 所示,此时轴承 2 对轴颈 1 的总摩擦力为

$$F_{f21}=f_vG \tag{4-16}$$

转动副中的摩擦力矩

$$M_f=F_{f21}r=f_vGr=\rho G \tag{4-17}$$

$$\rho=f_vr \tag{4-18}$$

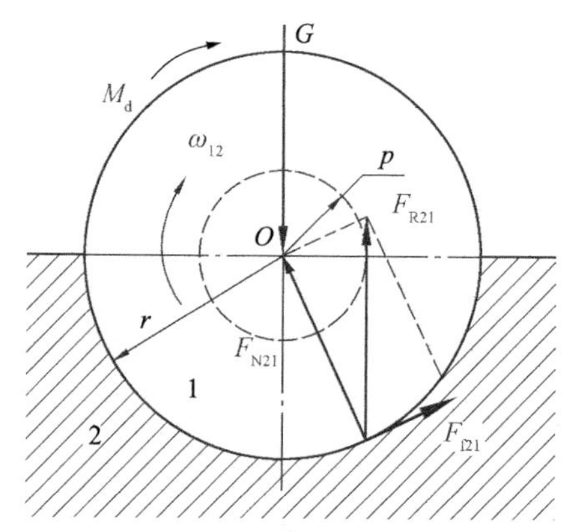

图 4-6 转动副中的受力情况

对于一个具体的轴颈,f_v、r 均为定值,即 ρ 为一固定长度,若以轴心 O 为圆心,以 ρ 为半径作圆,此圆称为摩擦圆,如图 4-6 所示,ρ 称为摩擦圆半径。

2. 转动副中总反力方向的确定

总反力 F_{R21} 由接触面上的法向反力 F_{N21} 和摩擦力 F_{f21} 两部分组成,法向反力 F_{N21} 沿半径方向,摩擦力 F_{f21} 沿圆周方向。合成后的总反力 F_{R21} 具有以下特点:

(1) 总反力 F_{R21} 与径向载荷 G 大小相等,方向相反。在不考虑摩擦的情况下,两者均作用于圆心;在考虑摩擦时,两者形成一对力偶。

(2) 总反力 F_{R21} 与径向载荷 G 所产生的力矩应等于摩擦力矩,由式 4-17 可知,总反力 F_{R21} 与摩擦圆相切。

3. 转动副的自锁条件

将作用于轴颈上的径向力 G 与驱动力矩 M_d 合成为总作用力 G',则 G' 平行于 G 且与 F_{R21} 位于 G 的同一侧,G' 所产生的偏心距 $e=M_d/G$。

(1)当 $e=\rho$ 时,G' 的作用线切于摩擦圆。轴承对轴颈的总反力 F_{R21} 与 G' 大小相等、方向相反、共线,两力对轴心所产生的力矩大小必相等,即:$M_d=M_f$,轴做等速回转。

(2) 当 $e<\rho$ 时,G' 的作用线穿过摩擦圆。F_{R21} 与 G' 大小相等、方向相反、不共线,不论 G' 多大,它对轴心的力矩总小于 F_{R21} 对轴心的力矩(轴颈在轴承中运转时受到的摩擦力矩),即:$M_d<M_f$,发生轴颈摩擦的自锁现象。因此,转动副的自锁条件为:驱动力作用线在摩擦圆以

内,即 $e<\rho$。

(3) 当 $e>\rho$ 时,G'的作用线在摩擦圆外面。F_{R21} 与 G'大小相等、方向相反、不共线,G'对轴心的力矩总大于 F_{R21} 对轴心的力矩,即:$M_d>M_f$,则轴颈在轴承中作加速回转。

4.4.3 平面高副中的摩擦

平面高副两元素之间的相对运动通常是滚动兼滑动,故有滚动摩擦力和滑动摩擦力。但由于滚动摩擦力比滑动摩擦力小得多,所以在对机构进行力分析时,一般只考虑滑动摩擦力。因此,总反力方向的确定方法与移动副中的一致。

4.5 考虑摩擦时平面机构的动态静力分析

4.5.1 摩擦力对机构作用力的影响

在考虑摩擦的情况下进行平面机构的动态静力分析,要考虑在运动副中摩擦力对构件受力的影响,所涉及的概念是摩擦角和摩擦圆。

在移动副中,正压力所产生的摩擦力总是阻碍两表面产生相对移动的,由此可确定摩擦力的方向,而正压力和摩擦力产生的合力与正压力之间的夹角为摩擦角。

在转动副中,摩擦的影响是在正压力作用下产生一个摩擦力矩,摩擦力矩的方向总是阻碍两表面产生相对转动的。此时,正压力和摩擦力产生的合力将不再作用于转动副中心,而是与该处的摩擦圆相切,根据合力方向应与正压力方向基本一致,以及合力对转动副中心所产生的力矩应为摩擦力矩这一原则来确定合力在摩擦圆上的切点位置。

对于二力杆而言,通常两端各存在一个转动副,在不考虑摩擦的情况下,力作用线通过转动副中心,并作用在两转动副的中心连线上,而考虑摩擦后,力作用线不再通过转动副中心,而与两摩擦圆相切,由于仍然保持二力杆的特性:二力大小相等、方向相反、作用在同一直线上。因此,力的作用线会出现四种可能的情况,即两个摩擦圆的两条外公切线和两条内公切线,至于应属何种情况,需根据两转动副的相对运动情况确定。

4.5.2 考虑摩擦时平面机构的动态静力分析示例

[例 4-3] 如例图 4-3 所示的双滑块机构中,已知生产阻力 $F_2=200$N,构件 3 的长度 $l_3=200$mm,$\beta=45°$,转动副 A、B 处的轴径半径 $r=10$mm,移动副的摩擦因数 $f_p=0.1$,转动副的当量摩擦因数 $f_v=0.127$。不计各构件的质量及惯性力,求各运动副反力和为使滑块 2 匀速向上运动需作用在平衡构件 1 上的平衡力 F_b。

解:对例图 4-3(a)的分析表明:

(1) 由于构件 3 是二力杆,受压,约束反力 R_{13} 和 R_{23} 大小相等、方向相反,即 $R_{13}=-R_{23}$。

(2) 由于 ω_{31} 和 ω_{32} 均为逆时针,故 R_{13} 和 R_{23} 对各自摩擦圆中心的摩擦力矩均为顺时针,摩擦圆半径为 $\rho=f_v r=1.27$mm。

(3) R_{13} 与构件 3 的夹角为 $\theta=\arcsin[\rho/(0.5l_3)]=0.7277°$。$R_{42}$ 与滑道垂线之间的夹角为摩擦角 $\varphi=\arctan f_p=5.711°$。

(4) 取静定构件组 2-3 分析构件 2,如例图 4-3(b)所示:由 $\sum x=0$,$\sum y=0$ 得

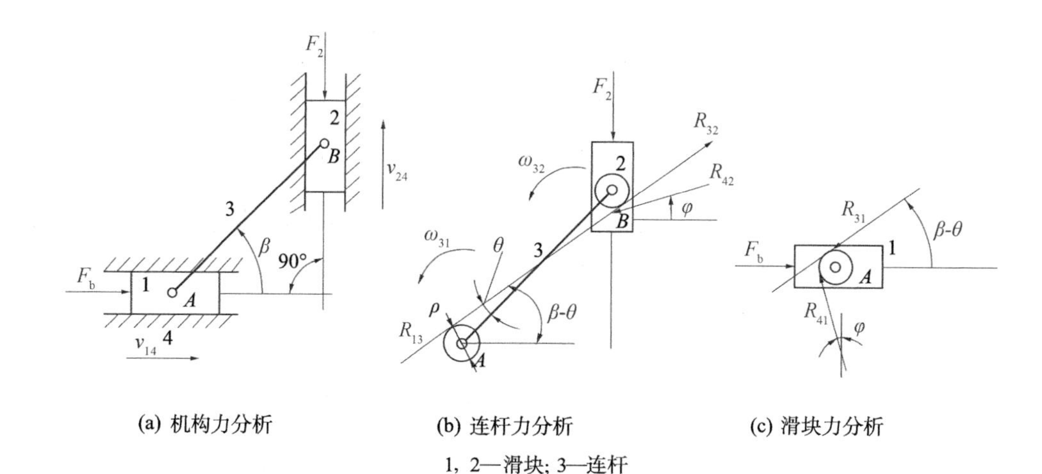

(a) 机构力分析　　(b) 连杆力分析　　(c) 滑块力分析

1，2—滑块；3—连杆

例图 4-3　考虑摩擦时双滑块机构的力分析

$$R_{13}\cos(\beta-\theta)-R_{42}\cos\varphi=0$$

$$R_{13}\sin(\beta-\theta)-F_2-R_{42}\sin\varphi=0$$

解得：

$$R_{32}=R_{13}=\frac{F_2\cos\varphi}{\sin(\beta-\varphi-\theta)}=319.254\text{N}$$

$$R_{42}=\frac{F_2\cos(\beta-\varphi)}{\sin(\beta-\varphi-\theta)}=229.254\text{N}$$

(5) 如例图 4-3(c)所示，分析平衡构件 1，$R_{31}=-R_{13}$，由 $\sum x=0$，$\sum y=0$ 得

$$F_b-R_{31}\cos(\beta-\theta)-R_{41}\sin\varphi=0$$

$$R_{41}\cos\varphi-R_{31}\sin(\beta-\theta)=0$$

解得：

$$F_b=R_{31}\frac{\cos(\beta-\varphi-\theta)}{\cos\varphi}=\frac{F_2}{\tan(\beta-\varphi-\theta)}=250.883\text{N}$$

$$R_{41}=R_{31}\frac{\sin(\beta-\theta)}{\cos\varphi}=\frac{F_2\sin(\beta-\theta)}{\sin(\beta-\varphi-\theta)}=223.973\text{N}$$

[例 4-4]　如例图 4-4 所示曲柄滑块机构 ABC，已知：各构件尺寸，各运动副摩擦因数 f（摩擦角 φ），各转动副轴颈半径 r，驱动力 F_3。试确定作用于构件 1 上的平衡力 F_1（即工作阻力，方向已知）及各运动副中反力。

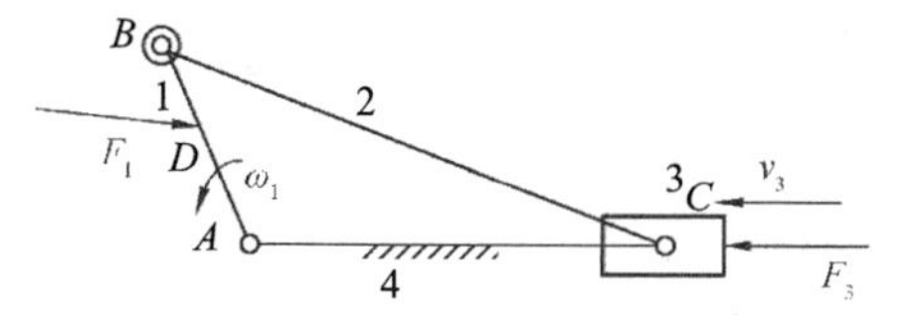

例图 4-4　曲柄滑块机构

解：本题不考虑各构件的重量和惯性力，连杆 2 为二力杆，受压，仅受 R_{12} 和 R_{32} 作用，$R_{12}=-R_{32}$，且二力共线。

考虑摩擦的曲柄滑块机构的受力分析，如例图 4-4 所示。

(1) 计算摩擦圆半径 $\rho=fr$，在转动副 A、B 和 C 处各作一摩擦圆，以虚线表示。

(2) 对连杆 2 进行受力分析[例图 4-4(a)]，连杆 2 上两摩擦圆之间有两条内公共切线和两条外公共切线，R_{12} 和 R_{32} 的作用线为这四条直线中的一条。按 F_3 和 F_1 给定的方向，连杆

2 受压，R_{12} 和 R_{32} 两力矢向相对。

(3) 按该机构运动，$\angle BCA$ 和 $\angle CBA$ 均有减小趋势，确定 ω_{23} 和 ω_{21} 分别为逆时针和顺时针方向。

(4) 在点 B、C 上，因摩擦力矩的方向应与 ω_{23} 和 ω_{21} 的方向相反，故 R_{12} 和 R_{23} 均位于摩擦圆的下方；因此，R_{12} 和 R_{23} 的作用线为相应两摩擦圆下面的外公共切线。

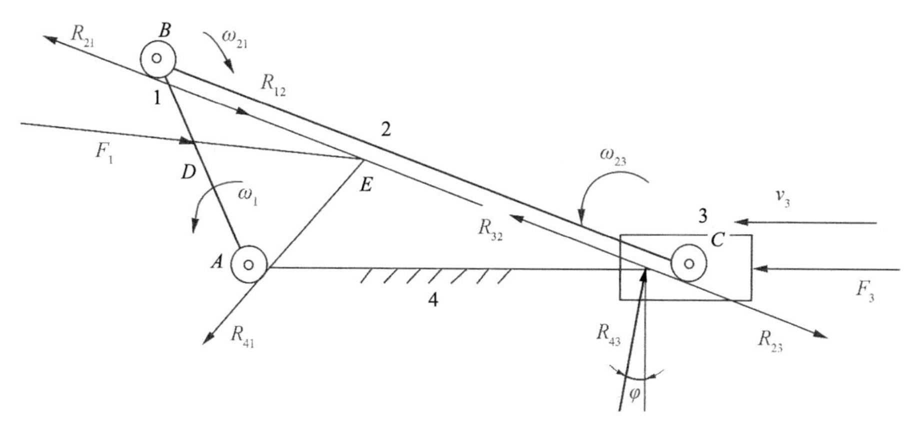

例图 4-4 (a)

(5) 取构件 3 为脱离体。按 R_{43} 与 v_3(即 v_{34})夹角为 $90°+\varphi$，确定 R_{43} 方向。按 $\sum F=0$，即 $F_3+R_{23}+R_{43}=0$，作力三角形求得 R_{43} 和 R_{23}，如例图 4-4(b)所示。

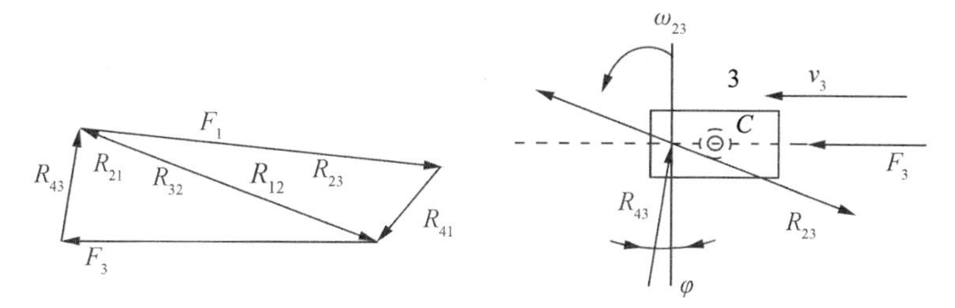

例图 4-4(b)

(6) 取构件 1 为脱离体。延长 R_{21} 与 F_1 的作用线交于点 E。R_{41} 通过点 E 且切于 A 处的摩擦圆，即 R_{41} 作用线为过点 E 作该摩擦圆的两条切线之一。取 $\sum M_D(F)=0$ 可知，R_{41} 矢向指向左下方；又因 $M_A(R_{41})$ 与 ω_1(即 ω_{41})方向相反，故 R_{41} 作用线切于该摩擦圆的右面。

按 $\sum F=0$，即 $R_{21}+F_1+R_{41}=0$，在例图 4-4(b)上作力三角形求得 F_1 和 R_{41}。

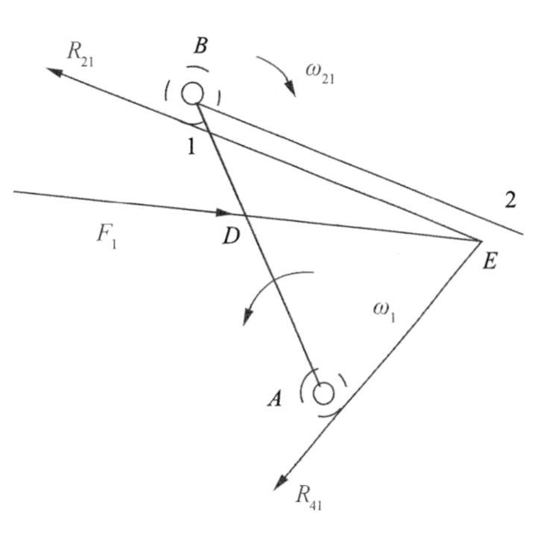

例图 4-4(c)

4.6 机械的效率与自锁

4.6.1 机械效率的概念

在机械运转过程中，设作用在机械上的输入功为 W_d，输出功（有效功）为 W_r，损耗功（无用功）为 W_f。则在机械的一个运动循环中或稳定运转的任一时间间隔内，输入功等于输出功与损耗功之和，即

$$W_d=W_r+W_f \tag{4-19}$$

输出功与输入功之比，反映了输入功在机械中的有效利用程度，称为机械效率，通常用 η 表示，即

$$\eta=\frac{W_r}{W_d}=\frac{W_d-W_f}{W_d}=1-\frac{W_f}{W_d}=1-\xi \tag{4-20}$$

式中，ξ 称为损失系数。由于 $W_f>0$，因此，始终有 $\eta<1$，$\xi>0$。

机械效率还有多种表达方式。

将式(4－20)中的功除以时间，则得到用功率表示的机械效率：

$$\eta=\frac{N_r}{N_d}=1-\frac{N_f}{N_d}=1-\xi \tag{4-21}$$

为了便于应用，机械效率也可用力和力矩来表示。

将输入功率用力或者力矩表示为：$N_d=F_d v_d=M_d\omega_d$

输出功率用力或者力矩表示为：$N_r=F_r v_r=M_r\omega_r$

先考虑用力表示的情况，根据公式(4－21)可得

$$\eta=\frac{N_r}{N_d}=\frac{F_r v_r}{F_d v_d} \tag{4-21a}$$

假设在该机械中不存在摩擦力和损耗功率(称为理想机械)，即 $\eta_0=1$。此时，为了克服同样的生产阻力 F_r，其所需的驱动力 F_{d0}(称为理想的驱动力)应小于 F_d。由式(4－21)可知，

由：

$$\eta_0=\frac{F_r v_r}{F_{d0} v_d}=1 \quad 即\ F_r v_r=F_{d0} v_d \tag{4-21b}$$

将式(4－21b)代入式(4－21a)，得到用驱动力表示的效率公式

$$\eta=\frac{F_r v_r}{F_d v_d}=\frac{F_{d0} v_d}{F_d v_d}=\frac{F_{d0}}{F_d} \tag{4-22}$$

同样，用驱动力矩表示的效率为

$$\eta=\frac{M_{F_0}}{M_F} \tag{4-23}$$

综合以上两式，可写成

$$\eta = \frac{\text{理想驱动力}}{\text{实际驱动力}} = \frac{\text{理想驱动力矩}}{\text{实际驱动力矩}} \tag{4-24}$$

同理，也可用工作阻力或阻力矩来表示机械效率

$$\eta = \frac{\text{实际工作阻力}}{\text{理想工作阻力}} = \frac{\text{实际工作阻力矩}}{\text{理想工作阻力矩}} \tag{4-25}$$

利用式(4-24)和式(4-25)计算效率的方便之处在于计算力的同时，可以方便地求得效率，而不必计算功或功率。

机械效率除了用以上计算公式进行理论计算外，还可以通过实验方法测定具体机械效率。对一些常用的机构(如齿轮、带、链等传动机构)和运动副，在《机械工程手册》等一般设计用工具书中均可以查到其效率值。这样，就可以利用已知机构和运动副的效率计算机器的效率。

4.6.2　机组中机械效率的计算方法

一个机组往往由多个机器组成的，各机器的机械效率可以通过计算或测量方法获得，如图4-7所示。

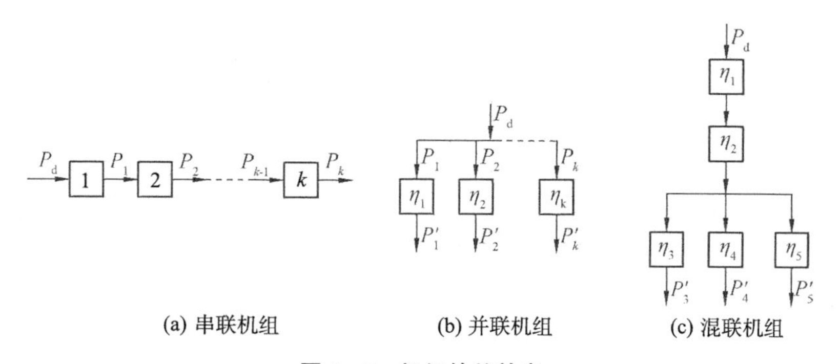

图4-7　机组的总效率

当它们以串联、并联或混联的方式组成机组时，设各机器的效率分别为 $\eta_1, \eta_2, \eta_3, \cdots, \eta_k$，则机组总机械效率的计算方法如下。

1. 串联机组的机械效率

如图4-7(a)所示，若一机组有 k 个机器串联，则该机组总的机械效率为

$$\eta = \eta_1 \cdot \eta_2 \cdot \eta_3 \cdot \cdots \cdot \eta_k \tag{4-26}$$

说明：串联机组的机械效率等于各机器效率的乘积，因此：

(1) 只要串联机组中任一机器的机械效率很低，就会使整个机组的效率降低。

(2) 因为 $\eta_1 < 1, \eta_2 < 1, \cdots, \eta_k < 1$，所以串联机组中串联的机器越多，机械效率也就越低。

2. 并联机组的机械效率

如图4-7(b)所示，若一机组由 k 个机器并联，则该机组总的机械效率为

$$\eta = \frac{\sum P_i \eta_i}{\sum P_i} = \frac{P_1\eta_1 + P_2\eta_2 + \cdots + P_k\eta_k}{P_1 + P_2 + \cdots + P_k} \tag{4-27}$$

说明：并联机组的总效率取决于传递功率最大的机器的效率，因此，要提高并联机组的机械效率，应着重提高传递功率大的传递路线的功率。

3. 混联机组的机械效率

混联机组的机械效率等于总的输出功率与总的输入功率之比

$$\eta=\frac{\sum P_{\text{out}}}{\sum P_{\text{in}}} \tag{4-28}$$

根据实际情况，将混联机组分解为并联和串联机组分别进行计算。

［**例 4－5**］ 如例图 4－5 所示的机组是由一电动机通过 V 带传动圆锥、圆柱齿轮传动带动工作机 A 和 B。设两个工作机的输出功率分别为 $P_A=2\text{kW}$，$P_B=3\text{kW}$，效率分别为 $\eta_A=0.8$，$\eta_B=0.7$，每对齿轮传动的效率分别为 $\eta_1=0.95$，每个支承的效率为 $\eta_2=0.98$，带传动的效率为 $\eta_3=0.9$。求电动机的功率和机组的总效率。

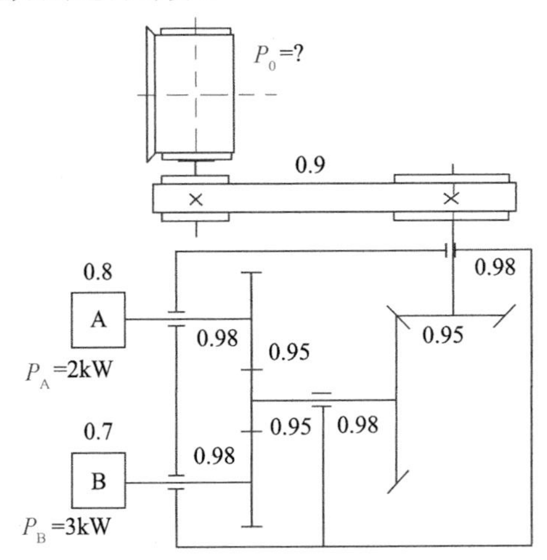

例图 4－5　混联机组机械效率

解：该机组的传递路线如例图 4－5(a)所示。

(1) 在 $P_1 \rightarrow P_A$ 串联机组中：

$P_A/P_1=0.95\times0.98\times0.8$，所以：$P_1=2.685\text{kW}$。

(2) 在 $P_2 \rightarrow P_B$ 串联机组中：

$P_B/P_2=0.95\times0.98\times0.7$，所以：$P_2=4.603\text{kW}$。

(3) 上述两串联机组在 P_0 汇总，因此，

$P_0=P_1+P_2=7.288\text{kW}$。

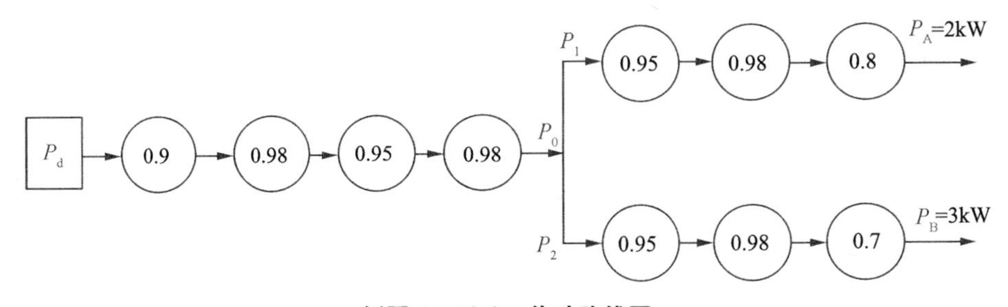

例图 4－5(a)　传动路线图

(4) 在 $P_d \rightarrow P_0$ 串联机组中：$P_0/P_d=0.9\times0.98\times0.95\times0.98$，$P_d=8.88\text{kW}$。

(5) 机组总效率：$\eta_{总}=\dfrac{P_A+P_B}{P_d}\times100\%=\dfrac{5}{8.88}\times100\%=56.3\%$。

4.6.3　自锁的实质与从效率角度分析的机械自锁条件

在前述章节中，从力的角度分析了移动副和转动副的自锁条件，结果表明机械自锁的实质是作用力在构件上的驱动力的有效分力总是小于由其所引起的同方向上的最大摩擦力。下面从效率的角度来分析机械的自锁条件。

由于实际机械中总会产生一定程度的摩擦和损耗，所以机器的效率总是小于 1 的。若输入功率等于损耗功率($N_d=N_f$)，则输出功率 $N_r=0$、效率 $\eta=0$，此时，机器可能出现以下两种工作状态：一是原来运动的机器仍能运动，但只能空转，不能对外做功；二是原来就不动的机

器，由于输入功率只够克服有害功率，所以该机器仍然不能运动，称之为自锁。

若输入功率小于损耗功率，则原来运动的机器也将减速至静止状态，原来不动的机器依然不动，此时，机器必发生自锁。综合以上分析，可以从效率的角度得出机械发生自锁的条件为$\eta \leqslant 0$。

4.6.4 螺旋传动的效率与自锁

图4-8(a)所示为一矩形螺纹螺旋传动，为简明起见，以A表示螺母，B表示螺旋。螺杆的平均半径为r_0，螺母上的轴向载荷G集中作用在平均半径r_0的螺旋线上，矩形螺纹的螺旋升角为λ，螺杆与螺母之间的摩擦因数为f。根据螺旋传动的原理，将螺纹展开成如图4-8(b)所示的滑块A和斜面B。

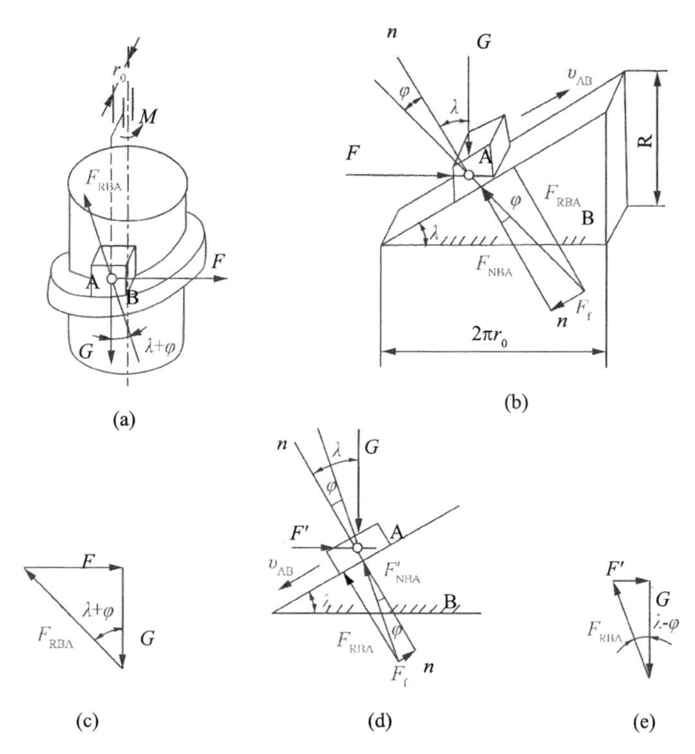

图4-8 螺旋传动的效率与自锁

1. 正行程中的效率和自锁

正行程是指螺母的拧紧过程，相当于滑块A以等速沿斜面B上升，如图4-8(b)所示，此时F为驱动力，G为阻力，斜面作用在滑块上的总反力F_{RBA}的方向应与滑块相对斜面的移动方向v_{AB}成$90°+\varphi$角($\varphi=\arctan f$)，所以F_{RBA}与G之间的夹角为$\lambda+\varphi$，根据力平衡的矢量方程式

$$\boldsymbol{G}+\boldsymbol{F}_{RBA}+\boldsymbol{F}=0$$

上式中只有力$\boldsymbol{F}_{RBA}$和$\boldsymbol{F}$大小未知，故可作出力多边形如图4-8(c)所示。以下为了方便表示，除特殊说明外，公式中的量均表示大小，是标量。由此可求得正行程时的水平驱动力

$$F=G\tan(\lambda+\varphi)$$

假设A、B之间无摩擦，即摩擦角 $\varphi=0$，可得理想的水平的驱动力

$$F_0=G\tan\lambda$$

根据公式(4-22)可求得正行程时的效率为

$$\eta=\frac{F_0}{F}=\frac{\tan\lambda}{\tan(\lambda+\varphi)} \tag{4-29}$$

当 $\eta\leqslant 0$ 时，可得正行程的自锁条件为

$$\lambda\geqslant\frac{\pi}{2}-\varphi \tag{4-30}$$

2. 反行程中的效率和自锁

反行程相当于滑块A沿斜面B下滑[图4-8(d)]的过程，此时 G 为驱动力，F' 为维持螺母A在轴向载荷 G 作用下等速松开时的水平阻力。总反力 F_{RBA} 与下滑速度 v_{AB} 成 $90°+\varphi$ 角，则总反力 F_{RBA} 与 G 之间夹角为 $\lambda-\varphi$。再由力平衡矢量方程式为

$$\boldsymbol{G}+\boldsymbol{F}_{RBA}+\boldsymbol{F}'=0$$

绘成力多边形[图4-8(e)]，可求得维持等速下滑阻力

$$F'=G\tan(\lambda-\varphi)$$

如果A、B之间没有摩擦，即 $\varphi=0$，可得理想阻力

$$F_0'=G\tan\lambda$$

根据式(4-25)可求得反行程(滑块A下滑)时的效率

$$\eta'=\frac{F'}{F_0'}=\frac{\tan(\lambda-\varphi)}{\tan\lambda} \tag{4-31}$$

当 $\eta'\leqslant 0$ 时，可求得反行程时的自锁条件为

$$\lambda\leqslant\varphi \tag{4-32}$$

[例4-6] 如例图4-6所示为一平底直动推杆盘形凸轮机构，设不计凸轮1与推杆2之间的摩擦，凸轮给推杆的力 F 垂直于平底，已知：F 与推杆导路之间偏距为 e，推杆2与导槽3之间摩擦因数 f。求：为保持推杆2不自锁，导槽3的长度 b 应满足什么条件？

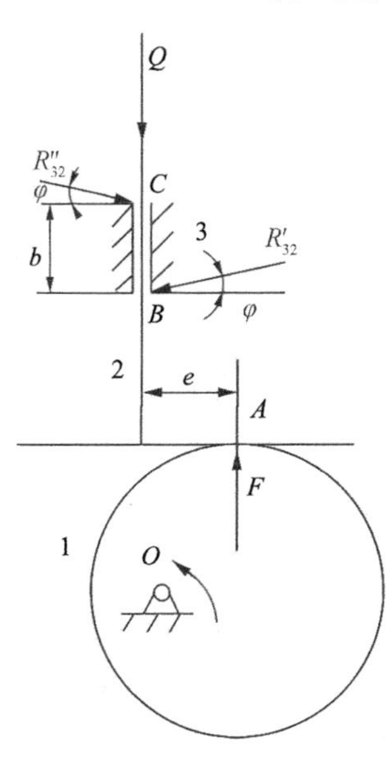

例图4-6

解： 推杆2受驱动力 F 作用使其逆时针方向偏转，且有向上运动的趋势；导槽3给推杆2的反力 R''_{32} 和 R'_{32} 如例图4-6所示，摩擦角 $\varphi=\arctan f$。

本题欲求推杆2不自锁的条件，即 $\eta>0$，应用式(4-24)：

$$\eta=\frac{\text{理想驱动力}}{\text{实际驱动力}}=\frac{\text{理想驱动力矩}}{\text{实际驱动力矩}}$$

假设作用于推杆2上的阻力为 Q，根据力的平衡条件：

$$\left.\begin{aligned}\sum F_x=0\\\sum F_y=0\\\sum M_B=0\end{aligned}\right\}$$

可得下列方程组

$$\left.\begin{aligned}R''_{32}\cos\varphi-R'_{32}\cos\varphi=0\\F-R''_{32}\sin\varphi-R'_{32}\sin\varphi-Q=0\\Fe-R''_{32}b\cos\varphi=0\end{aligned}\right\}$$

将 $\tan\varphi=f$ 代入并解上述方程组，得

$$F=\frac{b}{b-2ef}Q$$

当不考虑摩擦时，$f=0$，理想驱动力为 $F_0=Q$。

机构的机械效率为

$$\eta=\frac{F_0}{F}=\frac{b-2ef}{b}$$

根据机构不发生自锁的条件：$\eta>0$

得：$b\geqslant 2ef$

4.7 典型题解析

[例 4-7] 如例图 4-7 所示的摇臂钻床，已知其摇臂滑套的长度 L 及它与立轴之间的摩擦因数 f。求摇臂在其自身重力 G 的作用下不下滑时质心 S 至立轴轴线间的距离 h。

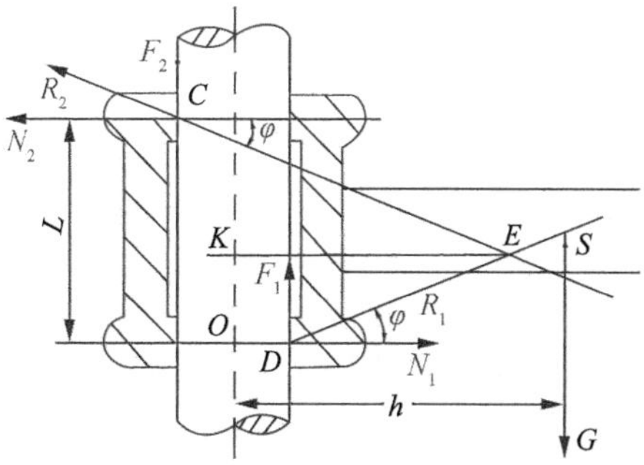

例图 4-7

解：该摇臂在重力 G 的作用下，滑套在 C、D 两处的法向反力为 N_1 和 N_2，摩擦力为 F_1 和 F_2。以摇臂为研究对象，根据其力平衡条件得

$$N_1=N_2=N$$

则
$$F_1=F_2=fN=F \tag{a}$$

又由
$$\sum M_O=0$$

得
$$Gh=NL \tag{b}$$

欲使摇臂不下滑，则应满足下列条件

$$G\leqslant 2F \tag{c}$$

联立解(a)(b)(c)三式得

$$h \geqslant \frac{L}{2f} \text{ 或 } h \geqslant \frac{L}{2\tan\varphi}$$

由图可知

$$KE = \frac{L}{2\tan\varphi}$$

该式表明，欲使摇臂不下滑，摇臂的质心 S 应位于两个总反力 R_1 和 R_2 之交点 E 的右侧。

［例 4-8］ 如例图 4-8 所示斜面压榨机，在 P 力作用下将物体 4 压紧(图中 P 力未画出)，Q 力为被压榨物体 4 对滑块 3 的反作用力。求当 P 力去掉后，机构反行程自锁的条件(各接触面间的摩擦因数均为 f)。

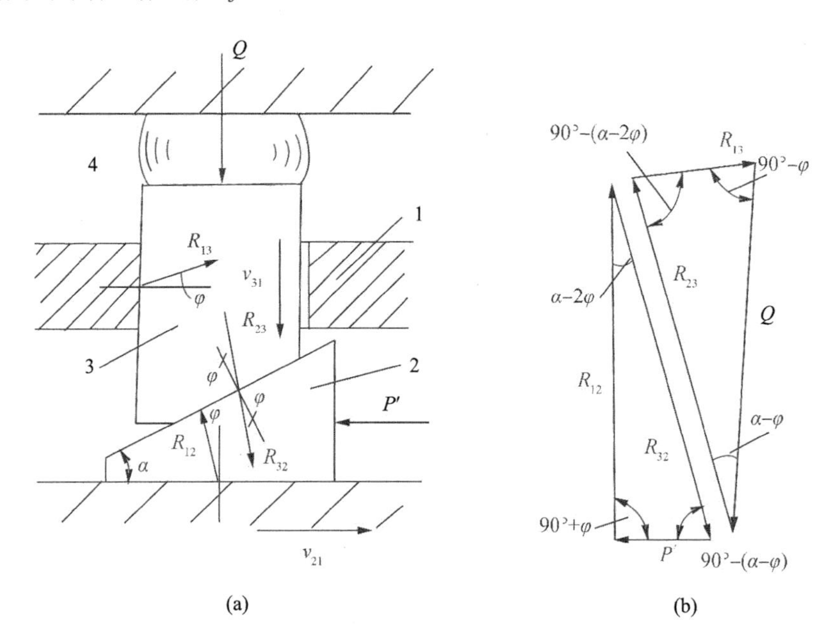

1—机床夹具；2、3—滑块；4—被压榨物体

例图 4-8

解： 在正行程时，力 P 为驱动力，通过滑块 2 推动滑块 3 上移压紧物体 4，力 Q 为产生阻力。在力 P 去掉后，在力 Q 的作用下，有驱使滑块 2、3 反向移动而松退的趋势，所以反行程时力 Q 为驱动力。为求得反行程的效率 η'，现假设反行程时机械不自锁，并设 P' 为保证反行程匀速松退时应加上的水平阻力。由此可确定出反行程时各运动副反力的方位[如例图 4-8(a)所示]。研究滑块 2、3，可分别得力平衡方程式

$$P' + R_{12} + R_{32} = 0$$

$$Q + R_{13} + R_{23} = 0$$

由此作出两个力封闭多边形如例图 4-8(b)所示。由正弦定理可得：

$$\frac{P'}{\sin(\alpha - 2\varphi)} = \frac{R_{23}}{\sin(90° + \varphi)}$$

$$\frac{Q}{\sin[90°-(\alpha-2\varphi)]}=\frac{R_{23}}{\sin(90°-\varphi)}$$

由于 $R_{23}=R_{32}$，联立两式，可求得反行程时驱动力为

$$Q=P'\cot(\alpha-2\varphi)$$

其理想驱动力($\varphi=0$ 时)为

$$Q_0=P'\cot\alpha$$

该机械反行程时的效率为

$$\eta'=\frac{Q_0}{Q}=\frac{\tan(\alpha-2\varphi)}{\tan\alpha}$$

若使机械反行程自锁，则应有

$$\eta'\leqslant 0$$

由此可得反行程自锁的几何条件为

$$\alpha\leqslant 2\varphi$$

［例 4-9］ 如例图 4-9 所示为一输送辊道的传动简图。设已知一对圆柱齿轮传动的效率为 0.95，一对圆锥齿轮传动的效率为 0.92(均已知包括轴承效率)。求该传动装置的总效率 η。

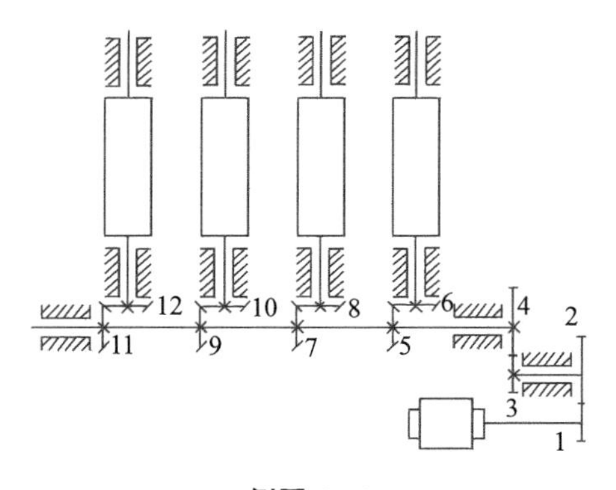

例图 4-9

解：由图可知，此传动装置为一混联系统，圆柱齿轮 1、2、3、4 为串联，而圆锥齿轮 5 和 6、7 和 8、9 和 10、11 和 12 为并联，每对圆锥齿轮各驱动一个辊道辊子。又由题意可知，各对圆锥齿轮的效率均相同，故并联部分的总效率就等于一对圆锥齿轮的效率，于是，此传动装置的总效率 η 为

$$\eta=\eta_{12}\eta_{34}\eta_{56}=0.95^2\times0.92=0.83$$

思考题与习题

4-1　试解释驱动力，阻抗力，有效阻力，有害阻力。

4－2 何谓当量摩擦因数和当量摩擦角？为何要引进当量摩擦的概念？为什么槽面摩擦大于平面摩擦？

4－3 摩擦圆的大小与哪些因素有关？在转动副中如何确定其总反力作用线的方位？

4－4 何谓机械效率？对机械效率的各种形式的计算公式应如何理解？

4－5 什么是机械的自锁现象？对于机械自锁时，其效率 $\eta \leqslant 0$ 应如何理解？

4－6 如题图 4－6 所示平底从动件偏心圆凸轮机构，已知 Q 为生产阻力，转动副的摩擦圆及滑动摩擦角 φ 已示于图中，试求：

(1) 在图中画出各运动副反力的作用线及方向；

(2) 写出应加于凸轮上的驱动力矩 M_d 的表达式。

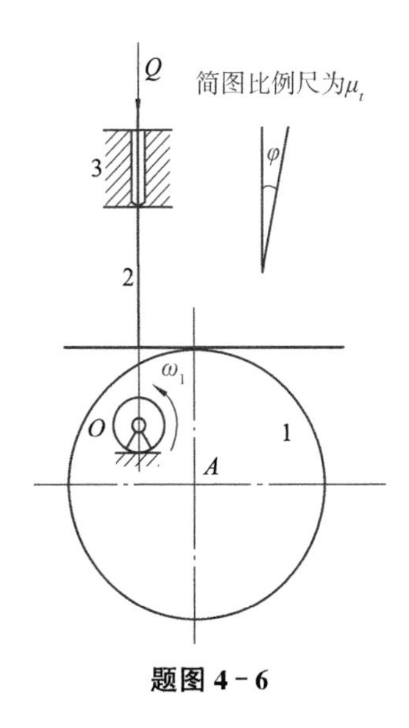

题图 4－6

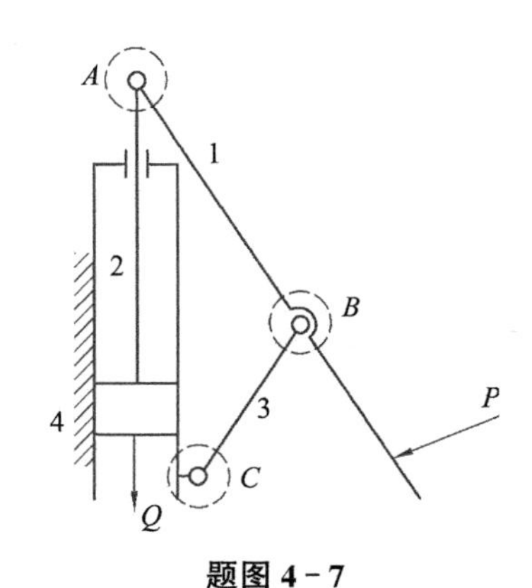

题图 4－7

4－7 题图 4－7 所示为手摇唧筒机构。已知各部分尺寸和接触面的摩擦因数 f，转动副 A、B、C 处的虚线代表摩擦圆。试画出在 P 力作用下的各种反力作用线的位置和方向(不考虑各构件的质量和转动惯量)。

4－8 如题图 4－8 所示为一机床的矩形－V 形导轨副，拖板 1 和两导轨组成复合移动副。已知拖板 1 的运动方向垂直纸面，重心在 S 处，几何尺寸如图所示，各接触面的滑动摩擦因数 $f=0.1$，试求该导轨的当量摩擦因数 f_v。

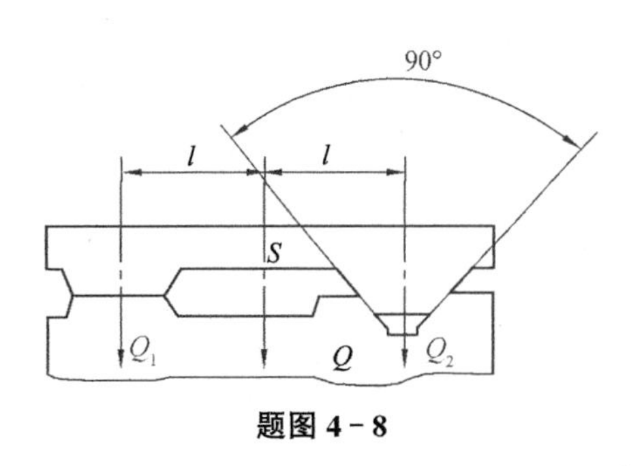

题图 4－8

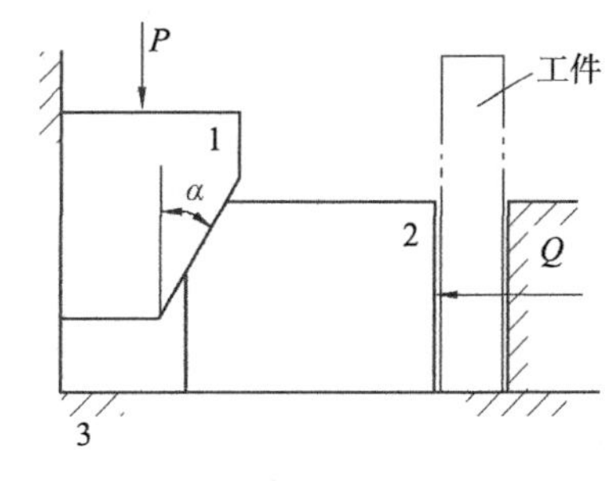

题图 4－9

4－9 在题图 4－9 所示楔块夹紧机构中，各摩擦面的摩擦因数为 f，正行程时 Q 为阻抗力，P 为驱动力。试求：

(1) 反行程自锁时，α 角应满足的条件。

(2) 该机构正行程的机械效率 η。

4-10　在题图 4-10 所示的机构中，已知 AB 杆的长度为 l，轴颈半径为 r，F 为驱动力，G 为生产阻力，设各构件相互接触处的摩擦因数均为 f，若忽略各构件的重力和惯性力，试求该机构的效率和自锁条件。

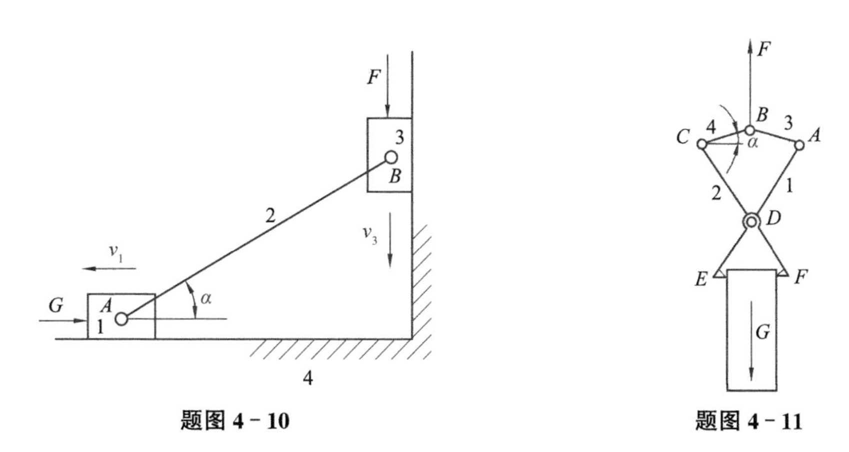

题图 4-10　　**题图 4-11**

4-11　题图 4-11 所示为一钢锭抓取器，求其能抓起钢锭的自锁条件。设抓取器与钢锭之间的摩擦因数 f，忽略各转动副中的摩擦及抓取器各构件的自重。

4-12　如题图 4-12 所示为一带式运输机，由电动机 1 通过联轴器 2 带动一个两级圆锥—圆柱齿轮减速器，再经过一级链传动 4 带动运输带 6。设已知鼓轮 5 的直径为 $\phi 450$ mm，其输出扭矩 $T=450\text{N}\cdot\text{m}$，转速 $\omega=60\text{r/min}$，联轴器的效率 $\eta_1=0.99$，一对圆柱齿轮(包括其轴承，效率 $\eta_2=0.97$，一对圆锥齿轮(包括其轴承)的效率 $\eta_3=0.95$，链传动的效率 $\eta_4=0.96$，运输带的机械效率 $\eta_5=0.92$，求该传动系统的总效率 η，电动机所需的功率 N 和运输带 6 的牵引力 P 及其运送速度 v。

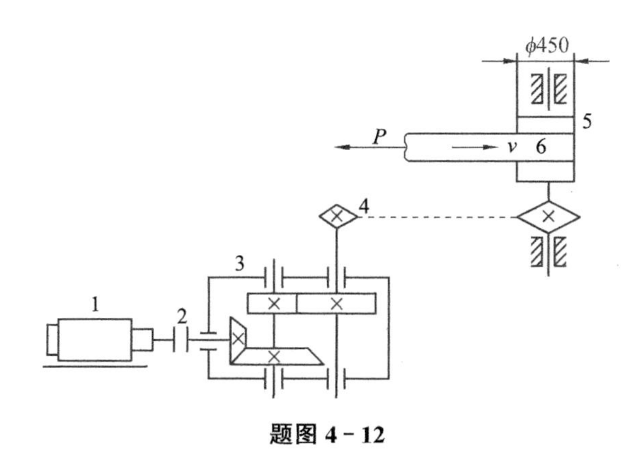

题图 4-12

4-13　在题图 4-13 所示的矩形螺纹千斤顶中，已知单头螺纹的中径 $d=22\text{mm}$，螺距 $p=4\text{mm}$，顶头环形摩擦面的中径 $D=50\text{mm}$，手柄长度 $l=300\text{mm}$，所有摩擦面的摩擦因数均为 $f=0.1$。求该千斤顶的机械效率；若 $P=100\text{N}$，被举起的重量 Q 为多少？

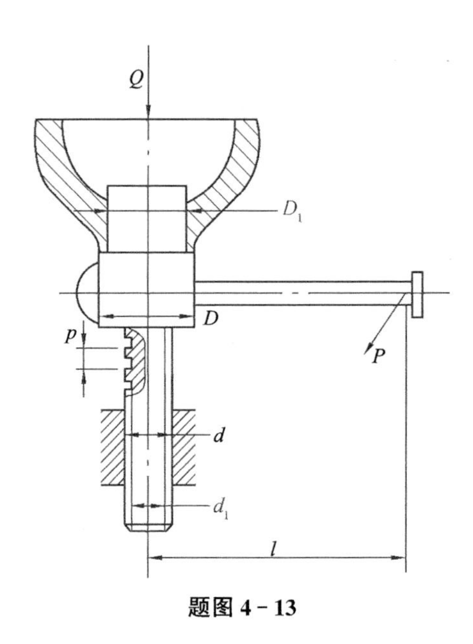

题图 4-13

4-14　如题图 4-14 所示机构中，已知驱动力 $P=25\mathrm{N}$，图中虚线小圆为摩擦圆，摩擦角为 12°，试求：

(1) 在图上画出正行程时杆 2、连杆 3、斜块 4 的受力情况；

(2) 求能克服的工作阻力 Q 的大小；

(3) 斜块 4 反行程时的自锁条件。

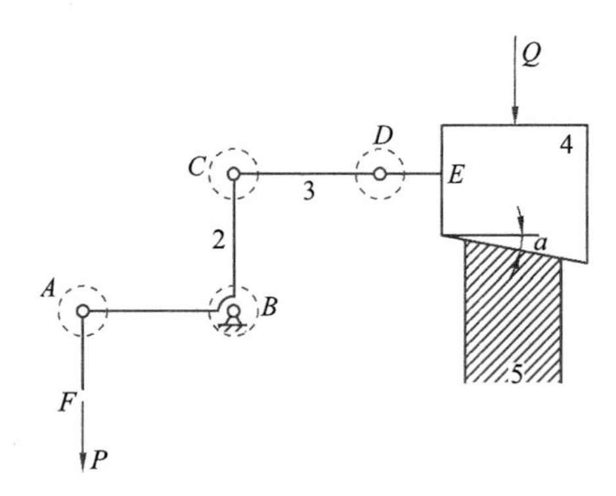

题图 4-14

第三篇　常用机构及其设计

篇导学

机械的种类成千上万，但所涉及的机构类型却是有限的，掌握常用机构及其设计方法，运用机构的组成原理，就可以设计出各种机械。这也是机械原理课程的精髓所在。

本篇通过对连杆机构、凸轮机构、齿轮机构、轮系及其他常用机构及其设计的学习，掌握各种机构的工作原理及其设计方法，为机械设计与创新奠定基础。

5　平面连杆机构及其设计

章导学

本章主要论述平面四杆机构的基本类型和演化方法，平面四杆机构的工作特性，连杆机构的传动特点及其功能，以及平面四杆机构的各种设计方法，并对多杆机构进行了应用介绍。本章重点是平面连杆机构的设计方法。

5.1　连杆机构及其传动特点

连杆机构广泛地应用于各种机械和仪表中，图 5－1 列出了连杆机构最常见的三种形式，它们分别是铰链四杆机构[图 5－1(a)]、曲柄滑块机构[图 5－1(b)]和导杆机构[图 5－1(c)]。其共同特点是：原动件 1 的运动需要经过一个不与机架相连的中间构件 2 才能传递到从动件 3，即在原动件和从动件之间连接了一个中间构件，称之为连杆。具有这种特点的机构称为连杆机构。

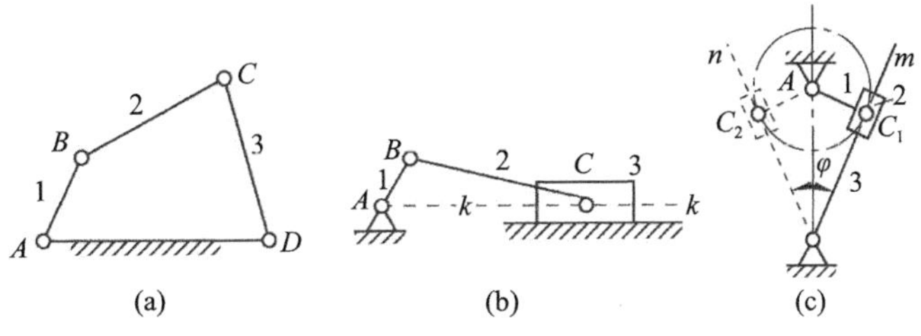

图 5－1　连杆机构的常见形式

连杆机构是由若干刚性构件用低副连接而成的机构，故连杆机构也称为低副机构。连杆机构主要分为平面连杆机构和空间连杆机构两大类。另外，根据其运动链的联接方式，连杆机构还可分为开式链机构和闭式链机构；根据其杆件数目，可分为四杆机构、五杆机构及多杆机构，最常用的连杆机构是四杆机构。

连杆机构的主要优点是：

(1) 连杆机构中的运动副一般为低副，两运动副元素为面接触，因此压强小、磨损小、承载能力大、便于润滑；

(2) 运动副元素为平面或圆柱面，故制造容易，易于获得较高的精度。

(3) 结构简单、设计方便，易于实现多种运动规律和运动轨迹的要求。

连杆机构的主要缺点是：

(1) 连杆机构的惯性力和惯性力矩不容易得到平衡，因而不适宜高速传动。

(2) 对多杆机构而言，随着构件和运动副数目的增加，累积误差较大，因此传动精度不高。

5.2　平面四杆机构的基本类型及其演化

在平面连杆机构中，结构最简单、应用最广泛的是平面四杆机构，其他多杆机构均可视为是在平面四杆机构的基础上增加杆组而成的。平面四杆机构具有三种基本类型。而通过平面四杆机构的演化，可以得到多种不同的机构型式。

5.2.1　平面四杆机构的基本类型

全部运动副均为转动副的四杆机构称作铰链四杆机构，如图 5－2 所示，它是四杆机构的最基本型式。

在此机构中，固定不动的构件 AD 称为机架；直接与机架相连接的杆件 AB、CD 称为连架杆，不直接与机架相连接的杆件 BC 称为连杆，其中能做整周回转运动的连架杆(AB)称为曲柄，只能在一定范围内做往复摆动的连架杆(CD)称为摇杆；如果以转动副相连的两构件间能做整周相对转动，则称此运动副为整转副(如转动副 A、B)；不能做整周相对转动的转动副称为摆动副(如转动副 C、D)。

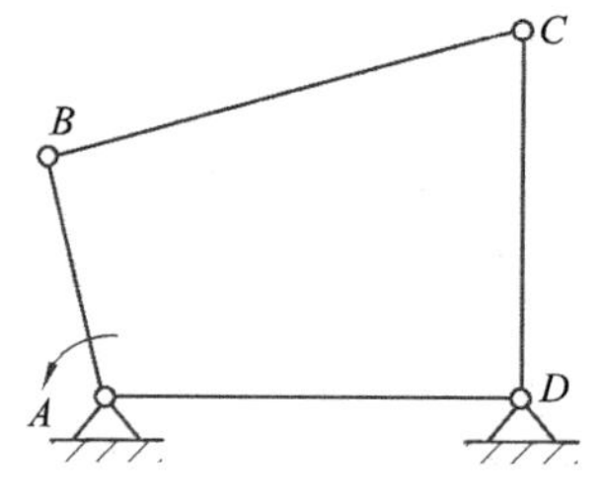

图 5－2　铰链四杆机构

在铰链四杆机构中，按连架杆能否做整周转动，可将铰链四杆机构分为三种基本类型。

1. 曲柄摇杆机构

在铰链四杆机构中，若两连架杆中一杆为曲柄，另一杆为摇杆，则该机构称为曲柄摇杆机构[图 5－3(a)]。此种机构广泛地应用在各种机械中，如图 5－4 所示的缝纫机踏板机构，图 5－5 所示的搅拌机拌料机构均为曲柄摇杆机构的应用实例。

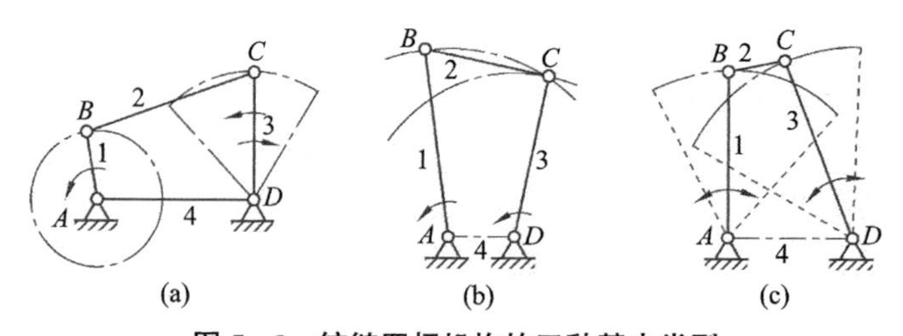

图 5－3　铰链四杆机构的三种基本类型

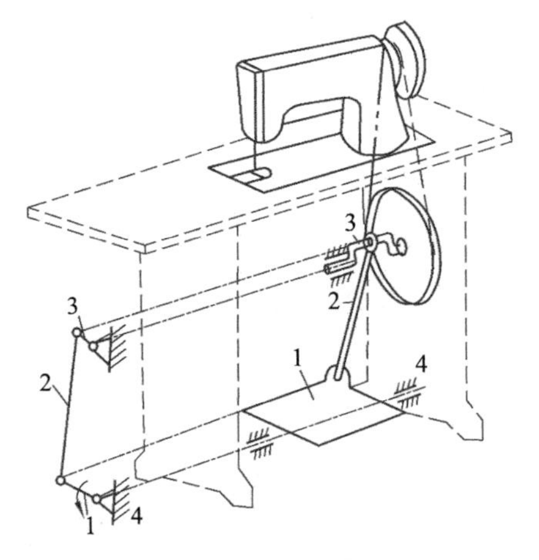

图 5-4 缝纫机踏板机构

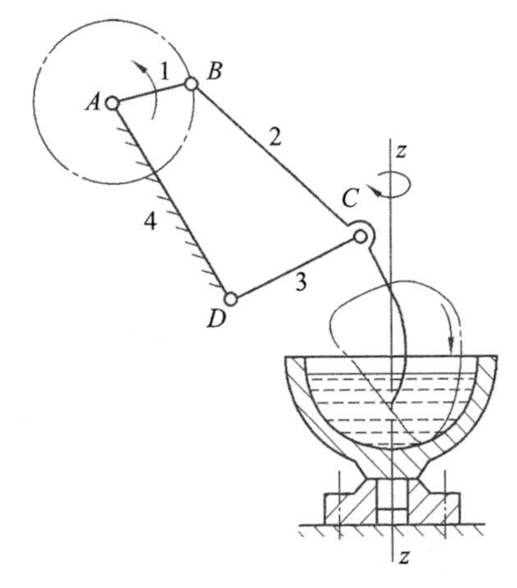

图 5-5 搅拌机拌料机构

2. 双曲柄机构

在铰链四杆机构中，若两个连架杆都能相对机架做整周回转，则该机构称为双曲柄机构[图 5-3(b)]。其特点是当原动曲柄做等速回转时，从动曲柄通常做变速转动，如图 5-6 所示的惯性筛传动机构，当原动曲柄 AB 等速回转时，从动曲柄 CD 做变速转动，从而使筛体 6 获得具有更大变化的加速度，达到筛分物料的目的。

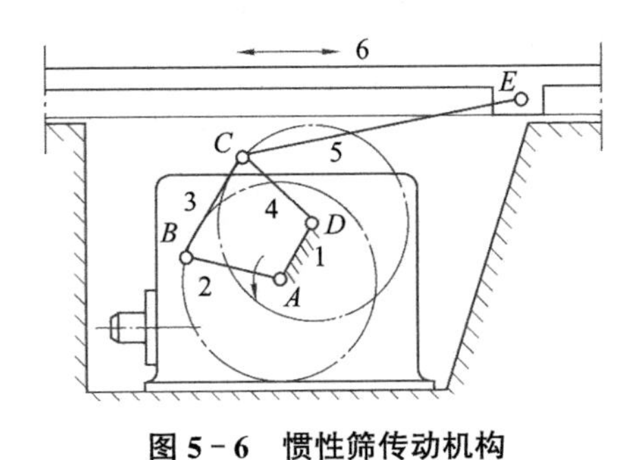

图 5-6 惯性筛传动机构

在双曲柄机构中，若两对边杆件长度相等且平行，则称为平行四边形机构或平行双曲柄机构(图 5-7)。其特点是两曲柄能以相同的角速度同时转动，而连杆做平行移动。如图 5-8 所示的平台升降机构为其应用实例。

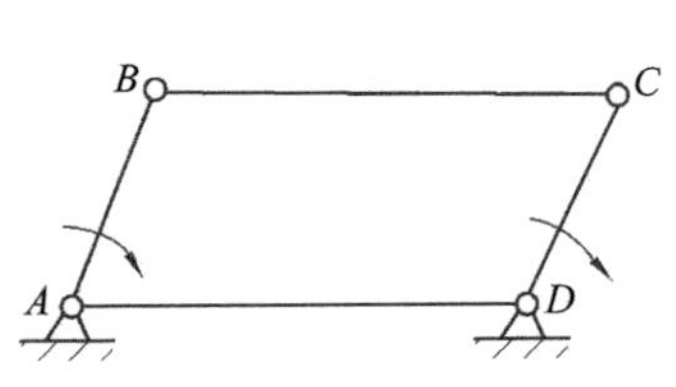

图 5-7 平行双曲柄机构

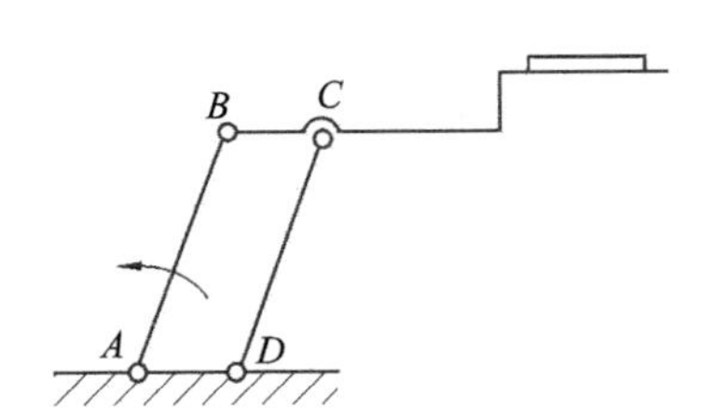

图 5-8 平台升降机构

在图 5-9 所示双曲柄机构中，虽然其对应边长度也相等，但 BC 杆与 AD 杆并不平行，并且两曲柄 AB 和 CD 转动方向也相反，故称其为反平行四边形机构。图 5-10 所示的车门开闭机构为其应用实例，它是利用反平行四边形机构运动时，两曲柄转向相反的特性，达到两扇车门同时开启或关闭的目的。

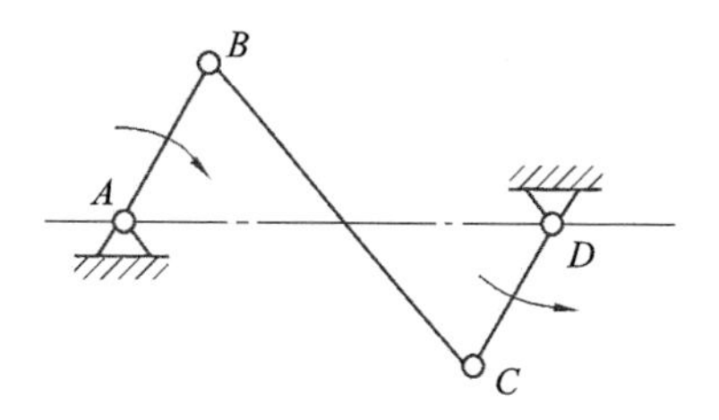

图 5-9 反平行四边形机构

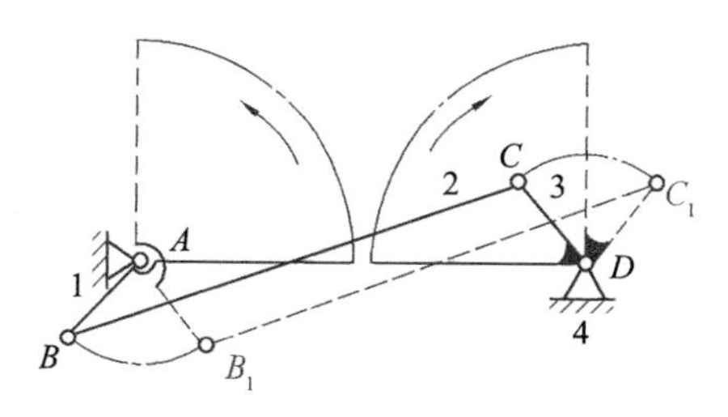

图 5-10 车门开闭机构

平行四边形机构在运动过程中存在一个位置不确定的问题，如图 5-11 所示，当四杆机构位于 AB_1C_1D 位置时，四个杆件位于同一直线上，若曲柄顺时针旋转，则 B_1 向点 B_2 运动，但此时点 C_1 既可能向点 C_2 运动，成为平行四边形机构 AB_2C_2D，也可能向点 C_2'运动，成为反平行四边形机构 $AB_2C_2'D$。因此，在这一位置的运动不确定。为避免出现这一现象，可以在从动曲柄 CD 上加装一个惯性较大的轮子，利用惯性维持从动曲柄转向不变。也可以通过加虚约束的方式使机构保持平行四边形(如图 5-12 所示的机车车轮联动的平行四边形机构)，从而解决机构运动的不确定问题。

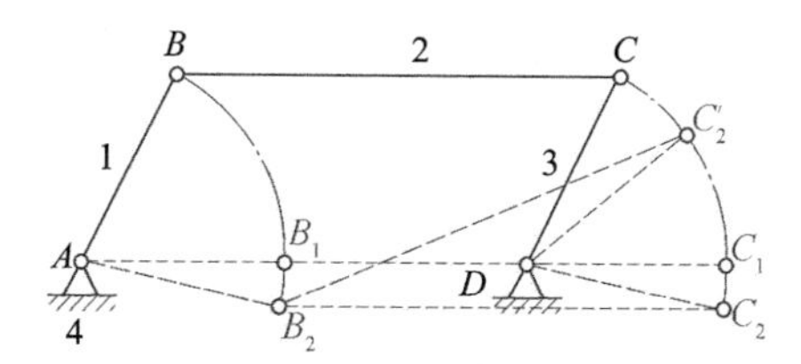

图 5-11 平行四边形机构的运动不确定

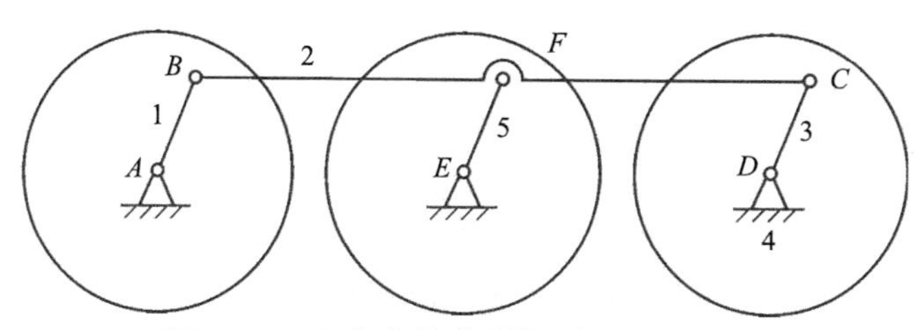

图 5-12 机车车轮联动的平行四边形机构

3. 双摇杆机构

当铰链四杆机构中的两连架杆都是摇杆时，称为双摇杆机构[图 5-3(c)]。如图 5-13 所示鹤式起重机的双摇杆机构 $ABCD$，它可使悬挂重物做近似水平直线移动，从而避免不必要的升降而消耗能量。在双摇杆机构中，若两摇杆的长度相等，则称为等腰梯形机构，如图 5-14 所示的汽车前轮转向机构。

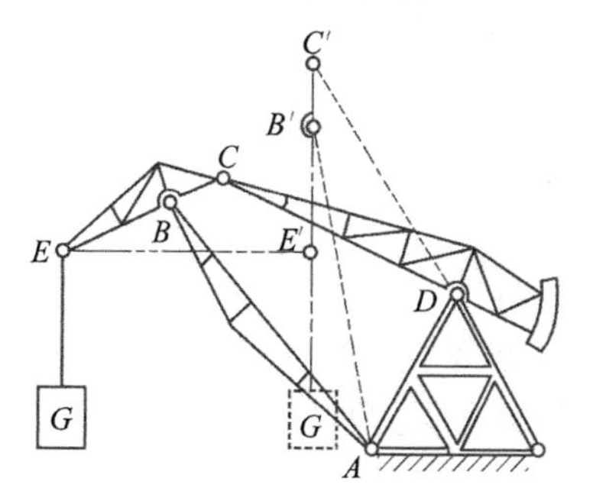

图 5-13 鹤式起重机

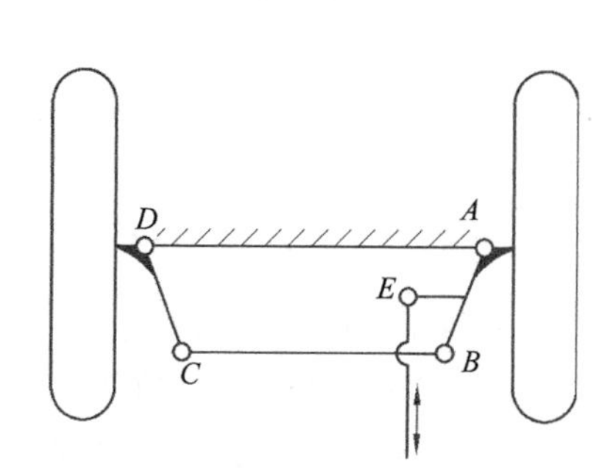

图 5-14 汽车前轮转向机构

5.2.2 平面四杆机构的演化

除了上述三种铰链四杆机构外，在工程实际中，还广泛应用了多种其他形式的平面四杆机构，尽管其外形和特性都不相同，但这些机构都可以看作是由铰链四杆机构通过各种方法演化而来的。平面四杆机构的演化，不仅丰富了平面四杆机构的内涵，也提供了创造新机构的途径。

1. 改变相对杆长、转动副演化为移动副

若将图 5-3(a)所示的曲柄摇杆机构中摇杆 CD 的长度不断增大[图 5-15(a)]，一直增加到无穷大[图 5-15(b)]时，转动副 D 将逐渐移至无穷远处，而转动副 C 的运动轨迹由原来的 kk 圆弧逐渐变为 kk 直线。转动副 D 转化成移动副，曲柄摇杆机构则演化成曲柄滑块机构。

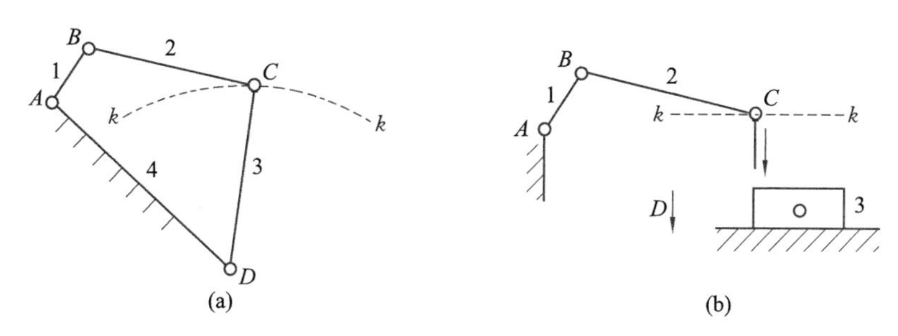

图 5-15　曲柄摇杆机构的演化

在曲柄滑块机构中，当滑块 3 的导路中心线通过曲柄 1 的转动中心($e=0$)时，称为对心曲柄滑块机构[图 5-16(a)]，否则($e\neq0$)称为偏置曲柄滑块机构[图 5-16(b)]，图中的 e 称为偏距。曲柄滑块机构在内燃机、压缩机、压力机、冲床等生产实际中得到广泛应用。

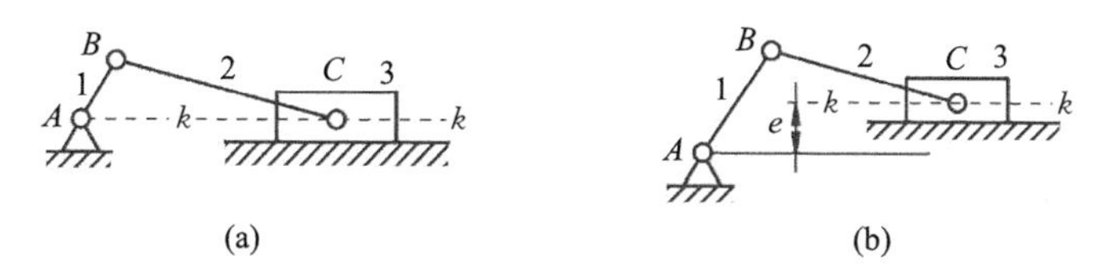

图 5-16　对心与偏置曲柄滑块机构

若再将曲柄滑块机构中连杆 BC 的长度增至无穷大时，转动副 C 移至无穷远处。以 C 为参照点，则点 B 的运动轨迹由圆弧变成直线，转动副 C 变成移动副。则该机构由图 5-17(a)的曲柄滑块机构演化成图 5-17(b)所示的双滑块机构，构件 2 变为滑块。

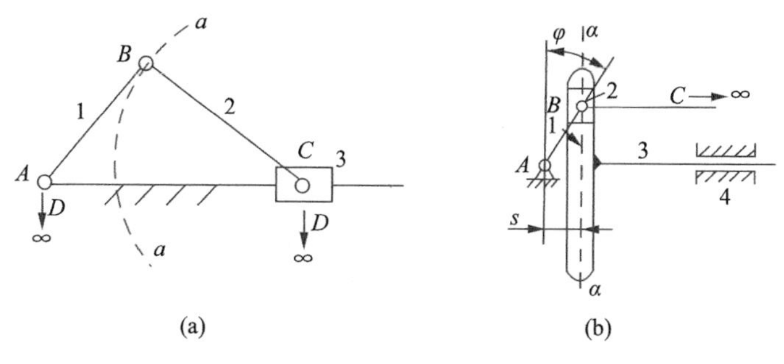

图 5-17　曲柄滑块机构的演化

该机构中导杆 3 的位移 s 与构件 1 的长度 l_{AB} 和转角 φ 有如下关系：$s=l_{AB}\sin\varphi$，故该机构又称为正弦机构，在仪器仪表中得到广泛应用。

2. 改变构件的形状和相对尺寸

在四杆机构中，当曲柄尺寸太短时，无法在 AB 杆两端设计两个转动副。这时扩大转动副 B 的尺寸，是一种常见的并有实用价值的演化。如图 5－18 所示，将回转副 B 的曲柄销轴半径扩大至超过曲柄的长度 r，这样，可以将曲柄 1 做成几何中心与回转中心距离等于曲柄 AB 长度的圆盘，转化后的机构称为偏心盘机构（或偏心轮机构）。

这种结构尺寸的演化，不影响机构的运动性质，却解决了设计所存在的困难，并能够传递更大的动力，因而得到广泛采用，如内燃机、空气压缩机、冲床、压印机及颚式破碎机等。

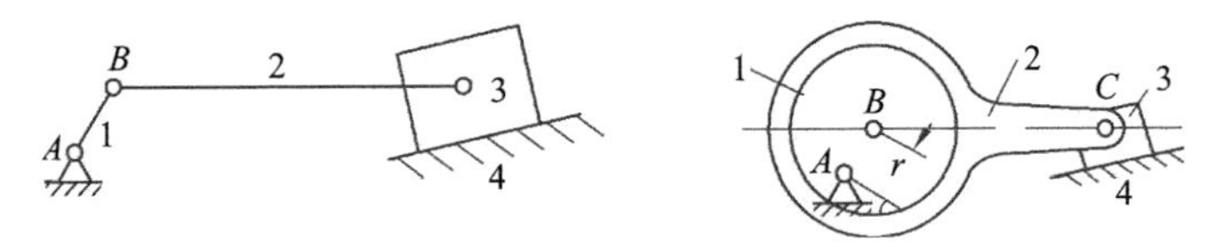

图 5－18　偏心盘机构的演化

3. 选择不同的构件为机架

根据相对运动原理，在同一机构中选择不同的构件作为机架，各构件间的相对运动关系保持不变。

（1）变化铰链四杆机构的机架

图 5－19(a)中所示的铰链四杆机构中为曲柄摇杆机构，AD 杆为机架，AB 杆为曲柄，CD 为摇杆。转动副 A、B 能整周回转，而转动副 C、D 只能在一定范围内往复摆动。根据相对运动原理，选择不同杆件为机架后，这种相对运动关系保持不变，但能演化出不同特性和不同用途的机构。

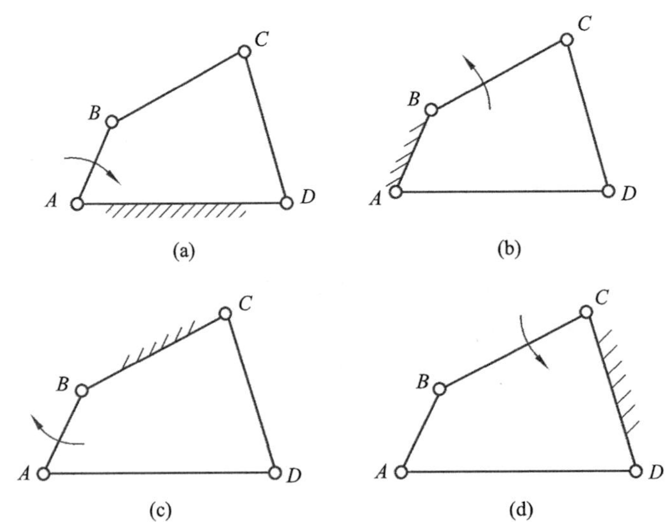

图 5－19　铰链四杆机构取不同的构件为机架

当选择杆件 AB 作机架[图 5－19(b)]时，与机架相连的转动副 A、B 仍保持整周旋转，该机构演化成双曲柄机构；选择 BC 杆为机架[图 5－19(c)]，转动副 B 能整周旋转，C 只能往复摆动，所得机构仍然为曲柄摇杆机构；选择 CD 杆为机架[图 5－19(d)]时，转动副 C、D 均只能往复摆动，因此，所得机构为双摇杆机构。

(2) 变化单移动副机构的机架

在图 5-20(a)所示的对心曲柄滑块机构中，若选构件 1 为机架[图 5-20(b)]，则构件 4 可绕轴 A 转动，滑块 3 以构件 4 为导杆沿其做相对移动，这种机构称为导杆机构。

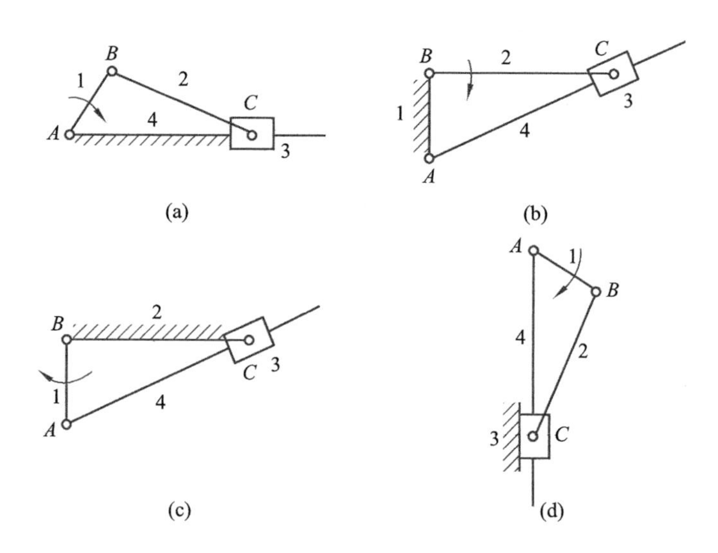

图 5-20　曲柄滑块机构取不同的构件为机架

在导杆机构中，如果杆件 2 的长度大于机架 1 的长度，则导杆能做整周转动，称为转动导杆机构。图 5-21(a)所示的小型刨床中的刀架驱动机构为转动导杆机构。如果杆件 2 的长度小于机架 1 的长度，则导杆仅能做一定角度范围内的摆动，称为摆动导杆机构。如图 5-21(b)所示的牛头刨床的牛头驱动机构。由此可见，杆长的相对变化会导致新机构的产生，在摆动导杆机构中，由于转动副 A 不能产生整周回转，所以摆动导杆机构不能回复成曲柄滑块机构。

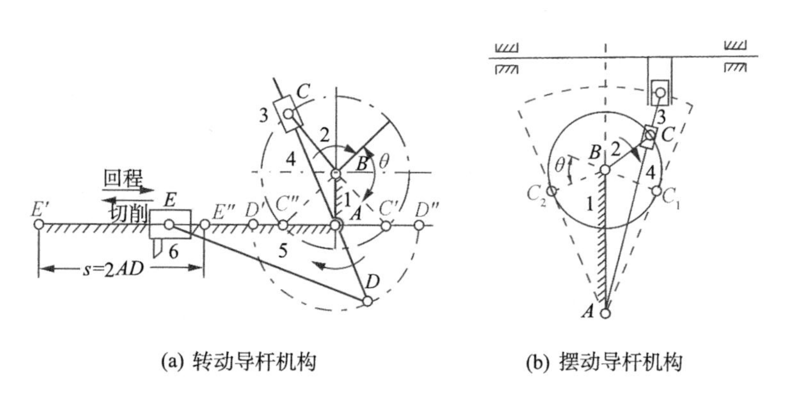

图 5-21　导杆机构

在图 5-20(a)所示的对心曲柄滑块机构中，选择构件 2 为机架[图 5-20(c)]，则滑块 3 仅能绕机架上轴 C 摆动，这时机构称为曲柄摇块机构；它广泛应用于机床、液压驱动及气动装置中，如图 5-22 所示的自卸卡车车厢自动翻转机构。

若选择曲柄滑块机构中滑块 3 作机架[图 5-20(d)]，则滑块不能运动，导杆在其中上下移动，这种机构称为定块机构或移动导杆机构。如图 5-23 的手摇唧筒是其应用实例。

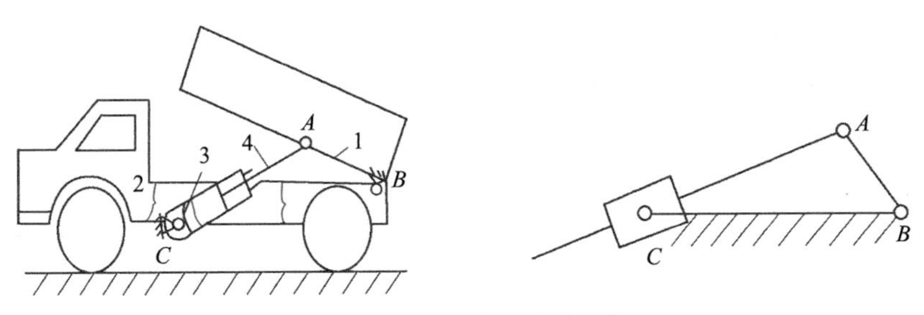

图 5-22　车厢自动翻转机构

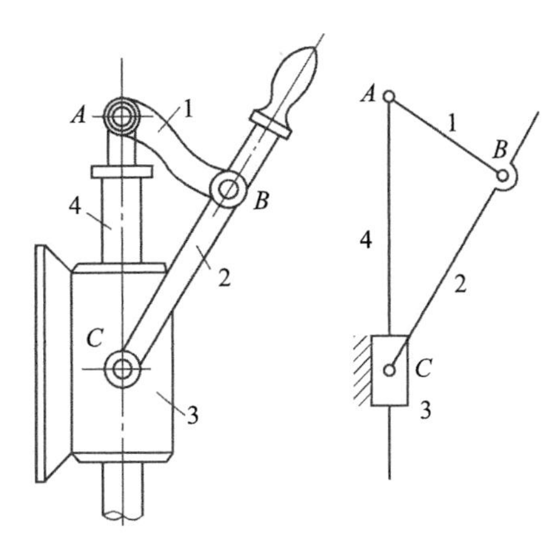

图 5-23　手摇唧筒

对于偏置曲柄滑块机构，采用同样的方法可以得到上述类似的机构，但运动特性将有所不同，可以满足不同设备的运动特性要求。

(3) 变化双移动副机构的机架

如图 5-17(b)和图 5-24 所示的具有两个移动副的四杆机构，是选择滑块 4 作为机架的，称之为正弦机构，这种机构在各类机械、机床及计算装置中均得到广泛的应用，例如机床变速箱的操纵机构、缝纫机中的针杆机构(图 5-25)。

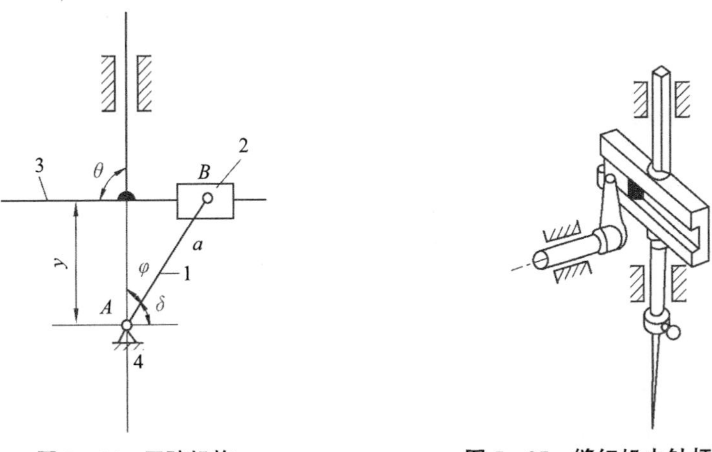

图 5-24　正弦机构　　图 5-25　缝纫机中针杆机构

若选取构件 1 为机架(图 5-26)，则演化成双转块机构，构件 3 作为中间构件，它保证转块 2、4 转过的角度相等。因此，常应用于作两距离很小的平行轴的联轴器，如图 5-27 所示的十字滑块联轴节，在运动过程中，两平行轴 A、B 的转速相等。

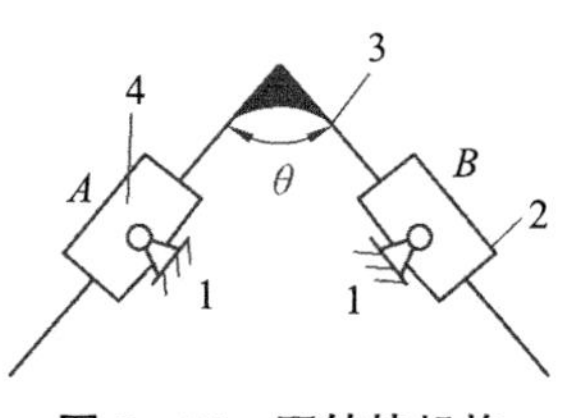

图 5-26　双转块机构

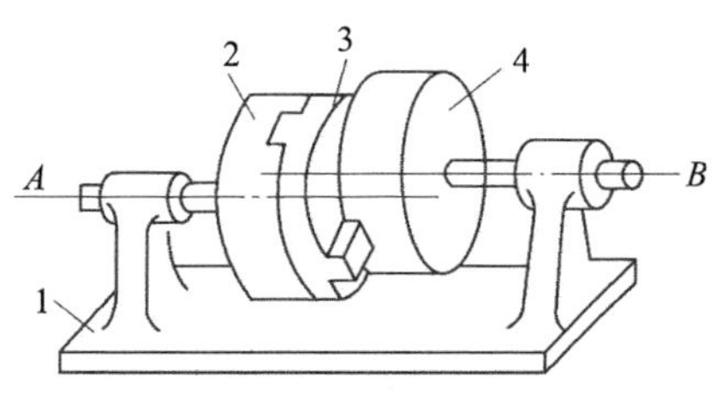

图 5-27　十字滑块联轴节

若选取构件 3 为机架(图 5-28)，演化成双滑块机构，常应用它作椭圆仪，如图 5-29 所示，AB 直线上任意点 C 的轨迹为椭圆，图中 A、C 两点的距离为椭圆的长半径，B、C 两点的距离为椭圆的短半径，利用双滑块机构的运动特点，可以很简便地绘制各种规格的椭圆。

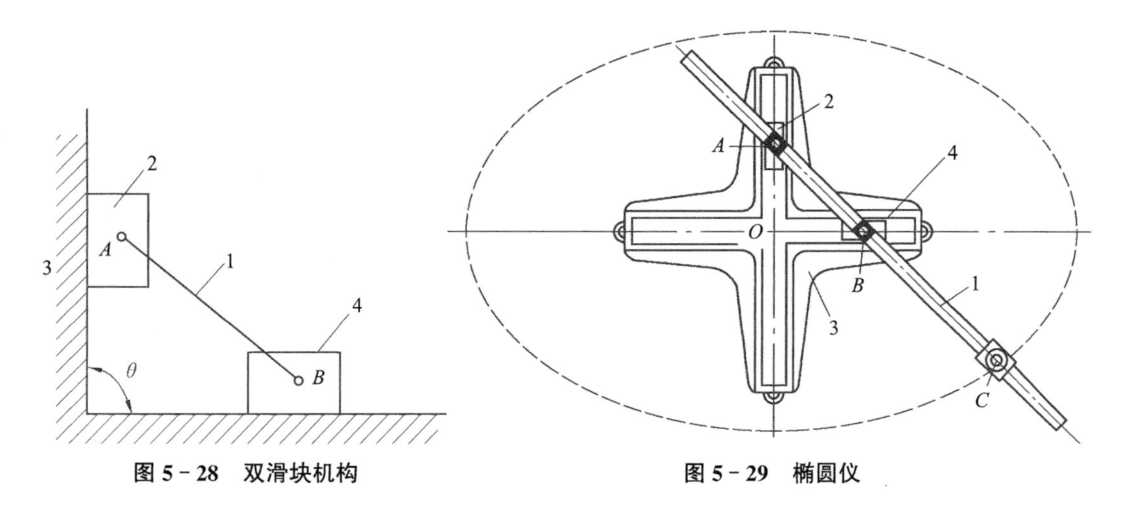

图 5-28　双滑块机构　　图 5-29　椭圆仪

将平面四杆机构的演化规律归纳于表 5-1 中，以便查阅和选用。

表 5-1　平面四杆机构的演化

	铰链四杆机构	转动副 D 转化成移动副后的机构($e=0$)	转动副 C 和 D 转化成移动副后的机构
构件4为机架	曲柄摇杆机构	曲柄滑块机构	正弦机构
构件1为机架	双曲柄机构	转动导杆机构	双转块机构

续表

	铰链四杆机构	转动副 D 转化成移动副后的机构($e=0$)	转动副 C 和 D 转化成移动副后的机构
构件2为机架	曲柄摇杆机构	曲柄摇块机构	曲柄移动导杆机构
构件3为机架	双摇杆机构	移动导杆机构	双滑块机构

5.3　平面四杆机构的基本特性

5.3.1　铰链四杆机构中曲柄存在的条件

1. 转动副成为整转副的条件

在图 5-30 所示的铰链四杆机构中，设构件 1、2、3、4 的杆长分别为 a、b、c、d，考虑到低副运动的可逆性，以及杆件之间的相对运动关系不受固定杆变化的影响。研究相邻的 1、4 两杆能互做整周转动(即 A 成为整转副)的条件。

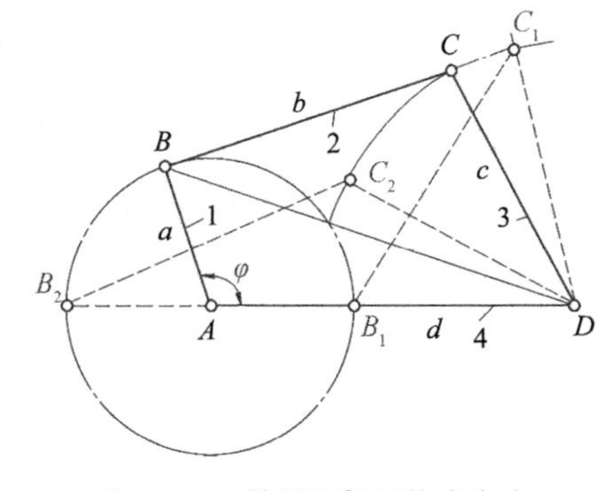

图 5-30　铰链四杆机构中存在整转副的条件

设 $a<d$，当杆 1 相对于杆 4 做整周转动时，杆 1 应能通过与杆 4 共线的两个特殊位置，即铰链 B 点距铰链 D 最近和最远的两位置。根据三角形两边之和大于第三边这一几何关系，并结合机构运动的特点，分析如下：

在$\triangle B_1C_1D$ 中，应有：

$(d-a)+b\geqslant c$ 和$(d-a)+c\geqslant b$；即：

$$\left.\begin{aligned}a+c\leqslant b+d\\a+b\leqslant c+d\end{aligned}\right\}\tag{5-1}$$

在$\triangle B_2C_2D$ 中，应有：

$$a+d\leqslant b+c\tag{5-2}$$

以上三式中每两式相加，化简后得：

$$\left.\begin{array}{l} a\leqslant b \\ a\leqslant c \\ a\leqslant d \end{array}\right\} \tag{5-3}$$

由此可得杆1和杆4之间能做整周转动的条件是：

(1) 最短杆与最长杆的长度之和小于或等于其他两杆长度之和，此条件又称为杆长条件。

(2) 组成整转副的两杆中必有一杆为最短杆。

2. 四杆机构中有曲柄存在的条件

上述分析表明：在满足杆长条件后，最短杆可与其相邻杆组成整转副。由此可得四杆机构中有曲柄存在的条件为：

(1) 最短杆与最长杆的长度之和应小于或等于其他两杆长度之和。

(2) 最短杆为连架杆或机架。

3. 铰链四杆机构类型的判别

当最短杆与最长杆的长度之和小于或等于其他两杆长度之和时，即满足杆长条件后，根据图5-19可知，当最短杆为连架杆时，该铰链四杆机构成为曲柄摇杆机构[图5-19(a)(b)]。此时，在最短杆AB整周转动过程中，它与连杆BC的相对转动也是整周(即360°)，因此，当最短杆为机架时将成为双曲柄机构[图5-19(c)]。当最短杆不为连架杆或机架(即最短杆为连杆)时，铰链四杆机构中无曲柄，此时，称为双摇杆机构[图5-19(d)]。

注意：当最短杆与最长杆的长度之和大于其他两杆长度之和时，即不满足杆长条件时，则机构中无整转副存在，只能得到双摇杆机构。

[例5-1]　如例图5-1所示的铰链四杆机构，已知：$a=10$mm，$c=45$mm，$d=50$mm，欲使该机构成为曲柄摇杆机构，求连杆长度b的变化范围。

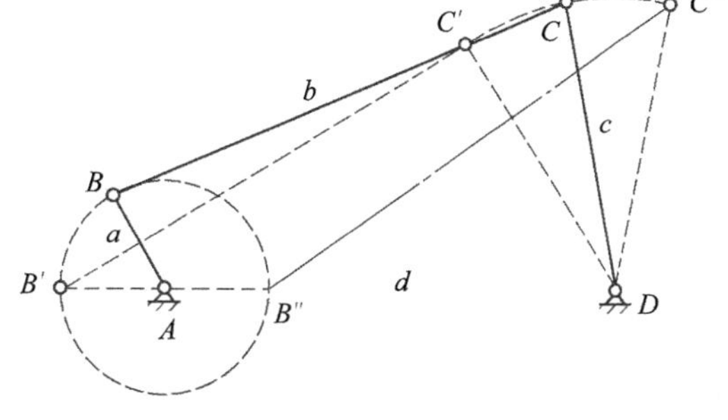

例图5-1

解：按已知条件，$a<c<d$，且应有$a<b$，待求的b有两种可能：

(1) d为最长杆($b\leqslant d$)

按整转副条件：$a+d\leqslant b+c$，

从而有$a+d-c\leqslant b\leqslant d$，即：$15\leqslant b\leqslant 50$。

(2) b为最长杆($d\leqslant b$)

按整转副条件：$a+b\leqslant c+d$，

从而有$d\leqslant b\leqslant c+d-a$，即：$50\leqslant b\leqslant 85$，

综合上述，b的取值范围是：$15\leqslant b\leqslant 85$。

5.3.2　急回运动特性和行程速比系数

1. 极位夹角

如图5-31所示的曲柄摇杆机构中，当原动件曲柄AB转过一周时，曲柄AB和连杆BC两次共线，此时从动件摇杆CD处于两个极限位置C_1D和C_2D，其间所夹角称为摇杆的最大摆角，用ψ表示。对应于从动件的两个极限位置，曲柄AB_1和AB_2所夹的锐角θ称为极位夹角。

2. 急回运动

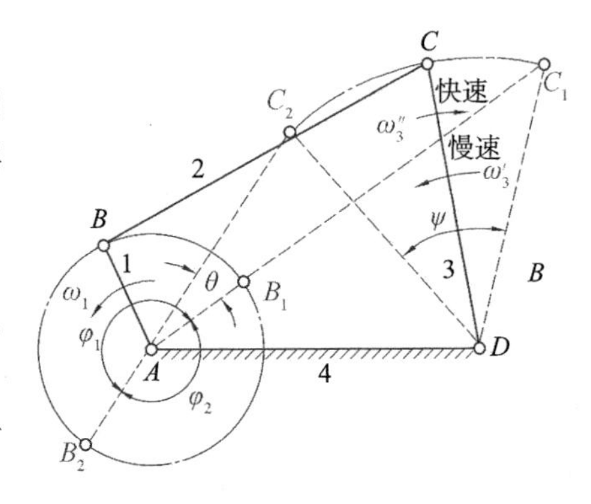

图 5-31　曲柄摇杆机构的极位夹角

在图 5-31 中，设曲柄以等角速度逆时针旋转，则曲柄转过的角度与时间成正比，由于极位夹角 θ 的存在，摇杆在推程和回程中转过同样角度 ψ 时，其速度是不同的，下面来分析这一过程。

当曲柄以 ω_1 等速逆时针转过 φ_1 角($AB_1 \rightarrow AB_2$)时，摇杆逆时针摆过 ψ 角($C_1D \rightarrow C_2D$)，设所用时间为 t_1。

当曲柄继续转过 φ_2 角($AB_2 \rightarrow AB_1$)时，摇杆顺时针摆回同样大小的 ψ 角($C_2D \rightarrow C_1D$)，设所用时间为 t_2。

由图 5-31 中可见：$\varphi_1 = 180° + \theta$，$\varphi_2 = 180° - \theta$

则 $t_1 = \dfrac{\varphi_1}{\omega_1} = \dfrac{180° + \theta}{\omega_1}$，$t_2 = \dfrac{\varphi_2}{\omega_1} = \dfrac{180° - \theta}{\omega_1}$；

可见：$t_1 > t_2$

摇杆往复摆动的平均角速度分别为 ω_3' 和 ω_3''。

$$\omega_3' = \frac{\psi}{t_1} < \omega_3'' = \frac{\psi}{t_2} \tag{5-4}$$

在实际应用中，通常将摇杆慢速运动过程设为工作行程或推程，φ_1 称为推程运动角，快速运动过程设为回程，以提高工作效率，φ_2 称为回程运动角。而将这种在曲柄等速回转情况下，摇杆往复摆动速度快慢不同的运动称为急回运动。

3. 行程速比系数

为了衡量机构急回运动的相对程度，通常把从动件往复摆动时快速行程(回程)与慢速行程(推程)平均速度的比值称为行程速比系数，用 K 表示，即

$$K = \frac{\omega_3''}{\omega_3'} = \frac{t_1}{t_2} = \frac{(180° + \theta)/\omega_1}{(180° - \theta)/\omega_1} = \frac{180° + \theta}{180° - \theta} \tag{5-5}$$

上述分析表明，当机构存在极位夹角 θ 时，机构便具有急回运动特性，θ 越大，K 值越大，机构的急回运动性质也越显著。

在图 5-32(a)所示的对心曲柄滑块机构中，由于其 $\theta = 0$，$K = 1$，故无急回特性；而图 5-32(b)所示的偏置曲柄滑块机构，因其 $\theta \neq 0$，故有急回特性。当曲柄顺时针转动时，滑块由 $C_1 \rightarrow C_2$ 为快速运动，$C_2 \rightarrow C_1$ 为慢速运动。

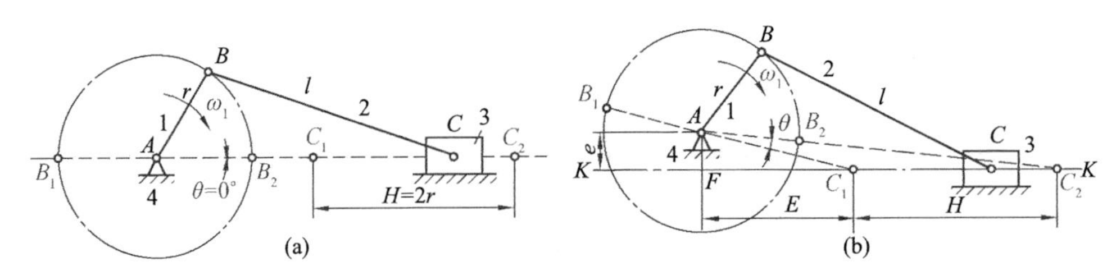

图 5-32　曲柄滑块机构的急回运动特性

如图 5-33 所示的摆动导杆机构中，当曲柄 AC 两次转到与导杆垂直时，导杆处于两侧极限位置。此时直线 AC_1 与 AC_2 之间所夹的锐角 θ 为极位夹角，由于其 $\theta \neq 0$，故也有急回作

用。当曲柄顺时针转动时，由 $C_1 \to C_2$ 为快速运动，$C_2 \to C_1$ 为慢速运动。

平面连杆机构的这种急回运动特性，在机械中常用来节省空回行程的时间，以提高劳动生产率。例如在牛头刨床中采用摆动导杆机构就有这种目的。但要注意，急回作用有方向性，当原动件的回转方向改变时，急回的行程也跟着改变。故在要求具有急回运动特性的机构中应明确标明原动件的正确回转方向。

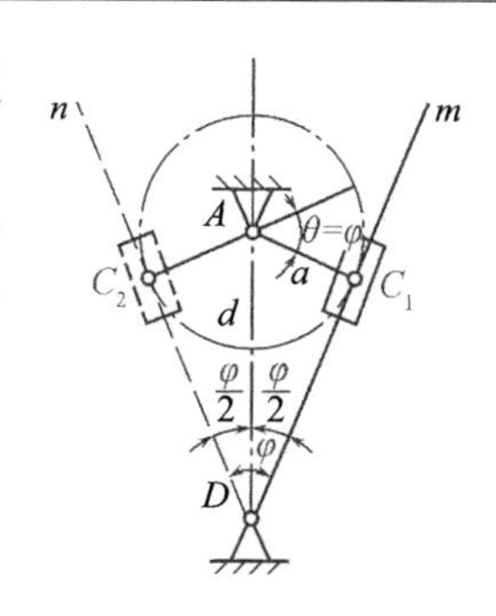

图 5-33 摆动导杆机构的急回特性

对于一些要求具有急回运动性质的机械，如牛头刨床、往复式运输机等，在设计时，要根据所需的行程速比系数 K 来设计，这时应先求出极位夹角 θ，然后再设计各杆的尺寸。

由式(5-5)可得极位夹角 θ 为

$$\theta = 180^\circ \frac{K-1}{K+1} \tag{5-6}$$

5.3.3 压力角与传动角

1. 压力角

在不计运动副中摩擦力、构件质量和惯性力的情况下，机构从动件受力方向 F 和受力点速度方向 v 所夹的锐角，称为机构在此位置的压力角。在图 5-34 中，原动件 AB 通过连杆 BC 作用到从动件 CD 上的力 F 将沿 BC 方向(BC 为二力杆)，该力作用点 C 的绝对速度 v_C 方向垂直于 CD，F 与 v_C 所夹的锐角 α 称为压力角。其有效功率 $N = F \times v_C = Fv_C\cos\alpha$，因此，压力角越小，机构的传力性能越好，效率越高。

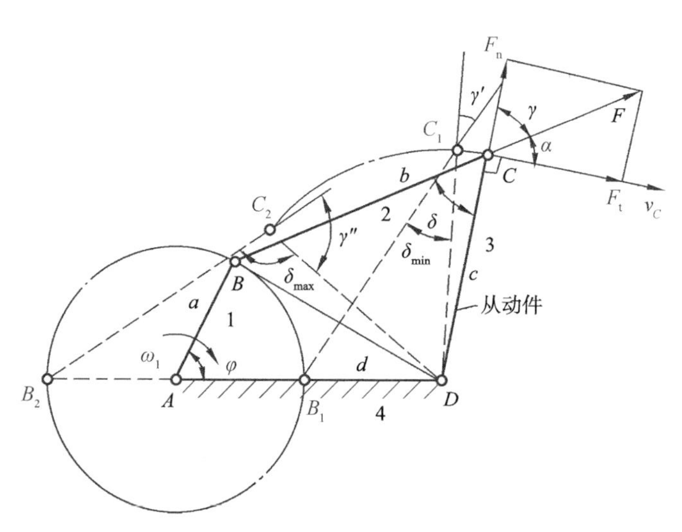

图 5-34 压力角与传动角

2. 传动角

压力角 α 的余角称为传动角，用 γ 表示，因此，$\alpha + \gamma = 90^\circ$。

在连杆机构中，为了度量方便，常用传动角 γ 来衡量机构的传力性能。传动角是指连杆 BC 与从动件 CD 之间所夹的锐角。γ 与 α 互为余角。

大多数机构在运动过程中，传动角是变化的。为保证机构具有良好的传动性能，一般规定

机构的最小传动角 $\gamma_{min} \geqslant 40°$，在传递较大力矩时，要求 $\gamma_{min} \geqslant 50°$。

在图 5-34 所示的在铰链四杆机构 $ABCD$ 中，δ 角的大小是随曲柄转角 φ 而变化的。当摇杆 CD 与连杆 BC 的夹角 δ 为锐角时，$\gamma=\delta$；当 δ 为钝角时，$\gamma=180°-\delta$。因此，只有当 δ 为 δ_{min} 或 δ_{max} 时，才会出现最小传动角。

3. 曲柄摇杆机构最小传动角出现的位置

根据余弦定律，机构在任意位置时，由图 5-34 中两个三角形△ABD 和△BCD 可得以下关系式

$$\left.\begin{aligned} BD^2 &= a^2+d^2-2ad\cos\varphi \\ BD^2 &= b^2+c^2-2bc\cos\delta \end{aligned}\right\}$$

可得

$$\cos\delta=\frac{b^2+c^2-a^2-d^2+2ad\cos\varphi}{2bc} \tag{5-7}$$

由此可见，当 $\varphi=0$ 或 $\varphi=180°$，所对应的传动角 δ 为 δ_{min} 和 δ_{max}，因此：

$$\left.\begin{aligned} \cos\delta_{min} &= \frac{b^2+c^2-(d-a)^2}{2bc} \\ \cos\delta_{max} &= \frac{b^2+c^2-(a+d)^2}{2bc} \end{aligned}\right\} \tag{5-8}$$

此时机构的最小传动角为

$$\left.\begin{aligned} \gamma'_{min} &= \delta_{min} \\ \gamma''_{min} &= 180°-\delta_{max} \end{aligned}\right\} \tag{5-9}$$

两者的较小值就是机构最小传动角的值。

5.3.4 死点

1. 死点位置

如图 5-35 所示，在曲柄摇杆机构 $ABCD$ 中，如果摇杆 CD 为主动件，在摇杆的两个极限位置，连杆与从动曲柄共线，这时出现了传动角 $\gamma=0°$，压力角 $\alpha=90°$的情况。主动件 CD 通过连杆作用于从动件 AB 的力恰好通过其回转中心，不能使 AB 杆转动，此时机构的位置称为死点位置。

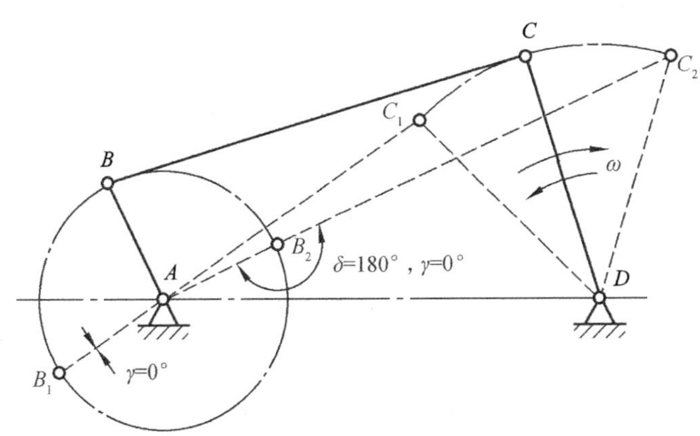

图 5-35　曲柄摇杆机构的死点位置

在双摇杆机构和以滑块为主动件的曲柄滑块机构中，也可能存在死点位置。对于传动机构来讲，死点是不利的，应采取措施使机构能顺利通过死点位置。

2. 跨越死点的措施

(1) 利用惯性通过死点

对于连续运转的机器，可采用装飞轮加大惯性的方法，利用从动件的惯性闯过死点。如缝纫机脚踏板机构(图 5－4)中，从动曲柄轴上安装了兼有飞轮作用的大带轮，可利用惯性通过死点。

(2) 机构错位排列

将两组以上的机构组合起来，使各组机构的死点相互错开排列。如蒸汽机车车轮联动机构(图 5－12)，两侧的曲柄滑块机构的曲柄位置相互错开 90°。

3. 死点位置在机构中的应用

机构中的死点位置并非都是不利的，在工程实践中，常利用死点来实现特定的工作要求。

图 5－36 所示的飞机起落架机构中，在机轮放下时，连杆 BC 与从动杆 CD 成一直线，机构处于死点位置，使降落更加安全可靠。

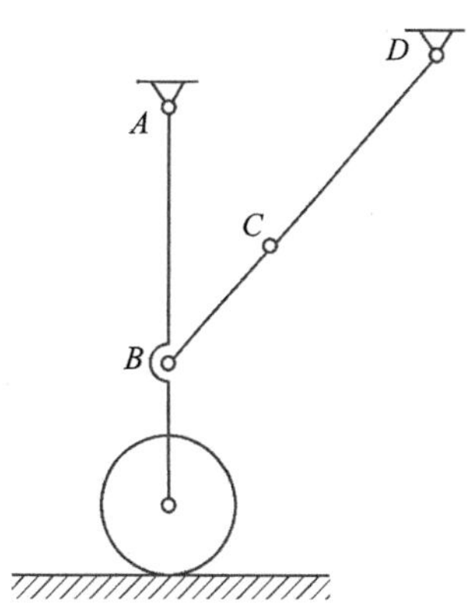

图 5－36　飞机起落架机构

在图 5－37 的工件夹紧机构中，工件被夹紧后，A、B、C 三点成一直线，即机构在工件反力的作用下处于死点，可保证在加工时，工件不会松脱。

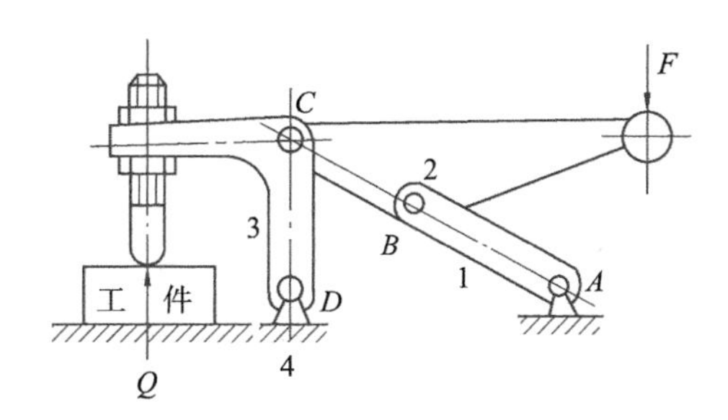

图 5－37　工件夹紧机构

5.3.5　运动的连续性

如图 5－38 所示，当曲柄连续转动时，从动件 CD 根据安装形式的不同，可分别在 $C_1D \to C_2D$ 的 φ 角范围内或在 $C_1'D \to C_2'D$ 的 φ' 角范围内往复摆动，由 φ 或 φ' 角所确定的区域称为<u>机构的可行域</u>。

可行域的范围是由机构杆长和初始安装位置决定的，从图 5－38 中也可以看出，从动摇杆 CD 不可能进入角度 δ 或 δ' 所决定的区域，这个区域称为<u>机构的不可行域</u>。

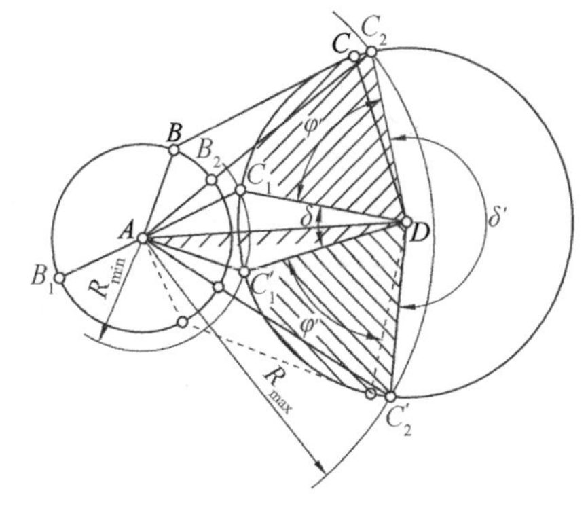

图 5－38　运动的连续性

运动的连续性是指当原动件连续运动时，从动件也能连续地占据给定的各个位置。运动的连续性在某些情况下得不到满足，则出现了运动的不连续。

运动不连续主要有两种形式：错位不连续和错序不连续。

1. 错位不连续

连杆机构的从动摇杆只能在某一可行域内运动，不能从一个可行域跃入到另一个与其不连通的可行域内连续运动，连杆机构的这种运动不连续称为错位不连续。

2. 错序不连续

当原动件转动方向发生变化时，从动件连续占据几个给定位置的顺序可能变化，这种不连续一般称为错序不连续。

因此，在设计连杆机构时，要注意避免错位和错序不连续的问题。

5.3.6 平面四杆机构的运动特性

1. 连架杆转角曲线

在图 5-39 的曲柄摇杆机构中，从动连架杆的角位移 ψ 随主动连架杆转角 φ 变化的关系曲线称为连架杆转角曲线，用 $\psi(\varphi)$ 表示，如图 5-40 所示。连架杆转角曲线 $\psi(\varphi)$ 是一个周期性函数曲线，其曲线形状及最大值取决于四杆机构的相对尺寸大小，不同相对尺寸的四杆机构具有不同的 $\psi(\varphi)$ 曲线。因此，可以用一条 $\psi(\varphi)$ 曲线来表征同一相对尺寸的一组四杆机构，它表明了该机构的运动特征。给定机构相对尺寸 $a_1=AB/AD$，$b_1=BC/AD$，$c_1=CD/AD$，即可通过运动分析的方法求得连架杆转角曲线 $\psi(\varphi)$。

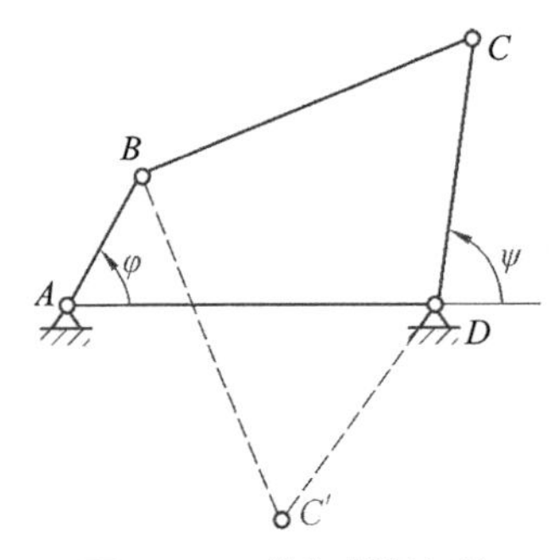

图 5-39 曲柄摇杆机构

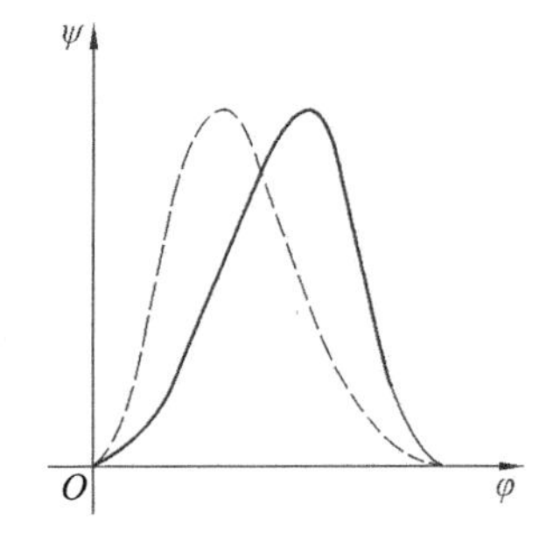

图 5-40 连架杆转角曲线

对于一定尺寸的四杆机构，当主动件处于某一位置时，从动件可有两种位置与之对应，如图 5-39 中的实线位置和虚线位置，这两种情况的 $\psi(\varphi)$ 曲线并不相同，其中的实线对应于图 5-40 中的实线位置机构，虚线对应虚线位置机构。

2. 连杆曲线与连杆转角曲线

四杆机构的连杆 BC 做平面复合运动，其上的 M 点[见图 5-41(a)中的 M_1、M_2、M_3]可以实现一个复杂的轨迹曲线，连杆上的某一点所实现的封闭轨迹称为连杆曲线。连杆曲线的形状不仅与四杆机构的尺寸有关，还取决于点 M 在连杆上的位置，如图 5-41(a)中连杆上的 M_1、M_2、M_3…点可实现不同形状的连杆曲线。一个基本尺寸一定的四杆机构，其连杆平面上的不同点可以形成无穷多条形状各异的连杆曲线，这样就难以用其中的某一条连杆曲线来表征该四杆机构的运动特征。

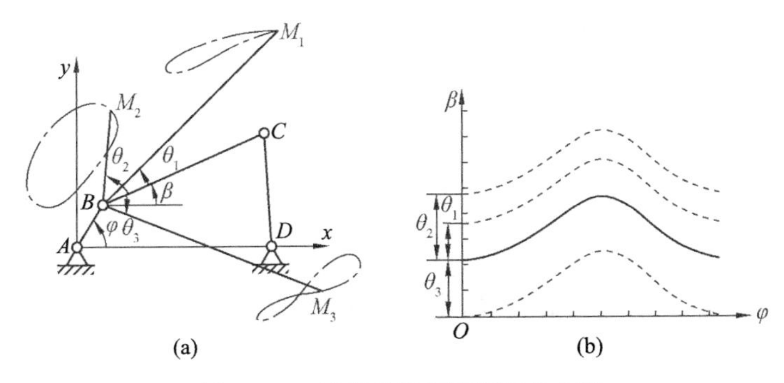

图 5-41 连杆曲线与连杆转角曲线

四杆机构连杆平面上的任一条标线(如 BC)与 x 轴正向夹角为β,它随原动件 AB 转角中的变化曲线称为<u>连杆转角曲线</u>,用 $\beta(\varphi)$表示。当机构的基本尺寸一定时,只存在一条形状确定的 $\beta(\varphi)$曲线。图 5-41(a)中的标线 BM_1、BM_2 和 BM_3 与 x 轴的夹角$(\beta+\theta_1)$,$(\beta+\theta_2)$和$(\beta+\theta_3)$随原动件转角 φ 的变化曲线的形状是相同的,只是相差 θ_1、θ_2 和 θ_3 角而已,如图 5-41(b)所示。因此,可以用一条连杆转角曲线 $\beta(\varphi)$来表征连杆上无穷多点所形成的形状各异的连杆曲线。即可用一条 $\beta(\varphi)$曲线来表征同一相对尺寸的一组四杆机构。

$\beta(\varphi)$是连续的周期性函数曲线,在曲柄回转的一个周期内,$\beta(\varphi)$中有一个 β_{max} 和 β_{min} 值,其形状及最大值仅取决于机构的相对尺寸。

应该指出,不同相对尺寸的四杆机构,具有不同的 $\psi(\varphi)$曲线和 $\beta(\varphi)$曲线。任一条 $\psi(\varphi)$或 $\beta(\varphi)$曲线都可以看成是同一相对尺寸的一组四杆机构所固有的运动特征,$\psi(\varphi)$或 $\beta(\varphi)$曲线之间是可以相互转换的,只要一种曲线就可以表明同一相对尺寸的一组四杆机构的运动特征了。

5.4 平面连杆机构的设计

5.4.1 平面连杆机构设计的基本问题及设计方法

连杆机构设计的基本问题是根据给定的要求选择机构的形式,确定各构件的尺寸,同时还要满足结构条件(如要求存在曲柄,杆长比例适当等)、动力条件(如适当的传动角)和运动连续条件等。

根据机构用途和性能要求的不同,对连杆机构设计的要求可归纳为以下三类基本问题。

1. *满足预定的运动规律要求*

要求主动连架杆与从动连架杆之间满足若干组对应位置关系,或要求在给定主动连架杆运动规律的条件下,从动连架杆能够准确或近似地满足预定的运动规律要求,以及满足急回运动和行程速比系数要求等。这类设计统称为函数机构设计,也称为传动机构设计。

2. *满足预定的连杆位置要求*

要求机构能引导连杆依次通过预定位置,也就是给定连杆若干个位置设计四杆机构,这类设计称为导引机构设计。

3. *满足预定的轨迹要求*

要求在机构运动过程中,连杆上某些点的运动轨迹满足预定的轨迹要求。这类设计称为轨迹机构设计。

平面连杆机构的设计方法有图解法、解析法、实验法和数值比较法,现针对相关的设计任务分别进行介绍。

5.4.2　图解法设计平面四杆机构

1. 按给定连杆的位置设计平面四杆机构

按给定连杆位置设计四杆机构的实质是确定两连架杆与机架组成的转动副中心的位置。

在图 5-42 中,已知连杆 BC 的长度 l_{BC} 及其 3 个位置 B_1C_1,B_2C_2 和 B_3C_3 时,设计四杆机构。

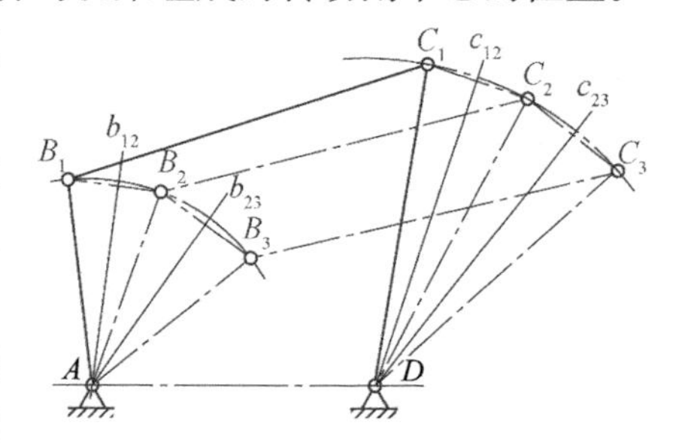

图 5-42　给定连杆的三个位置设计四杆机构

由于在连杆 BC 上的两个活动铰链中心 B、C 的位置已经确定,因此,只需确定它的两个固定铰链中心 A 和 D 的位置。

观察机构的运动可知,连杆上 B、C 两点的运动轨迹分别是以 A、D 为圆心的圆弧,所以铰链中心 A 必然位于 B_1B_2 和 B_2B_3 的垂直平分线 b_{12} 和 b_{23} 交点上,铰链中心 D 必然位于 C_1C_2 和 C_2C_3 垂直平分线 c_{12} 和 c_{23} 的交点上。因此,该机构的设计步骤如下:

(1) 选取适当的比例尺 μ_l,取 $BC = l_{bc}/\mu_l$,绘出给定连杆的 3 个位置 B_1C_1,B_2C_2 和 B_3C_3;

(2) 分别作 B_1B_2 和 B_2B_3 的垂直平分线 b_{12} 和 b_{23},其交点即为铰链 A 的中心位置;

(3) 分别作 C_1C_2 和 C_2C_3 的垂直平分线 c_{12} 和 c_{23},其交点即为铰链 D 的中心位置;

(4) 连接 AB_1C_1D,得到所求铰链四杆机构在第一个位置时的机构运动简图。该机构各杆的长度分别为 $l_{AB}=\mu_l AB_1$, $l_{CD}=\mu_l C_1D$, $l_{AD}=\mu_l AD$。

当给定连杆的长度和三个位置时,机构的设计有唯一解。

若给定连杆的长度和两个位置,则 A、D 不是唯一的,设计结果有无穷多个。此时还可以考虑一些附加条件,如满足最小传动角 γ_{min} 的要求,给定机架的长度和方位等。

2. 按给定连架杆的位置设计平面四杆机构

按给定连架杆位置设计四杆机构的实质是确定连杆与连架杆组成的转动副中心的位置。可采用反转机构法。

(1) 反转机构法的设计原理

图 5-43 所示的四杆机构中,AD 为机架,当主动件 AB 由 AB_1 转过 α_{12} 角到 AB_2 位置时,从动件 CD 则由 C_1D 转过 φ_{12} 角到 C_2D 位置。

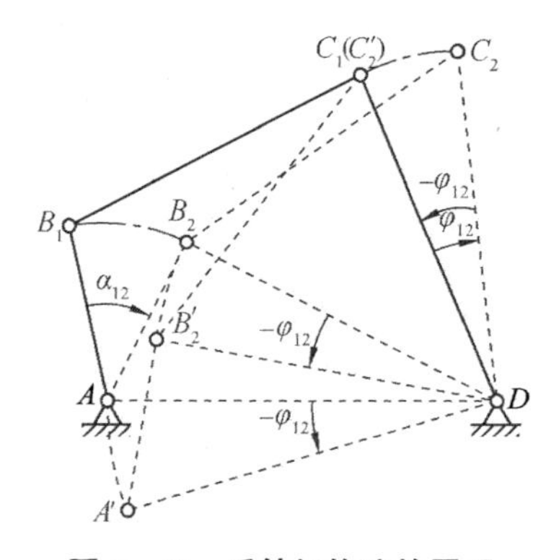

图 5-43　反转机构法的原理

假设将在第二位置的机构 AB_2C_2D 刚化,并使其整体绕 D 点反转 $-\varphi_{12}$ 角,则 C_2D 将与 C_1D 重合。机构的第二个位置则转到 $DC_1B_2'A'$ 位置。观察四边形 DAB_1C_1 和 $DA'B_2'C_1$,此时机构可以看成以 CD 为机架,AB 为连杆的铰链四杆机构。而连杆 AB 分别占据 AB_1 和 $A'B_2'$ 两个位置。于是,按给定两连架杆预定的对应位置设计四杆机构的问题,就转化成了按给定连杆位置设计四杆机构的问题。这就是反转机构法的设计原理。

(2) 按给定三对连架杆的对应位置设计四杆机构的步骤

已知四杆机构机架的长度 l_{AD}，连架杆长度 l_{AB}，当原动件 AB 顺时针转过 φ_1、φ_2、φ_3 时，从动件 CD(CD 长度 l_{CD} 及 C 点位置未知)相应地顺时针转过 ψ_1、ψ_2、ψ_3 角。如图 5-44 所示。要求连杆 BC 与连架杆 CD 的尺寸。

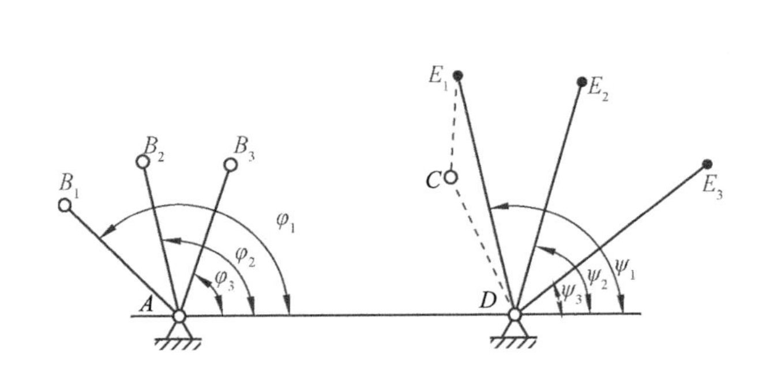

图 5-44 给定连架杆的三个对应位置设计四杆机构

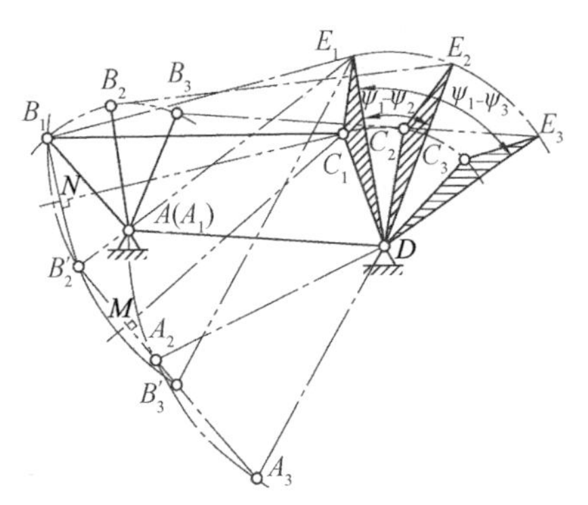

图 5-45 反转机构法设计四杆机构

采用反转机构法的设计步骤如下(图 5-45)：

(1) 根据已知条件确定回转中心 A、D，作出连架杆 AB 的三个位置 AB_1、AB_2、AB_3 及连杆 CD 三个对应位置的方向线 DE_1、DE_2 和 DE_3。

(2) 以 D 为圆心，任意长为半径画弧，分别交于三个方向线于 E_1、E_2、E_3 点，并分别作出四边形 AB_1E_1D、AB_2E_2D、AB_3E_3D。

(3) 以 D 点为圆心，将四边形 AB_2E_2D 反转 $\Psi_1-\Psi_2$ 角度，使 DE_2 与 DE_1 重合，四边形 AB_2E_2D 到达 $A_2B_2'E_1D$；同理，以 D 点为圆心，把四边形 AB_3E_3D 反转 $\Psi_1-\Psi_3$ 角度，使 DE_3 与 DE_1 重合，四边形 AB_3E_3D 到达 $A_3B_3'E_1D$。

(4) 分别作 B_1B_2'、$B_2'B_3'$ 的垂直平分线，相交于 C_1 点，则 AB_1C_1D 即为所求的四杆机构。

该机构在工作过程中，其连架杆 DCE 的 DE 边分别满足对应的 Ψ_1、Ψ_2、Ψ_3 三个位置。

如若仅给定两个连架杆位置，则 C_1 点可以在 B_1B_2' 的垂直平分线上任意选择，因此有无穷多个解。在设计时，可以根据实际情况给定辅助条件，从而得出一个合理的解。

3. 按给定行程速比系数设计平面四杆机构

按照给定的行程速比系数设计四杆机构，实际上就是按照对机构急回运动特性的要求，根据极位夹角设计四杆机构。

1) 曲柄摇杆机构

已知机构的行程速比系数 K、摇杆的长度 l_{CD} 及其摆角 ψ，设计曲柄摇杆机构。

设计原理：摇杆在两极限位置时，曲柄与连杆两次共线，其夹角即为极位夹角 θ。根据此特性，结合同一圆弧所对应的圆周角相等的几何学知识来设计四杆机构。

设计步骤如下：

(1) 由给定的行程速度变化系数 K 求极位夹角，即

$$\theta=180°\frac{K-1}{K+1}$$

(2) 如图 5-46 所示，任取固定铰链中心 D 的位置，并按比例 μ_l 画出摇杆的两个极限位置 C_1D 和 C_2D，使 $\angle C_1DC_2=\psi$，连接 C_1 和 C_2，并过点 C_1 作直线 C_1M 垂直于 C_1C_2。

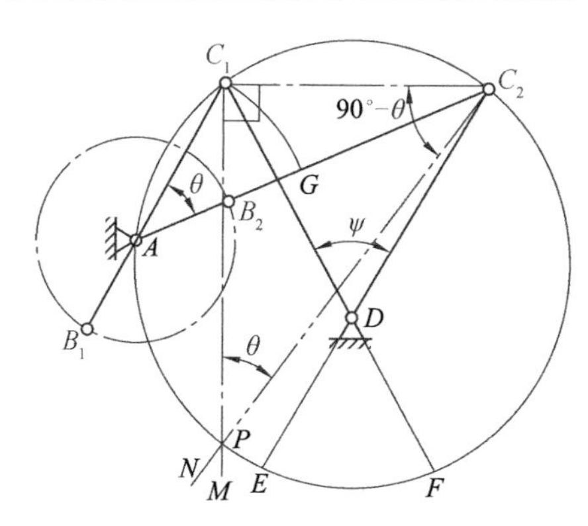

图 5-46　按行程速比系数设计曲柄摇杆机构

(3) 作 $\angle C_1C_2N=90°-\theta$，$C_2N$ 与 C_1M 交于点 P，则 $\angle C_1PC_2=\theta$。

(4) 作直角三角形 C_1C_2P 的外接圆，在圆周上任取一点作为曲柄的固定铰链中心 A，连接 AC_1 和 AC_2。因同一圆弧上的圆周角相等，故 $\angle C_1AC_2=\angle C_1PC_2=\theta$。

(5) 确定曲柄、连杆和摇杆的尺寸。因为摇杆在两极限位置时，曲柄与摇杆共线，$AC_1=BC-AB$，$AC_2=BC+AB$，即得 $AC_2-AC_1=2AB$，因此以 A 为圆心，以 AC_1 为半径画弧，交 AC_2 于 G，则 $GC_2=AC_2-AC_1=2AB$；再以 A 为圆心，$\frac{GC_2}{2}$ 为半径画圆，与 AC_1 的反向延长线交于 B_1，与 AC_2 交于 B_2。这样各杆的长度分别为 $l_{AB}=\mu_l AB_1$，$l_{BC}=\mu_l B_1C_1$，$l_{AD}=\mu_l AD$。

由于铰链中心 A 的位置可以在圆上任意选取，所以满足给定条件的设计结果有无穷多个。但 A 点的位置不同，机构的最小传动角及曲柄、连杆和机架的长度也各不相同。为使机构具有良好的传动性能，可按最小传动角或其他条件（如机架的长度或方位、曲柄的长度）来确定 A 的位置。需要注意的是，考虑到运动的连续性，曲柄中心 A 不能选在 EF 圆弧段之内。

2) 偏置曲柄滑块机构

已知条件：行程速度变化系数 K、偏距 e 和滑块行程 H。

设计原理：偏置曲柄滑块机构的行程 H 可视为曲柄摇杆机构的摇杆 l_{CD} 无限长时 C 点摆过的弦长，因此，依据同样的方法可求得满足要求的偏置曲柄滑块机构。

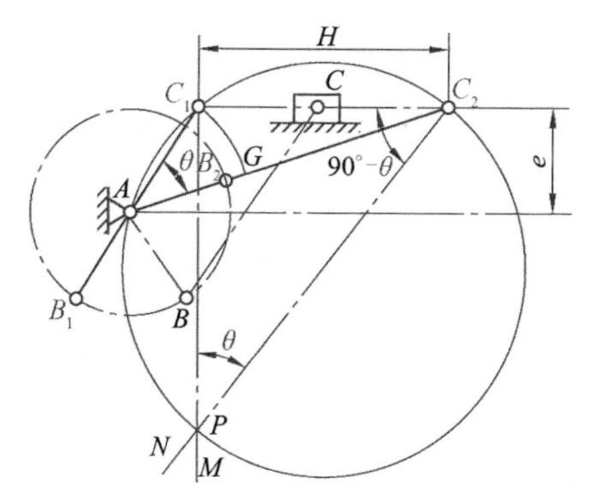

图 5-47　按行程速比系数设计偏置曲柄滑块机构

设计步骤：

(1) 求极位夹角：

$$\theta=180°\frac{K-1}{K+1}。$$

(2) 在图 5-47，按比例 μ_l，画出线段 $C_1C_2=H$，过 C_1 点作直线 C_1M 垂直于 C_1C_2。

(3) 作 $\angle C_1C_2N=90°-\theta$，$C_2N$ 与 C_1M 交于点 P，则 $\angle C_1PC_2=\theta$。

(4) 作直角三角形 C_1C_2P 的外接圆。

(5) 作 C_1C_2 的平行线，使之与 C_1C_2 之间的距离为 e，此直线与圆周的交点即为曲柄固定铰链中心 A。

(6) 按与曲柄摇杆机构同样的方法，确定曲柄和连杆的长度。

3) 摆动导杆机构

对于摆动导杆机构，由于其导杆的摆角 ψ 等于其极位夹角 θ，因此，只要给定曲柄长度 l_{AB}（或给定机架长度 l_{AC}）和行程速比系数 K，就可以由图 5-48 求得机构中各构件的尺寸。

l_{AB} 与 l_{AC} 之间的关系为

$$l_{AB}=l_{AC}\sin\frac{\theta}{2}$$

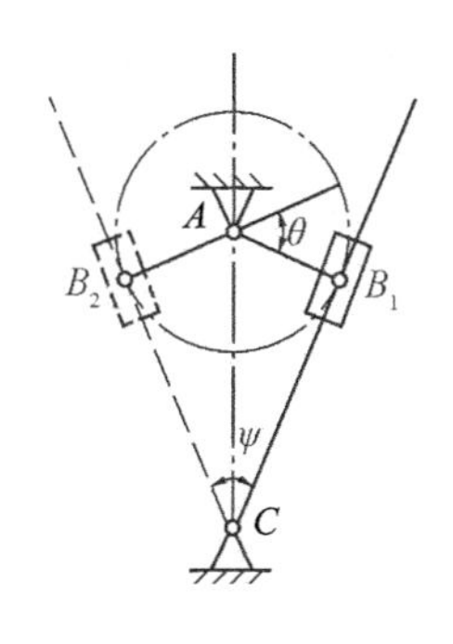

图 5-48 按行程速比系数设计摆动导杆机构

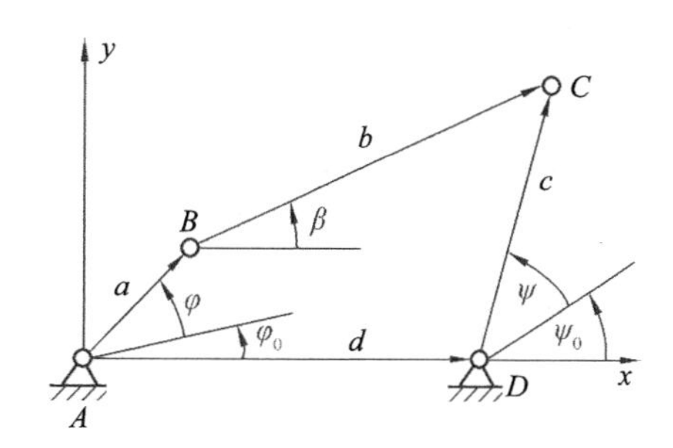

图 5-49 解析法设计平面四杆机构

5.4.3 解析法设计平面四杆机构

用解析法设计平面四杆机构时，首先需要建立包含机构各尺寸参数和运动变量在内的解析式。然后根据已知的运动变量求机构尺寸参数。其设计的结果比较精确，能够解决复杂的设计问题，但计算过程比较烦琐，宜采用计算机辅助设计计算。

1. 按给定连架杆对应位置设计平面四杆机构

在图 5-49 所示的曲柄摇杆机构中，已知两连架杆 AB 和 CD 之间的对应角位置分别为 $(\varphi_0+\varphi)$，$(\psi_0+\psi)$；要求确定各构件的长度 a、b、c、d 与两连架杆转角 φ 和 ψ 之间的关系。

建立如图 5-49 所示直角坐标系、将各杆长度用矢量表示并向 x、y 轴投影得：

$$\left.\begin{aligned}&a\cos(\varphi_0+\varphi)+b\cos\beta=d+c\cos(\psi_0+\psi)\\&a\sin(\varphi_0+\varphi)+b\sin\beta=c\sin(\psi_0+\psi)\end{aligned}\right\}\tag{5-10}$$

将式(5-10)两式移项后分别平方相加，消去角 β，并整理得

$$b^2=a^2+c^2+d^2+2cd\cos(\psi_0+\psi)-2ad\cos(\varphi_0+\varphi)-2ac\cos[(\varphi-\psi)+(\varphi_0-\psi_0)]\tag{5-11}$$

令

$$\left.\begin{aligned}&R_1=(a^2+c^2+d^2-b^2)/2ac\\&R_2=d/c\\&R_3=d/a\end{aligned}\right\}$$

并代入式(5-11)，得

$$R_1-R_2\cos(\varphi_0+\varphi)+R_3\cos(\psi_0+\psi)=\cos[(\varphi-\psi)+(\varphi_0-\psi_0)]\tag{5-12}$$

式(5-12)即为铰链四杆机构的位置方程，式中共有五个待定参数：R_1、R_2、R_3、φ_0 和 ψ_0。说明它最多能满足两连架杆的 5 组对应角位置的要求，若只给定两连架杆间的 3 组对应角位

置，可令 φ_0 和 ψ_0 为常数，式(5－12)变为线性方程组，则在求得 R_1、R_2 和 R_3 后，再设定曲柄长度 a 或机架长度 d，就可以求出机构的尺寸。若给定两连架杆间的 5 组对应角位置，则式(5－12)为非线性方程组，一般情况下要给定初值才能求得结果，若初值给得不恰当，有可能不收敛而求不出机构尺寸。

另外，即使按给定两连架杆间的 5 组对应位置求得机构，也只是在这 5 组位置上能精确实现要求的函数，在其他位置上均有误差。可见用解析法求得的机构，其结果不一定令人满意。为求解方便，可先给定两连架杆的三组对应位置，用求得的机构作为初值，而后再进一步用优化设计的方法求出误差更小的解。

2. 按给定曲柄转角与滑块位移对应位置设计曲柄滑块机构

在图 5－50 所示的曲柄滑块机构中，已知曲柄转角 φ 与滑块位移 s 之间的对应关系，要求确定曲柄长 a，连杆长 b 和偏距 e。

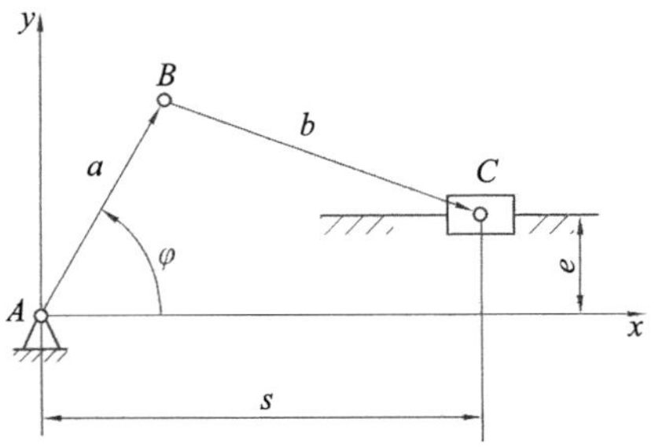

确定图示的坐标系和各杆矢量方向。由图可得：

$$b^2=(x_C-x_B)^2+(y_C-y_B)^2$$

将：$x_C=s$，$y_C=e$，$x_B=a\cos\varphi$，$y_B=a\sin\varphi$ 代入上式，可得：

$$2as\cos\varphi+2ae\sin\varphi-(a^2-b^2+e^2)=s^2 \quad (5-13)$$

图 5－50　解析法设计曲柄滑块机构

令：

$$\left.\begin{aligned}P_1&=2a\\P_2&=2ae\\P_3&=a^2-b^2+e^2\end{aligned}\right\} \quad (5-14)$$

则有

$$P_1 s\cos\varphi+P_2\sin\varphi-P_3=s^2 \quad (5-15)$$

式(5－15)中共有三个待定参数 P_1、P_2、P_3，说明它最多能满足 3 组对应位置的要求。将给定曲柄转角 φ 与滑块位移 s 之间的 3 组对应关系，由式(5－15)得到线性方程组，可解得 P_1，P_2 和 P_3，再由式(5－14)可求得各杆长为

$$\left.\begin{aligned}a&=P_1/2\\e&=P_2/(2a)\\b&=\sqrt{a^2+e^2-P_3^2}\end{aligned}\right\} \quad (5-16)$$

3. 按给定轨迹设计平面四杆机构

已知连杆上某点 M 的轨迹坐标，确定四杆机构的尺寸，此即为解析法轨迹机构设计。

在图 5－51 中，先以 A 为原点建立坐标系 $A-xy$，机构尺寸如图示，沿 $A-B-M$ 路径，M 点的坐标值 (x,y) 可写成

$$\left.\begin{aligned}x&=a\cos\varphi+e\sin\theta_1\\y&=a\sin\varphi+e\cos\theta_1\end{aligned}\right\} \quad (5-17)$$

沿 $A-D-C-M$ 路径，M 点的坐标值还可以写成

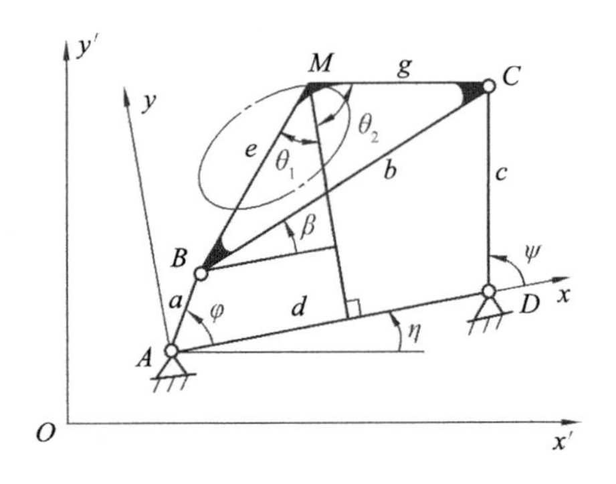

图 5－51　解析法设计轨迹机构

$$\left.\begin{aligned}x&=d+c\cos\psi-g\sin\theta_2\\y&=c\sin\psi+g\sin\theta_2\end{aligned}\right\}\tag{5-18}$$

在式(5-17)中消去 φ,在式(5-18)中消去 ψ,并将两者合并可得

$$\left.\begin{aligned}&x^2+y^2+e^2-a^2=2e(x\sin\theta_1+y\cos\theta_1)\\&(d-x)^2+y^2+g^2-c^2=2g(d-x)\sin\theta_2+y\cos\theta_2\end{aligned}\right\}\tag{5-19}$$

令 $\theta=\theta_1+\theta_2$,并由式(5-19)中消去 θ_1 和 θ_2,求得 M 点位置方程即连杆曲线方程为

$$U^2+V^2=W^2\tag{5-20}$$

式中: $U=g[(x-d)\cos\theta+y\sin\theta](x^2+y^2+e^2-a^2)-ex[(x-d)^2+y^2+g^2-c^2]$

$V=g[(x-d)\sin\theta-y\cos\theta](x^2+y^2+e^2-a^2)-ey[(x-d)^2+y^2+g^2-c^2]$

$W=2ge\sin\theta[x(x-d)+y^2-dy\cot\theta]$

$\theta=\arccos[(e^2+g^2-b^2)/2ge]$

式(5-20)中有 6 个待定参数:a、b、c、d、e、g,若在给定轨迹中选 6 个点(x_i,y_i)代入式(5-20),即可得到 6 个方程。解此 6 个方程组成的非线性方程组,可求出全部待定参数,即求出机构尺寸 a、b、c、d、e、g,机构实现的连杆曲线可有 6 个点与给定轨迹重合。

在上述分析中,预选了坐标系 $A-xy$,即预先确定了轨迹曲线和待求机构在坐标系中的位置。为了使设计四杆机构的连杆曲线上有更多的点与给定的轨迹相重合,在图 5-51 中再引入坐标系 $O-x'y'$,这样,原坐标 $A-xy$ 在新坐标系内又增加了 3 个参数 x'_A、y'_A和 η。因此,在新坐标系中连杆曲线的待定参数可有 9 个,按此求解出机构的连杆曲线可有 9 个点与给定轨迹相重合。

若给定轨迹曲线中的九个点,式(5-20)为高阶非线性方程组,解题非常困难,有时可能没有解,或求出的机构不存在曲柄,或传动角太小而不能使用。通常情况下,给定 4～6 个精确点,其余的 3～5 个参数可以选择,这样,就有无穷多个解,有利于进一步进行优化计算。

综上所述,用解析法进行较为复杂的函数机构或轨迹机构设计时,往往存在解题计算困难的问题,而且往往求得的解实用性较差。因此,随着计算机技术的发展,数值比较法和优化分析方法得到越来越广泛的应用。

5.4.4 数值比较法设计平面四杆机构

数值比较法是一种借助于计算机技术的现代设计方法,它根据计算机计算速度快和存储量大的特点,在指纹、声音识别,材料特征分析、图形图像处理、曲线拟合分析中得到广泛应用。其原理是将同一类对象的特征值以图形或数据的形式存入计算机中,形成数据库文件。而将待求对象的特征值与数据库中的数值进行比对,以求得最接近这一特征值的对象。

在平面四杆机构设计中,数值比较法可以较好地完成函数机构设计和轨迹机构设计的任务。

1. 采用数值比较法进行函数机构或轨迹机构设计的基本思想

前述分析表明:可以用连架杆转角曲线 $\psi(\varphi)$或连杆转角曲线 $\beta(\varphi)$来表征一个四杆机构,也就是说在 $\psi(\varphi)$、$\beta(\varphi)$曲线和机构相对尺寸之间存在一一对应的关系,在进行函数机构或轨迹机构设计时,实质上是已知 $\psi(\varphi)$或 $\beta(\varphi)$曲线,要求出具有这种特征曲线的四杆机构尺寸。

在运用数值比较法前,先按一定系列尺寸确定一批尺寸已知的四杆机构,将其特征曲线

$\psi(\varphi)$或$\beta(\varphi)$存入计算机，建立特征曲线与四杆机构的关系数据库，作为以后进行数值比较的基础。

在运用数值比较法求已知特征曲线的四杆机构时，就是通过计算机程序，将给定的特征曲线与计算机中的特征曲线进行对比，找出最接近的一条曲线，进而求得与该曲线相对应的四杆机构。

2. 数值比较法的设计步骤

(1) 建立连杆机构特征曲线数据库：给定一系列机构相对尺寸：$a_1=AB/AD$，$b_1=BC/AD$，$c_1=CD/AD$（见图 5-49），计算机构运动特征曲线 $\psi(\varphi)$或$\beta(\varphi)$，并将这些特征曲线、机构相对尺寸和最小传动角 $\gamma_{\min}$ 等参数以数据库形式存储起来，作为以后进行数值比较的基础。

(2) 求出机构的相对尺寸：将待求机构的特征曲线 $\psi_1(\varphi)$或$\beta_1(\varphi)$与数据库中的 $\psi(\varphi)$或$\beta(\varphi)$曲线进行比较，找出与其最接近的、误差最小的 $\psi(\varphi)$或$\beta(\varphi)$曲线，该曲线所对应的机构即为所求的机构。这时所求出的机构尺寸是相对尺寸，即各杆与 AD 的比值 a_1、b_1、c_1。

(3) 求出机构的绝对尺寸：根据其他附加条件，确定机架 AD 的尺寸，即可进一步求出机构的绝对尺寸。

基于同样的原理，通过建立连杆曲线数据库，可采用数值比较的方法进行轨迹机构的设计。

5.4.5 实验法设计平面四杆机构

当运动要求比较复杂，需要满足的位置较多，特别是对于按预定轨迹要求设计四杆机构时，用实验法设计有时会更简便。

1. 按两连架杆多对对应位置设计四杆机构

要求设计一个四杆机构，满足两连架杆之间的多对转角关系：$\varphi_i=f(\alpha_i)$。

如图 5-52 所示，设计时，可先在一张纸上取一固定点 A，并按角位移 α_i 作出原动件的一系列位置线，选取适当的原动件长度 l_{AB}，以 A 点为圆心，l_{AB} 为半径作圆弧，与上述位置线分别相交于 B_1、B_2、…、B_i；再选择适当的连杆长度 l_{BC}，分别以点 B_1、B_2、…、B_i 为圆心，以 l_{BC} 为半径画弧 K_1、K_2、…、K_i。

接着在一透明纸上选取一固定点 D，并按已知的角位移 φ_i 作出从动件的一系列位置线，再以点 D 为圆心，以不同长度为半径作一系列同心圆。

把透明纸覆盖在第一张图纸上，并移动透明纸，力求找到这样一个位置，即从动件位置线 DD_1、DD_2、…、DD_i 与相应的圆弧线 K_1、K_2、…、K_i 的交点位于（或近似位于）以 D 为圆心、DC 为半径的圆弧上。则此时点 D 即为另一固定铰链所在的位置，l_{AD} 即为机架长，l_{CD} 则为从动连架杆的长度。这个过程往往需要反复多次，直至满足设计要求。

2. 按照预定的轨迹设计四杆机构

如图 5-53 所示，设已知运动轨迹 $m—m$，要求设计一个四杆机构，使其连杆上某一点沿轨迹 $m—m$ 运动。

选定构件 1 作为曲柄，具有若干分支的构件 2 作为连杆，在轨迹 $m—m$ 附近合适的位置上选取曲柄的转动中心 A，并以点 A 为圆心作两个与轨迹 $m—m$ 相切的圆弧，由此而得半径 $\rho_{\min}$ 与 $\rho_{\max}$。所选的曲柄 AB 长度 a 及连杆上一分支 BM 的长度 k 应满足

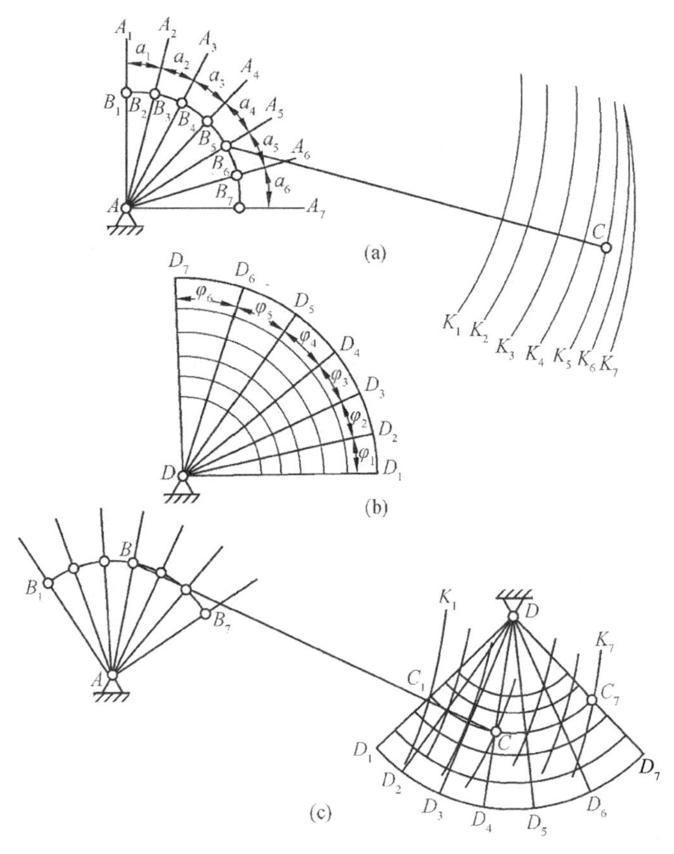

图 5－52　实验法按两连架杆对应位置设计四杆机构

$$a+k=\rho_{\max},a-k=\rho_{\min}$$

因此，$a=(\rho_{\max}-\rho_{\min})/2$，$k=(\rho_{\max}+\rho_{\min})/2$。

实验时使 M 点沿轨迹 $m—m$ 运动，则曲柄绕 A 点转动，而连杆上其他分支的端点 C'，C''，C'''，…将各自描绘出曲线 $m'm'$，$m''m''$，$m'''m'''$，…找出其中一条最接近于圆弧或直线的轨迹（如果找不出，则可通过改变 A 点位置，各分支的长度或相对于分支 BM 的夹角重新进行实验）。如图 5－52 中 C''的轨迹 $m''m''$很接近圆弧，其圆心为 D，这时 C''即为所要求得的铰链中心 C，BC 为连杆长度 b，CD 为摇杆的长度 c，AD 代表机架的长度 d；若找出的轨迹很接近于直线，则表示圆心 D 在无穷远处，即得到曲柄滑块机构，该近似直线画成直线后作为滑块与连杆的铰链点的运动轨迹，也就是导路的方向线。

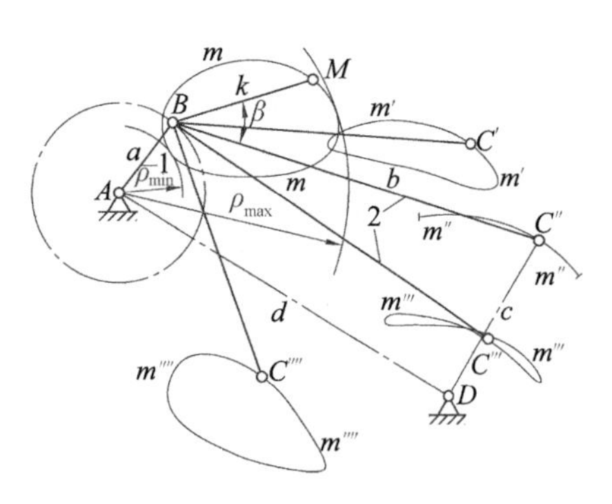

图 5－53　实验法按预定的轨迹设计四杆机构

按实际给定运动轨迹设计四杆机构时，也可应用汇编成册的连杆曲线图谱来设计，这种方法称为图谱法。设计时，可从图谱中查出形状与给定轨迹相似的连杆曲线及描绘该连杆曲线的四杆机构中各杆的相对长度。然后求出图谱中的连杆曲线与所要求的轨迹之间相差的倍数，就可得到机构的真实尺寸。

5.5　多杆机构的应用简介

在平面连杆机构中，四杆机构因其结构简单、设计方便，得到广泛的应用，但由于工程实际问题的复杂性，使得四杆机构不能满足性能要求而往往要借助于多杆机构。多杆机构的应用以六杆机构为主，它通常由四杆机构加二级基本杆组构成，有时也可看成两个四杆机构的主、从动杆叠加而成。因此，利用四杆机构的知识可以很方便地对六杆机构进行分析和计算。相对于四杆机构，采用多杆机构主要有以下优点。

1. 可改进机构的传动特性

图 5－54 所示为洗衣机搅拌机构及其运动简图，由于输出摇杆（叶轮）FG 的摆角很大（$>180^\circ$），因此采用曲柄摇杆机构时，不仅其最小传动角将很小，而且其运动性能也不易满足要求。而采用六杆机构即可很好地解决这一问题。如图 5－54(b)所示，该六杆机构由曲柄摇杆机构 $ABCD$ 加 RRRⅡ级杆组 EFG 组成，能够保证在运动过程中满足机构的传动性能要求。

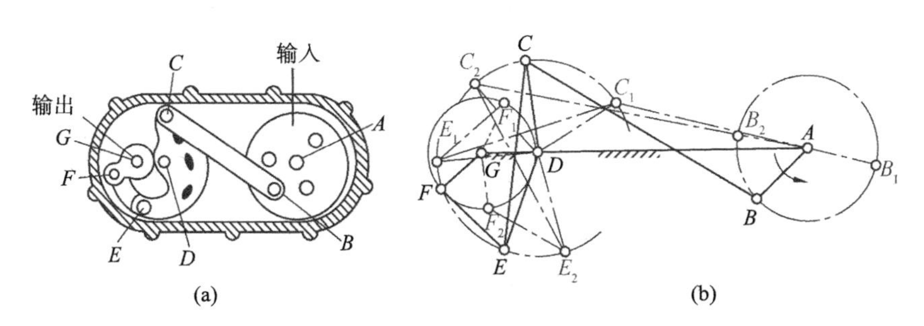

图 5－54　洗衣机搅拌机构

2. 可改进从动件的运动特性

在刨床、插床等加工机械的主传动机构中，都要求其工作行程为等速运动，以保证其加工质量；而回程则要求有急回特性，以提高工作效率。一般的四杆机构容易满足回程具有急回特性的要求，但却不能满足工作行程的等速性的要求，而采用多杆机构则能得到较好的改善。如图 5－55 所示的插齿机的主传动机构就采用了一个六杆机构，通过合理的设计机构尺寸能使插刀在工作行程中做近似等速运动。

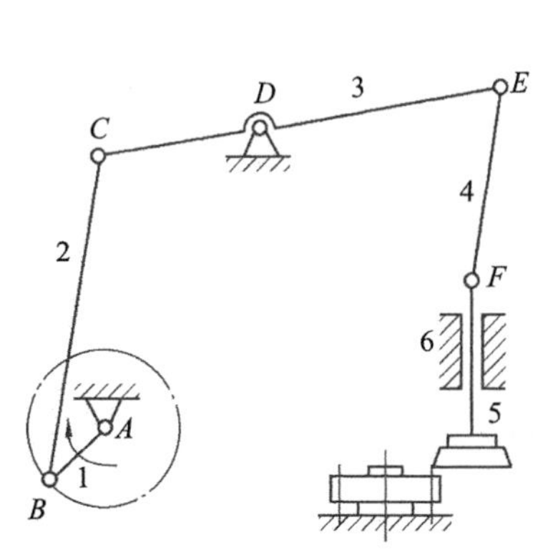

图 5－55　插齿机的主传动机构

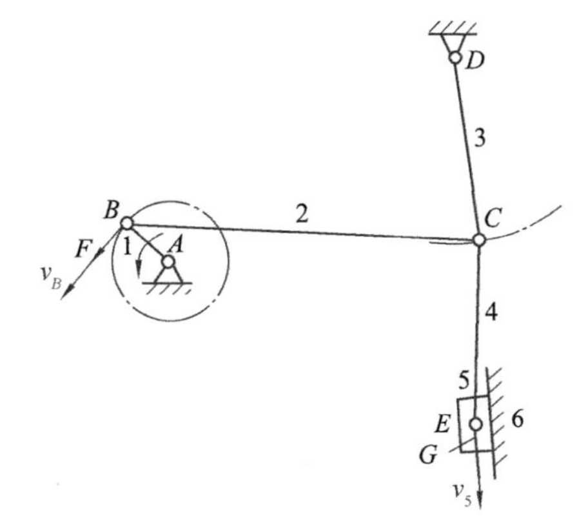

图 5－56　肘杆机构

3. 可获得较大的机械增益

在图 5-56 所示机构中，DCE 的构型如同人的肘关节一样而被称为肘杆机构，该机构的特点是当从动滑块 5 接近于下极限位置时，由于速度比 v_B/v_5 很大，故只需在连杆 BC 上施加很小的作用力 F 就可克服很大的生产阻力 G，从而获得很大的机械增益，因此而被广泛应用于锻压设备中。该六杆机构可视为曲柄摇杆机构 $ABCD$ 加 RRPⅡ级杆组组成。

4. 可实现从动件带停歇的运动

某些机械(如织布机)要求原动件在连续运转的过程中，其从动件能有一段时间的停歇，而机构的整个运动过程应连续平稳，利用连杆曲线的运动特点并结合多杆机构能较好地实现。如图 5-57 所示，构件 1、2、3、6 组成一曲柄摇杆机构，连杆 2 上 E 的轨迹为一腰形曲线，该曲线中的 $\alpha\alpha$ 弧和 $\beta\beta$ 弧两段为近似的圆弧(其半径相等)，圆心分别在点 F 和 F' 处。选取构件 4 的长度与圆弧的曲率半径相等，并使 F 点落在 $\alpha\alpha$ 弧的圆心位置，点 G 在 FF' 的中垂线上。则当点 E 在 $\alpha\alpha$ 弧和 $\beta\beta$ 弧曲线段上运动时，从动件 5 将处于近似停歇状态。

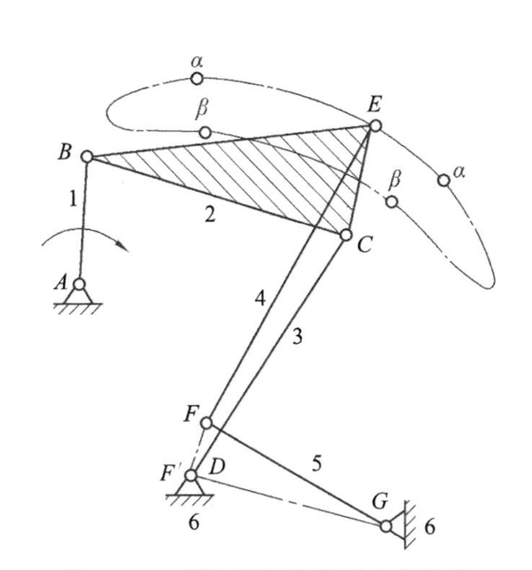

图 5-57　具有停歇运动的六杆机构

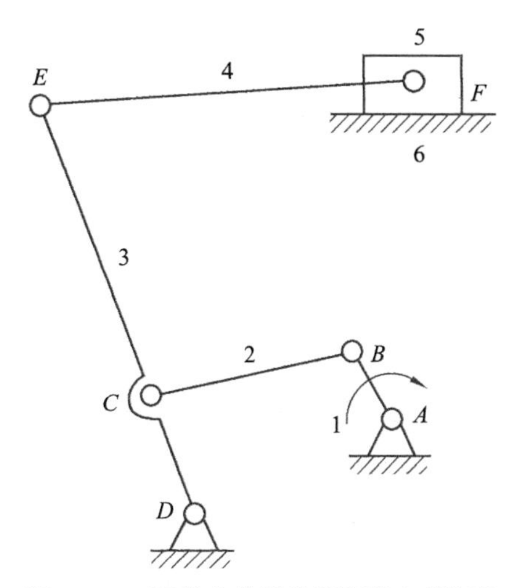

图 5-58　可扩大从动件行程的六杆机构

5. 可扩大从动件行程

如图 5-58 所示为一物料推送机构运动简图，很显然，由于采用了多杆机构可使从动件 5 的行程得到扩大，并可改变从动件的运动特性。

6. 可实现更精确的轨迹要求

由于多杆机构的尺度参数较多，因此它可以满足更为复杂的或实现更加精确的运动规律要求和轨迹要求。

思考题与习题

5-1　平面连杆机构有哪些基本形式？其演化形式和方法是什么？

5-2　何谓曲柄？不同形式的平面四杆机构具有曲柄的条件是否相同？试举例说明。

5-3　如何确定平面四杆机构取得最小传动角的位置？

5-4　平面四杆机构是否存在死点？若存在，又在何处？

5-5　何谓极位夹角？它与行程速比系数有什么关系？根据什么条件判断确定机构具有

急回运动特性？

5－6　在铰链四杆机构中，转动副成为整转副的条件是什么？什么情况下四个转动副都是整转副？

5－7　试分析题图 5－7 中两种液压泵机构的运动形式，并确定它们属于何种机构。

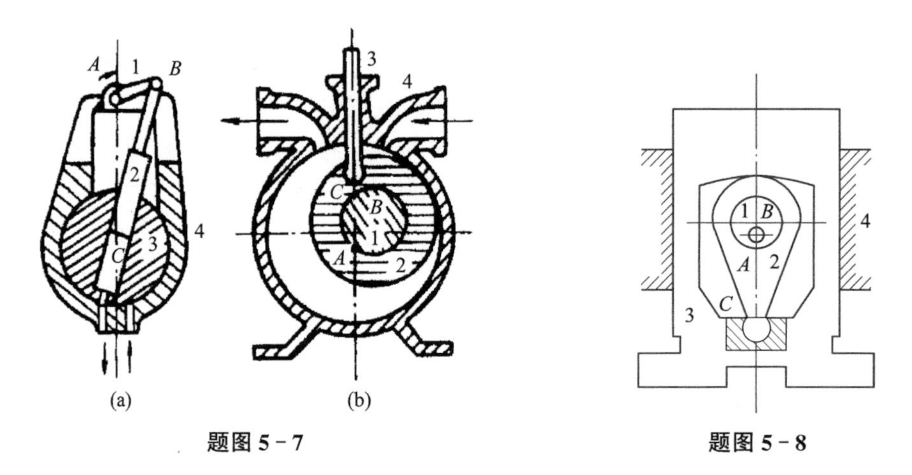

题图 5－7　　　　题图 5－8

5－8　在题图 5－8 所示的冲床刀架装置中，当偏心轮 1 绕固定中心 A 转动时，构件 2 绕活动中心 C 摆动，同时推动后者带着刀架 3 上下移动。点 B 为偏心轮的几何中心。问该装置是何种机构？它是如何演化出来的？

5－9　在题图 5－9 所示铰链四杆机构中，已知：$l_{BC}=50\text{mm}$，$l_{CD}=35\text{mm}$，$l_{AD}=30\text{mm}$，AD 为机架。

(1) 若此机构为曲柄摇杆机构，且 AB 为曲柄，求 l_{AB} 的最大值；

(2) 若此机构为双曲柄机构，求 l_{AB} 的最小值；

(3) 若此机构为双摇杆机构，求 l_{AB} 的数值。

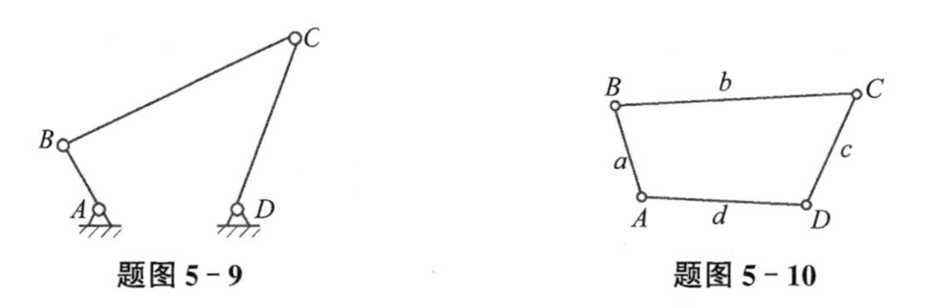

题图 5－9　　　　题图 5－10

5－10　题图 5－10 中的四杆闭式运动链中，已知 $a=150\text{mm}$，$b=500\text{mm}$，$c=300\text{mm}$，$d=400\text{mm}$。欲设计一个铰链四杆机构，机构的输入运动为单向连续转动，确定在下列情况下，应取哪一个构件为机架？

(1) 输出运动为往复摆动；

(2) 输出运动也为单向连续转动。

5－11　在题图 5－11 中。

(1) 说明如何从一个曲柄摇杆机构演化为题图 5－11(a)的曲柄滑块机构、再演化为题图 5－11(b)的摆动导杆机构；

(2) 分别确定构件 AB 为曲柄的条件；

(3) 当题图 5－11(a)为偏置曲柄滑块机构，而题图 5－11(b)为摆动导杆机构时，分别画出构件 3 的极限位置，并标出各自的极位夹角 θ。

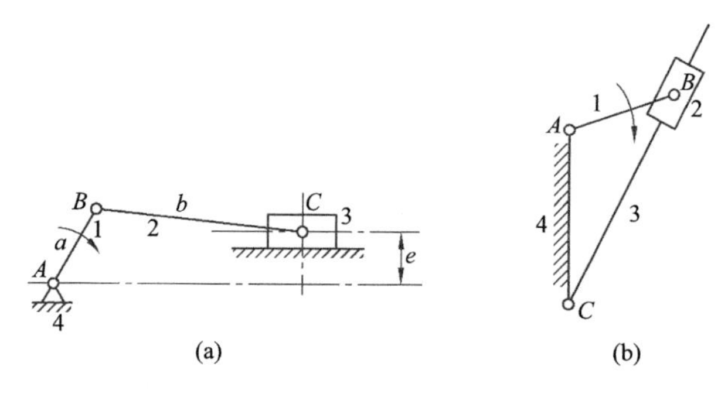

题图 5-11

5-12　题图 5-12 为开槽机上用的急回机构。原动件 BC 匀速转动，已知 $a=80\text{mm}$，$b=200\text{mm}$，$l_{AD}=100\text{mm}$，$l_{DF}=400\text{mm}$。

(1) 确定滑块 F 的上、下极限位置；

(2) 确定机构的极位夹角；

(3) 欲使极位夹角增大，杆长 BC 应当如何调整？

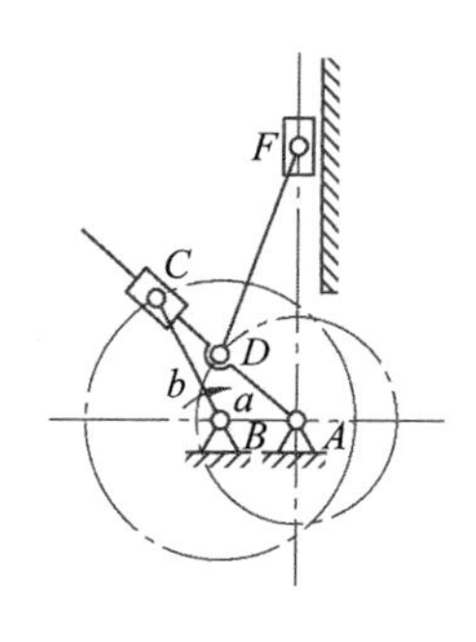

题图 5-12

5-13　在如题图 5-13 所示的机构中，以构件 1 为主动件时机构是否会出现死点位置？以构件 3 为主动件时，机构是否会出现死点位置？画出机构的死点位置，并标明此时机构的主动件。

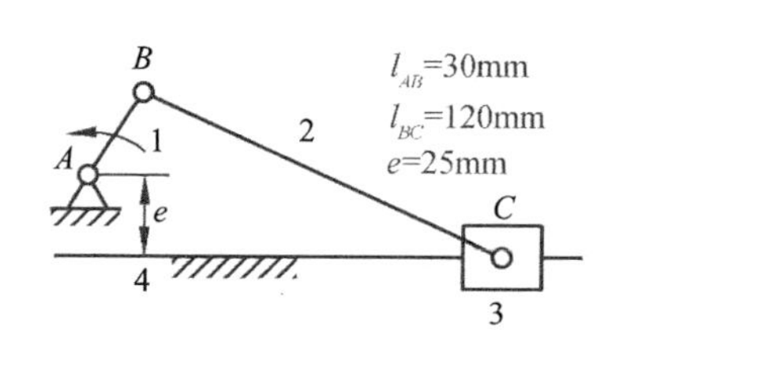

题图 5-13

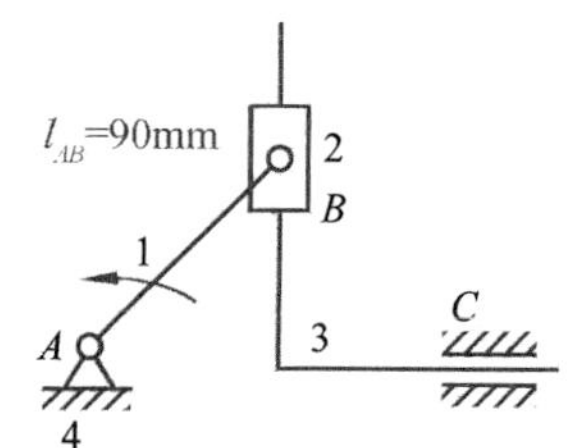

题图 5-14

5-14　求题图 5-14 中机构的最小传动角（最大压力角）和最大传动角（最小压力角）。

5-15　标出图中各机构压力角的大小。

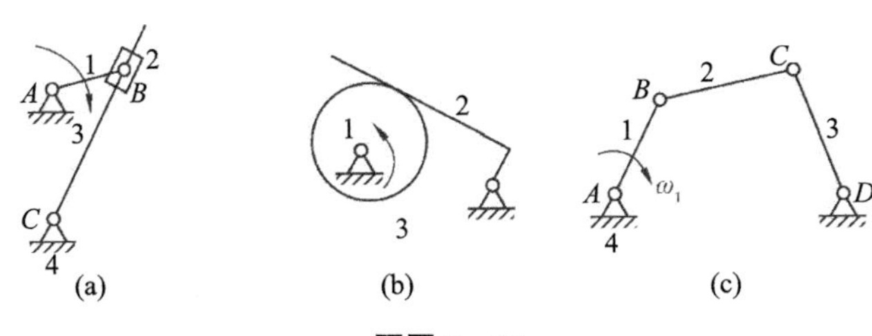

题图 5-15

5-16　设计一铰链四杆机构。已知:机构的行程速比系数 $K=1.4$,连杆长 $l_{BC}=70\text{mm}$,曲柄 $l_{AB}=28\text{mm}$,当摇杆处在左极限位置时,对应曲柄的 AB_1 位置与机架夹角为 45°,曲柄逆时针转动。机构位置如题图 5-16 所示。试用图解法确定摇杆长度 l_{CD} 及机架长度 l_{AD}。

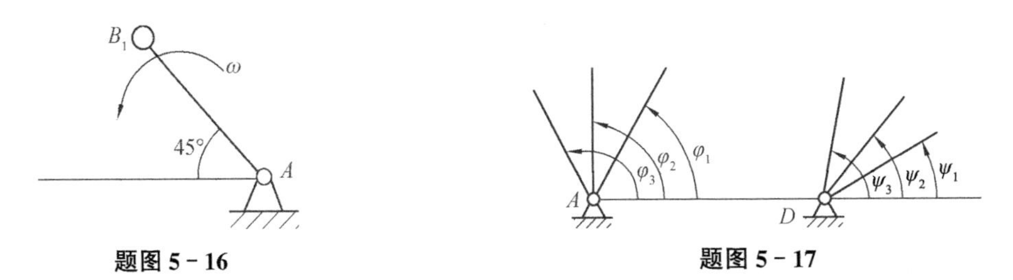

题图 5-16　　　　题图 5-17

5-17　见题图 5-17,已知两连架杆的三组对应位置为:$\varphi_1=60°$,$\psi_1=30°$;$\varphi_2=90°$,$\psi_2=50°$;$\varphi_3=120°$,$\psi_3=80°$,若取机架 AD 长度 $l_{AD}=100\text{mm}$,试求此铰链四杆机构各杆长度。(此题有无穷多个解,可讨论进一步给出条件求出确定解。)

5-18　设计一个铰链四杆机构,如题图 5-18 所示。已知摇杆 CD 的长度 $l_{CD}=75\text{mm}$,机架 AD 的长度 $l_{AD}=100\text{mm}$,摇杆的一个极限位置与机架之间的夹角 $\varphi=45°$,构件 AB 单向匀速转动。试按下列情况确定构件 AB 和 BC 的杆长 l_{AB},l_{BC},以及摇杆的摆角 ψ。

(1) 行程速比系数 $K=1$;

(2) 行程速比系数 $K=1.5$。

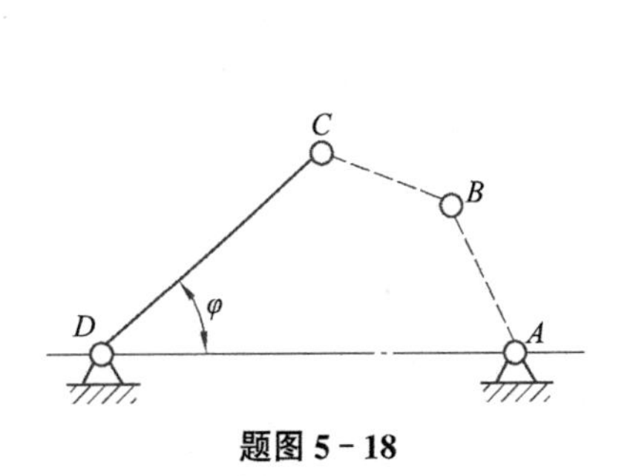

题图 5-18

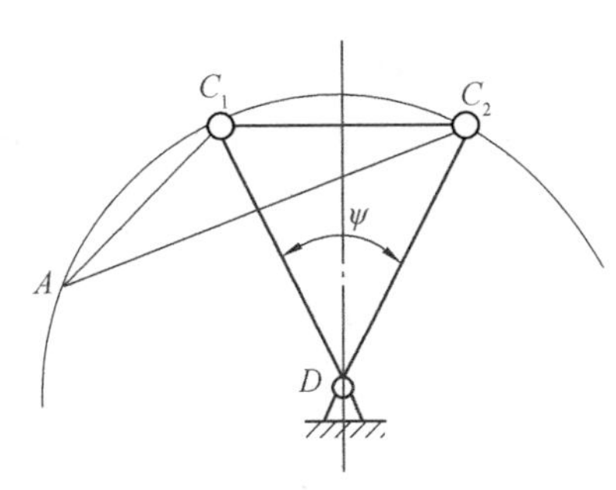

题图 5-19

5-19　设计一曲柄摇杆机构,已知其摇杆 CD 的长度 $l_{CD}=290\text{mm}$,摇杆两极限位置间的夹角 $\psi=32°$,行程速比系数 $K=1.25$,若曲柄的长度 $l_{AB}=75\text{mm}$,求连杆的长度 l_{BC} 和机架的长度 l_{AD},并校验最小传动角 γ_{min} 是否在允许范围内(题图 5-19)。

5-20　已知图示颚式破碎机的行程速比系数 $K=1.2$,颚板长度 $l_{CD}=350\text{mm}$,其摆角 $\psi=35°$,曲柄长度 $l_{AB}=80\text{mm}$,试确定该机构的连杆 BC 和机架 AD 的长度,并验算其最小传动角 γ_{min} 是否在允许范围之内(题图 5-20)。

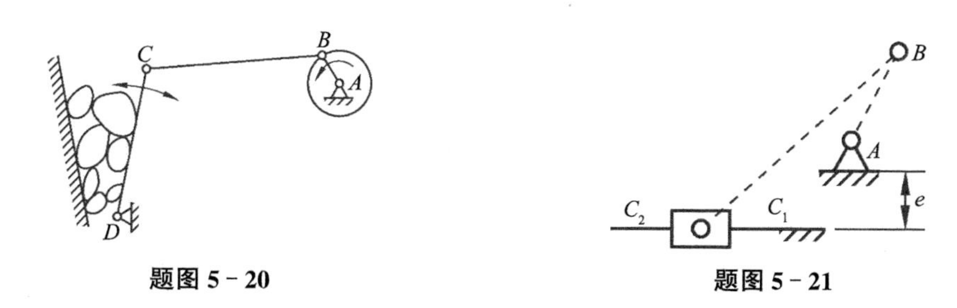

题图 5-20　　题图 5-21

5-21　设计一个偏心曲柄滑块机构。已知滑块两极限位置之间的距离 $\overline{C_1C_2}=50$mm，导路的偏距 $e=20$mm，机构的行程速比系数 $K=1.5$。试确定曲柄和连杆的长度 l_{AB}、l_{BC}（题图 5-21）。

6 凸轮机构及其设计

章导学

本章主要介绍凸轮机构组成特点、应用与分类，以及从动件的基本运动规律。阐述平面凸轮轮廓曲线的设计方法，反转法的基本原理，以及凸轮机构基本尺寸的确定和基本参数的设计。本章重点要求掌握采用图解法和解析法进行凸轮轮廓曲线设计的思想和方法。

6.1 凸轮机构的应用与分类

凸轮机构是一种高副机构，它是具有曲线轮廓或凹槽的凸轮，通过高副接触带动从动件实现预期的运动规律。

凸轮机构的特点是结构简单，易于实现各种复杂的运动规律，因此它被广泛地应用于各种机械，特别是自动机械、半自动机械和自动控制装置中。

6.1.1 凸轮机构的应用

图 6-1 所示为内燃机配气机构，当凸轮 1 匀速转动时，其轮廓迫使从动件 2(气门)按照预期运动规律往复运动，适时地开启或关闭进、排气阀门，以控制可燃气体进入气缸或废气排出气缸，在设计过程中，对进、排气阀门开启的严格控制是靠凸轮轮廓曲线来实现的。

图 6-2 所示为绕线机中用于排线的凸轮机构，在绕线轴 3 快速转动的同时，经蜗杆传动带动凸轮 1 缓慢转动，通过凸轮高副驱动从动件 2 往复摆动，使线均匀地缠绕在绕线轴上。

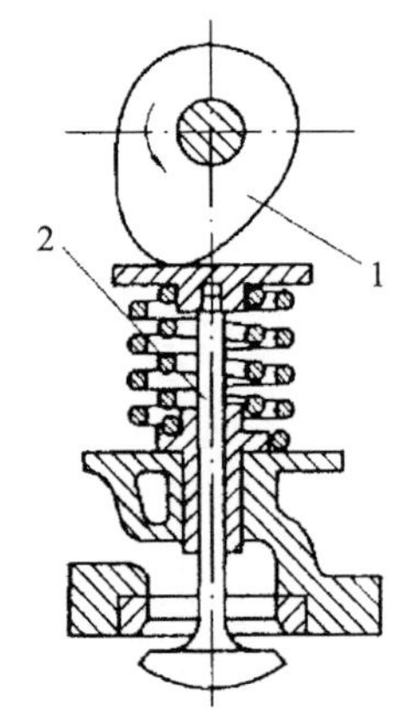

图 6-1 内燃机配气凸轮机构

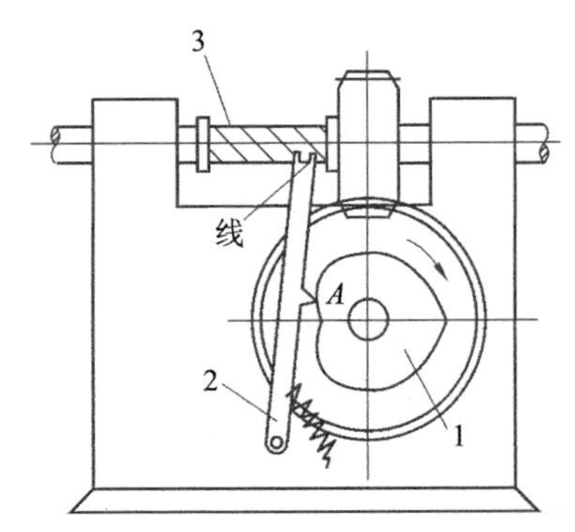

图 6-2 绕线机排线凸轮机构

图 6-3 所示为录音机中的卷带凸轮机构，移动凸轮 1 的上下运动位置由放音按键控制，

放音时，凸轮处于图示最低位置，在弹簧 6 的作用下，安装在主动带轮上的摩擦轮 4 压靠在卷带轮 5 上，从而驱动磁带运动而放音。停止放音时，凸轮 1 随按键上移，其轮廓驱动从动件 2 顺时针摆动，使摩擦轮与卷带轮分离，从而停止卷带。

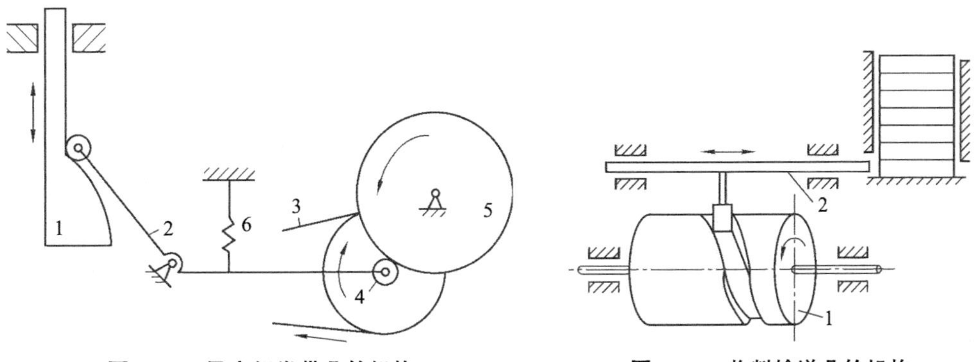

图 6－3　录音机卷带凸轮机构　　　图 6－4　物料输送凸轮机构

图 6－4 所示为物料输送凸轮机构，当带有凹槽的圆柱凸轮 1 连续等速转动时，通过嵌入凹槽中的滚子驱动从动件 2 往复移动。凸轮 1 每旋转一周，从动件 2 即从供料器中推出一块物料送入指定位置。

图 6－5 所示为自动机床的进刀机构，通过凸轮机构来控制进刀机构的自动进、退刀，其刀架的运动规律由圆柱凸轮 1 上的曲线凹槽形状来实现。

图 6－6 所示为一种罐头盒封盖机构，原动件 1 连续等速转动，带动从动件 2 上的滚子 B 沿固定凸轮 3 上的凹槽运动，从而强制从动件 2 上的端点 C 沿预期的轨迹——接合缝 S 运动，完成封盖任务。

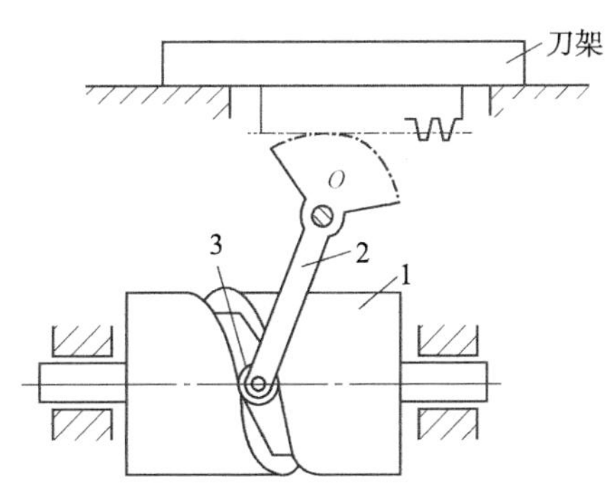

图 6－5　自动机床进刀凸轮机构

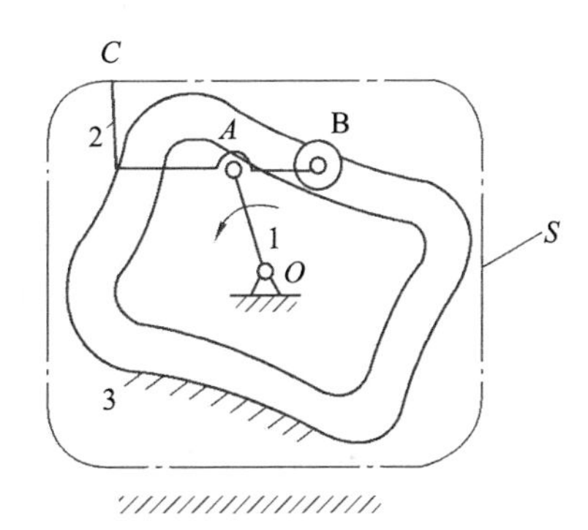

图 6－6　罐头盒封盖凸轮机构

6.1.2　凸轮机构的组成及特点

从以上示例可以看出，凸轮机构是能够将简单运动转变成所需复杂运动的最简单的机构，它主要由凸轮、从动件和机架三个基本构件组成。

凸轮是一个具有曲线轮廓的构件，当它运动时，通过其上的曲线轮廓与从动件的高副接触，使从动件获得预期的运动。凸轮机构在一般情况下，凸轮是原动件且做等速转动，从动件则按预定的运动规律做直线移动或摆动。但有时凸轮也可以作为机架，如图 6－6 所示。

凸轮机构的优点：只要设计出适当的凸轮轮廓尺寸，便可使从动件按各种预定的规律运动，并且结构简单紧凑。

凸轮机构的缺点：凸轮与从动件之间为高副接触，压强较大，易于磨损，故凸轮机构一般用于传递动力不大的场合。因凸轮轮廓直接决定从动件的运动规律，因此凸轮轮廓的加工要求比较高，费用昂贵。但随着现代数控加工技术的发展，使得凸轮的加工成本大幅度下降，凸轮机构的应用也越来越广泛。

6.1.3 凸轮机构的分类

工程实际中所使用的凸轮机构种类很多，从不同角度出发，凸轮机构可作如下分类。

1. 按两活动构件之间的相对运动特性分类

(1) 平面凸轮机构　两活动构件之间的相对运动为平面运动的凸轮机构，如图 6－1、图 6－2、图 6－3、图 6－6 所示。

(2) 空间凸轮机构　两活动构件之间的相对运动为空间运动的凸轮机构，如图 6－4、图 6－5 所示。

2. 按凸轮形状分类

(1) 盘形凸轮机构　它是凸轮的基本型式。凸轮是一个相对机架作定轴转动或为机架且具有变化向径的盘形构件，如图 6－1、图 6－2、图 6－6 所示。

(2) 移动凸轮机构　它可视为盘形凸轮的演化型式。凸轮是一个相对机架做直线移动或为机架且具有变化轮廓的构件，如图 6－3 所示。

(3) 圆柱凸轮机构　它可看成是将移动凸轮卷成一圆柱体而得到的。从动件的运动平面与凸轮运动平面不平行，故凸轮与从动件之间的相对运动是空间运动，因此，也称为空间凸轮机构，如图 6－4、图 6－5 所示。

3. 按从动件运动副元素形状分类

(1) 尖顶从动件凸轮机构　如图 6－2 所示，尖顶从动件能与任意复杂凸轮轮廓保持接触，因而能实现任意预期的运动规律。尖顶与凸轮呈点接触，易磨损，故只宜用于受力不大的场合。

(2) 滚子从动件凸轮机构　如图 6－3、图 6－4、图 6－5 和图 6－6 所示。为克服尖顶从动件的缺点，在尖顶处安装一个滚子，即成为滚子从动件。它改善了从动件与凸轮轮廓间的接触条件，耐磨损，可承受较大载荷，故在工程实际中应用最为广泛。

(3) 平底从动件凸轮机构　如图 6－1 所示，平底从动件与凸轮轮廓接触为一平面，显然它只能与全部外凸的凸轮轮廓作用。其优点是：压力角小，效率高，润滑性好，故常用于高速运动场合。

4. 按从动件运动形式分类

(1) 直动从动件凸轮机构　如图 6－1、图 6－4 所示，从动件的运动是直线往复运动。

(2) 摆动从动件凸轮机构　如图 6－2、图 6－3、图 6－5 所示，从动件做往复摆动。

(3) 作平面复杂运动从动件凸轮机构　如图 6－6 所示，从动件做平面复杂运动。

5. 按凸轮高副的锁合方式分类

(1) 力锁合　利用重力、弹簧力或其他外力使组成凸轮高副的两构件始终保持接触。如图 6－1、图 6－2、图 6－3 所示。

(2) 形锁合　利用特殊几何形状(虚约束)使组成凸轮高副的两构件始终保持接触。如图 6－4、图 6－5、图 6－6 所示，它是利用凸轮凹槽两侧壁间的法向距离恒等于滚子的直径来实现的，称为槽道凸轮机构。图 6－7 所示的凸轮机构，是利用凸轮轮廓上任意两条平行切线间的距离恒等于框形从动件内边的宽度 L 来实现的，称为等宽凸轮机构。图 6－8 所示的凸轮机构，是利用过凸轮轴心所作任一径向线上与凸轮轮廓相切的两滚子中心距 D 处处相等来实现的，称为等径凸轮机构。图 6－9 所示的凸轮机构，是利用彼此固联在一起的一对凸轮和从动件上的一对滚子分别保持接触来实现的，称为共轭凸轮机构。

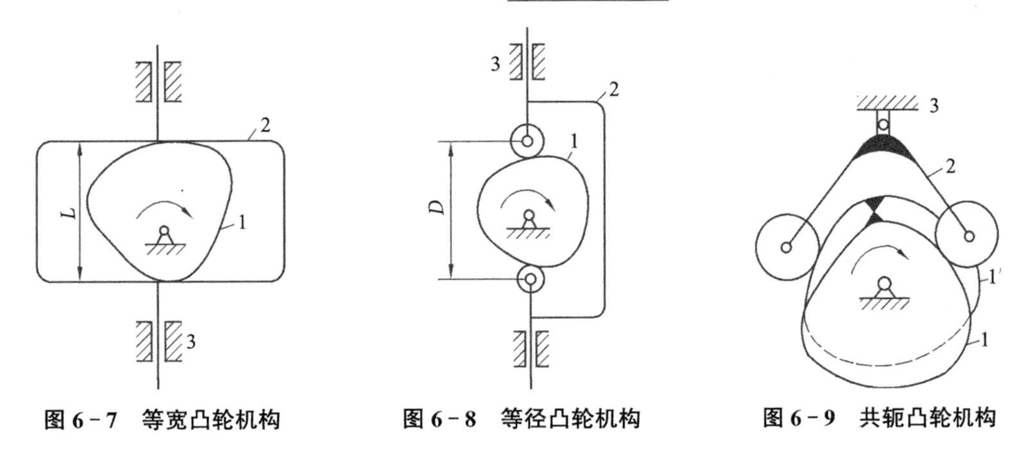

图 6－7　等宽凸轮机构　　图 6－8　等径凸轮机构　　图 6－9　共轭凸轮机构

6.2　从动件的运动规律设计

6.2.1　凸轮机构的基本名词术语

图 6－10(a)所示为一对心尖顶直动从动件盘形凸轮机构，图 6－10(b)所示为一个周期中的位移曲线图，凸轮机构所涉及的基本名词术语如下：

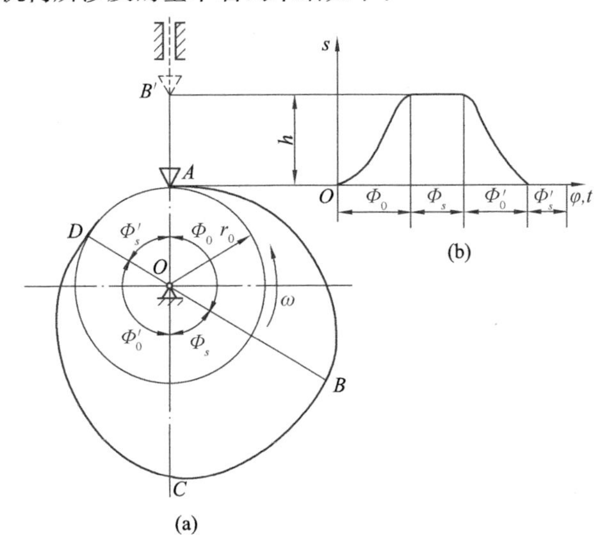

图 6－10　凸轮机构的运动循环图

(1) 基圆　以凸轮回转中心 O 为圆心，以其理论轮廓最小向径 r_0 为半径所作的圆称为凸轮的基圆，基圆半径用 r_0 表示，它是设计凸轮轮廓曲线的基准。

(2) 推程与推程运动角　当凸轮以等角速度 ω 逆时针转动时，推杆在凸轮轮廓线 AB 段的推动下，将由最低位置 A 被推到最高位置 B'，推杆的这一运动过程称为推程，所产生的位移 h 为推程位移，而凸轮相应的转角 Φ_0 称为推程运动角。

(3) 远休止与远休止角　当推杆与凸轮廓线的 BC 段接触时，由于 BC 段为以凸轮轴心 O 为圆心，OB(或 OC)为半径的圆弧，所以推杆将处于最高位置而静止不动，此过程称为远休止，而此过程中凸轮相应的转角 Φ_s 称为远休止角。

(4) 回程与回程运动角　当推杆与凸轮廓线的 CD 段接触时，它又由最高位置回到最低位置 D，推杆运动的这一过程称为回程，所产生的位移 h 为回程位移。而凸轮相应的转角 Φ_0' 称为回程运动角。

(5) 近休止与近休止角　当推杆与凸轮廓线 DA 段接触时，由于 DA 段为以凸轮轴心 O 为圆心，OD(或 OA)为半径的圆弧，所以推杆将在最低位置静止不动，此过程为近休止，而凸轮相应的转角 Φ_s' 称为近休止角。

(6) 从动件运动规律　是指从动件在推程或回程时，其位移、速度、加速度随时间 t 的变化规律。因在绝大多数情况下凸轮做等速转动，其转角 φ 与时间 t 成正比，所以从动件运动规律常表示为从动件的位移、速度、加速度随转角 φ 的变化规律。

6.2.2　从动件常用运动规律

在工程实际中，从动件的常用运动规律主要有多项式运动规律、三角函数运动规律和组合运动规律。

1. 多项式运动规律

多项式函数具有高阶导数连续的特性，在从动件运动规律设计中得到广泛应用。从动件的运动规律用多项式表示，其一般表达式为

$$s=C_0+C_1\varphi+C_2\varphi^2+\cdots+C_n\varphi^n$$

式中　φ——凸轮转角；

s——从动件位移；

$C_0, C_1, C_2, \cdots, C_n$——待定系数。

较为常用的多项式运动规律为：

(1) 等速运动规律

在多项式运动规律的一般形式中，当 $n=1$ 时，则有：

$$\left.\begin{aligned} s&=C_0+C_1\varphi \\ v&=\frac{ds}{dt}=C_1\omega \\ a&=\frac{dv}{dt}=0 \end{aligned}\right\} \tag{6-1}$$

当凸轮等速运转时，从动件在运动过程中的速度为常数。

将推程边界条件：$\varphi=0, s=0$；$\varphi=\Phi_0, s=h$；回程边界条件：$\varphi=\Phi_0+\Phi_s, s=h$；$\varphi=\Phi_0+\Phi_s+\Phi_0'$，$s=0$ 分别代入式(6-1)中，整理可得从动件推程、回程的运动方程及运动线图如表 6-1 所示。

等速运动规律的运动线图表明：尽管从动件在运动过程中的加速度 $a=0$，但在运动的开始和终止位置速度发生突变，这时从动件的加速度在理论上为无穷大，因而使凸轮机构受到极大的冲击，这种由于速度不连续，导致加速度理论值为无穷大所产生的冲击称为刚性冲击，因此等速运动规律只适宜于低速轻载的场合。

表 6-1　等速运动规律的运动方程式与运动线图

推程运动方程式 $0\leqslant\varphi\leqslant\Phi_0$	回程运动方程式 $\Phi_0+\Phi_s\leqslant\varphi\leqslant\Phi_0+\Phi_s+\Phi_0'$	推程、回程运动线图
$s=\dfrac{h}{\Phi_0}\varphi$ $v=\dfrac{h}{\Phi_0}\omega$ $a=0$	$s=h\left[1-\dfrac{\varphi-(\Phi_0+\Phi_s)}{\Phi_0'}\right]$ $v=-\dfrac{h}{\Phi_0'}\omega$ $a=0$	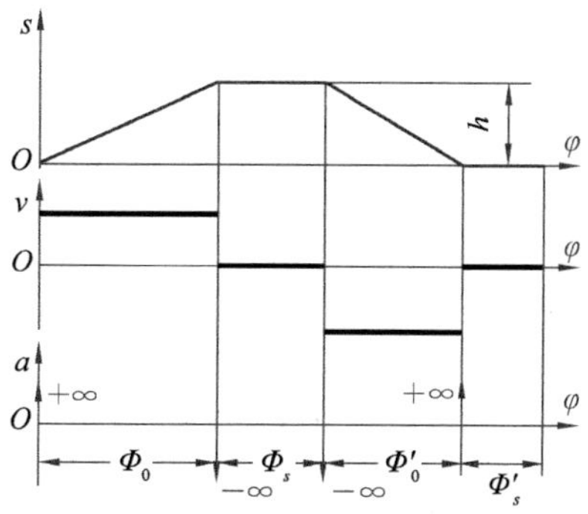

（2）等加速等减速运动规律

等加速等减速运动规律是一个运动过程（推程或回程）中，前半段行程做等加速运动，后半段行程做等减速运动，且加速度的绝对值相等。

在多项式运动规律的一般形式中，当 $n=2$ 时，则有：

$$\left.\begin{aligned} s&=C_0+C_1\varphi+C_2\varphi^2 \\ v&=\frac{\mathrm{d}s}{\mathrm{d}t}=C_1\omega+2C_2\omega\varphi \\ a&=\frac{\mathrm{d}v}{\mathrm{d}t}=2C_2\omega^2 \end{aligned}\right\} \tag{6-2}$$

当凸轮等速运转时，从动件在运动过程中的加速度为常数。

将各阶段的边界条件代入式（6-2）中，整理可得从动件推程、回程的运动方程及运动线图如表 6-2 所示。

表 6-2　等加速、等减速运动规律的运动方程式与运动线图

推程运动方程式 $0\leqslant\varphi\leqslant\Phi_0/2$	回程运动方程式 $\Phi_0+\Phi_s\leqslant\varphi\leqslant\Phi_0+\Phi_s+\Phi_0'/2$	推程、回程运动线图
$s=2h\left(\dfrac{\varphi}{\Phi_0}\right)^2$ $v=\dfrac{4h\omega}{\Phi_0^2}\varphi$ $a=\dfrac{4h\omega^2}{\Phi_0^2}$	$s=h-\dfrac{2h}{\Phi_0'^2}[\varphi-(\Phi_0+\Phi_s)]^2$ $v=-\dfrac{4h\omega}{\Phi_0'^2}[\varphi-(\Phi_0+\Phi_s)]$ $a=-\dfrac{4h\omega^2}{\Phi_0'^2}$	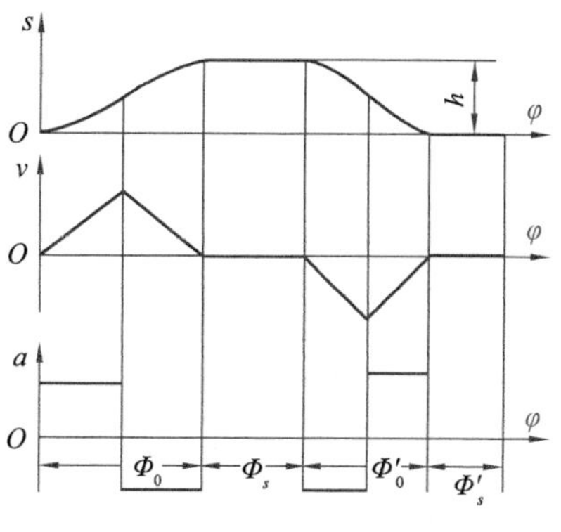
推程运动方程式 $\Phi_0/2\leqslant\varphi\leqslant\Phi_0$	回程运动方程式 $\Phi_0+\Phi_s+\Phi_0'/2\leqslant\varphi\leqslant\Phi_0+\Phi_s+\Phi_0'$	
$s=h-\dfrac{2h}{\Phi_0^2}(\Phi_0-\varphi)^2$ $v=\dfrac{4h\omega}{\Phi_0^2}(\Phi_0-\varphi)$ $a=-\dfrac{4h\omega^2}{\Phi_0^2}$	$s=\dfrac{2h}{\Phi_0'^2}[(\Phi_0+\Phi_s+\Phi_0')-\varphi]^2$ $v=-\dfrac{4h\omega}{\Phi_0'^2}[(\Phi_0+\Phi_s+\Phi_0')-\varphi]$ $a=\dfrac{4h\omega^2}{\Phi_0'^2}$	

等加速等减速运动规律的运动线图表明:其速度曲线连续,加速度曲线在运动过程中为常数。但在运动的始末点和中间位置有突变,但为有限值,由此产生的惯性力将对机构产生一定的冲击,这种冲击称为柔性冲击,因此,等加速等减速运动规律只适用于中速运动的场合。

(3) 五次多项式运动规律

当 $n=5$ 时,多项式运动规律的方程为:

$$\left.\begin{aligned} s&=C_0+C_1\varphi+C_2\varphi^2+C_3\varphi^3+C_4\varphi^4+C_5\varphi^5 \\ v&=\frac{ds}{dt}=C_1\omega+2C_2\omega\varphi+3C_3\omega\varphi^2+4C_4\omega\varphi^3+5C_5\omega\varphi^4 \\ a&=\frac{dv}{dt}=2C_2\omega^2+6C_3\omega^2\varphi+12C_4\omega^2\varphi^2+20C_5\omega^2\varphi^3 \end{aligned}\right\} \tag{6-3}$$

将各阶段的边界条件代入式(6-3)中,整理可得从动件推程、回程的运动方程及运动线图如表 6-3 所示。

表 6-3 五次多项式运动规律的运动方程式与运动线图

推程运动方程式 $0\leqslant\varphi\leqslant\Phi_0$	回程运动方程式 $\Phi_0+\Phi_s\leqslant\varphi\leqslant\Phi_0+\Phi_s+\Phi_0'$	推程、回程运动线图
$s=h(10T_1^3-15T_1^4+6T_1^5)$ $v=\frac{30h\omega T_1^2}{\Phi_0}(1-2T_1+T_1^2)$ $a=\frac{60h\omega^2}{\Phi_0^2}T_1(1-3T_1+2T_1^2)$ 式中:$T_1=\frac{\varphi}{\Phi_0}$	$s=h-h(10T_2^3-15T_2^4+6T_2^5)$ $v=-\frac{30h\omega}{\Phi_0'}T_2^2(1-2T_2+T_2^2)$ $a=-\frac{60h\omega^2}{\Phi_0'^2}T_2(1-3T_2+2T_2^2)$ 式中:$T_2=\frac{\varphi-(\Phi_0+\Phi_s)}{\Phi'_0}$	s, h, φ, O, v, a, Φ_0, Φ_s, Φ'_0, Φ'_s

这种运动规律也称为 3—4—5 多项式运动规律。其运动线图表明:此运动规律既无刚性冲击,也无柔性冲击,因而运动平稳性好,可用于高速凸轮机构中。

2. 三角函数运动规律

(1) 余弦加速度运动规律

这种运动规律是指从动件的加速度按半个周期的余弦曲线变化,其加速度的一般方程为

$$a=k_1\cos(k_2\omega t) \tag{6-4}$$

式中,k_1、k_2 为常数,积分并代入各阶段的边界条件,整理可得其运动方程式及运动线图。如表 6-4 所示。

由表 6-4 可见,位移曲线是一条简谐曲线,故又称为简谐运动规律。这种运动规律在起始和终止位置的加速度曲线有突变,但为有限值,故也会对机构产生柔性冲击,因此也只适宜于中速运动的场合。若从动件依此运动规律仅做一升一降的循环运动,则没有加速度突变,可用于高速运动凸轮机构。

表 6-4 余弦加速度运动规律的运动方程式与运动线图

推程运动方程式 $0\leqslant\varphi\leqslant\Phi_0$	回程运动方程式 $\Phi_0+\Phi_s\leqslant\varphi\leqslant\Phi_0+\Phi_s+\Phi_0'$	推程、回程运动线图
$s=\frac{h}{2}\left(1-\cos\frac{\pi}{\Phi_0}\varphi\right)$ $v=\frac{\pi h\omega}{2\Phi_0}\sin\frac{\pi}{\Phi_0}\varphi$ $a=\frac{\pi^2 h\omega^2}{2\Phi_0^2}\cos\frac{\pi}{\Phi_0}\varphi$	$s=\frac{h}{2}\left\{1+\cos\frac{\pi}{\Phi_0'}[\varphi-(\Phi_0+\Phi_s)]\right\}$ $v=-\frac{\pi h\omega}{2\Phi_0'}\sin\frac{\pi}{\Phi_0'}[\varphi-(\Phi_0+\Phi_s)]$ $a=-\frac{\pi^2 h\omega^2}{2\Phi_0'^2}\cos\frac{\pi}{\Phi_0'}[\varphi-(\Phi_0+\Phi_s)]$	

(2) 正弦加速度运动规律

这种运动规律是指从动件的加速度按整个周期的正弦曲线变化，其加速度的一般方程为

$$a=k_1\sin(k_2\omega t) \tag{6-5}$$

式中，k_1、k_2 为常数，积分并代入各阶段的边界条件，整理可得其运动方程式及运动线图。如表 6-5 所示。

运动线图表明：位移曲线是一条摆线，故又称为摆线运动规律。这种运动规律的速度和加速度都是连续变化的，故没有刚性和柔性冲击，因此适宜于高速运动场合。

表 6-5 正弦加速度运动规律的运动方程式与运动线图

推程运动方程式 $0\leqslant\varphi\leqslant\Phi_0$	回程运动方程式 $\Phi_0+\Phi_s\leqslant\varphi\leqslant\Phi_0+\Phi_s+\Phi_0'$	推程、回程运动线图
$s=h\left(\frac{\varphi}{\Phi_0}-\frac{1}{2\pi}\sin\frac{2\pi}{\Phi_0}\varphi\right)$ $v=\frac{h\omega}{\Phi_0}\left(1-\cos\frac{2\pi}{\Phi_0}\varphi\right)$ $a=\frac{2\pi h\omega^2}{\Phi_0^2}\sin\frac{2\pi}{\Phi_0}\varphi$	$s=h\left[1-\frac{T}{\Phi_0'}+\frac{1}{2\pi}\sin\left(\frac{2\pi}{\Phi_0'}T\right)\right]$ $v=-\frac{h\omega}{\Phi_0'}\left[1-\cos\left(\frac{2\pi}{\Phi_0'}T\right)\right]$ $a=\frac{2\pi h\omega^2}{\Phi_0'^2}\sin\left(\frac{2\pi}{\Phi_0'}T\right)$ 式中：$T=\varphi-(\Phi_0+\Phi_s)$	

3. 组合运动规律

在工程实际中，为使凸轮机构获得更好的工作性能，经常采用以某种基本运动规律为基础，辅之以其他运动规律与其组合，从而获得各种类型的组合运动规律。

基本运动规律进行组合的原则是：

(1) 按凸轮机构的工作要求选择一种基本运动规律为主体运动规律，针对其存在的问题，

选择其他运动规律与之组合，通过优化分析，寻求最优的组合方式。

(2) 在各运动规律的连接处，要满足位移、速度、加速度的连续性以及更高一阶导数的连续要求。

(3) 组合所采用的各种运动规律均要有好的动力性能和工艺性。

6.2.3 从动件运动规律的选择

选择从动件运动规律时，主要考虑以下几个方面：

1. 满足机器的工作要求

这是选择从动件运动规律的基本依据。有的机器对工作过程中从动件的运动规律有详细的或特殊的要求，如要求等速运动等，这就限制了对运动规律的选择；有的机器对运动规律的限制较少，如只对始末点的位置和时间有限制，这就有较充分的余地来选择运动规律。

2. 使凸轮机构具有良好的动力学性能

在选择从动件运动规律时，除要考虑刚性冲击与柔性冲击外，还应对各种运动规律的速度幅值 v_{max}、加速度幅值 a_{max} 及其影响加以分析和比较。v_{max} 越大，则从动件动量幅值 mv_{max} 越大；为安全和缓和冲击起见，v_{max} 值愈小愈好。而 a_{max} 值越大，则从动件惯性力幅值 ma_{max} 越大；从减小凸轮副的动压力、振动和磨损等方面考虑，a_{max} 值愈小愈好。所以，对于重载凸轮机构，考虑到从动件质量 m 较大，应选择 v_{max} 值较小的运动规律；对于高速凸轮机构，为减小从动件惯性力，宜选择 a_{max} 值较小的运动规律。

表 6－6 列出了上述几种常用运动规律的特性比较，并给出了其适用范围，供选用时参考。

表 6－6　常用从动件运动规律特性比较

运动规律	v_{max} $(h\omega/\Phi_0)\times$	a_{max} $(h\omega^2/\Phi_0^2)\times$	冲击	适用范围
等速	1.00	∞	刚性	低速轻载
等加速、等减速	2.00	4.00	柔性	中速轻载
3—4—5 多项式	1.88	5.77	无	高速中载
余弦加速度	1.57	4.93	柔性	中低速中载
正弦加速度	2.00	6.28	无	中高速轻载

3. 使凸轮轮廓便于加工

在满足前两点的前提下，应尽量选择便于加工的凸轮廓线，如采用圆弧、直线等易加工曲线，以降低凸轮的加工成本。

6.3 凸轮轮廓曲线的设计

在根据工作要求和结构条件选定凸轮机构的类型和从动件运动规律，并确定基圆半径等基本参数之后，就可以进行凸轮轮廓设计。凸轮轮廓设计的方法有图解法和解析法，但它们所依据的基本原理都是相同的。

6.3.1 凸轮轮廓曲线设计的基本原理——反转法

图 6－11 所示为对心尖顶直动从动件盘形凸轮机构，当凸轮以角速度 ω 做等速转动时，从

动件将按预定的运动规律运动。

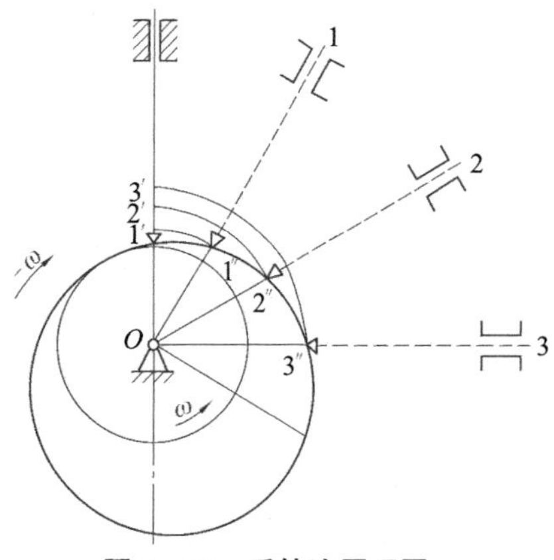

图 6 - 11　反转法原理图

假设给整个机构加上一个公共的角速度“$-\omega$”，使其绕凸轮轴心 O 做反向转动。这样一来，凸轮变为静止不动，而根据相对运动原理，凸轮与从动件之间的相对运动不变，因此，从动件一方面随其导路以角速度“$-\omega$”绕 O 转动，另一方面还在其导路内按预定的运动规律移动。从动件在这种复合运动中，其尖顶应始终与凸轮轮廓保持接触，因此，尖顶的运动轨迹即为凸轮轮廓曲线。求出从动件在这种复合运动中的一系列位置，则其尖顶的轨迹就是所要求的凸轮廓线。这种进行凸轮轮廓曲线设计的方法称为反转法。

反转前后凸轮机构运动参数的变化情况如表 6 - 7 所示。

表 6 - 7　反转前后凸轮机构运动参数的变化

构件	机构的实际运动	给整个机构加上$-\omega$	反转后的运动	说明
凸轮	ω	$\omega+(-\omega)$	固定不动	静止不动
从动件	v	$v+(-\omega)$	移动+反向转动	复合运动，尖顶的运动轨迹为凸轮轮廓曲线
机架	固定不动	固定+$(-\omega)$	反向转动	绕凸轮转动中心转动

6.3.2　用图解法设计凸轮轮廓曲线

1. 直动从动件盘形凸轮轮廓曲线的设计

1）偏心尖顶直动从动件盘形凸轮

已知凸轮的基圆半径为 r_0，偏心距为 e，以等角速度 ω 逆时针方向转动。推杆的位移曲线如图 6 - 12(b)所示，试用图解法设计一偏心尖顶直动从动件盘形凸轮的轮廓曲线。

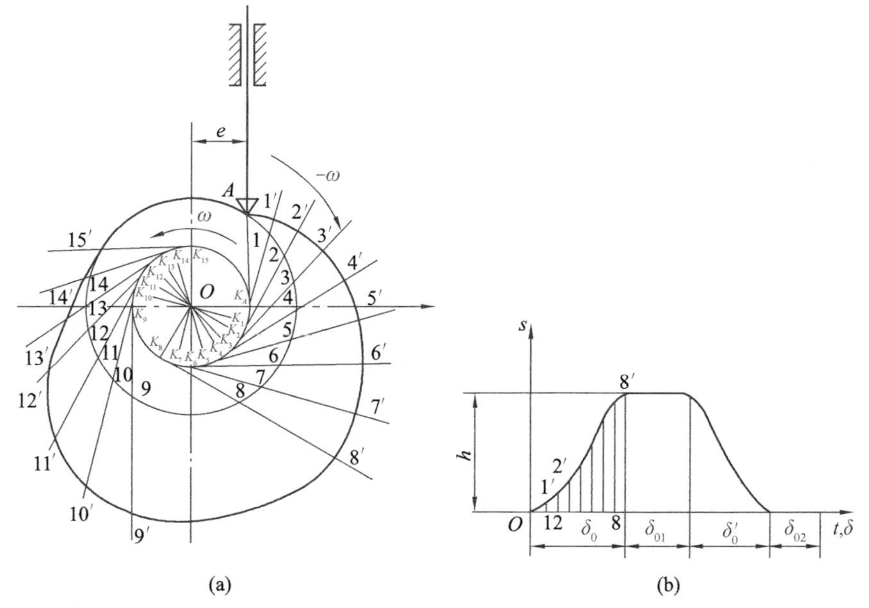

图 6 - 12　偏心尖顶直动从动件盘形凸轮轮廓曲线的图解法设计

解：以推程为例，讨论按照反转法原理，用图解法设计凸轮轮廓曲线的方法。

(1) 将位移曲线的推程运动角进行等分，得到各个等分点的位移 $11'$、$22'$、…。

(2) 选取与位移线图相同的比例尺，以 O 为圆心，以 r_0 为半径作凸轮的基圆，以 e 为半径作偏心距圆，并选定推杆的偏置方向，画出推杆的导路位置线，并与偏心圆切于点 K_A。与基圆的交点 A 是推杆尖顶的起始(最低)位置。

(3) 自点 K_A 开始，沿($-\omega$)方向量取推程运动角并进行相应的等分，得到偏心距圆上的各个等分点 K_1、K_2、…。过各等分点作偏心距圆的切线(当 $e=0$ 时，直接将各个等分点与基圆圆心 O 相连)，这些切线(或连线)即是推杆在反转过程中的导路位置线。

(4) 在导路位置线($e=0$ 时为连心线)上，从基圆起向外截取线段，使其分别等于位移曲线中相应的等分点位移，即 $11'$、$22'$、…，这些点即代表反转过程中推杆尖顶依次占据的位置 $1'$、$2'$、…。

(5) 将点 $1'$、$2'$、…连成光滑的曲线，即得所求的凸轮在推程部分的轮廓曲线。

同样可以作出凸轮在回程部分的轮廓曲线，而远程休止和近程休止的轮廓曲线均为以 O 为圆心的圆弧。

2) 偏心滚子直动从动件盘形凸轮

滚子从动件与尖顶从动件的关系是尖顶所处的位置为滚子的中心。因此，对于偏心滚子直动从动件盘状凸轮的轮廓曲线设计，具体作图步骤如下：

(1) 如图 6-13 所示，将滚子中心 A 作为尖顶从动件的尖顶，按照上述方法作出反转过程中滚子中心 A 的运动轨迹，称为凸轮的理论轮廓曲线，或理论廓线。

(2) 在理论轮廓线上取一系列的点为圆心，以滚子半径 r_r 为半径，作一系列的滚子圆，再作此滚子圆族的内包络线，它就是凸轮的实际轮廓曲线(也称实际廓线或工作廓线)。

由图 6-13 可见，实际廓线是理论廓线的法向等距曲线，其距离为滚子半径 r_r；作滚子圆族的包络线时，根据工作情况，可能作其内包络线，也可能作其外包络线，或同时作其内、外包络线；由此得到凸轮机构的不同结构型式。

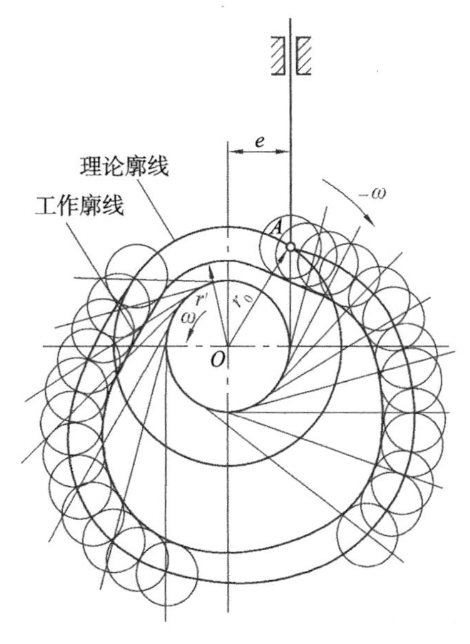

图 6-13　偏心滚子直动从动件盘形凸轮

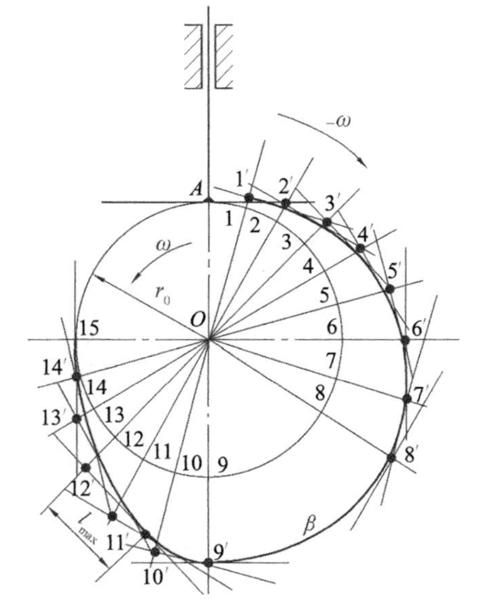

图 6-14　平底直动从动件盘形凸轮

需要说明的是，在凸轮轮廓曲线的设计中，不同从动件的结构型式(如尖顶、滚子、平底)，对于实现同一运动规律，凸轮的实际轮廓曲线是不同的。为便于研究，通常将从动件为尖顶时所求的凸轮轮廓曲线称为理论廓线。而凸轮的基圆半径 r_0 是针对理论廓线而言的。

3) 平底直动从动件盘形凸轮

对于平底从动件而言，其位移是由凸轮回转中心到平底法向距离决定的，因此，从动件导路是否偏置对其运动状态和凸轮的轮廓曲线都没有影响。故平底直动从动件盘状凸轮的理论廓线可按对心尖顶直动从动件盘形凸轮轮廓曲线的设计方法求得。如图 6－14 所示，具体设计步骤如下：

(1) 按照对心尖顶直动从动件盘形凸轮轮廓曲线的设计方法，求出其理论轮廓曲线。

(2) 在理论轮廓线上，取 1′、2′、…各点，作出各点处代表平底的直线，这一直线簇就是推杆在反转过程中平底依次占据的位置。

(3) 作该直线簇的包络线，即可得到凸轮的实际轮廓线。

如前所述，平面移动凸轮机构是平面盘状凸轮机构的一种特例，即移动凸轮机构可以看作是回转中心在无穷远处的盘形凸轮机构。所以两者的设计过程相似。由于移动凸轮回转中心在无穷远处，因此，机构反转法变成了机构反向移动法。

2. 摆动从动件盘形凸轮轮廓曲线的设计

在如图 6－15(a)所示的摆动尖顶从动件盘形凸轮机构中。已知凸轮的基圆半径为 r_0，摆杆长度为 l，摆杆回转中心 A 与凸轮回转中心 O 的中心距为 a，摆杆的最大摆角为 φ，凸轮以等角速度 ω 逆时针转动，从动件的运动规律如图 6－15(b)所示，设计该凸轮的轮廓曲线。

下面以推程为例说明用反转法原理设计摆动从动件凸轮轮廓曲线的方法。

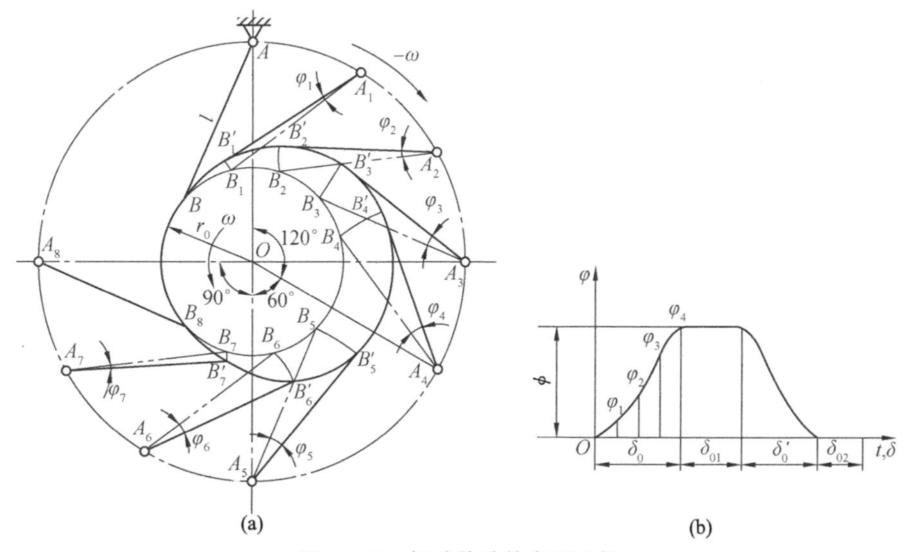

图 6－15　摆动从动件盘形凸轮

(1) 将推程位移曲线的横坐标进行等分，得各个等分点的角位移 φ_1、φ_2、φ_3、…。

(2) 根据给定的中心距 a 确定 O、A 的位置，以 O 点为圆心、以 r_0 为半径作基圆，以点 A 为圆心，以推杆杆长 l 为半径作圆弧，交基圆于点 B(如要求摆杆逆时针转动，则点 B 定在 OA 线的另一侧)，AB 即代表摆杆的初始位置。

(3) 以 O 为圆心，以 a 为半径画圆，自点 A 开始沿($-\omega$)方向量取推程运动角并进行相应的等分，得到各个等分点 A_1、A_2、…，它们代表反转过程中摆杆转轴 A 依次占据的位置。

(4) 分别以各等分点 A_1、A_2、…为圆心，以摆杆长 l 为半径画弧，交基圆于 B_1、B_2、…各点，则线段 A_1B_1、A_2B_2、…为摆杆反转过程中在各等分点的最低位置(或初始位置)。

(5) 以 A_1B_1、A_2B_2、…为一边，分别量取各自的角位移 φ_1、φ_2、…，得线段 A_1B_1'、A_2B_2'、…。它们代表反转过程中推杆所依次占据的位置。而点 B_1'、B_2'、…即为反转过程中推杆尖顶的运动轨迹。

(6) 将点 B_1'、B_2'、…依次连接成光滑曲线，即得所求的凸轮在推程部分的轮廓曲线。

采用同样的方法，可求得凸轮在回程部分的运动曲线，而远休止和近休止部分的轮廓曲线为以 O 为圆心的圆弧。

若从动件为摆动滚子或平底从动件，则与直动滚子或平底从动件类似，先求理论轮廓线，再求实际轮廓线。

[例 6-1] 例图 6-1 为偏置尖顶直动从动件凸轮机构，试应用反转法绘出推杆的位置曲线。

解：由凸轮轮廓线绘制推杆的位移曲线是图解设计凸轮轮廓线的逆问题。作图步骤：

(1) 作偏置圆。

(2) 对偏置圆作 n 等分，得到等分点 $K_1, K_2, \cdots, K_n$，过各等分点作偏置圆的切线，与凸轮轮廓线交于 $Q_1, Q_2, \cdots, Q_n$。

(3) 作一参考坐标系，横坐标为转角 φ，纵坐标为位移 S，对 φ 轴作 n 等分，使得 $\varphi_1 = \angle K_1OK_2$，$\varphi_2 = \varphi_1 + \angle K_2OK_3$，以 $\overline{K_1Q_1}$、$\overline{K_2Q_2}$、…、$\overline{K_nQ_n}$ 为纵坐标作出一系列点，连成光滑曲线。

(4) 作一坐标系 xOS，使 x 轴过曲线的最低点，则坐标系 xOS 中的曲线即为从动件的位移曲线。

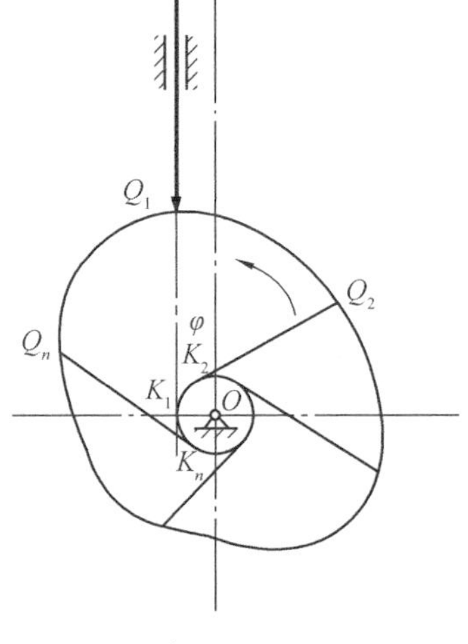

例图 6-1

如例图 6-1(a)所示。

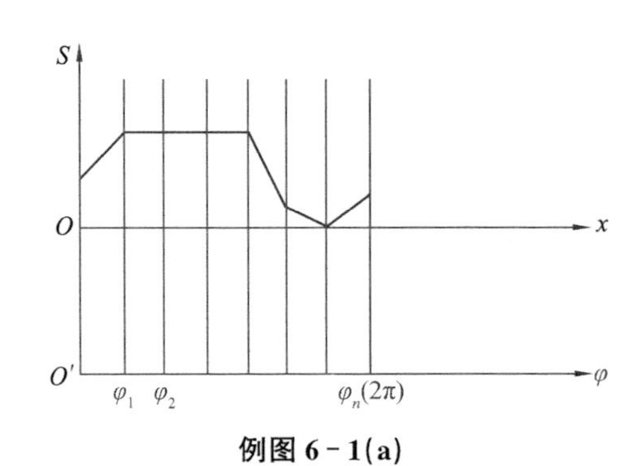

例图 6-1(a)

[例 6-2] 例图 6-2 所示为尖顶偏置直动从动件盘形凸轮机构中，已知凸轮轮廓线为一偏心圆，其半径 $R=25\text{mm}$，偏心距 $l_{OA}=10\text{mm}$，偏距 $e=5\text{mm}$，求：

(1) 从动件与凸轮廓线在点 B 接触时的位移；

(2) 凸轮机构在图示位置时的压力角 α_B；

(3) 将偏置从动件 2 向左平移 5mm 后，变为对心从对件，与凸轮轮廓线在点 C 接触时的压力角 α_C；

(4) 比较压力角 α_B 与 α_C 的大小，说明题意中的偏置是否合理；

(5) 如果将偏置从动件 2 再向左平移 5mm，此时偏距 $e=-5\text{mm}$，问此时的偏置是否合理？

解：(1) 先做此凸轮的基圆，半径为 r_0，它与从动件相交于点 D。由此可知，位移 $s=\overline{DB}$。

(2) 过点 B 作凸轮接触点处的法线，$n—n$，由于凸轮是偏心圆，所以 $n—n$ 线过圆心 A，根据凸轮机构压力角的定义可知，$n—n$ 与从动件运动方向所夹的锐角为压力角 α_B。

(3) 按与(2)类似的方法可得到凸轮机构的压力角 α_C。

(4) 显然 $\alpha_B<\alpha_C$，因此，图示偏置有利于减小凸轮机构的压力角，改善它的受力性能，所以是合理的。

(5) 如果偏距 $e=-5\text{mm}$，凸轮机构的压力角为 α_E。

显然，$\alpha_E>\alpha_C>\alpha_B$，这时偏距不合理。

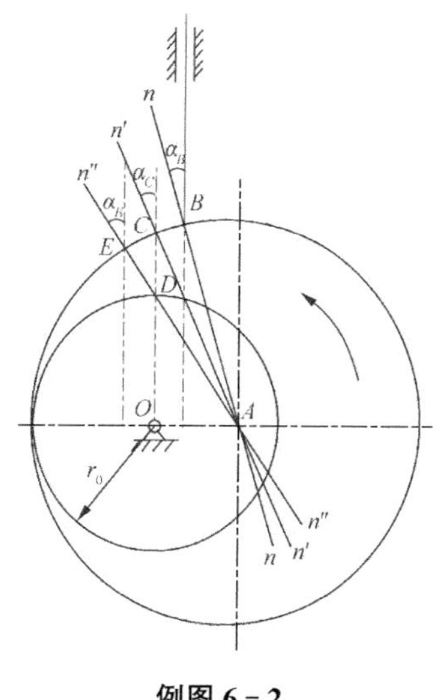

例图 6-2

6.3.3　用解析法设计凸轮轮廓曲线

现代机械日益朝着高速化、精密化、自动化的方向发展，对机械中凸轮机构的精度要求也不断提高，用作图法设计凸轮的轮廓曲线已难以满足要求。另外，随着数控加工技术的进步和计算机辅助设计的普及，凸轮轮廓曲线设计已普遍采用解析法。用解析法设计凸轮轮廓曲线的原理是建立凸轮理论轮廓曲线、实际轮廓曲线以及刀具中心轨迹等曲线方程，并精确计算曲线上各点的坐标，以便通过数控加工技术对凸轮进行精确加工。本章介绍几种常用的盘形凸轮机构采用解析法设计凸轮轮廓曲线的方法。

1. 偏置直动滚子从动件盘形凸轮机构

图 6-16 所示为偏置直动滚子从动件盘形凸轮机构，已知：从动件运动规律 $s=s(\delta)$，从动件导路相对于凸轮轴心 O 的偏距 e，凸轮基圆半径 r_0，滚子半径为 r_r，凸轮沿逆时针转动；要求：解析法设计凸轮轮廓。

(1) 理论轮廓曲线方程

建立凸轮机构的直角坐标系 xOy 如图 6-16 所示，滚子中心(尖顶) B_0 点为凸轮轮廓上推程起始点。当凸轮转过 δ 角时，从动件的位移 $s=s(\delta)$。根据“反转法”的原理，滚子中心应达到 B 点位置，它也是凸轮理论轮廓曲线上的一点，该点的直角坐标为

$$\left.\begin{aligned}x&=(s_0+s)\sin\delta+e\cos\delta\\y&=(s_0+s)\cos\delta-e\sin\delta\end{aligned}\right\}\qquad(6-6)$$

式中，$s_0=\sqrt{r_0^2-e^2}$。式 6—6 即为凸轮的理论轮廓曲线方程。若为对心直动从动件盘形凸轮机构，则 $e=0$，$s_0=r_0$，故上式变为

$$\left.\begin{aligned}x&=(r_0+s)\sin\delta\\y&=(r_0+s)\cos\delta\end{aligned}\right\}$$

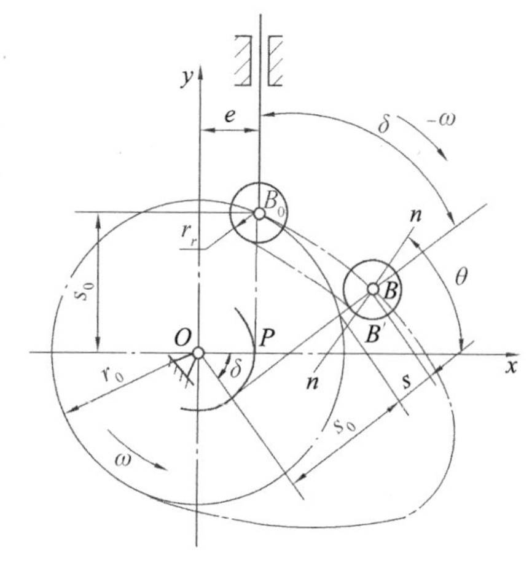

图 6-16　位移曲线图

(2) 实际轮廓曲线方程

以理论轮廓上各点为圆心，以滚子半径 r_r 为半径的滚子圆簇的包络线，即为滚子从动件

凸轮的实际轮廓曲线，故实际轮廓曲线是理论轮廓曲线的法线等距曲线，其距离即为滚子半径 r_r。因此，当已知理论轮廓曲线上任一点 $B(x,y)$ 时，沿理论轮廓曲线在该点的法线方向取距离为 r_r，即可求得实际轮廓曲线上的相应点 $B'(x',y')$。

如图 6-16 所示，过点 B 作理论轮廓曲线的法线 n—n，其斜率 $\tan\theta$ 与该点切线处的斜率 $\dfrac{dy}{dx}$ 应互为负倒数，即

$$\tan\theta=\frac{dx}{-dy}=\frac{\dfrac{dx}{d\delta}}{-\dfrac{dy}{d\delta}}$$

由式(6-6)得

$$\left.\begin{aligned}\frac{dx}{d\delta}&=\left(\frac{ds}{d\delta}-e\right)\sin\delta+(s_0+s)\cos\delta\\ \frac{dy}{d\delta}&=\left(\frac{ds}{d\delta}-e\right)\cos\delta-(s_0+s)\sin\delta\end{aligned}\right\}\tag{6-7}$$

可得

$$\left.\begin{aligned}\sin\theta&=\frac{dx/d\delta}{\sqrt{(dx/d\delta)^2+(dy/d\delta)^2}}\\ \cos\theta&=\frac{-dy/d\delta}{\sqrt{(dx/d\delta)^2+(dy/d\delta)^2}}\end{aligned}\right\}\tag{6-8}$$

因此，实际轮廓曲线上对应点 $B'(x',y')$ 的坐标为

$$\left.\begin{aligned}x'&=x\mp r_r\cos\theta=x\pm r_r\frac{dy/d\delta}{\sqrt{(dx/d\delta)^2+(dy/d\delta)^2}}\\ y'&=y\mp r_r\sin\theta=y\mp r_r\frac{dx/d\delta}{\sqrt{(dx/d\delta)^2+(dy/d\delta)^2}}\end{aligned}\right\}\tag{6-9}$$

此式即为凸轮实际轮廓曲线方程。式中上面一组加减号用于内等距曲线，下面一组加减号用于外等距曲线，式(6-6)中 e 为代数值，其规定如表 6-8 所示。

表 6-8　偏距 e 正负号的规定

凸轮转向	从动件位于凸轮转动中心右侧	从动件位于凸轮转动中心左侧
逆时针	e 取“+”号	e 取“−”号
顺时针	e 取“−”号	e 取“+”号

(3) 刀具中心运动轨迹方程

当在数控铣床或磨床上加工凸轮时，需要知道刀具中心运动轨迹的方程式。如果刀具(铣刀或砂轮)的半径 r_c 与滚子半径 r_r 相同，则凸轮的理论轮廓方程即为刀具中心运动轨迹方程。

但通常 r_c 不等于 r_r，如图 6-17 所示，由于刀具的外圆总与凸轮的工作轮廓相切，因而刀具中心运动轨迹应是凸轮理论轮廓曲线和实际轮廓曲线的等距曲线，采用上述求等距曲线的方法，可建立刀具的中心轨迹方程：

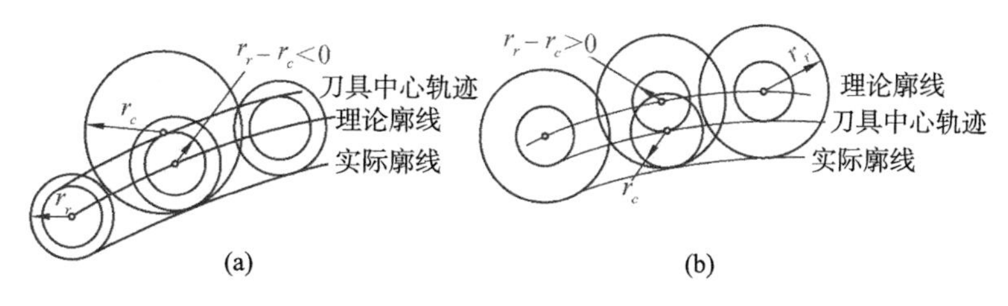

图 6－17　刀具的中心轨迹

$$\left.\begin{aligned}x'&=x\mp r_r\cos\theta=x\pm|r_c-r_r|\frac{\mathrm{d}y/\mathrm{d}\delta}{\sqrt{(\mathrm{d}x/\mathrm{d}\delta)^2+(\mathrm{d}y/\mathrm{d}\delta)^2}}\\y'&=y\mp r_r\sin\theta=y\mp|r_c-r_r|\frac{\mathrm{d}x/\mathrm{d}\delta}{\sqrt{(\mathrm{d}x/\mathrm{d}\delta)^2+(\mathrm{d}y/\mathrm{d}\delta)^2}}\end{aligned}\right\}\tag{6-10}$$

式中，当 $r_c>r_r$ 时，取下面一组加减号，相当于刀具中心轨迹是理论轮廓的外等距曲线，当 $r_c<r_r$ 时，取上面一组加减号，相当于刀具中心轨迹是理论轮廓的内等距曲线。

2. 平底直动从动件盘形凸轮机构

如图 6－18 所示为一对心直动平底从动件盘形凸轮机构，已知：基圆半径为 r_0，从动件运动规律 $s=s(\delta)$，从动件平底与导路的夹角 $\beta=90°$，凸轮沿逆时针转动；要求：设计凸轮轮廓。

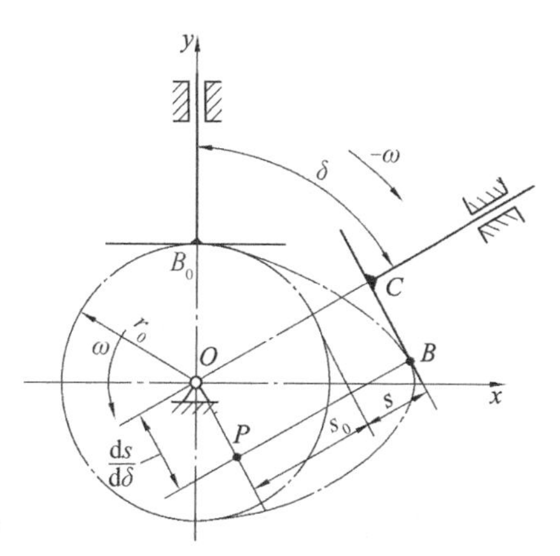

图 6－18　平底直动从动件盘形凸轮机构

建立直角坐标系 xOy 如图 6－18 所示，B_0 点从动件处于起始位置时，平底与凸轮轮廓线的接触点，当凸轮转过 δ 时，从动件的位移为 s。根据反转法的原理，从动件的平底与凸轮轮廓线的接触点为 B，它是凸轮实际轮廓曲线上的一点。

点 B 的坐标(x,y)为

$$\left.\begin{aligned}x&=(s_0+s)\sin\delta+\overline{OP}\cos\delta=(r_0+s)\sin\delta+\overline{OP}\cos\delta\\y&=(s_0+s)\cos\delta-\overline{OP}\sin\delta=(r_0+s)\cos\delta-\overline{OP}\sin\delta\end{aligned}\right\}\tag{6-11}$$

由图 6－18 可见，点 P 为该瞬时从动件与凸轮的相对瞬心，因此：

$$\overline{OP}=\frac{v}{\omega}=\frac{\mathrm{d}s}{\mathrm{d}\delta}\tag{6-12}$$

由此可得凸轮实际轮廓曲线的方程式为

$$\left.\begin{aligned}x&=(r_0+s)\sin\delta+\frac{\mathrm{d}s}{\mathrm{d}\delta}\cos\delta\\y&=(r_0+s)\cos\delta-\frac{\mathrm{d}s}{\mathrm{d}\delta}\sin\delta\end{aligned}\right\}\tag{6-13}$$

3. 摆动滚子从动件盘形凸轮机构

如图 6－19 所示为摆动滚子从动件盘形凸轮机构。已知凸轮转动轴心 O 与摆杆摆动轴

心 A 之间的中心距为 a，摆杆长度为 l，从动件运动规律 $\varphi=\varphi(\delta)$，凸轮沿逆时针转动；要求：设计凸轮轮廓。

以凸轮的回转中心 O 为原点，OA_0 为 y 轴，建立直角坐标系 xOy 如图 6-19 所示；当摆杆处于起始位置时，滚子中心处于点 B_0，摆杆与连心线 OA 间的夹角为 φ_0；在凸轮转过 δ 角度后，摆杆对应摆角为 φ。由反转法可知，此时滚子中心将处于点 B。它是理论廓线上的一点，其坐标为 (x,y)；由此可得凸轮理论廓线的方程为

$$\left.\begin{aligned}x&=a\sin\delta-l\sin(\delta+\varphi+\varphi_0)\\y&=a\cos\delta-l\cos(\delta+\varphi+\varphi_0)\end{aligned}\right\}\qquad(6-14)$$

凸轮实际轮廓曲线方程的推导思路与直动滚子从动件盘形凸轮机构相同，请自行推导。

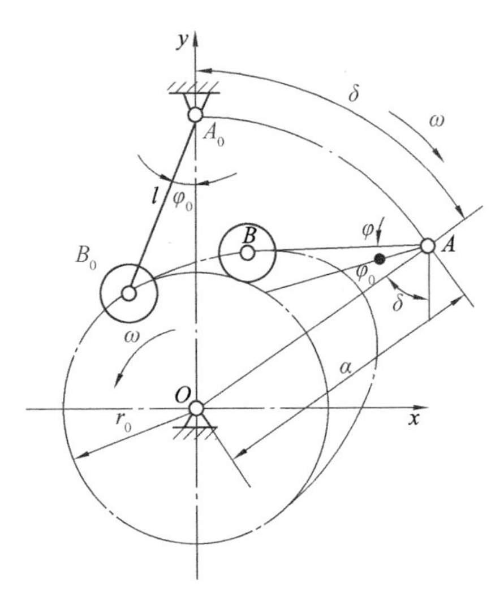

图 6-19　摆动滚子从动件盘形凸轮机构

6.4　凸轮机构基本参数设计

设计凸轮廓线时，除了需要根据工作要求确定从动件的运动规律外，还需要事先确定凸轮机构的一些基本参数，如基圆半径、偏距、滚子半径或平底尺寸等，这些基本参数是要根据凸轮机构的受力情况是否良好、动作是否灵活、尺寸是否紧凑等因素而决定的。如果这些参数选择不当，将会引起一系列的问题。因此，本节讨论凸轮机构基本参数的设计原则。

6.4.1　凸轮机构压力角 α 的确定

1. 凸轮机构的压力角 α 的定义

凸轮机构的压力角是指在不计摩擦的情况下，凸轮对从动件作用力的方向（接触点处凸轮轮廓的法线方向）与从动件上力作用点的速度方向所夹的锐角，用 α 表示。

2. 凸轮机构的压力角 α 与受力的关系

由图 6-20 可以看出，凸轮对从动件的作用力 F 可以分解成两个分力，即沿着从动件运动方向的分力 F' 和垂直于运动方向的分力 F''。前者是推动从动件克服载荷的有效分力，后者将增大从动件与导路之间的滑动摩擦，它是一种有害分力。

压力角 α 越大，则有害分力 F'' 越大，由 F'' 引起的摩擦阻力也越大，推动推杆越费劲，即凸轮机构在同样载荷 G 下所需的推动力 F 将增大。当 α 增大到某一数值时，因 F'' 而引起的摩擦阻力 $F''_f=fF''$ 将超过 F'，这时，无论凸轮给从动杆的推力多大，都不能推动从动杆，即机构发生自锁。因此，从减小推力，避免自锁，改善机构的受力状况来看，压力角应越小越好。

3. 压力角与机构尺寸的关系

如图 6-20 中法线 $n—n$ 与过点 O 的水平线的交点 P 为

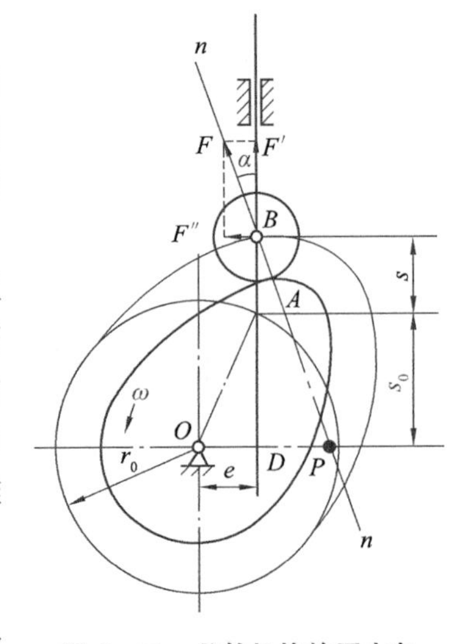

图 6-20　凸轮机构的压力角

凸轮与推杆的相对速度瞬心，则有：$l_{op}=\frac{v}{\omega}=\frac{ds}{d\delta}$，可得出以下关系

$$\tan\alpha=\frac{\frac{ds}{d\delta}\mp e}{\sqrt{r_0^2-e^2}+s} \tag{6-15}$$

或

$$r_0=\sqrt{\left(\frac{\frac{ds}{d\delta}\mp e}{\tan\alpha}-s\right)^2+e^2} \tag{6-16}$$

由式(6-16)可以看出：

(1) 当运动规律确定后，s 和$\frac{ds}{d\delta}$均为定值，因此，基圆半径 r_0 愈大，则 α 愈小，机构的受力状态愈好，但整个机构的尺寸也随之增大，所以，两者必须兼顾。

(2) 当其他条件不变时，改变推杆偏置方向使 e 前为减号，可使压力角减小，从而改善其受力情况。

为了兼顾机构受力和机构紧凑两个方面，在凸轮设计中，通常要求在压力角 α 不超过许用值[α]的原则下尽可能采用最小的基圆半径。上述的[α]，称为许用压力角。

在一般设计中，许用压力角[α]的数值推荐如下：

直动从动杆，推程许用压力角[α]＝30°(不同的场合要求可能会不一样)。

摆动从动杆，推程许用压力角[α]＝35°～45°。

机构在回程时发生自锁的可能性很小，故回程推程许用压力角[α']可取得大些，不论直动杆还是摆动杆，通常取[α']＝70°～80°。

6.4.2　凸轮基圆半径 r_0 的确定

凸轮的基圆半径越小，凸轮机构越紧凑。然而，基圆半径的减小受到压力角的限制，由式(6-15)可知，基圆半径越小，凸轮机构的压力角就越大，而且在实际设计工作中还受到凸轮机构尺寸及强度条件的限制。因此，在实际设计工作中，基圆半径的确定必须从凸轮机构的尺寸、受力、安装、强度等方面予以综合考虑。但仅从机构尺寸紧凑和改善受力的观点来看，基圆半径 r_0 确定的原则是：在保证 $\alpha_{max}\leqslant[\alpha]$的条件下应使基圆半径尽可能小。

6.4.3　滚子半径的选择和平底尺寸的确定

1. 滚子半径的选择

采用滚子从动件时，滚子半径的选择，要考虑滚子的结构、强度及凸轮轮廓线形状等因素。如图 6-21 所示，令 ρ 为理论廓线某点的曲率半径，ρ_a 为实际廓线对应点的曲率半径，r_r 为滚子半径。

(1) 当理论廓线内凹时，由图 6-21(a)可见，$\rho_a=\rho+r_r$，此时，实际廓线总可以画出。

(2) 当理论廓线外凸时，$\rho_a=\rho-r_r$，它又可分为三种情况：

$\rho>r_r$，如图 6-21(b)所示，这时 $\rho_a>0$，可求出实际廓线。

$\rho=r_r$，如图 6-21(c)所示，这时 $\rho_a=0$，实际轮廓变尖，称为变尖现象，极易磨损，实际过程中不能使用。

$\rho<r_r$，如图 6－21(d)所示，这时 $\rho_a<0$，实际廓线相交，当进行加工时，交点以外的部分将被刀具切去，即相交部分事实上已不存在，因而导致从动件不能准确地实现预期的运动规律，这种现象称为运动失真。

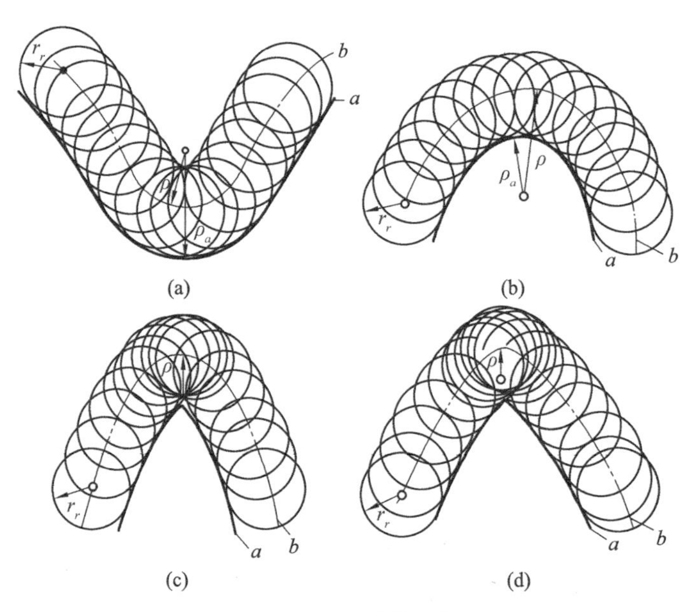

图 6－21　滚子半径的选择

综合以上分析可知，欲保证滚子与凸轮正常接触，滚子半径 r_r 必须小于理论廓线外凸部分的最小曲率半径 ρ_{min}，即 $r_r<\rho_{min}$。

凸轮工作廓线的最小曲率半径一般不应小于 1～5mm，如果不能满足此要求时，就应增大基圆半径或减小滚子半径，有时则必须修改推杆的运动规律。另外，滚子的尺寸还受其强度、结构的限制，因而也不能太小，通常取 $r_r=(0.1\sim0.5)r_0$。

2. 平底尺寸的确定

由前述分析可知，平底直动从动件盘形凸轮的轮廓形状与偏距 e 无关，因此，平底通常采用对心直动从动件。如图 6－18 及式 6-12 可知，平底与凸轮轮廓接触点到导路中心的最大距离为

$$l_{max}=\frac{v_{max}}{\omega}=\frac{ds}{d\delta}\bigg|_{max} \tag{6-17}$$

也可以采用作图法将 l_{max} 求出后，通常，为了保证接触可靠，从动杆平底长度应取为

$$L=2l_{max}+(5\sim7)mm \tag{6-18}$$

6.4.4　减小机构压力角的措施

压力角与各参数之间的关系如下式所示：

$$\tan\alpha=\frac{|ds/d\delta\mp e|}{\sqrt{r_0^2-e^2}+s} \tag{6-19}$$

可得减小机构压力角的措施：

(1) 增大基圆半径：前面已经讨论。

(2) 增大凸轮推程运动角：即在推杆行程不变的情况下，加大推程运动角，则可使推杆的运动曲线变缓，从而减小 $ds/d\delta$ 的值，可以减小推程时机构的压力角。

(3) 改变直动推杆的偏置方向和偏距大小。

通过改变偏距 e 可以调整压力角的大小，但究竟是减小还是增大，取决于凸轮的转向和从动件的偏置方向。

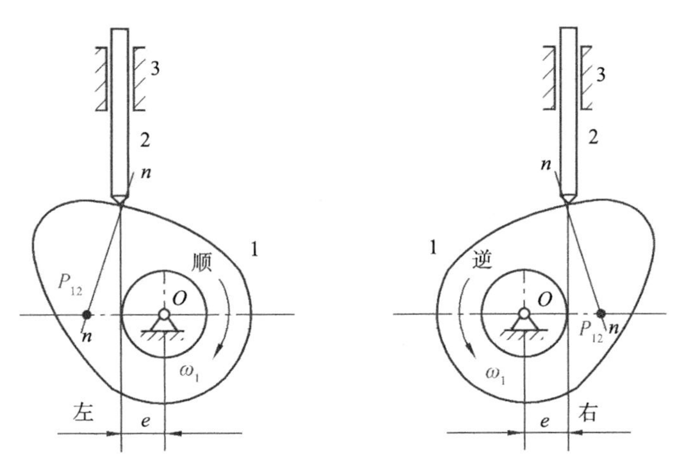

图 6 - 22　偏距对推程压力角的影响

设置偏置方向的原则如图 6 - 22 所示，即应使偏置与推程时的相对瞬心 P_{12} 位于凸轮轴心的同一侧，若凸轮顺时针转动，从动件应偏于凸轮轴心的左侧；若凸轮逆时针转动，应使从动件轴线偏于凸轮轴心的右侧，此时用式(6 - 19)计算压力角时，e 前用"－"代入。

若从动件的偏置方向与图示位置相反，则会增大凸轮机构的推程压力角，使机构的传力性能变坏。

需要指出的是，若推程的压力角减小，则回程的压力角将增大，即通过增加偏距来减小压力角是以增大回程压力角为代价的。但由于回程的许用压力角一般比推程的许用压力角要大，所以在设计凸轮机构时，如果压力角超过了许用值，而机械的结构空间又不允许增大基圆半径，则可以通过选取从动件适当偏置的方法来获得较小的推程压力角。

思考题与习题

6 - 1　什么是凸轮的理论轮廓曲线和实际轮廓曲线？两者之间有什么关系？

6 - 2　什么是凸轮的基圆？凸轮的基圆半径是指凸轮的转动中心到理论廓线的最小半径，还是指凸轮的转动中心到实际廓线的最小半径？

6 - 3　什么是凸轮的偏距圆？在用图解法设计直动从动件盘形凸轮廓线时偏距圆有何用处？

6 - 4　发生刚性冲击和柔性冲击的凸轮机构，其运动线图上各有什么特征？

6 - 5　在直动从动件盘形凸轮机构的设计中，从动件导路偏置的主要目的是什么？偏置方向如何确定？

6 - 6　在摆动从动件盘形凸轮机构中，从动件最大摆角 $\psi_{max}=30°$，推程运动角 $\Phi_0=120°$，

回程运动角 $\Phi_0'=120°$，从动件推程、回程分别采用等加速等减速和正弦加速度运动规律，试写出摆动从动件在各行程的位移方程式。

6－7　题图 6－7 中所示为从动件在推程的部分运动曲线，其 $\Phi_s\neq0°$，$\Phi_s'\neq0°$，试根据 s、v 和 a 之间的关系定性地补全该运动曲线，并指出该凸轮机构工作时，何处有刚性冲击？何处有柔性冲击？

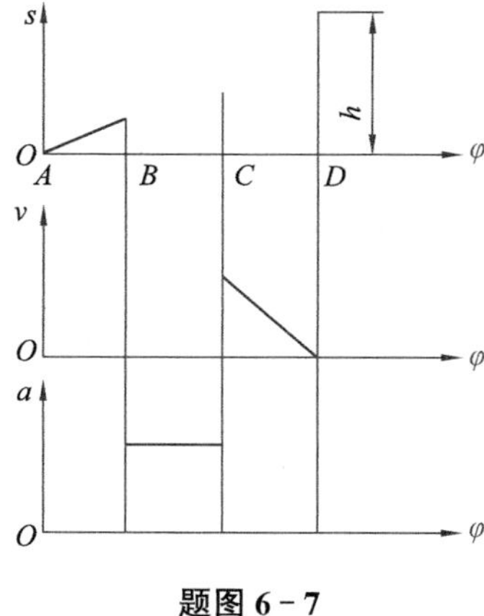

题图 6－7

6－8　对于题图 6－8 中的凸轮机构，要求：

(1) 写出该凸轮机构的名称；

(2) 在图上标出凸轮的合理转向；

(3) 画出凸轮的基圆；

(4) 画出从推程起始位置到图示位置推杆的位移 s，相对应的凸轮转角 φ，点 B 的压力角 α；

(5) 画出推杆的行程 H。

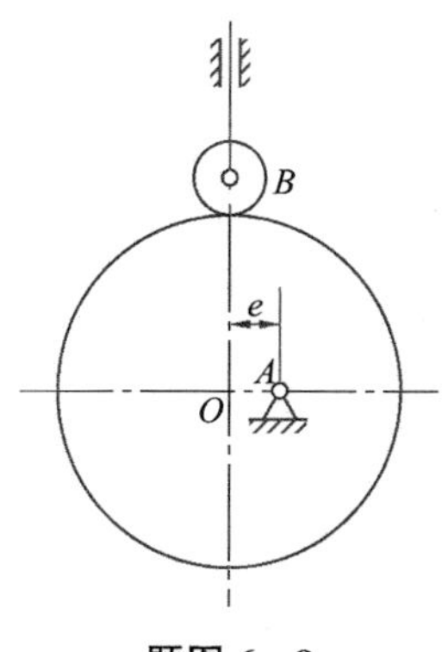

题图 6－8

6－9　题图 6－9 所示偏置滚子直动从动件盘形凸轮机构中，凸轮 1 的工作轮廓为圆，其圆心和半径分别为 C 和 R，凸轮 1 沿逆时针方向转动，推动从动件往复移动。已知：$R=100$mm，$OC=20$mm，偏距 $e=10$mm，滚子半径 $r_r=10$mm，要求：

(1) 绘出凸轮的理论轮廓；

(2) 凸轮基圆半径 r_0，从动件行程 h；

(3) 推程运动角 Φ_0，回程运动角 Φ_0'，远休止角 Φ_s，近休止角 Φ_s'；

(4) 凸轮机构的最大压力角 α_{max}，最小压力角 α_{min}，它们又分别在工作轮廓上哪点出现？

(5) 行程速比系数 K。

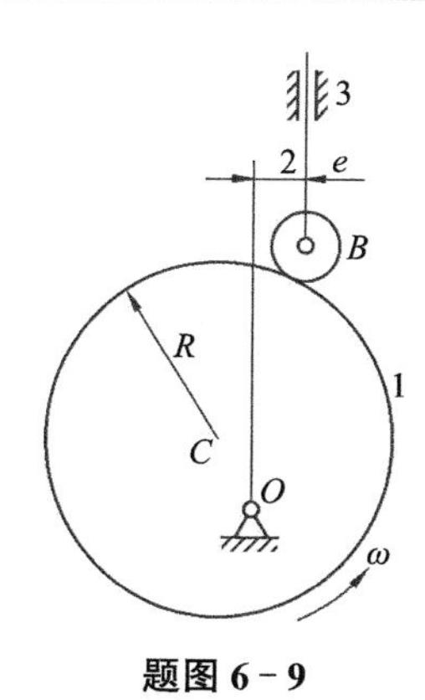

题图 6-9

6-10　设计一对心直动尖顶从动杆盘形凸轮机构。已知凸轮以等角速度逆时针回转，从动杆在 1s 内等速上升 10mm，0.5s 内静止不动，0.5s 内等速上升 6mm，又过 2s 静止不动，0.5s 等速下降 16mm。凸轮机构的最大压力角限制在 30°以下。

6-11　设计尖顶摆动从动件盘形凸轮，已知：凸轮沿顺时针方向等速转动，中心距 $a=75$mm，凸轮基圆半径 $r_0=30$mm，从动件长度 $l=58$mm，从动件行程角 $\psi_{max}=15°$，$\Phi_0=150°$，$\Phi_s=0°$，$\Phi_0'=120°$；从动件在推程、回程皆采用简谐运动规律，求凸轮理论轮廓和工作轮廓上各点的坐标值（每隔 10°计算一点），并绘出凸轮轮廓（题图 6-11）。

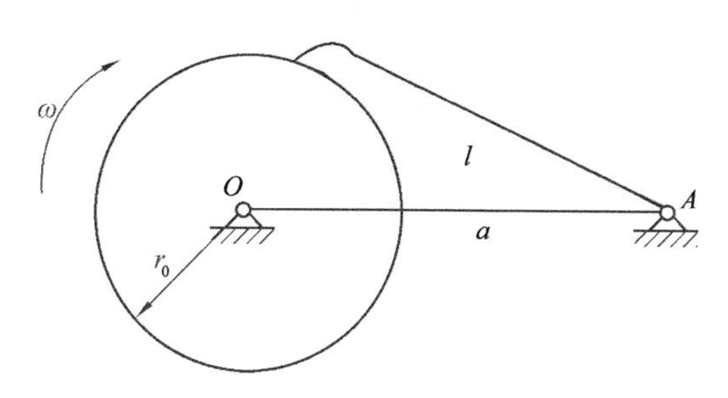

题图 6-11

6-12　题图 6-12 所示为一直动平底从动件盘形凸轮机构。已知：$OA=10$mm，$R=30$mm，$\omega_1=1$rad/s，试在图上画出凸轮的基圆，标出图示位置的压力角，求出凸轮转角 δ 及推杆位移 s_2 和速度 v_2 的表达式。当 $\delta=135°$时，计算 s_2 和 v_2。

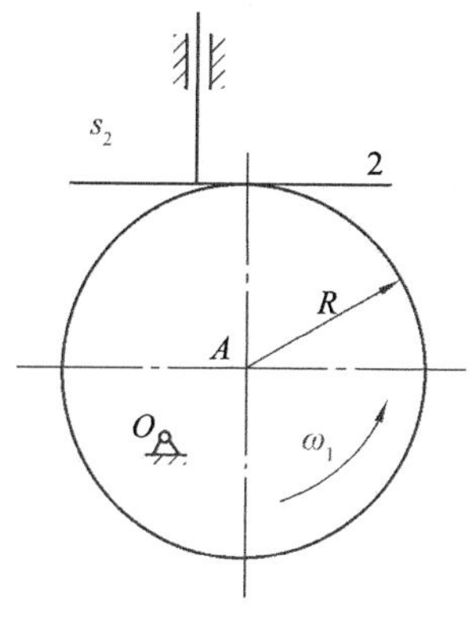

题图 6-12

7 齿轮机构及其设计

章导学

本章主要介绍齿轮机构的应用、特点与分类,阐述齿廓啮合基本定律以及渐开线齿廓的形成与啮合特性。以直齿圆柱齿轮为研究对象,讨论渐开线标准齿轮的基本参数、尺寸计算方法、渐开线直齿圆柱齿轮的啮合传动、渐开线齿轮的加工方法以及齿轮变位的原理。在此基础上,简要介绍斜齿圆柱齿轮传动、蜗杆传动机构和直齿圆锥齿轮传动的特点、标准参数及基本尺寸计算。本章重点是渐开线直齿圆柱齿轮啮合传动的基本理论和设计计算。

7.1 齿轮机构的应用、特点与分类

7.1.1 齿轮机构的应用与特点

齿轮机构是机械工业中应用得最广泛的传动机构。它通过一对对齿廓曲面间的依次啮合,来传递空间任意两轴间的运动和动力。其优点是:结构紧凑,工作可靠,效率高,寿命长,能保证恒定的传动比,能满足现代工业高速度大功率传动的要求。缺点是:需要专门设备制造,加工精度和安装精度要求较高,且不适宜远距离传动。

7.1.2 齿轮机构的分类

按照两轴间的相对位置,齿轮机构可分为平面齿轮机构和空间齿轮机构,如表 7-1 所示。

1. 平面齿轮机构

平面齿轮机构用于传递两平行轴间的运动,两齿轮的相对运动为平面运动。平面齿轮机构主要有外啮合齿轮机构、内啮合齿轮机构及齿轮齿条机构三种传动类型。依据轮齿的取向,平面齿轮机构还可分为直齿、斜齿和人字齿三种形式。

2. 空间齿轮机构

空间齿轮机构用于传递两相交轴或两交错轴间的运动,两齿轮的相对运动为空间运动。传递两相交轴间运动的齿轮外形为圆锥形,故称为圆锥齿轮传动。依据轮齿的取向,有直齿、斜齿和曲线齿三种形式。传递两交错轴间运动的有蜗轮蜗杆机构、交错轴斜齿轮机构和交错轴锥齿轮机构,其中蜗轮蜗杆机构应用得较为广泛。

表 7-1　平面齿轮机构和空间齿轮机构的主要类型

<table>
<tr><td rowspan="6">平面齿轮机构</td><td colspan="6">传递两平行轴运动的直齿圆柱齿轮机构</td></tr>
<tr><td colspan="2">外啮合齿轮机构</td><td colspan="2">内啮合齿轮机构</td><td colspan="2">齿轮齿条机构</td></tr>
<tr><td colspan="2"> 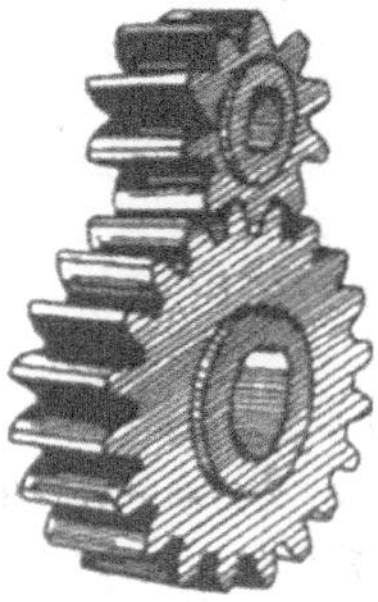</td><td colspan="2"> 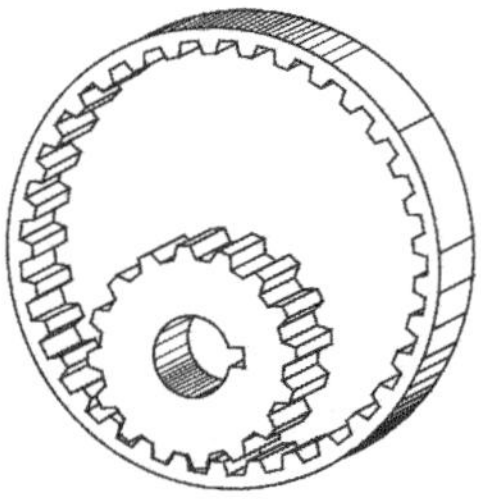</td><td colspan="2"> </td></tr>
<tr><td colspan="3">斜齿圆柱齿轮机构</td><td colspan="3">人字齿轮机构</td></tr>
<tr><td colspan="3"> 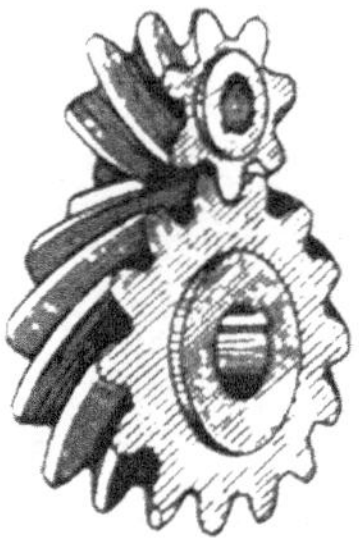</td><td colspan="3"> 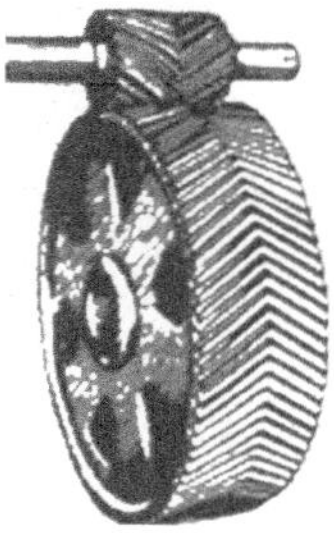</td></tr>
<tr><td colspan="6"></td></tr>
<tr><td rowspan="6">空间齿轮机构</td><td colspan="6">传递两相交轴运动的外啮合圆锥齿轮机构</td></tr>
<tr><td colspan="2">直齿圆锥齿轮机构</td><td colspan="2">斜齿圆锥齿轮机构</td><td colspan="2">曲线齿圆锥齿轮机构</td></tr>
<tr><td colspan="2"> 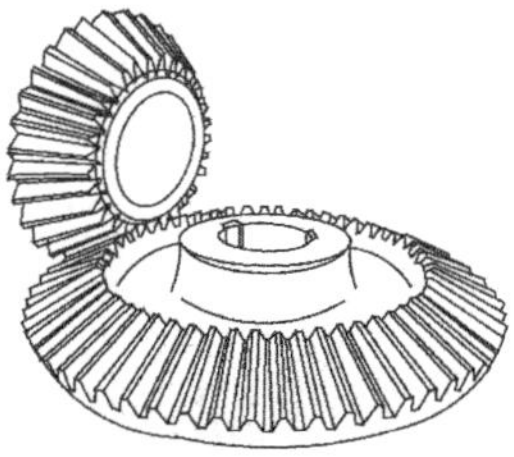</td><td colspan="2"> 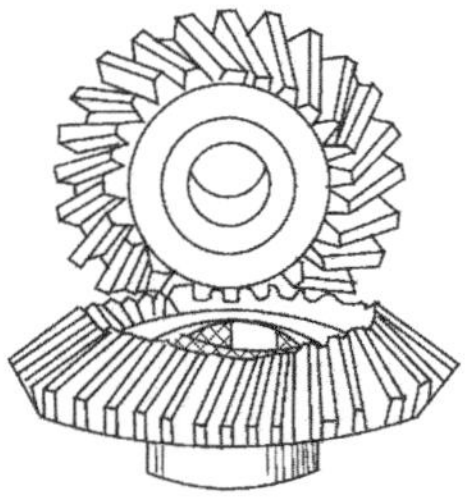</td><td colspan="2"> </td></tr>
<tr><td colspan="6">传递两交错轴运动的外啮合齿轮机构</td></tr>
<tr><td colspan="2">蜗轮蜗杆机构</td><td colspan="2">交错轴斜齿轮机构</td><td colspan="2">交错轴锥齿轮机构</td></tr>
<tr><td colspan="2"> 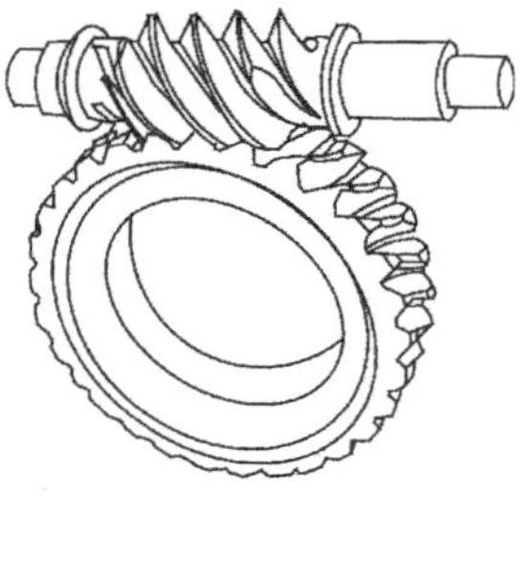</td><td colspan="2"> 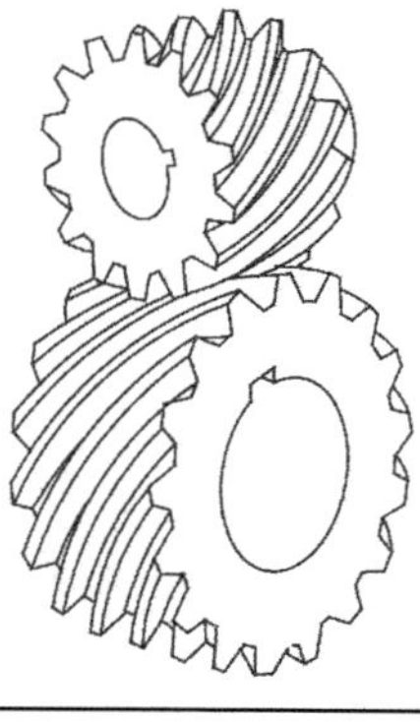</td><td colspan="2">能实现两轴线中心距较小的交错轴传动，但制造较困难 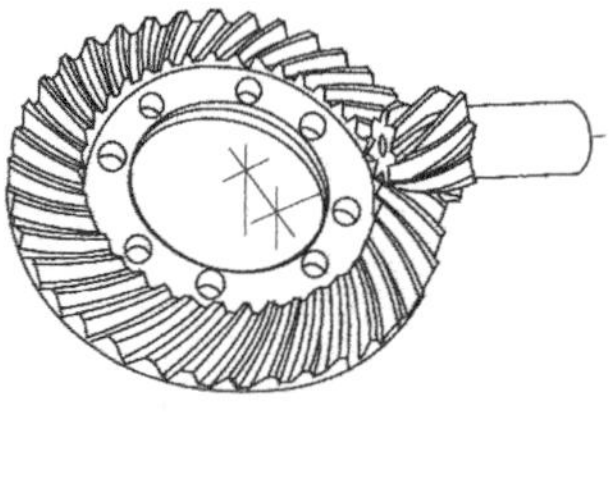</td></tr>
</table>

另外，按照一对齿轮的传动比是否恒定来判别，齿轮机构还可分为定传动比齿轮机构和变传动比齿轮机构。

定传动比齿轮机构中齿轮为圆形，又称为圆形齿轮机构，上述各种齿轮机构均为定传动比齿轮机构，在机械中得到广泛应用。

变传动比齿轮机构中齿轮一般是非圆形的，主要有椭圆形、卵形、螺旋线形、偏心圆及共轭曲线等几种，故称之为非圆齿轮机构，如图 7-1 所示。非圆齿轮机构在某些特殊机构和相关行业得到快速发展。

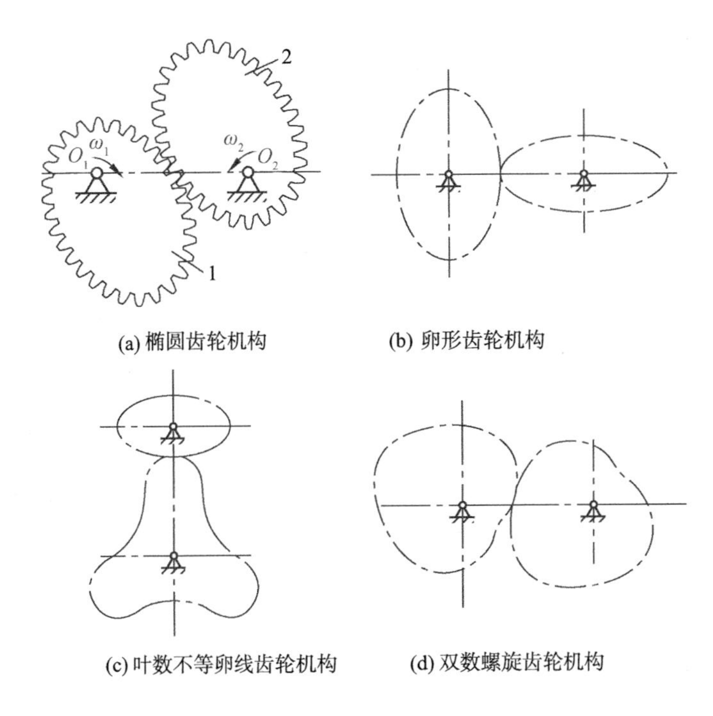

图 7-1 非圆齿轮机构的主要类型

7.2 齿廓啮合基本定律与齿轮的齿廓曲线

7.2.1 平均传动比和瞬时传动比的概念

一对齿轮的啮合传动是通过主动齿轮 1 的齿面依次推动从动齿轮 2 的齿面而实现的，在一段时间内两轮转过的周数 n_1、n_2 之比称为平均传动比，用 $\overline{i}$ 或 $\overline{i_{12}}$ 表示，若两轮的齿数分别为 z_1、z_2，则

$$\overline{i_{12}}=\frac{n_1}{n_2}=\frac{z_2}{z_1} \tag{7-1}$$

由此可见，两齿轮的平均传动比与其齿数成反比，当一对齿轮的齿数确定后，其平均传动比是一个常数。但这并不能保证在一对齿廓的啮合过程中，其任一瞬时的传动比（即瞬时传动比）也是常数，因为，这取决于齿面的齿廓形状。

7.2.2　齿廓啮合基本定律

如图 7－2 所示，设主动轮 1 和从动轮 2 分别绕 O_1、O_2 轴转动，角速度分别为 ω_1、ω_2，方向相反，两齿廓在点 K 接触。

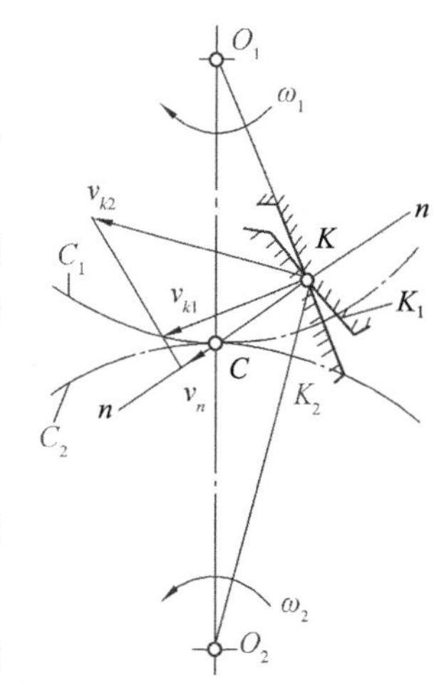

图 7－2　齿廓啮合过程

为保证二齿廓既不分离又不相互嵌入地连续转动，要求沿齿廓接触点 K 的公法线 n—n 方向上，齿廓间不能有相对运动，即二齿廓接触点公法线方向上的分速度要相等，也即

$$v_{n1}=v_{n2}=v_n$$

显然，在切线方向上二齿廓接触点的速度不相等，即齿廓沿切线方向存在相对滑动。

根据三心定理，两齿轮的相对速度瞬心在过接触点的公法线 n—n 与连心线 O_1O_2 的交点 C 上，其速度为

$$v_c=\omega_1\overline{O_1C}=\omega_2\overline{O_2C}$$

由此可得齿轮机构的瞬时传动比

$$i=\frac{\omega_1}{\omega_2}=\frac{\overline{O_2C}}{\overline{O_1C}} \tag{7-2}$$

从上面的分析可看出，相互啮合传动的一对齿轮，在任一位置时的传动比都与其连心线被齿廓接触点处公法线所分隔的两线段长度成反比。这一规律称为齿廓啮合基本定律。该定律表明齿轮的瞬时传动比与齿廓曲线之间的关系。

齿廓啮合基本定律既适用于定传动比齿轮机构，也适用于变传动比齿轮机构。对于定传动比机构，齿廓啮合基本定律可表达为：两齿廓在任一位置啮合时，过啮合点所作两齿廓的公法线与两轮的连心线相交于一定点。

齿廓啮合基本定律表明：

(1) 不同的齿廓曲线，其啮合接触点的公法线与连心线的交点不同，因此其瞬时传动比也就不同。这个交点称为齿轮啮合节点，简称节点。

(2) 对于给定的一对齿廓曲线，啮合接触点不同，节点 C 的位置也可能不同，各个瞬时传动比也就不同。

(3) 齿轮机构实现定传动比的条件是：一对齿廓曲线不论在何处接触，过接触点所作的公法线与两轮的连心线相交于同一点，即节点 C 为连心线上的一个固定点。

7.2.3　共轭齿廓曲线与节圆

1. 共轭齿廓曲线

齿轮机构的传动比取决于齿廓曲线的形状，能够实现预定传动比规律（即满足齿廓啮合基本定律）的一对相啮合的齿廓称为共轭齿廓。

从理论上讲，只要给出一条齿廓曲线，就可以根据齿廓啮合的基本定律求出与其共轭的另一条齿廓曲线。

但在生产实际中，结合设计、制造、安装和使用方面的诸多要求（如强度、效率、磨损、寿命、互换性、加工性），通常选用的定传动比齿廓曲线有渐开线、摆线和圆弧。由于渐开线齿廓具有

制造容易、便于安装、互换性好等多方面优点，所以目前大部分齿轮采用渐开线齿廓。

2. 节圆

如图 7－2 所示，两齿轮啮合传动时，节点 C 在两轮各自运动平面内的轨迹称为相对瞬心线，它们分别是以 O_1、O_2 为圆心，以 O_1C、O_2C 为半径的圆 C_1 和 C_2，称为齿轮的节圆。故节圆就是齿轮的相对瞬心线，齿轮的啮合传动相当于其两节圆作无滑动的纯滚动。设两齿轮的节圆半径分别为 r_1'、r_2'，则齿轮的传动比可表示为一对节圆半径的反比

$$i=\frac{\omega_1}{\omega_2}=\frac{\overline{O_2C}}{\overline{O_1C}}=\frac{r_2'}{r_1'} \tag{7-3}$$

7.3 渐开线齿廓

7.3.1 渐开线的形成

如图 7－3 所示，当直线 $x—x$ 在半径为 r_b 的圆周上作纯滚动时，该直线上任一点 K 的轨迹称为该圆的渐开线。这个圆称为渐开线的基圆，r_b 称为基圆半径；直线 $x—x$ 称为渐开线的发生线；角 $\theta_k=\angle AOK$ 称为渐开线 AK 段（或点 K）的展角；r_k 称为渐开线上 K 点的向径；α_k 为渐开线 K 点的压力角，它是 K 点作用力 F 的方向（K 点渐开线的法线方向）与该点速度 v_k 方向的夹角。

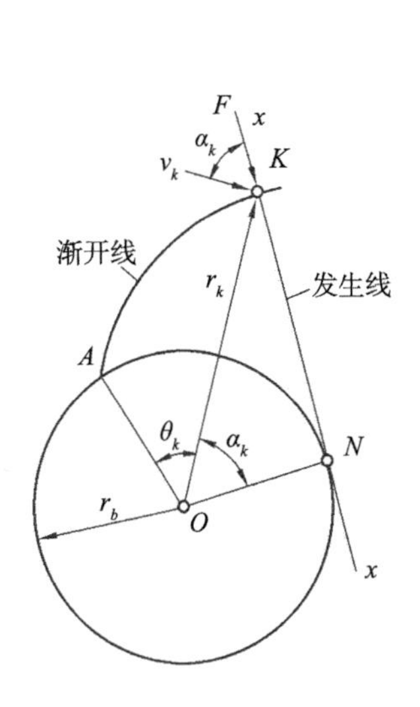

图 7－3　渐开线的形成

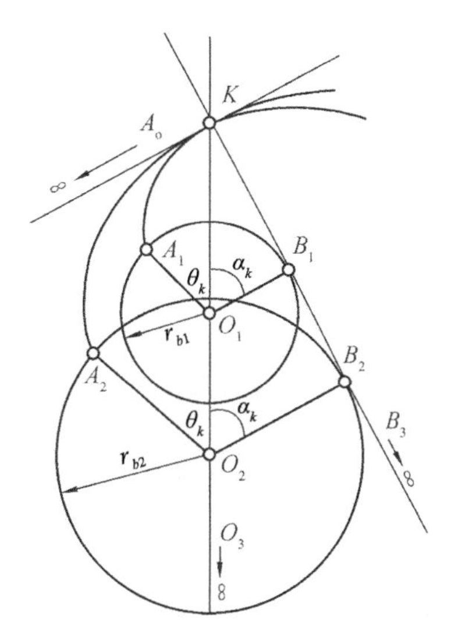

图 7－4　基圆大小与渐开线形状

7.3.2 渐开线的性质

(1) 发生线沿基圆滚过的长度 $\overline{KN}$ 等于基圆上被滚过的弧长 $\widehat{AN}$，即：$\overline{KN}=\widehat{AN}$。

(2) 当发生线沿基圆作纯滚动时，切点 N 为其速度瞬心，因此，KN 必垂直于渐开线上 K 点的切线，即发生线 KN 为渐开线在 K 点的法线，故渐开线上任一点的法线恒与基圆相切。

(3) 发生线与基圆的切点 N 也是渐开线在 K 点处的曲率中心，即：$\rho_k=\overline{KN}=r_k\sin\alpha_k$，$K$ 点离基圆愈远(r_k 愈大)，ρ_k 愈大，渐开线越平直，K 点在基圆上 ($r_k=r_b$)时，$\rho_k=0$。

(4) 渐开线的形状仅取决于基圆的大小，如图 7－4 所示，由不同大小的基圆所形成的渐开线，在相等展角 θ_k 处的曲率半径 ρ_k 与基圆半径 r_b 成正比($\rho_k=\overline{KN}=r_b\tan\alpha_k$)，若 $r_b\to\infty$，则 $\rho_k\to\infty$，渐开线 AK 变成直线，故齿条的渐开线齿廓曲线为直线。

(5) 基圆内无渐开线。

7.3.3 渐开线方程式

渐开线方程式多用极坐标形式表示，如图 7－3 所示，设 OA 为极坐标轴(O 为原点)，则以压力角 α_k 表示的 K 点的极坐标(θ_k，r_k)(展角，向径)方程式为

$$\tan\alpha_k=\frac{\overline{KN}}{r_b}=\frac{\overset{\frown}{AN}}{r_b}=\frac{r_b(\alpha_k+\theta_k)}{r_b}=\alpha_k+\theta_k \tag{7-4}$$

故 $\theta_k=\tan\alpha_k-\alpha_k$。

定义：展角 θ_k 与压力角 α_k 的函数关系式为渐开线函数，工程上以 $\mathrm{inv}\alpha_k$ 表示，渐开线函数表见附录一。因此

$$\mathrm{inv}\alpha_k=\theta_k=\tan\alpha_k-\alpha_k \tag{7-5}$$

所以，渐开线的极坐标方程为

$$\left.\begin{aligned}r_k&=r_b/\cos\alpha_k\\\theta_k&=\tan\alpha_k-\alpha_k\end{aligned}\right\} \tag{7-6}$$

7.4 渐开线齿廓的啮合特性

7.4.1 渐开线齿廓能满足瞬时传动比恒定

如图 7－5 所示，当一对齿廓在任一 K 点啮合时：

(1) 根据渐开线的性质(2)知：渐开线的法线必与基圆相切，所以一对渐开线齿廓在啮合点的公法线必同时与两基圆相切，即啮合点 K 处齿廓公法线 N_1N_2 为两基圆的一条内公切线。

(2) 两基圆为定圆(圆心位置和半径均确定)，在同一方向上的内公切线只有一条。

(3) 过任意接触点的齿廓公法线 N_1N_2 均与两基圆内公切线重合，与连心线的交点必为一定点 C，由式(7－3)可知，传动比恒定。

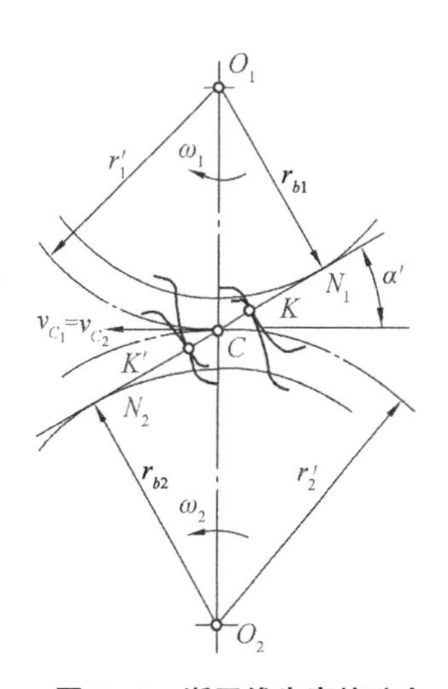

图 7－5 渐开线齿廓的啮合

7.4.2 中心距的变化不影响传动比的稳定性

在图 7－5 中，不论这对齿轮安装的中心距如何，总存在 $\triangle O_1CN_1\backsim\triangle O_2CN_2$，故有

$$i_{12}=\frac{\omega_1}{\omega_2}=\frac{\overline{O_2C}}{\overline{O_1C}}=\frac{r_2'}{r_1'}=\frac{r_{b2}}{r_{b1}} \tag{7-7}$$

式中，r_{b1}、r_{b2} 分别为两齿轮的基圆半径。

由于两齿轮已经加工完成，其基圆半径不会再改变，因此，不论这对齿轮的中心距 $\overline{O_1O_2}$ 如何改变(即由于制造安装等原因造成中心距不等于设计中心距时)，其传动比 i_{12} 总等于其基圆半径的反比。这种中心距改变而其传动比不变的性质，称为渐开线齿轮的可分性。这样就可以适当放宽渐开线齿轮的中心距公差，以便于加工和装配。

7.4.3 渐开线齿廓的啮合线、公法线与两基圆的内公切线重合

一对齿轮啮合过程中，齿轮啮合点的轨迹称为啮合线。

在图 7-5 中，一对渐开线齿廓不论在何处啮合，其啮合点的公法线 $\overline{N_1N_2}$ 恒为两基圆的内公切线，因此，轮齿只能在 $\overline{N_1N_2}$ 线上啮合，即 $\overline{N_1N_2}$ 为啮合点的轨迹，称为渐开线齿轮的理论啮合线。切点 N_1 和 N_2 称为极限啮合点。

啮合线 $\overline{N_1N_2}$ 与中心连线 $\overline{O_1O_2}$ 的垂线间的夹角称为啮合角，用 α' 表示。它是渐开线齿廓在节点 C 处的压力角。

一对轮齿通过渐开线齿廓的直接接触来传递运动和动力，当不计摩擦时其齿廓间的正压力将沿接触点的公法线方向作用，根据渐开线的性质，渐开线齿廓各接触点公法线都是同一条直线，即基圆的内公切线，因而齿廓间的正压力方向始终不变，这一性质保证了齿轮啮合过程中力传动的平稳性。

渐开线齿廓的啮合线、公法线与两基圆的内公切线重合，称为渐开线齿廓的“三线合一”。

7.5 渐开线标准齿轮的基本参数和尺寸计算

为了研究、设计和使用齿轮传动，需要熟知齿轮各部分的名称，掌握基本参数的确定和几何尺寸的计算方法。

7.5.1 外齿轮

图 7-6 所示为渐开线标准直齿圆柱齿轮的一部分，其基本参数和几何尺寸分述如下：

1. 齿轮各部分的名称和符号

(1) 齿顶圆：过齿轮各轮齿顶端的圆，其半径和直径分别用 r_a、d_a 表示。

(2) 齿根圆：与齿轮各轮齿齿槽底部相切的圆，其半径和直径分别用 r_f、d_f 表示。

(3) 分度圆：为设计、计算和制造的方便而规定的一个参考圆，用它作为度量齿轮尺寸的基准圆，其半径和直径分别用 r、d 表示。规定标准齿轮分度圆上的齿厚 s 与齿槽宽 e 相等。

(4) 基圆：产生渐开线的圆，其半径和直径分别用 r_b、d_b 表示。

(5) 齿顶高、齿根高和齿全高：位于齿顶圆与分度圆之间的轮齿部分称为齿顶，齿顶部分的径向高度称为齿顶高，用 h_a 表示；位于齿根圆与分度圆之间的轮齿部分称为齿根，齿根部分的径向高度称为齿根高，用 h_f 表示；齿顶圆与齿根圆之间的径向距离称为全齿高，用 h 表示，$h=h_a+h_f$。

(6) 齿厚、齿槽宽和齿距：任意圆周上一个轮齿的两侧齿廓间的弧线长度称为该圆上的齿

厚，用 s_k 表示；相邻两齿间的空间称为齿槽，任意圆周上齿槽两侧齿廓间的弧线长度称为该圆上的齿槽宽，用 e_k 表示；任意圆周上相邻两齿同侧齿廓间的弧线长度称为齿距（或称周节），用 p_k 表示，$p_k = s_k + e_k$。

分度圆上的齿厚、齿槽宽和齿距分别用 s、e 和 p 表示。

（7）法向齿距：相邻两齿同侧齿廓之间在法线 $n—n$ 上所截线段的长度称为法向齿距，用 p_n 表示。由渐开线的性质可知：法向齿距等于基圆齿距，即 $p_n = p_b$。

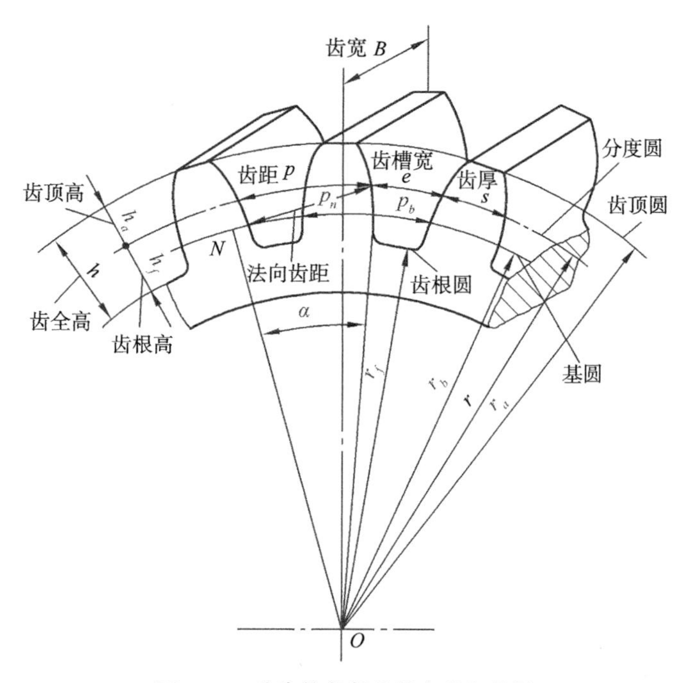

图 7-6　外齿轮各部分的名称和符号

2. 齿轮基本参数

（1）齿数：在齿轮整圆周上的轮齿总数，用 z 表示，齿数应为整数。

（2）模数：在齿轮的设计过程中，需要有一个标准化的参数来反映轮齿的大小。分度圆的齿距 p 是一个可行的参数，但如果给 p 规定一系列的标准值，则在计算分度圆直径时，由于：

$$d = \frac{p}{\pi} z$$

计算出的分度圆直径总为无理数，对设计、制造和测量都带来不便。但如要保证 d 为整数，则 p 为无理数。为此，取 p/π 为一个有理数列，称为模数，并用 m 表示，即

$$m = p/\pi \tag{7-8}$$

模数 m 是齿轮的一个基本参数，其单位为 mm。从而得

$$\left.\begin{aligned} p &= \pi m \\ d &= mz \end{aligned}\right\} \tag{7-9}$$

模数反映了齿轮的轮齿及各部分尺寸的大小，模数越大，其齿距、齿厚、齿高和分度圆直径（当齿数 z 不变时）都相应增大。图 7-7 给出了不同模数齿轮的齿形。

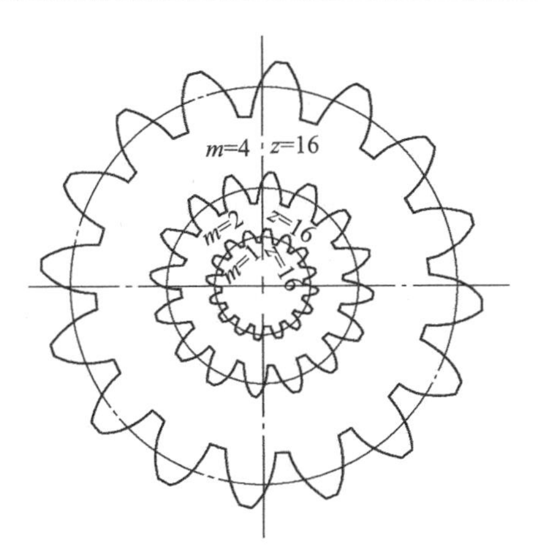

图 7-7 不同模数的齿形

为减少标准刀具数量，方便加工，模数已经标准化，其值见表 7-2。应该指出，只有分度圆上的模数为标准值（不同圆上的齿距不同，模数也不同）。

表 7-2 渐开线圆柱齿轮的模数(GB/T 1357—2008) （单位：mm）

第一系列	0.1	0.12	0.15	0.2	0.25	0.3	0.4	0.5	0.6	0.8	1	1.25	1.5	2	2.5	3	4	5
	6	8	10	12	16	20	25	32	40	50								
第二系列	0.35	0.7	0.9	1.75	2.25	2.75	(3.25)	3.5	(3.75)	4.5	5.5	(6.5)	7	9	(11)	14	18	22
	28	(30)	36	45														

注：(1) 对斜齿轮是指法面模数。

(2) 优先选用第一系列，括号内的数值尽可能不用。

(3) 分度圆压力角：若用 α 表示分度圆上的压力角，由式(7-6)可得分度圆压力角 α 与分度圆半径 r 的关系为

$$r=r_b/\cos\alpha$$

因此

$$\alpha=\arccos(r_b/r) \tag{7-10}$$

$$r_b=r\cos\alpha=\frac{1}{2}mz\cos\alpha \tag{7-11}$$

可见，当齿轮的齿数 z 和模数 m 一定时，分度圆大小一定，若分度圆压力角 α 不同，其基圆大小就不同，渐开线齿廓的形状也就不同，因此，分度圆压力角 α 就成为决定渐开线齿廓形状的基本参数。为设计、制造和检验的方便，国家标准中规定分度圆压力角 α 为标准值，$\alpha=20°$。若为提高齿轮的综合强度而增大分度圆压力角时，推荐 $\alpha=25°$。但在某些场合，也有用 $\alpha=14.5°$，$\alpha=15°$或 $\alpha=22.5°$的情况。

这样，渐开线齿轮的分度圆还可作如下定义：齿轮上具有标准模数和标准压力角的圆。

(4) 齿顶高系数 h_a^*：齿顶高 h_a 与模数的比值，即 $h_a^*=h_a/m$

$$齿顶高 \quad h_a=h_a^* m \tag{7-12}$$

(5) 顶隙系数 c^*：顶隙 c 与模数 m 的比值，即 $c^*=c/m$，因此，顶隙 $c=c^* m$

$$齿根高 \quad h_f=(h_a^*+c^*)m \tag{7-13}$$

齿顶高系数 h_a^* 和顶隙系数 c^* 均为标准值，其值由基本齿廓规定。

正常齿标准　$h_a^*=1, c^*=0.25$

若采用非标准的短齿时，$h_a^*=0.8, c^*=0.3$

3. 渐开线标准直齿圆柱齿轮几何尺寸计算

标准齿轮的模数 m、压力角 α，齿顶高系数 h_a^*，顶隙系数 c^* 均为标准值，且分度圆齿厚 s 等于分度圆齿槽宽 e。根据齿轮承受的载荷大小等条件按表 7-2 选定模数 m，并选定 h_a^*、c^*、α，确定齿数 z_1，z_2 之后，标准齿轮各部分尺寸即可按表 7-3 中的公式计算。

表 7-3　渐开线标准直齿圆柱齿轮几何尺寸计算公式

名称	代号	公　式
分度圆直径	d	$d_1=mz_1$　$d_2=mz_2$
基圆直径	d_b	$d_{b1}=mz_1\cos\alpha$　$d_{b2}=mz_2\cos\alpha$
齿顶高	h_a	$h_a=h_a^* m$
齿根高	h_f	$h_f=(h_a^*+c^*)m$
齿顶圆直径	d_a	$d_{a1}=d_1+2h_a=m(z_1+2h_a^*)$，$d_{a2}=d_2\pm 2h_a=m(z_2\pm 2h_a^*)$
齿根圆直径	d_f	$d_{f1}=d_1-2h_f=m(z_1-2h_a^*-2c^*)$，$d_{f2}=d_2-2h_f=m(z_2-2h_a^*\mp 2c^*)$
分度圆齿距	p	$p=\pi m$
分度圆齿厚	s	$s=\pi m/2$
基圆齿距	p_b	$p_b=\pi m\cos\alpha$
中心距	a	$a=\frac{1}{2}m(z_2\pm z_1)$

注：表中有两组符号时，上面符号用于外齿轮或外啮合传动，下面符号用于内齿轮或内啮合传动。

4. 渐开线直齿圆柱齿轮任一圆周上的几何尺寸计算

(1) 任一圆周上的压力角

根据式(7-6)，半径为 r_k 的任一圆周上的压力角 α_k 为

$$\alpha_k=\arccos\frac{r_b}{r_k} \tag{7-14}$$

(2) 任一圆周上的齿厚

如图 7-8 所示，分度圆的半径、压力角和齿厚分别为 r、α、s，半径为 r_i 的任意圆周 K 上的压力角和齿厚分别为 α_i、s_i，齿厚 s 和 s_i 所对应的中心角分别为 φ 和 φ_i，渐开线在分度圆 B 点和任一圆 C 点的展角分别为 θ 和 θ_i，则任一圆周上的齿厚为

$$s_i=r_i\varphi_i$$

由图 7-8 可知：

$$\varphi_i=\varphi-2(\theta_i-\theta)=\frac{s}{r}-2(\theta_i-\theta)$$

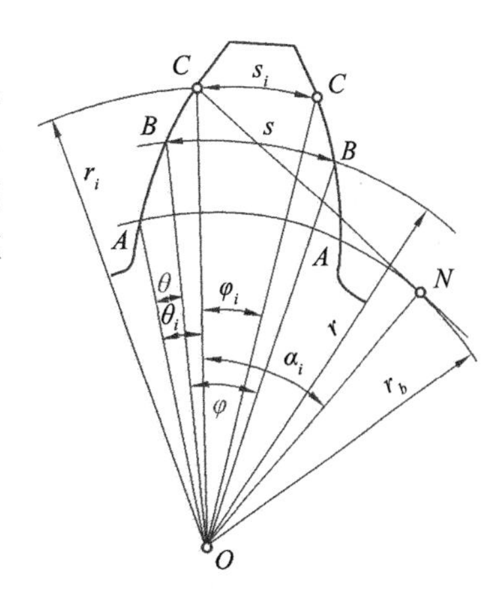

图 7-8　任一圆周上的齿厚

将 φ_i 代入上式，得到：

$$s_i=\frac{r_i}{r}s-2r_i(\mathrm{inv}\alpha_i-\mathrm{inv}\alpha) \tag{7-15}$$

由此可求得齿顶厚

$$s_a=\frac{r_a}{r}s-2r_a(\mathrm{inv}\alpha_a-\mathrm{inv}\alpha)=d_a\left(\frac{s}{mz}+\mathrm{inv}\alpha-\mathrm{inv}\alpha_a\right) \tag{7-16}$$

基圆齿厚

$$s_b=\frac{r_b}{r}s-2r_b(\mathrm{inv}\alpha_b-\mathrm{inv}\alpha)$$

由于 $r_b=r\cos\alpha$，$\alpha_b=0$，故

$$s_b=s\cos\alpha+mz\cos\alpha\,\mathrm{inv}\alpha \tag{7-17}$$

5. *齿轮加工精度的检测方法——公法线法*

在对齿轮进行加工和检测时，都需要对齿厚进行测量，由于弧齿厚无法测量，而弦厚度只能以齿顶圆作基准，测量精度低，因此，需要寻找一种用直线长度表示齿厚的方法，目前广泛采用公法线法，其测量原理如下。

如图 7－9 所示，将游标卡尺的两个卡脚跨过三个齿，两卡脚分别与两齿廓相切如 A、B 两点，由渐开线性质可知，AB 直线是渐开线齿廓的发生线，它与基圆相切并为两齿廓的公法线，因此，AB 长度称为公法线长度，用 W_3 表示。

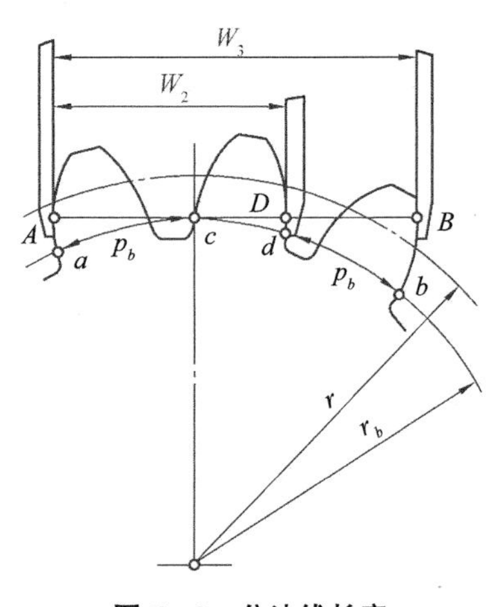

图 7－9　公法线长度

$$W_3=\overline{Ac}+\overline{cD}+\overline{DB}=(3-1)p_b+s_b$$

式中，p_b、s_b 分别为基圆上的齿距和齿厚，若所跨齿数为 k，则上式为

$$W_k=(k-1)p_b+s_b \tag{7-18}$$

将 p_b、s_b 的数值代入式(7－18)可得

$$W_k=m\cos\alpha[(k-0.5)\pi+z\,\mathrm{inv}\alpha] \tag{7-19}$$

跨齿数 k 的选择原则是必须保证两个卡脚与齿廓的渐开线部分相切，否则上述关系不成立。对于标准齿轮，其跨齿数 k 的推荐值为

$$k=\frac{z\alpha}{\pi}+0.5 \tag{7-20}$$

7.5.2　内齿轮

内齿轮各部分的名称如图 7－10 所示，与外齿轮比较，有以下不同点。

(1) 由于内齿轮的轮齿相当于外齿轮的齿槽，内齿轮的齿槽相当于外齿轮的轮齿，所以外齿轮的齿廓是外凸的，而内齿轮的齿廓是内凹的。

(2) 内齿轮的齿顶向内、齿根向外；所以其齿顶圆小于分度圆，而齿根圆大于分度圆，其齿

顶、齿根位置也发生相应改变。

内齿轮齿顶圆和齿根圆的计算公式为

$$d_a = d - 2h_a \tag{7-21}$$

$$d_f = d + 2h_f \tag{7-22}$$

(3) 为保证内齿轮齿顶的齿廓全部为渐开线，其齿顶圆必须大于基圆。

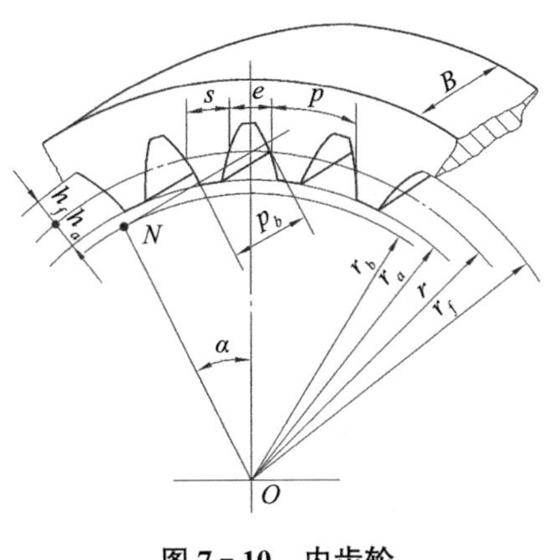

图 7-10　内齿轮

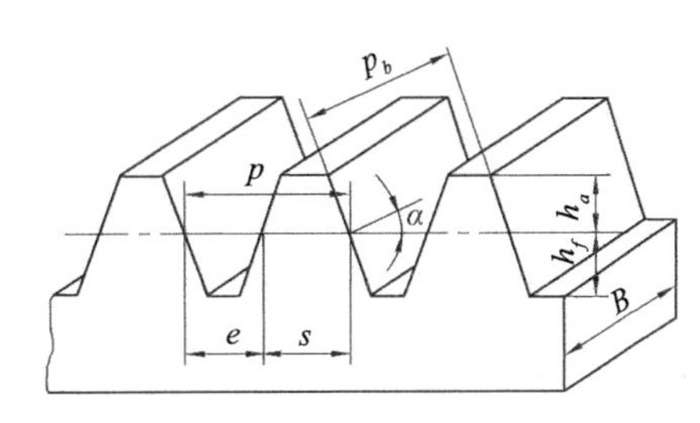

图 7-11　齿条

7.5.3　齿条

无论是外齿轮还是内齿轮，当其齿数为无穷多时，齿轮的各个圆均变成直线，渐开线齿轮就变成直线齿廓的齿条，如图 7-11 所示，齿条的主要特点为：

(1) 齿条的齿廓是直线，并且同侧齿廓相互平行，所以同侧齿廓上各点的法线相互平行。又由于齿条做直线运动，所以齿廓上各点具有相同的压力角，即为其齿形角 α，它等于齿轮分度圆压力角，标准值为 20°。

(2) 由于齿条的同侧齿廓相互平行，所以与齿顶线平行的任一直线上具有相同的齿距 $p=\pi m$，模数为同一标准值。其中齿厚与齿槽宽相等且与齿顶线平行的直线称为分度线，它是确定齿条各部分尺寸的基准线。

因此，齿条是齿轮的特例，而且采用这种直线齿廓的齿条还能包络出各种齿数的渐开线齿轮来，为此，国家标准 GB/T 1356—2001 规定用如图 7-11 的齿条表示齿轮的基本齿廓。

[例 7-1]　已知一渐开线标准直齿圆柱齿轮 $z=20$，$m=8\text{mm}$，$\alpha=20°$，$h_a^*=1$。试求其齿廓曲线在分度圆及齿顶圆上的曲率半径 ρ 及 ρ_a。

解： 分度圆直径：$d=mz=20\times8=160\text{mm}$

齿轮的基圆直径：$d_b=d\cos\alpha=150.35$

齿顶圆直径：

$$d_a=d+2h_a^*m=160+2\times1\times8=176\text{mm}$$

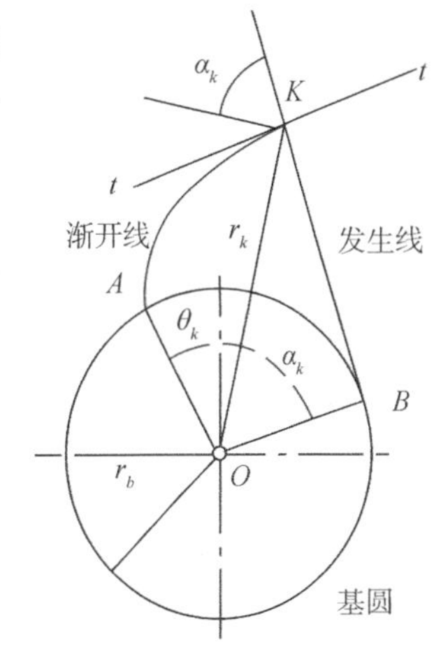

例图 7-1

由例图 7-1 关系可知：

$$\rho = r\sin\alpha = r_b \tan\alpha = 80\sin 20° = 27.36\text{mm}$$

$$\alpha_a = \arccos\frac{r_b}{r_a} = \arccos\left(\frac{75.175}{88}\right) = 31°19'18''$$

$$\rho_a = r_a \sin\alpha_a = 88\sin 31°19'18'' = 45.75\text{mm}$$

[例 7-2] 压力角 $\alpha=20°$，齿顶系数 $h_a^*=1$，顶隙系数 $c^*=0.25$ 的渐开线标准直齿圆柱齿轮的齿根圆与基圆重合时，该轮齿数为多少？若齿数大于或小于这个数值，基圆与根圆哪个大？

解： 讨论基圆与齿根圆重合问题，肯定指的是外齿轮。

按题意：$d_b = d_f$

所以有：$mz\cos\alpha = mz - 2(h_a^* + c^*)m$

则有：$z = \dfrac{2(h_a^* + c^*)}{1-\cos\alpha} = \dfrac{2\times 1.25}{1-\cos 20°} = 41.45$

所以齿根圆不可能与基圆刚好重合，当齿数大于等于 42 时，齿根圆大于基圆，当齿数小于 42 时，基圆大于齿根圆。

7.6 渐开线直齿圆柱齿轮的啮合传动

7.6.1 一对齿轮正确啮合的条件

一对渐开线齿廓能够实现定传动比传动，并不表明任意两个渐开线齿轮都能正确地啮合传动。一对渐开线齿轮要能正确地啮合传动，必须满足一定的条件，即正确啮合条件。

一对齿轮在啮合过程中，其齿廓的啮合点都必须在理论啮合线 N_1N_2 上，为了保证传动的连续性，要求在前一对轮齿尚未脱离啮合时，后一对轮齿进入啮合，以实现各对轮齿的交替啮合传动。

若有两对轮齿同时参加啮合，则两对轮齿工作齿廓的啮合点必须同时都在啮合线上，如图 7-12 所示，因此，其法向齿距应相等，即 $p_{n1}=p_{n2}$，由于法向齿距等于基圆齿距，则有

$$p_{n1} = p_{b1} = p_{n2} = p_{b2} \tag{7-23}$$

式(7-23)即为一对齿轮的正确啮合条件。

又因为：$p_{b1} = \pi m_1 \cos\alpha_1$，$p_{b2} = \pi m_2 \cos\alpha_2$

因此，一对齿轮的正确啮合条件可表达为

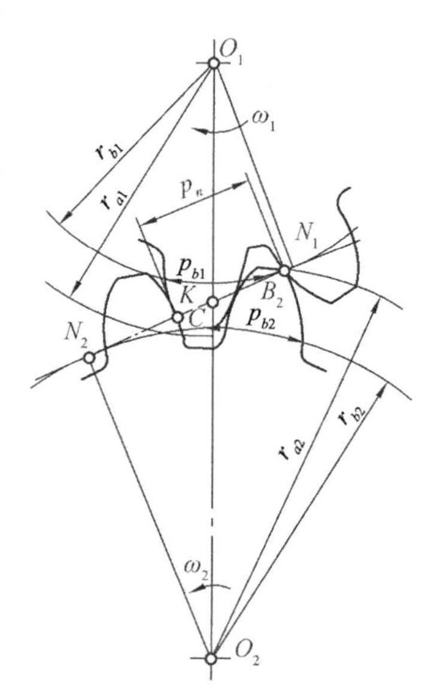

图 7-12 齿轮的啮合

$$m_1\cos\alpha_1 = m_2\cos\alpha_2 \tag{7-24}$$

由于模数 m 和分度圆压力角 α 均已标准化，不能任意选取，因此，一对齿轮正确啮合条件是：两齿轮的模数和分度圆压力角分别相等，即

$$\left.\begin{aligned} m_1 &= m_2 = m \\ \alpha_1 &= \alpha_2 = \alpha \end{aligned}\right\} \tag{7-25}$$

当然，在特殊情况下，若为改善加工工艺，采用非标准模数 m 和压力角 α，如采用小压力角滚刀加工大压力角齿轮时，只要保证式(7－24)成立即可。

7.6.2 无侧隙啮合条件

齿轮的传动过程中如果有明显的齿侧间隙存在，则在正反转过程中会产生较大的冲击，并且，齿侧间隙过大还会削弱轮齿的强度。因此，在设计过程中对齿轮传动提出了无侧隙啮合的要求。但在实际过程中，齿侧是存在有一定间隙的，这是为了满足对齿侧进行润滑，以及避免制造安装误差及受力和热变形引起的齿面挤轧现象。

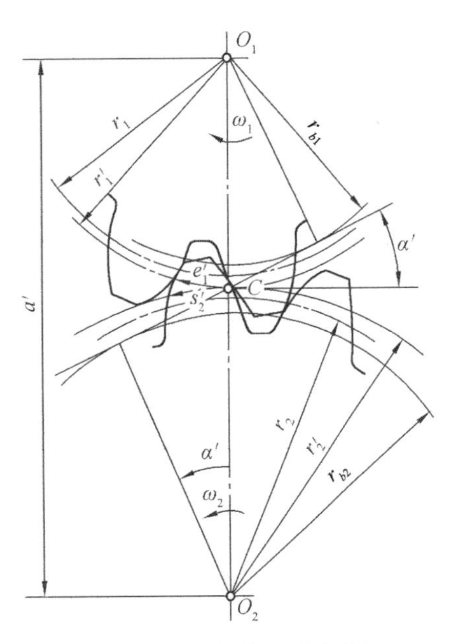

图 7－13 齿轮的无侧隙啮合

图 7－13 为一对齿轮的啮合情况，啮合过程中，两节圆(半径为 r_1'、r_2'的圆)做无滑动的纯滚动，因此，两齿轮的节圆齿距应相等，即 $p_1'=p_2'$。为保证无齿侧间隙啮合，一齿轮的节圆齿厚 s_1'必须等于另一齿轮的节圆齿槽宽 e_2'，即 $s_1'=e_2'$或 $s_2'=e_1'$。这样

$$p_1'=s_1'+e_1'=p_2'=s_2'+e_2'$$

故

$$p'=s_1'+s_2' \tag{7-26}$$

式(7－26)称为齿轮的无侧隙啮合条件，即一对渐开线齿轮的无侧隙啮合条件为：节圆齿距等于两齿轮的节圆齿厚之和。

7.6.3 齿轮传动的中心距及啮合角

1. 外啮合标准直齿轮传动

标准齿轮的中心距应等于两齿轮分度圆半径之和，也就是安装时应该使两齿轮的分度圆相切，由于标准齿轮分度圆上的齿厚与齿槽宽相等，这就满足了无侧隙啮合的要求，也保证了顶隙为标准值 $c=c^*m$，这样计算出的中心距为标准中心距，其值 $a=m(z_1+z_2)/2$。

当一对齿轮按标准中心距安装时，称为标准安装。此时，两齿轮的分度圆与各自的节圆重合($r=r'$)，啮合角等于分度圆压力角($\alpha'=\alpha=20°$)。

需要特别注意的是：分度圆和压力角是单个齿轮的参数，而节圆和啮合角只有在一对齿轮进行啮合传动时才会产生。它们的概念完全不同。

当一对外啮合齿轮安装的实际中心距大于(或小于)标准中心距时，称为非标准安装，如图 7－14 所示，此时两分度圆不再相切，在节点 C 相切的是两个节圆，由于两基圆的中心距增大，因而啮合角 α'也随之增大。此时顶隙大于标准值，并且产生了侧隙。

在非标准安装的情况下，实际中心距 a'和啮合角 α'与标准中心距 a 和压力角 α 的关系为

$$a'=r_1'+r_2'=\frac{r_1\cos\alpha}{\cos\alpha'}+\frac{r_2\cos\alpha}{\cos\alpha'}=a\,\frac{\cos\alpha}{\cos\alpha'}$$

所以

$$a'\cos\alpha'=a\cos\alpha \tag{7-27}$$

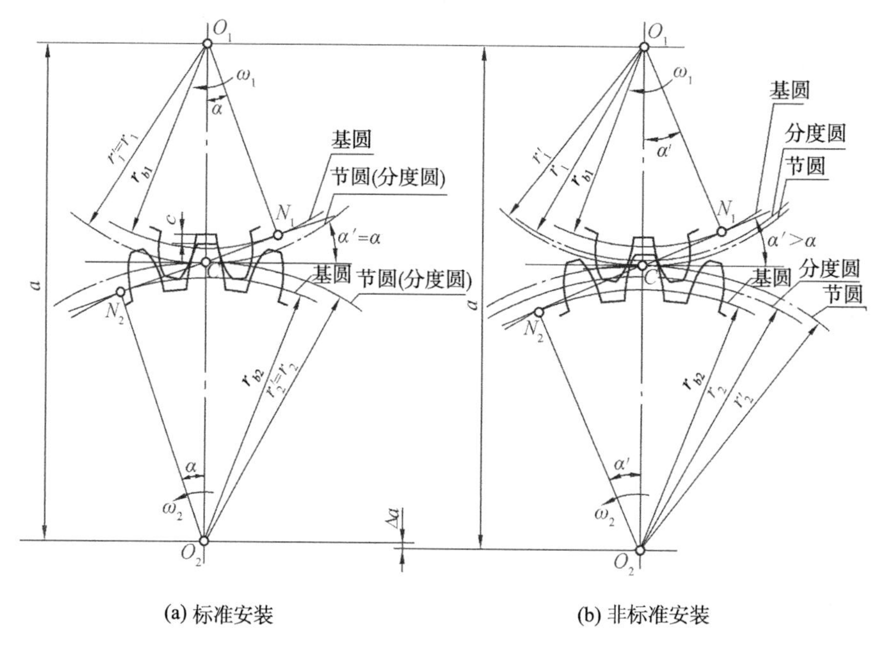

(a) 标准安装　　(b) 非标准安装

图 7-14　标准齿轮的安装

2. 内啮合标准直齿轮传动

如图 7-15 所示，在标准安装的情况下，两内啮合齿轮的分度圆与各自的节圆重合($r=r'$)，啮合角等于分度圆压力角($\alpha'=\alpha=20°$)，满足无侧隙啮合条件并具有标准顶隙。其标准中心距为

$$a=r_2-r_1=\frac{1}{2}m(z_2-z_1)$$

与外啮合齿轮传动不同的是，内啮合齿轮传动时，渐开线齿廓的“三线合一”是指渐开线齿廓的啮合线，公法线，与两基圆的外公切线重合。

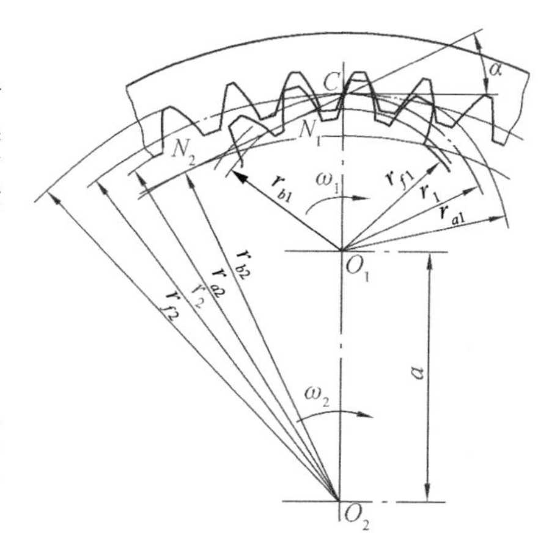

图 7-15　内啮合标准直齿轮传动

当一对内啮合齿轮安装的实际中心距小于标准中心距时，称为非标准安装，此时顶隙大于标准值，并且产生了侧隙。由于两基圆的中心距减小，啮合角 α' 也随之减小。节点 C 向齿轮中心靠近，在节点 C 相切的是两个节圆分别小于各自的分度圆。

在非标准安装的情况下，实际中心距 a' 和啮合角 α' 与标准中心距 a 和压力角 α 的关系为

$$a'=r'_2-r'_1=\frac{r_2\cos\alpha}{\cos\alpha'}-\frac{r_1\cos\alpha}{\cos\alpha'}=a\ \frac{\cos\alpha}{\cos\alpha'}$$

同样可得

$$a'\cos\alpha'=a\cos\alpha \tag{7-28}$$

3. 齿轮齿条啮合传动

如图 7-16 所示，当为标准安装时，齿轮分度圆与齿条分度线相切，节圆与分度圆重合，节线与分度线重合，此时 $\alpha'=\alpha$，也等于齿条的齿形角。

当齿轮齿条相对外移时，为非标准安装。假设齿轮中心位置固定不变，而齿条外移，由于

齿条的齿廓为直线，所以不论齿条的位置如何改变，其齿廓总与原始位置平行，而啮合线总与齿廓垂直，因此啮合线的方向保持不变并仍与齿轮的基圆相切，故啮合线的位置保持不变，节点 C 的位置也保持不变，节圆大小不变并恒与分度圆重合。其啮合角 α' 恒等于分度圆压力角 α。但对于齿条而言，其节线位置向齿顶方向移动而与分度线不重合。

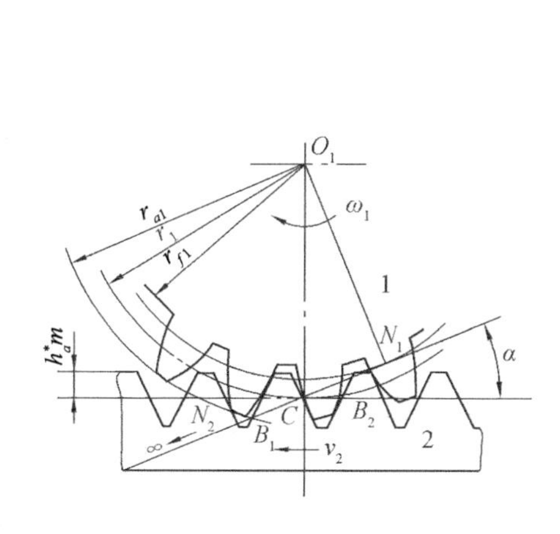

图 7-16　齿轮齿条啮合传动

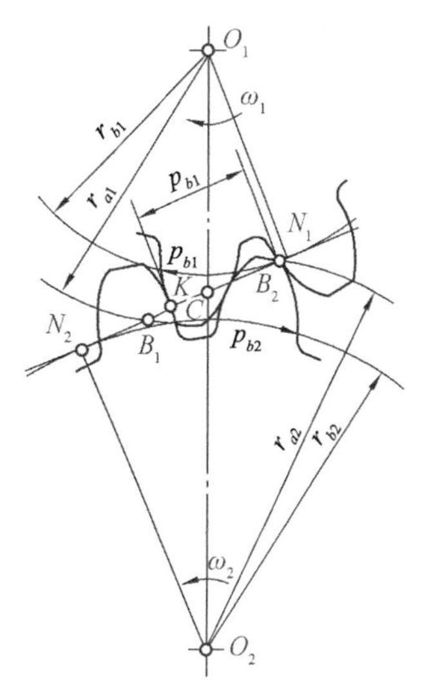

图 7-17　一对轮齿的啮合过程

7.6.4　渐开线齿轮的连续传动条件

1. 一对轮齿的啮合过程

如图 7-17 所示为一对渐开线标准直齿圆柱齿轮的啮合情况，N_1N_2 为啮合线，当一对轮齿进入啮合时，是从主动轮的齿根部分与从动轮的齿顶接触于 B_2 点（从动轮 2 的齿顶圆与啮合线的交点）开始的。随着啮合的进行，在啮合线上，接触点向主动轮的齿顶和从动轮的齿根部分移动，当主动轮的齿顶与从动轮的齿根部分接触于 B_1 点（齿轮 1 的齿顶圆与啮合线交点）时，这对轮齿脱离啮合。因此，B_2 点是啮合起始点，B_1 点是啮合终止点。由此可见，一对轮齿只是在啮合线 N_1N_2 上的一段 B_1B_2 区间进行啮合，故 B_1B_2 称为实际啮合线。由于基圆内无渐开线，所以实际啮合线不能超过 N_1、N_2 两点，故 N_1N_2 为理论啮合线。

2. 渐开线齿轮连续传动的条件

齿轮传动是依靠的各对轮齿的依次啮合来实现的，在啮合线上，每一对轮齿的实际啮合区间为 B_1B_2，两对轮齿前后啮合点的距离为其法向齿距 p_n，等于基圆齿距 p_b。为使齿轮能连续传动，应保证在前一对轮齿在 B_1 脱离啮合前，后一对轮齿就要在 B_2 点进入啮合。因此，要求实际啮合线 B_1B_2 的长度大于其基圆齿距 p_b；否则，前一对轮齿在 B_1 点处脱开啮合时，后一对轮齿尚未进入 B_2 点啮合，这样，前后两对轮齿交替啮合时必然造成冲击，无法保证传动的平稳性。

实际啮合线 B_1B_2 的长度与基圆齿距 p_b 的比值称为重合度，用 ε 表示。因此，连续传动条件为

$$\varepsilon=\frac{B_1B_2}{p_b}>1 \tag{7-29}$$

3. 重合度的计算

(1) 外啮合标准直齿圆柱齿轮重合度的计算

如图 7－18 所示,实际啮合线: $\overline{B_1B_2}=\overline{B_1C}+\overline{B_2C}$,

而:

$$\overline{B_1C}=\overline{B_1N_1}-\overline{C_1N}=\frac{1}{2}mz_1\cos\alpha(\tan\alpha_{a1}-\tan\alpha')$$

同理

$$\overline{B_2C}=\overline{B_2N_2}-\overline{C_2N}=\frac{1}{2}mz_2\cos\alpha(\tan\alpha_{a2}-\tan\alpha')$$

式中,α'为啮合角,α_{a1}、α_{a2} 分别为两齿轮的齿顶压力角,其值为

$$\alpha_{a1}=\arccos(r_{b1}/r_{a1}),\alpha_{a2}=\arccos(r_{b2}/r_{a2})$$

将上式的 $\overline{B_1C}$、$\overline{B_2C}$ 和基圆齿距 $p_b=\pi m\cos\alpha$ 值代入式(7－29),化简得

$$\varepsilon=\frac{1}{2\pi}[z_1(\tan\alpha_{a1}-\tan\alpha')+z_2(\tan\alpha_{a2}-\tan\alpha')] \tag{7-30}$$

由上述各计算公式可以看出,重合度与模数无关,影响重合度的主要参数是齿数 z 和啮合角 α'。z 越大,ε 越大;实际啮合角 α'越大,ε 越小。

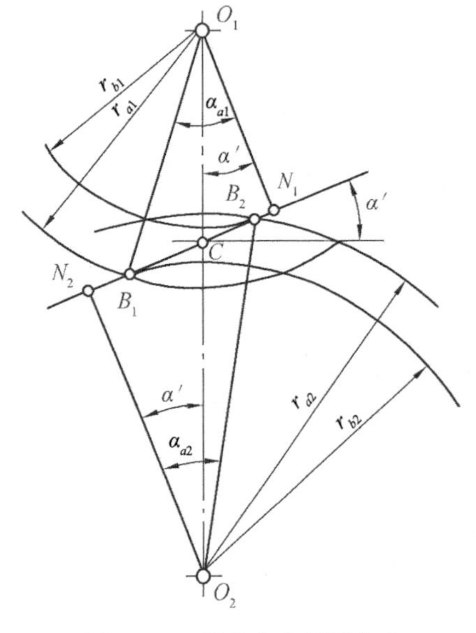

图 7－18　外啮合齿轮重合度

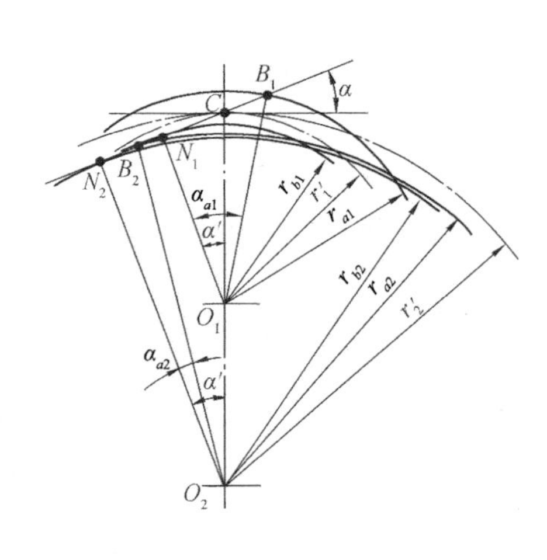

图 7－19　内啮合齿轮重合度

(2) 内啮合标准直齿圆柱齿轮重合度的计算

根据内啮合的特点,确定理论啮合线和实际啮合线的位置,如图 7－19 所示。

通过类似的推导,可得

$$\varepsilon=\frac{1}{2\pi}[z_1(\tan\alpha_{a1}-\tan\alpha')-z_2(\tan\alpha_{a2}-\tan\alpha')] \tag{7-31}$$

注意：在内啮合传动中，$\alpha_{a2}<\alpha'$，即内齿轮的齿顶压力角小于啮合角。

(3) 齿轮齿条啮合时重合度的计算

根据齿轮齿条啮合的特点，确定理论啮合线和实际啮合线的位置，如图 7-20 所示。

图中，$B_2C=\dfrac{h_a^* m}{\sin\alpha}$，通过类似的推导，可得

$$\varepsilon=\frac{1}{2\pi}\left[z_1(\tan\alpha_{a1}-\tan\alpha')+\frac{2h_a^*}{\cos\alpha\sin\alpha}\right] \quad (7-32)$$

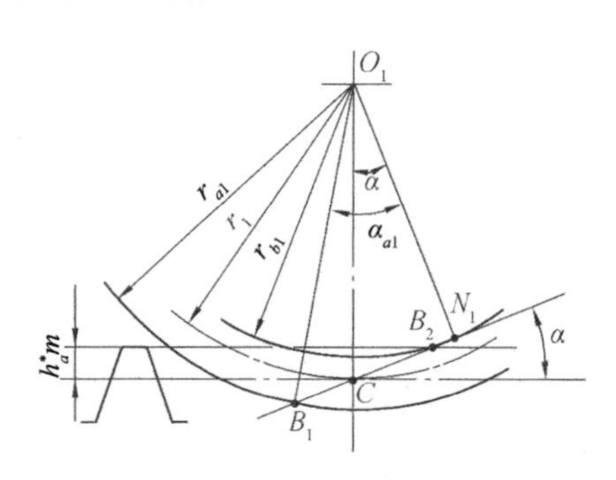

图 7-20 齿轮齿条啮合重合度

若设想将 z_1、z_2 都增大成齿条时，则重合度 ε 将趋向于某极限值 ε_{max}，此时

$$\overline{B_1C}=\overline{B_2C}=\frac{h_a^* m}{\sin\alpha}$$

则得
$$\varepsilon_{max}=\frac{1}{2\pi}\left[\frac{2h_a^*}{\cos\alpha\sin\alpha}+\frac{2h_a^*}{\cos\alpha\sin\alpha}\right]=\frac{4h_a^*}{\pi\sin2\alpha}$$

当 $h_a^*=1$，$\alpha=20°$时，$\varepsilon_{max}=1.981$，这是重合度的最大极限值。

4. 重合度的意义

(1) 作为衡量齿轮连续传动的条件：应满足重合度 $\varepsilon\geqslant1$。重合度越大，表明齿轮传动的连续性和平稳性越好，一般机械制造业中，齿轮传动的许用重合度$[\varepsilon]=1.3\sim1.4$，即要求 $\varepsilon\geqslant[\varepsilon]$。

(2) 反映同时参与啮合的轮齿对数的平均值，如 $\varepsilon=1.6$ 表示平均有 1.6 对轮齿参与啮合。并可据此求得单齿啮合区间和双齿啮合区间(见例题)，反映齿轮的传动状态。

(3) 作为衡量齿轮承载能力和传动平稳性的指标。重合度愈大，传动平稳性愈好。

[例 7-3] 有一对外啮合渐开线标准直齿圆柱齿轮，已知 $z_1=19$，$z_2=52$，$\alpha=20°$，$m=5\text{mm}$，$h_a^*=1$。

(1) 当标准中心距安装时，计算这对齿轮传动的重合度 ε；

(2) 作图标出单齿啮合区和双齿啮合区，并计算各自所占的比例；

(3) 为保证这对齿轮能连续传动，求其允许的最大中心距 a'。

解：(1) 两轮的分度圆半径为：

$$r_1=mz_1/2=5\times19/2=47.5\text{mm}$$
$$r_2=mz_2/2=5\times52/2=130\text{mm}$$

两轮的齿顶圆半径为：

$$r_{a1}=r_1+mh_a^*=47.5+5=52.5\text{mm}$$
$$r_{a2}=r_2+mh_a^*=130+5=135\text{mm}$$

两轮的齿顶圆压力角分别为：

$$\alpha_{a1}=\arccos(r_1\cos\alpha/r_{a1})=\arccos(47.5\times\cos20°/52.5)=31.77°$$
$$\alpha_{a2}=\arccos(r_2\cos\alpha/r_{a2})=\arccos(130\times\cos20°/135)=25.19°$$

因为两轮为标准中心距安装，所以 $\alpha'=\alpha$。所以这对齿轮的重合度为：

$$\varepsilon=\frac{\overline{B_1B_2}}{p_b}=\frac{1}{2\pi}[z_1(\tan\alpha_{a1}-\tan\alpha')+z_2(\tan\alpha_{a2}-\tan\alpha')]$$
$$=[19\times(\tan31.77°-\tan20°)+52\times(\tan25.19°-\tan20°)]/2\pi=1.65$$

(2) $\varepsilon=1.65$，说明该对齿轮平均参与啮合的齿数是 1.65，其中在啮合区两端各 $0.65p_b$ 是双齿啮合区，而中间的 $0.35p_b$ 是单齿啮合。如例图 7－3 所示：

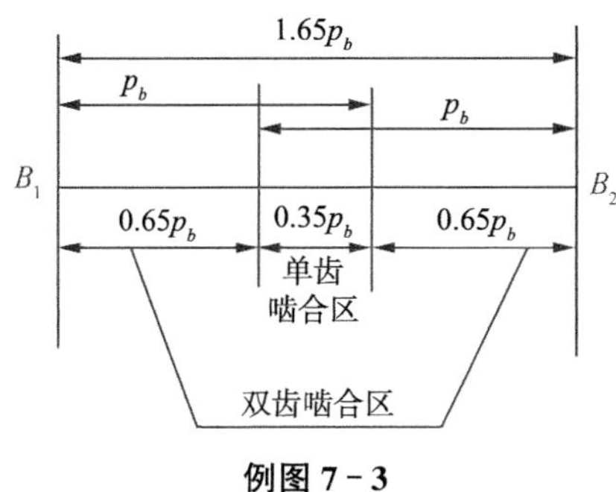

例图 7－3

$$双齿啮合所占的比例=\frac{0.65+0.65}{1.65}\times100\%=78.8\%$$

$$单齿啮合所占的比例=\frac{0.35}{1.65}\times100\%=21.2\%$$

(3) 为了保证这对齿轮能连续传动，必须要求其重合度 $\varepsilon_a\geqslant1$，即：

$$\varepsilon=\frac{\overline{B_1B_2}}{p_b}=\frac{1}{2\pi}[z_1(\tan\alpha_{a1}-\tan\alpha')+z_2(\tan\alpha_{a2}-\tan\alpha')]\geqslant1$$

故啮合角为

$$\alpha'\leqslant\arctan[(z_1\tan\alpha_{a1}+z_2\tan\alpha_{a2}-2\pi)/(z_1+z_2)]$$
$$=\arctan[(19\times\tan31.77°+52\times\tan25.19°-2\pi)/(19+52)]$$
$$=22.87°$$

所以该对齿轮的最大中心距为

$$\alpha'=a\cos\alpha/\cos\alpha'=(r_1+r_2)\cos20°/\cos22.87°=181.02\text{mm}$$

为保证这对齿轮能够连续传动，其中心距不应超过 181.02mm。

7.7　渐开线齿轮的加工

7.7.1　渐开线齿廓的加工原理

齿轮的加工方法有很多，主要有铸造、冲压、模锻、粉末冶金和切削法等，前 4 种方法都要求齿轮模具，所以渐开线齿廓的加工体现在对模具的加工上。切削法是齿轮加工中最常用的方法，按其加工原理，可概括成仿形法和展成法两大类。

1. 仿形法

仿形法是利用与齿轮的齿槽形状相同的刀具直接加工出齿轮齿廓的一种方法。所采用的刀具有盘状铣刀和指状铣刀(图 7-21),在刀具的轴向剖面上,刀刃的形状与齿槽的形状相同。在加工过程中铣刀绕自身轴线回转,轮坯相对铣刀沿齿向移动,当铣完一个齿槽后,轮坯退回原处,再用分度头将轮坯转过 $360°/z$。用同样方法铣出第二个齿槽,重复进行,直至铣出全部轮齿。

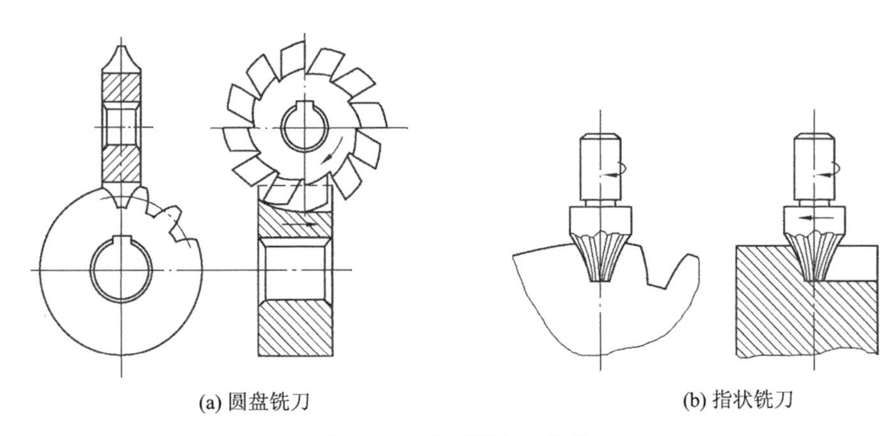

(a) 圆盘铣刀　(b) 指状铣刀

图 7-21　仿形法加工齿轮

仿形法的优点是可用普通铣床加工齿轮,适应于小批量和修配齿轮加工;缺点是切削不连续,效率低,精度差。

造成仿形法精度低的原因有:

(1) 分度误差和对中误差。

(2) 刀具的齿形误差:即刀具形状与齿槽形状不完全一致。

由渐开线的特性可知,渐开线齿轮的形状取决于基圆的大小,基圆直径 $d_b = mz\cos\alpha$,因此当 m、α 一定时,渐开线齿廓形状随齿数 z 的多少而改变,故需要很多的刀具才能满足齿形一致的要求。但在实际生产中,为经济起见,对同一模数和压力角的齿轮,只准备 8 把或 15 把铣刀,表 7-4 列出了一组 8 把同一模数铣刀所加工的齿数范围。各号铣刀的齿形都是按该组内齿数最少的齿轮齿形制作的,以便加工出的齿轮啮合时不致卡住。因而对于同组中的其他齿数的齿轮,则存在齿形误差。

表 7-4　一组 8 把同一模数铣刀所加工齿数范围

刀号	1	2	3	4	5	6	7	8
加工齿数范围	12～13	14～16	17～20	21～25	26～34	35～54	55～134	>135

2. 展成法

展成法也称为范成法,是根据一对齿轮啮合传动时,两轮的齿廓互为共轭曲线的原理来加工的一种方法。其过程是:按已知齿形做成齿条或齿轮刀具,通过传动机构强制使刀具和轮坯按给定的传动比转动,并辅助相关的运动,即可在轮坯上切削出所需的齿廓。

用展成法加工齿轮的齿廓时,可进一步分为插齿加工和滚齿加工两种类型。

1) 插齿加工

插齿加工所用的刀具有齿轮插刀(图 7-22)和齿条插刀(图 7-23),其工作过程完全相同，刀具刃口部分的形状与齿轮或齿条基本相同，为了便于切削，在刃口后部磨成了一定的收缩角。

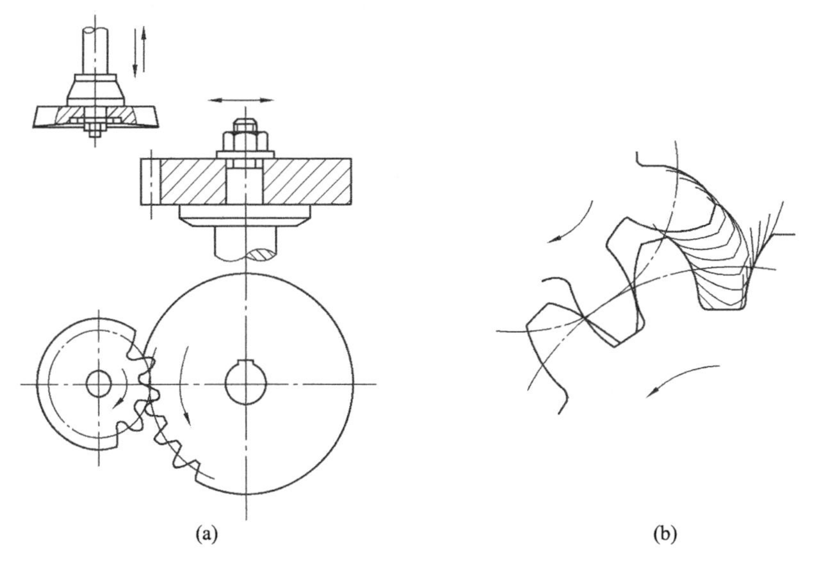

图 7-22 用齿轮插刀加工齿轮

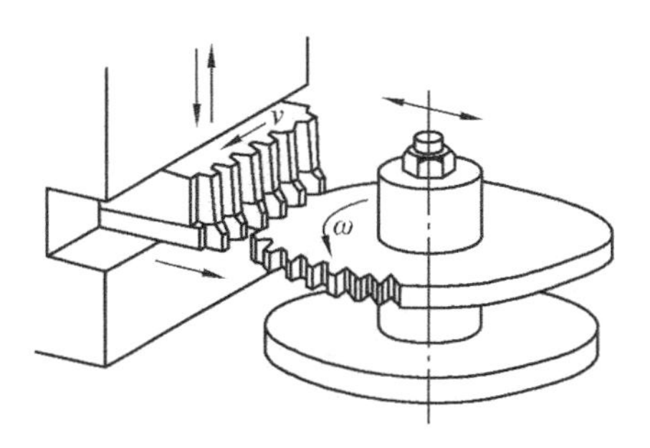

图 7-23 用齿轮插刀加工齿轮

在加工过程中刀具和轮坯间所产生的相对运动有：

(1) 展成运动　刀具与轮坯间以恒定的传动比作回转运动，这个运动是由机床的传动链来保证的。对于齿轮插刀：$i=n_{刀}/n_{坯}=z_{坯}/z_{刀}$；对于齿条插刀：$v_{刀}=r_{坯}\,\omega_{坯}=mz_{坯}\,\omega_{坯}/2$。

(2) 切削运动　刀具沿齿坯宽度方向作往复切削运动，以切除齿槽部分的材料，这是加工齿轮的主运动。

(3) 进给运动　刀具向轮坯中心径向移动，直至切出规定齿高。

(4) 让刀运动　刀具向上返回时，为避免擦伤已加工出的齿廓，轮坯沿径向作离开刀具的微量运动，并在刀具向下切削前，轮坯又回复到原来的位置。

这样刀具的齿廓就在轮坯上包络出与其共轭的渐开线齿廓来。

上述分析表明，插齿加工的切削过程是不连续的，因此生产率较低，但用齿轮插刀进行插齿加工时可加工内齿轮。为了提高生产率，在加工外齿轮时，生产上广泛采用滚齿加工的方式。

2) 滚齿加工

滚齿加工的原理如图 7-24 所示，所采用的刀具为齿轮滚刀，其外形像一个螺旋杆，沿螺纹方向间断布置有一排排刀刃。在滚刀旋转过程中刃口对轮坯进行切削加工。

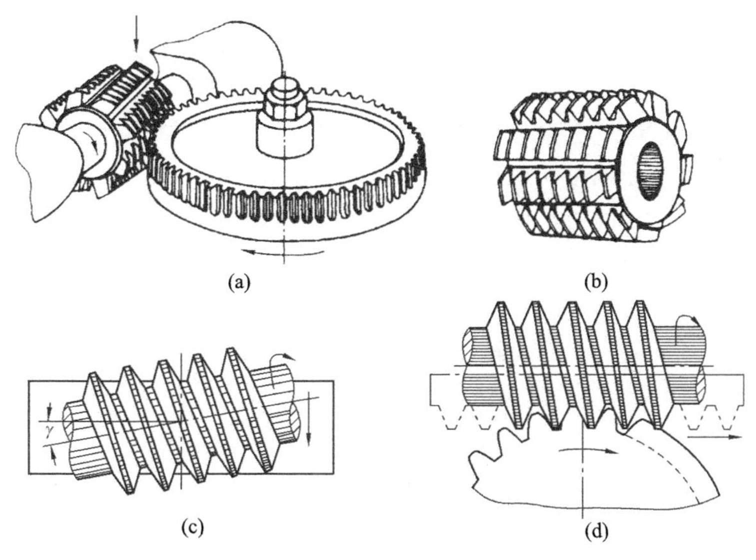

图 7-24　滚齿加工

滚刀轴向剖面上的齿形与齿条齿形一样，滚刀转动时就相当于齿条做连续轴向移动，因此用齿轮滚刀加工齿轮的原理与用齿条插刀加工齿轮的原理基本相同，不过这时齿条插刀的切削运动和展成运动已为滚刀刀刃的螺旋运动所代替，同时滚刀又分别沿齿坯轴向和齿宽方向做缓慢的移动以切出全部齿廓。

由于展成法加工齿轮是利用齿轮啮合原理，故可以用一把刀具加工出同一模数和压力角而不同齿数的齿轮，而不会产生齿形误差。

7.7.2　渐开线齿轮的根切现象与最小齿数

采用展成法加工渐开线齿轮的过程中，若被加工齿轮齿数较少时，有时刀具齿顶会把齿轮根部的渐开线齿廓切去一部分，这种现象称为根切，如图 7-25 所示。根切将削弱齿根强度，甚至可能降低传动的重合度，影响传动质量，应尽量避免。

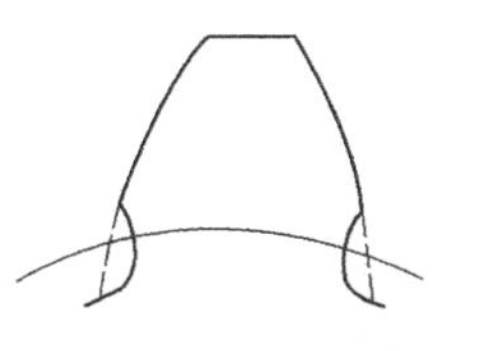

图 7-25　根切现象

以齿条型刀具加工标准齿轮为例来说明产生根切的原因，刀具加工齿廓的过程与齿轮齿条的啮合过程是类似的。如图 7-26 所示，先绘出刀具的分度线和齿顶线(只包括刀具的直线部分)，作其垂线 O_1P，与刀具分度线交于 P 点，设轮坯中心在 O_1P 上，则 P 为节点，过 P 点以啮合角 $\alpha=20°$ 作直线，与刀具齿顶线交于 B_2，则 B_2 是实际啮合线的终点，也是直线刀刃齿顶切出轮坯齿廓渐开线最靠近齿根的一点。这就是说，不论齿轮的齿数如何，只要确定了齿轮的模数，则刀具尺寸和实际啮合线终止点的位置也即确定。

设轮坯齿数为 z，则由 $r=mz/2$ 可求得轮坯中心位置 O_1，过 O_1 点作啮合线的垂线并交于 N_1 点，则 $O_1N_1=r\cos\alpha=r_b$，N_1 是理论啮合线的极限点。显然，点 N_1 的位置随着轮坯齿数的变化而变化。

当齿数 z 较多时，轮坯分度圆半径 r 和基圆半径 r_b 都较大，圆心 O_1 和点 N_1 位置都较高，实际啮合线在理论啮合线之内；随着齿数的减少，O_1、N_1 点位置不断下移至 O_1'、N_1'点位置，此时 N_1' 与 B_2 点重合，刀具最后切出的渐开线已到达渐开线根部的基圆位置；当齿数进一步减少时，O_1、N_1 点下移至 O_1''、N_1'' 点位置，此时 N_1'' 位于 B_2 点的左下方，实际啮合线已超过理论啮合线的极限位置。刀具在加工至 N_1'' 时，已切到了渐开线根部的基圆位置，刀具切削至 B_2 点时，就切入了基圆的内部，根据渐开线的性质，基圆内没有渐开线，所以从 N_1'' 到 B_2 所加工出的已不是渐开线轮廓，并且在刀具和轮坯脱离接触前，还会将已切好的渐开线轮廓又切掉一部分，产生图 7－25 所示的根切现象。

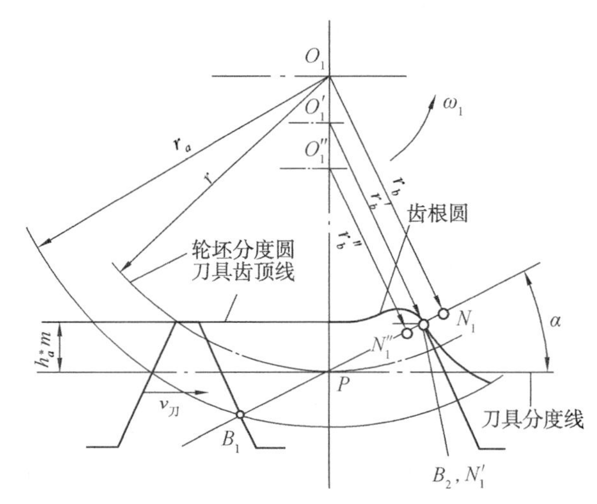

图 7－26　齿条型刀具加工轮齿时产生根切的原因分析

因此，N_1' 与 B_2 点重合时是不发生要切的极限情况，此时的轮坯齿数是不发生根切的最小齿数，以 $z_{\min}$ 表示。则有

$$PN_1'\sin\alpha = h_a^* m$$

又在 $\triangle O_1'N_1'P$ 中，$PN_1' = O_1'P\sin\alpha = \frac{1}{2}mz_{\min}\sin\alpha$

所以
$$\frac{1}{2}mz_{\min}\sin^2\alpha = h_a^* m$$

因此，采用齿条型刀具加工标准齿轮时不发生根切的最小齿数为

$$z_{\min} = \frac{2h_a^*}{\sin^2\alpha} \tag{7-33}$$

对于 $\alpha = 20°$ 的标准齿轮，当采用正常齿制，$h_a^* = 1$ 时，$z_{\min} = 17$；采用短齿制，$h_a^* = 0.8$ 时，$z_{\min} = 14$。

7.8　变位齿轮传动

7.8.1　标准齿轮存在的不足

标准齿轮具有设计计算简单、互换性好等许多优点，在机械传动中得到广泛应用。但在实际生产应用中，也存在如下的不足：

(1) 一对标准齿轮的中心距等于两轮分度圆半径之和，即：$a=m(z_1+z_2)/2$，为标准值，而机械中常存在实际中心距不等于标准中心距的情况，这时标准齿轮就不能满足使用要求。

(2) 在一对齿轮传动中，当大小齿轮的齿数差较大时，由于小齿轮的基圆半径较小，其齿根较薄，并且小齿轮轮齿的啮合频率较高，因此，小齿轮的强度和耐磨性都比大齿轮低，两者使用寿命不匹配。

(3) 必须使齿轮的齿数 z 大于不产生根切的最小齿数 $z_{\min}$，因此限制了它在某些场合的应用。

为了克服以上不足，工程上广泛采用变位齿轮传动。

7.8.2　变位齿轮的概念

在用标准齿条形刀具加工齿轮时，改变刀具与轮坯的相对位置，使刀具的分度线与齿轮轮坯的分度圆不再相切而切制出的齿轮为变位修正齿轮，简称变位齿轮。

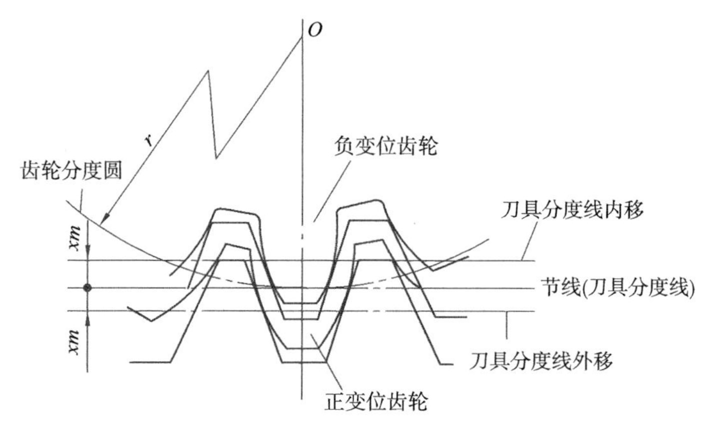

图 7－27　变位齿轮原理

按刀具分度线与被加工齿轮分度圆的相对位置，可分为三种情况(如图 7－27 所示)。

(1) 使刀具的分度线(中线)与被加工齿轮的分度圆相切而展成切制出来的齿轮为标准齿轮(或称零变位齿轮)。

(2) 刀具的分度线外移，远离轮坯中心一段径向距离 xm(m 为模数，x 为径向变位系数，简称变位系数)。刀具分度线与轮坯分度圆分离。这样加工出来的齿轮称为正变位齿轮。$xm>0$，$x>0$。

(3) 刀具的分度线内移，靠近轮坯中心移动一段径向距离 xm，刀具分度线与轮坯分度圆相割。这样加工出来的齿轮称为负变位齿轮。$xm<0$，$x<0$。

7.8.3　不发生根切的最小变位系数

采用变位齿轮最初的目的就是为了避免根切，因此我们来推导为了避免根切，齿条型刀具所需要的最小位移量。如图 7－28 所示，设所需的最小位移量为 $x_{\min}m$，则此时的刀具齿顶线应通过 N_1 点，则：

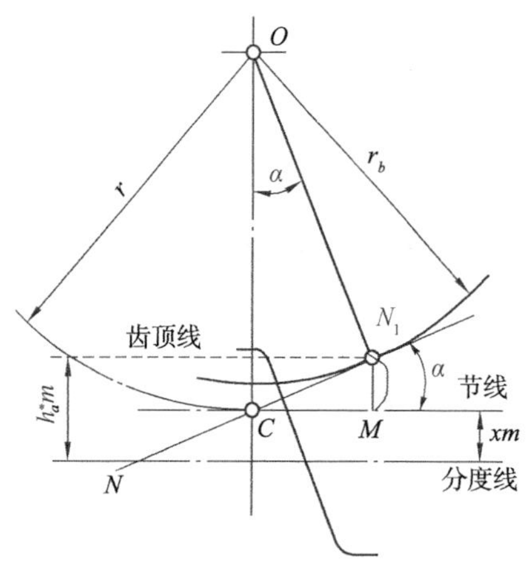

图 7－28　齿轮的最小变位系数

$$\frac{1}{2}mz\sin^2\alpha=(h_a^*-x_{\min})m$$

由式(7-33)有
$$\sin^2\alpha=\frac{2h_a^*}{z_{\min}}$$

代入上式，可得
$$x_{\min}=h_a^*\frac{z_{\min}-z}{z_{\min}} \tag{7-34}$$

$x_{\min}$ 即为不发生根切的最小变位系数。由此可见，当被加工齿轮的齿数 $z<z_{\min}$ 时，需要采用正变位，其位移量要达到 $x_{\min}m$ 才能避免根切；当 $z>z_{\min}$，允许有一定的负变位也不会出现根切，但负变位的位移量不能大于 $x_{\min}m$，否则也会产生根切。

7.8.4 变位齿轮与标准齿轮相比的几何尺寸变化

在生产中，齿轮加工主要是采用齿条型刀具来进行加工的，因此，在加工变位齿轮时，齿条刀具与轮坯的相对位置的变化，会导致变位齿轮的几何尺寸发生相应的变化。

(1) 节圆与分度圆：由于齿条做直线运动，齿条上各点的速度均相同，因此，变位加工时，轮坯和齿条的运动状态没有发生改变，故齿轮的节圆与齿条的节线位置保持不变。齿轮的节圆依然与分度圆重合，但齿条的节线与分度线不再重合，而是相互平行，如图 7-29 所示。

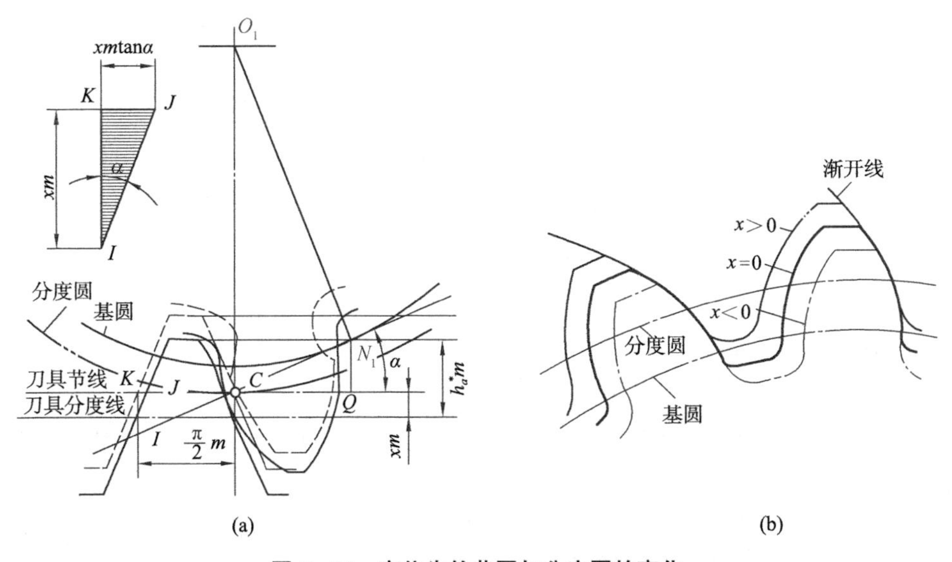

图 7-29 变位齿轮节圆与分度圆的变化

(2) 模数与压力角：由于刀具节线上的齿距、模数、压力角都与分度线上的相同，且均为标准值，所以，变位齿轮上的齿距、模数、压力角都保持标准值不变。

(3) 基圆：由于模数和压力角不变，则基圆尺寸不变。因此，变位齿轮的齿廓与标准齿轮的齿廓是同一条渐开线，只是所使用的部位不同，如图 7-29 所示。

(4) 齿顶圆与齿根圆：正变位时齿顶圆与齿根圆增大；负变位时齿顶圆与齿根圆减小。

(5) 齿顶高与齿根高：由于变位后齿顶圆与齿根圆的尺寸发生了变化，但分度圆没有改变，所以齿顶高与齿根高发生了变化。

齿根高变为：$h_f=(h_a^*+c^*-x)m$

为了保持全齿高，相应的齿顶高应为：$h_a=(h_a^*+x)m$，但由于啮合过程与加工过程的尺寸关系有所不同，这个问题要复杂一些，后面再作进一步的分析。

(6) 齿厚与齿槽宽：齿轮变位后，分度圆上的齿距不变，但齿厚和齿槽宽会发生相应的变化。并且这种变化与刀具类型及齿数有关，分析如下。

① 采用齿条型刀具加工时轮坯分度圆齿厚的变化。

如图 7-29 所示，由于刀具的分度线没有变化，依然与轮坯的分度圆相切，所以轮坯在分度圆上的齿厚等于刀具在节线上的齿槽宽，即

$$s=\frac{\pi m}{2}+2xm\tan\alpha \tag{7-35}$$

可见采用齿条型刀具加工变位齿轮时，分度圆上的齿厚的变化与轮坯的齿数无关。

② 采用齿轮型刀具加工时轮坯分度圆齿厚的变化。

设轮坯的齿数为 z_1，齿轮型刀具的齿数为 z_2，模数为 m，变位系数为 x，求轮坯加工后分度圆上的齿厚。

与齿条型刀具加工的差异是，此时刀具和轮坯的节圆均不再与其的分度圆重合。

标准加工时的中心距 $a=r_1+r_2$

变位加工时的中心距 $a'=r_1'+r_2'=r_1+r_2+xm=a+xm$

加工过程中齿轮的啮合角，

由　$a'\cos\alpha'=a\cos\alpha=r_{b1}+r_{b2}$

得　$\alpha'=\arccos\left(\dfrac{a\cos\alpha}{a'}\right)$

加工时轮坯和刀具的节圆半径分别为

$$r_1'=r_1\frac{\cos\alpha}{\cos\alpha'}=\frac{mz_1\cos\alpha}{2\cos\alpha'},\quad r_2'=r_2\frac{\cos\alpha}{\cos\alpha'}=\frac{mz_2\cos\alpha}{2\cos\alpha'}$$

因此，可得刀具节圆上的齿厚和齿槽宽分别为，

齿厚

$$\begin{aligned}s_2'&=\frac{r_2'}{r_2}s_2-2r_2'(\mathrm{inv}\alpha'-\mathrm{inv}\alpha)\\&=\frac{\cos\alpha}{\cos\alpha'}\times\frac{\pi m}{2}-mz_2\frac{\cos\alpha}{\cos\alpha'}(\mathrm{inv}\alpha'-\mathrm{inv}\alpha)\\&=\frac{\pi m}{2}\times\frac{\cos\alpha}{\cos\alpha'}\left[1-\frac{2z_2}{\pi}(\mathrm{inv}\alpha'-\mathrm{inv}\alpha)\right]\end{aligned}$$

由刀具节圆上的齿距：$p_2'=\pi m(\cos\alpha/\cos\alpha')$

可得，刀具分度圆上的齿槽宽：

$$e_2'=p_2'-s_2'=\frac{\pi m}{2}\times\frac{\cos\alpha}{\cos\alpha'}\left[1+\frac{2z_2}{\pi}(\mathrm{inv}\alpha'-\mathrm{inv}\alpha)\right]$$

故，轮坯节圆上的齿厚：$s_1'=e_2'=\dfrac{\pi m}{2}\times\dfrac{\cos\alpha}{\cos\alpha'}\left[1+\dfrac{2z_2}{\pi}(\mathrm{inv}\alpha'-\mathrm{inv}\alpha)\right]$

由任一圆上的齿厚计算公式(7-15)反推，可得轮坯分度圆上的齿厚为：

$$s_1 = \frac{r_1}{r_1'} s_1' + 2r_1(\text{inv}\alpha' - \text{inv}\alpha)$$

$$= \frac{\cos\alpha'}{\cos\alpha} \times \frac{\pi m}{2} \times \frac{\cos\alpha}{\cos\alpha'} \left[1 + \frac{2z_2}{\pi}(\text{inv}\alpha' - \text{inv}\alpha)\right] - mz_1(\text{inv}\alpha' - \text{inv}\alpha)$$

$$= \frac{\pi m}{2} + m(z_2 + z_1)(\text{inv}\alpha' - \text{inv}\alpha)$$

可见,轮坯分度圆齿厚的变化与刀具齿数有关。

为了表明齿条和齿轮型刀具变位加工时分度圆齿厚变化的差异,设置一组数据进行计算:

设:轮坯齿数为 50,模数为 5,变位系数为分别为 $x_1 = 0.2$,$x_2 = -0.2$。

采用齿条型刀具加工时:

$\Delta s_{x_1=0.2} = 2x_1 m\tan\alpha = 0.728$,$\Delta s_{x_2=-0.2} = 2x_2 m\tan\alpha = -0.728$

采用齿轮型刀具加工,当刀具的齿数分别为 50 和 500 时,计算得

$\Delta s_{z_2=50,x_1=0.2} = 0.739$,$\Delta s_{z_2=500,x_1=0.2} = 0.731$

$\Delta s_{z_2=50,x_2=-0.2} = -0.717$,$\Delta s_{z_2=500,x_2=-0.2} = -0.725$

以上分析表明,采用齿条型刀具和齿轮型刀具加工轮坯时,在同样的变位系数下,轮坯分度圆齿厚的增量随刀具齿数的增加而减少,因此,采用齿条型刀具(齿数为∞)变位加工时,轮坯分度圆上的齿厚总是小于采用齿轮型刀具加工时轮坯分度圆上的齿厚。

在生产中,齿轮加工以滚齿加工为主,即变位齿轮齿厚的变化是依据齿条型刀具加工的方式进行的,但在使用中,与变位齿轮进行啮合的往往是另一个齿轮。因此,齿轮变位后按无侧隙啮合方程计算出的中心距 a' 总是 $\leqslant a + (x_1 + x_2)m$,这一差异增加了变位齿轮设计和计算的复杂性。

7.8.5 变位齿轮啮合传动的几何尺寸

1. 变位齿轮传动的啮合角与中心距计算——无侧隙啮合方程式

一对变位齿轮传动时,节圆与分度圆不重合,两齿轮在节圆上相切并作纯滚动,因此,应保证两齿轮在节圆上实现无侧隙啮合。

设两轮节圆上的齿厚分别为 s_1' 和 s_2',齿槽宽分别为 e_1' 和 e_2',由无侧隙啮合条件,应有 $s_1' = e_2'$、$s_2' = e_1'$,则

$$p_1' = s_1' + e_1' = p_2' = s_2' + e_2' = s_1' + s_2'$$

据式(7-15)得节圆齿厚 s_1'、s_2' 为

$$s_1' = s_1 \frac{r_1'}{r_1} - 2r_1'(\text{inv}\alpha' - \text{inv}\alpha)$$

$$s_2' = s_2 \frac{r_2'}{r_2} - 2r_2'(\text{inv}\alpha' - \text{inv}\alpha)$$

节圆半径与分度圆半径之间的关系为

$$\frac{r_1'}{r_1} = \frac{r_2'}{r_2} = \frac{\cos\alpha}{\cos\alpha'} \tag{7-36}$$

又：$r_1=\frac{1}{2}mz_1, r_2=\frac{1}{2}mz_2, p=\pi m$

分度圆齿厚：$s_1=m\left(\frac{\pi}{2}+2x_1\tan\alpha\right), s_2=m\left(\frac{\pi}{2}+2x_2\tan\alpha\right)$

代入式(7－26)并化简得

$$\mathrm{inv}\alpha'=\mathrm{inv}\alpha+\frac{2(x_1+x_2)}{z_1+z_2}\tan\alpha \tag{7-37}$$

式(7－37)称为无侧隙啮合方程式。它将齿轮传动的啮合角与一对齿轮的变位系数联系起来，是计算变位齿轮啮合的重要公式。求出啮合角后，可通过式(7－36)求出两轮的节圆半径，变位齿轮传动的中心距 a' 即等于两节圆半径之和：

$$a'=r_1'+r_2'=\frac{\cos\alpha}{\cos\alpha'}(r_1+r_2)=\frac{\cos\alpha}{\cos\alpha'}a$$

令 $ym=a'-a$

y 称为中心距变动系数，其计算公式见表 7－5。

需要说明的是，$y\leqslant x_1+x_2$，这在前面已经进行了论证。

2. 变位齿轮的齿高变化

根据无侧隙啮合方程确定一对变位齿轮的安装中心距 a' 后，由于

$$ym=a'-a\leqslant(x_1+x_2)m,$$

所以，齿轮的顶隙将小于等于标准顶隙。为了保证顶隙为标准值，应将齿顶高减短一些，设齿顶高变动量(减短量)为 σm，σ 为齿顶高变动系数，则

$$\sigma=x_1+x_2-y\geqslant 0$$

故变位齿轮的齿顶高为 $h_a=(h_a^*+x-\sigma)m$

齿顶圆直径：$d_a=d+2h_a=(z+2h_a^*+2x-2\sigma)m$

除 $x_1+x_2=0$ 和齿轮齿条传动外，总是 $\sigma=x_1+x_2-y>0$，因此，为了保证顶隙为标准值，不论 x_1、x_2 为何值，该对齿轮都要将标准全齿高减短 σm。

7.8.6　渐开线直齿圆柱齿轮传动的类型与特点

根据变位系数的数值及其分配，可把齿轮传动分为三种基本类型(见图 7－30)。

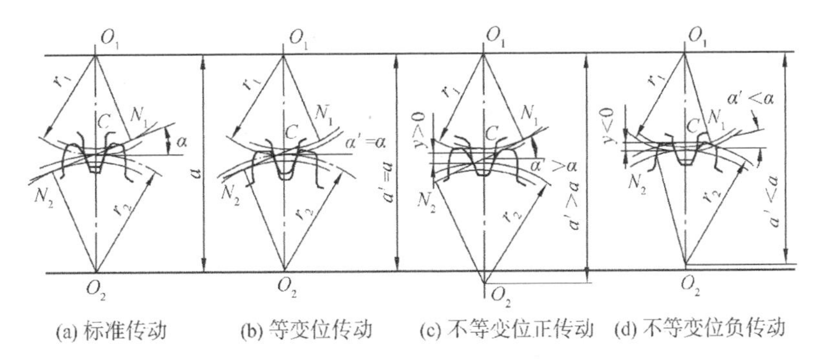

图 7－30　齿轮传动的三种基本类型

1. 标准齿轮传动($x_{\Sigma}=x_1=x_2=0$)

可见,标准齿轮传动是变位齿轮传动的特例,如图 7-30(a)所示,其啮合角 α'等于分度圆压力角 α,中心距 a'等于标准中心距 a。为避免根切,要求 $z>z_{min}$。这类齿轮传动设计简单,使用方便,可以保持标准中心距,但小齿轮的齿根较弱,易磨损。

2. 等变位齿轮传动($x_{\Sigma}=x_1+x_2=0$,$x_1=-x_2$)

等变位齿轮传动的中心距等于标准中心距,其节圆与分度圆重合。如图 7-30(b),因此,

$$a'=a,\ \alpha'=\alpha,\ y=0,\ \sigma=0。$$

与标准齿轮相比,等变位齿轮传动仅仅齿顶高和齿根高发生了变化,即:

$$h_{a1}=(h_a^*+x_1)m \qquad h_{f1}=(h_a^*+c^*-x_1)m$$

故亦称之为高度变位齿轮传动。

等变位齿轮传动一般小齿轮采用正变位、大齿轮采用负变位,故可使小齿轮轮齿强度增加,大齿轮轮齿强度减小,而使两轮轮齿强度接近,从而提高承载能力。另外使小齿轮齿顶圆半径增大,大齿轮齿顶圆半径减小,而使两轮滑动系数接近,故可改善小齿轮的磨损情况。

等变位齿轮传动的应用之一是修复已磨损的旧齿轮,在一对齿轮传动中,一般小齿轮磨损较严重,大齿轮磨损较轻,在修复过程中,若利用负变位修复磨损较轻的大齿轮齿面,重新配制一个正变位的小齿轮,这样既保证原中心距不变,节省了一个大齿轮的制造费用,还能改善其传动性能。

3. 不等变位齿轮传动($x_{\Sigma}=x_1+x_2\neq 0$)

由于 $x_{\Sigma}=x_1+x_2\neq 0$,这对齿轮的中心距 a'不再等于标准中心距 a,因此,其啮合角 α'不再等于标准齿轮的啮合角 α,故又称为角度变位齿轮传动。它又可分为两种情况:

(1) 正传动:$x_{\Sigma}=x_1+x_2>0$

此时,$a'>a$,$\alpha'>\alpha$,$y>0$,$\sigma>0$。

因为中心距增大,则齿轮传动的两分度圆不再相切而是分离 ym,如图 7-30(c)所示。为保证标准顶隙和无侧隙啮合,其全齿高应比标准齿轮缩短 σm。

正传动的主要优点是:提高齿轮的承载能力,配凑并满足不同中心距的要求,还可以减小机构尺寸,减轻轮齿的磨损。

(2) 负传动:$x_{\Sigma}=x_1+x_2<0$

此时,$a'<a$,$\alpha'<\alpha$,$y<0$,但 $\sigma>0$。

这种齿轮传动的两分度圆相交,如图 7-30(d)所示,为保证标准顶隙和无侧隙啮合,其全齿高应比标准齿轮缩短 σm。

它的主要优点是可以配凑不同的中心距,但是其承载能力和强度都比标准齿轮有所下降。一般只在配凑中心距或在其他不得已的情况下,才采用负传动。

7.8.7 变位齿轮传动的设计步骤

变位齿轮传动的设计步骤与其使用目的有关,可分为以下三种主要情况:

1. 避免根切的设计

减少小齿轮的齿数,可以有效地减小传动机构的尺寸,从而使结构变得紧凑。这在大传动比传动中特别有意义。为了实现这一目的,并且避免根切,可以使用高度变位齿轮传动或正传

动。设计步骤如下：

(1) 选择齿数。

(2) 根据式(7-34)计算最小变位系数，确定两轮的变位系数。

(3) 按表 7-5 计算两轮的啮合角、中心距及两轮各部分尺寸。

(4) 校验重合度 ε_α 和正变位齿轮齿顶圆齿厚 s_a，应满足 $\varepsilon_\alpha \geqslant [\varepsilon_\alpha]$，$s_a > (0.2-0.4)m$。

表 7-5　外啮合直齿圆柱齿轮机构的几何尺寸计算

名称	符号	标准齿轮传动	变位齿轮传动	
			等变位齿轮传动	不等变位齿轮传动
变位系数	x	$x_1=x_2=0$	$x_1+x_2=0$	$x_1+x_2\neq 0$
分度圆直径	d	$d=mz$		
基圆直径	d_b	$d_b=mz\cos\alpha$		
节圆直径	d'	$d'=d$		$d'=\frac{\cos\alpha}{\cos\alpha'}d$
啮合角	α'	$\alpha'=\alpha$		$\alpha'=\frac{\cos\alpha}{\cos\alpha'}\alpha$
齿顶高	h_a	$h_a=h_a^*m$	$h_a=(h_a^*+x)m$	$h_a=(h_a^*+x-\sigma)m$
齿根高	h_f	$h_f=(h_a^*+c^*)m$	$h_f=(h_a^*+c^*-x)m$	
齿顶圆直径	d_a	$d_a=d+2h_a$		
齿根圆直径	d_f	$d_f=d-2h_f$		
中心距	a、a'	$a=\frac{m}{2}(z_1+z_2)$		$a'=\frac{\cos\alpha}{\cos\alpha'}a$
齿顶高变动系数	σ	$\sigma=0$		$\sigma=(x_1+x_2-y)$
中心距变动系数	y	$y=0$		$y=\frac{a'-a}{m}$
分度圆齿厚	s	$s=\frac{\pi m}{2}$	$s=\frac{\pi m}{2}+2xm\tan\alpha$	

2. 提高强度的设计

一切传递动力的齿轮传动，应尽可能使用变位齿轮，以提高强度和耐磨性。在一对大小齿轮传动中，由于小齿轮的强度和耐磨性都要比大齿轮差，通常将小齿轮进行正变位。由于齿轮的使用条件不同，发生破坏的形式就不同，因此，应根据设计目标选择变位系数。在变位系数确定之后，其他设计步骤同上。

3. 凑中心距的设计

根据给定的中心距设计时，应根据实际中心距选择传动类型。应尽可能地选用正传动，但有时选用负传动也在所难免。此时设计步骤和前两种情况稍有不同。一般是先根据给定的中心距用式(7-27)计算出啮合角，再根据无侧隙啮合方程式(7-37)计算出总变位系数 x_1+x_2，然后综合考虑避免根切和改善强度分配两轮的变位系数。

[例 7-4]　已知一对变位齿轮，$m=3$，$\alpha=20°$，$h_a^*=1$，$c^*=0.25$，$z_1=z_2=40$，$a'_{12}=121.5\text{mm}$，$x_2=0$。要求确定 x_1，并计算两轮的齿根圆半径、齿顶圆半径和齿全高。

解：设这一对齿轮为标准中心距安装，则中心距为

$$a=\frac{m}{2}(z_1+z_2)=120\text{mm}$$

因给定中心距为 121.5mm>120mm，故这对齿轮为正变位传动，其啮合角为

$$\alpha'=\arccos(a\cos\alpha/a')=21.86°$$

按无侧隙啮合方程有：　$x_1+x_2=\dfrac{z_1+z_2}{2\tan\alpha}(\text{inv}\alpha'-\text{inv}\alpha)=0.524$

按题意：$x_2=0$，所以 $x_1=0.524$，轮 1 与轮 2 的齿根圆半径分别为：

$$r_{f1}=\frac{m}{2}(z_1-2h_a^*-2c^*+2x_1)=57.82\text{mm}$$

$$r_{f2}=\frac{m}{2}(z_2-2h_a^*-2c^*+2x_2)=56.25\text{mm}$$

齿顶圆半径和齿全高的计算有两种方法：

方法 1：

齿顶圆半径　$r_{a1}=a'-r_{f2}-c^*m=64.50\text{mm}$

$r_{a2}=a'-r_{f1}-c^*m=62.93\text{mm}$

齿全高：　$h=r_{a2}-r_{f2}=r_{a1}-r_{f1}=6.68\text{mm}$

方法 2：

中心距变动系数　$y=\dfrac{a'-a}{m}=\dfrac{1.5}{3}=0.5$

齿顶高降低系数　$\sigma=x_1+x_2-y=0.524-0.5=0.024$

齿顶高　$h_{a_1}=mh_a^*+mx_1-m\sigma=3\times(1+0.524-0.024)=4.5\text{mm}$

$h_{a_2}=mh_a^*+mx_2-m\sigma=3\times(1+0-0.024)=2.928\text{mm}$

齿根高　$h_{f1}=m(h_a^*+c^*-x_1)=3\times(1+0.25-0.524)=2.178\text{mm}$

$h_{f2}=m(h_a^*+c^*-x_2)=3\times(1+0.25-0)=3.75\text{mm}$

齿全高：　$h=h_{a1}+h_{f1}=h_{a2}+h_{f2}=6.68$

齿顶圆半径

$$r_{a1}=\frac{1}{2}mz_1+h_{a1}=64.50\text{mm}$$

$$r_{a2}=\frac{1}{2}mz_2+h_{a2}=62.93\text{mm}$$

7.9　斜齿圆柱齿轮传动

7.9.1　斜齿圆柱齿轮齿面的形成及啮合特点

前面在讨论直齿圆柱齿轮时，是仅在轮齿的端面内来研究的，这是因为直齿轮的轮齿方向与齿轮轴线平行，研究一个端面内的情况就能代表整个齿轮的情况。因此，端面上的点和线，实际上代表着齿轮上的线和面，如基圆代表基圆柱，发生线 NK 代表切于基圆柱面的发生面

S。当发生面与基圆柱做纯滚动时，它上面的一条与基圆柱母线 NN 相平行的直线 KK 所展成的渐开线曲面，就是直齿圆柱齿轮的齿廓曲面，如图 7-31 所示。

直齿圆柱齿轮啮合时，齿面的接触线与齿轮的轴线平行[图 7-31(b)]，轮齿沿整个齿宽同时进入或退出啮合，因而轮齿上的载荷是突然加上或卸掉的，容易引起冲击和振动，不适宜高速传动。

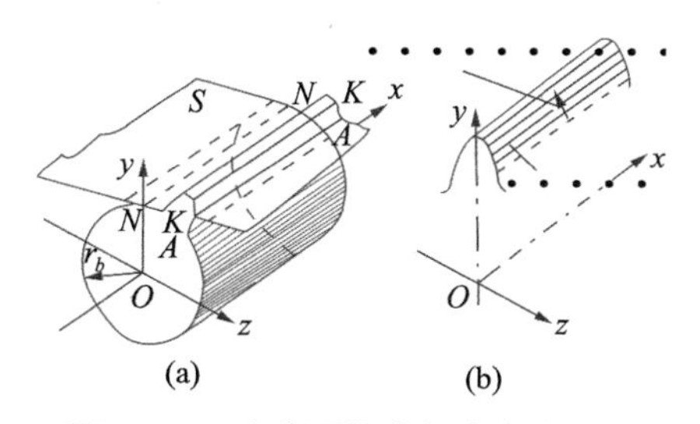

图 7-31　直齿圆柱齿轮齿廓的形成

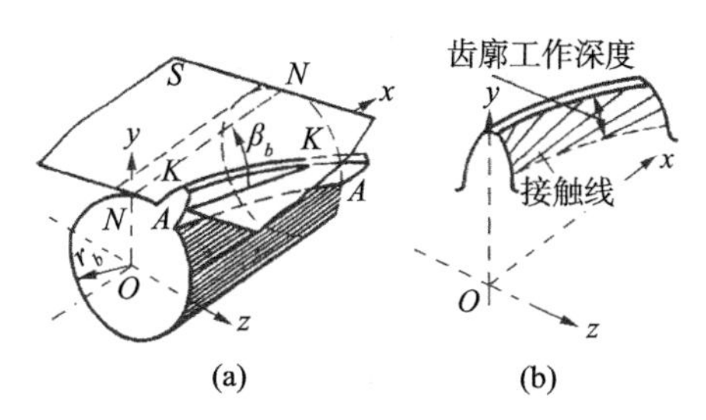

图 7-32　斜齿圆柱齿轮齿廓的形成

斜齿圆柱齿轮齿面的形成原理与直齿圆柱齿轮相似，所不同的是，发生面上展成渐开面的直线 KK 不再与基圆柱母线 NN 平行，而是偏斜一个角度 β_b，如图 7-32 所示。当发生面 S 绕基圆柱做纯滚动时，斜直线 KK 在空间形成的渐开螺旋面就是斜齿轮的齿廓曲面。该齿廓曲面与基圆柱面的交线 AA 是一条螺旋线，其螺旋角等于 β_b，称为斜齿轮基圆柱上的螺旋角。显然，β_b 越大，斜齿轮的齿向越偏斜；而当 $\beta_b=0$ 时，斜齿轮就变成了直齿轮。因此，可以认为直齿轮是斜齿轮的一个特例。

在与其轴线垂直的平面内，斜齿轮的齿廓形状与同样基圆的直齿轮完全相同，仍为渐开线，因此，一对斜齿轮的啮合依然遵循渐开线齿轮的啮合规律，啮合面是两齿轮基圆柱的内公切面，齿廓曲面与啮合面的交线为啮合线，如图 7-33 所示，但其与轴线不平行，而成一角度 β_b。故一对斜齿轮齿面是依次进入啮合和依次退出啮合的，其轮齿上的载荷是逐渐增加，再逐渐减小的，因此，斜齿轮具有传动平稳，冲击、振动和噪声小等特点，适宜高速传动。

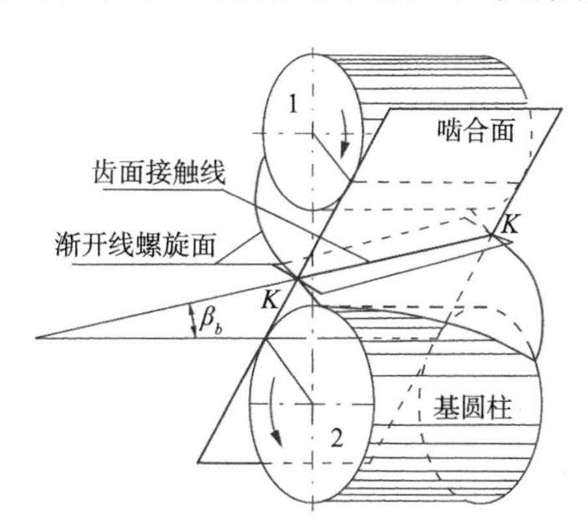

图 7-33　渐开线斜齿圆柱齿轮啮合面

7.9.2　斜齿轮的基本参数与几何尺寸计算

由于斜齿轮的齿面是渐开螺旋面，因而在不同方向的截面上其轮齿的齿形是不同的，故斜齿轮主要有两类基本参数：在垂直于齿轮回转轴线的截面内定义的端面参数（下标为 t）和在垂直于轮齿方向的截面内定义的法面参数（下标为 n）。由于在斜齿轮加工过程中，刀具是沿螺旋线方向进刀的，所以斜齿轮的法面参数与刀具参数相同，即为标准值。而一对斜齿轮啮合，在端面看与直齿轮相同，因此斜齿轮的几何尺寸的计算又应在端面上进行。为此，必须建立端面参数与法面参数间的换算关系。

1. 螺旋角

斜齿轮与直齿轮的根本区别在于其齿廓曲面为螺旋面，该螺旋面与各圆柱面的交线均为螺旋线。图 7－34 是斜齿轮沿其分度圆柱面的展开图，图中阴影部分为轮齿，空白部分为齿槽，b 为轮齿宽度，L 为螺旋线的导程。由于各圆柱的直径不同，而各螺旋线的导程相同，因此，各圆柱面上的螺旋角是不同的。

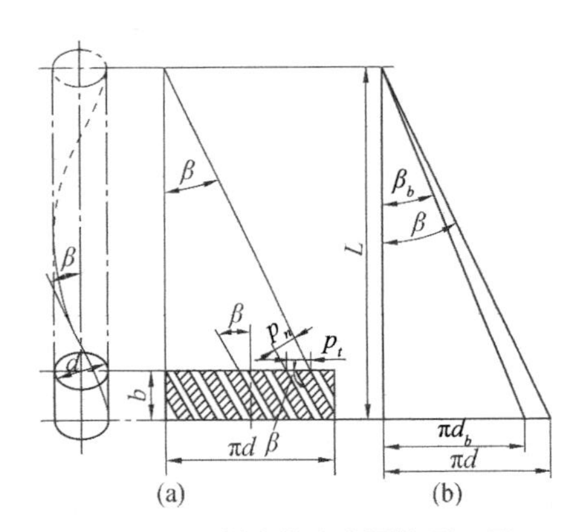

图 7－34　斜齿轮分度圆柱展开图

基圆柱、分度圆柱上的螺旋角分别为

$$\left.\begin{aligned}\beta_b &= \arctan(\pi d_b/L)\\ \beta &= \arctan(\pi d/L)\end{aligned}\right\}$$

故　$\tan\beta_b/\tan\beta = d_b/d$

同理，其他各圆柱面上的螺旋角可依次求得。

2. 法面参数和端面参数的换算

由于斜齿轮可以与斜齿条正确啮合，故可以通过斜齿条来研究其法面参数与端面参数间的关系。

(1) 齿距和模数：如图 7－34 所示，斜齿条的法面齿距 p_n 与端面齿距 p_t 与分度圆螺旋角 β 之间关系为：

$$p_n = p_t\cos\beta \tag{7-38}$$

因 $p_n=\pi m_n$、$p_t=\pi m_t$，故法面模数 m_n 与端面模数 m_t 之间的关系为

$$m_n = m_t\cos\beta \tag{7-39}$$

(2) 压力角：如图 7－35 所示为一斜齿条，其中 ABB' 为端面，ACC' 为法面，$\angle AB'B$ 为端面压力角 α_t，$\angle AC'C$ 为法面压力角 α_n，$\angle BAC$ 为螺旋角 β，由于法面齿高与端面齿高均为 h，故

$$\tan\alpha_n = AC/h,\ \tan\alpha_t = AB/h$$

而　$AC = AB\cos\beta$

故

$$\tan\alpha_n = \tan\alpha_t\cos\beta \tag{7-40}$$

(3) 齿顶高系数与顶隙系数

法面齿顶高与端面齿顶高是相同的,因此有

$$h_a = h_{an}^* m_n = h_{at}^* m_t$$

故
$$h_{at}^* = h_{an}^* m_n / m_t = h_{an}^* \cos\beta \tag{7-41}$$

同理,其顶隙系数也存在如下关系:

$$c_t^* = c_n^* \cos\beta \tag{7-42}$$

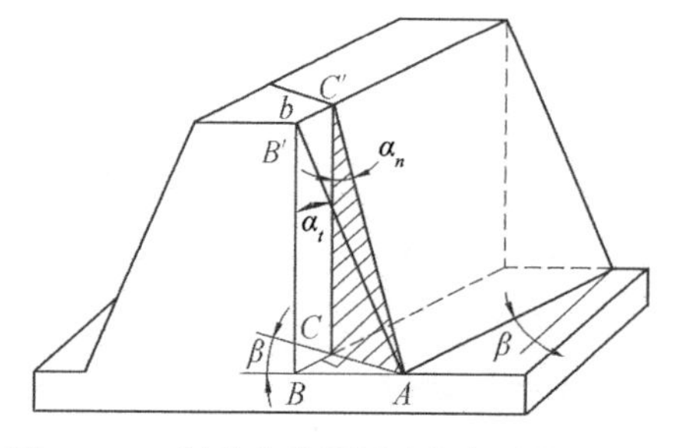

图 7-35 斜齿条法面压力角与端面压力角

3. 标准斜齿轮传动的几何尺寸计算

(1) 分度圆直径:斜齿轮的分度圆直径按端面模数计算

$$d = m_t z = \frac{m_n z}{\cos\beta} \tag{7-43}$$

(2) 斜齿轮的标准中心距:

$$a = \frac{1}{2}(d_1 + d_2) = \frac{m_n}{2\cos\beta}(z_1 + z_2) \tag{7-44}$$

标准斜齿轮传动的几何尺寸计算如表 7-6 所示。

表 7-6 标准斜齿轮传动的几何尺寸计算公式

名称	符号	计算公式
螺旋角	β	通常取 $\beta=8°\sim15°$
法面模数	m_n	按表 7-2 取标准值
端面模数	m_t	$m_t = m_n/\cos\beta$
法面压力角	α_n	标准值 $\alpha_n = 20°$
端面压力角	α_t	$\tan\alpha_t = \tan\alpha_n/\cos\beta$
法面齿距	p_n	$p_n = \pi m_n$
端面齿距	p_t	$p_t = \pi m_t = p_n/\cos\beta$
分度圆直径	d	$d = m_t z = m_n z/\cos\beta$
基圆直径	d_b	$d_b = d/\cos\alpha_t$
法面齿顶高系数	h_{an}^*	$h_{an}^* = 1$
法面顶隙系数	c_n^*	$c_n^* = 0.25$
齿顶高	h_a	$h_a = h_{an}^* m_n$
齿根高	h_f	$h_f = (h_{an}^* + c_n^*) m_n$
齿顶圆直径	d_a	$d_a = d + 2h_a$
齿根圆直径	d_f	$d_f = d - 2h_f$
标准中心距	a	$a = \frac{1}{2}(d_1 + d_2) = \frac{m_t(z_1 + z_2)}{2} = \frac{m_n}{2\cos\beta}(z_1 + z_2)$

7.9.3　一对斜齿轮的啮合传动

1. 一对斜齿轮的正确啮合条件

由于斜齿轮的端面齿廓曲线为渐开线，因此，一对斜齿轮正确啮合时，除应满足直齿轮的正确啮合条件外，其螺旋角还应相匹配。因此，一对斜齿轮的正确啮合条件为：

(1) 模数相等　$m_{n1}=m_{n2}$ 或 $m_{t1}=m_{t2}$；

(2) 压力角相等　$\alpha_{n1}=\alpha_{n2}$ 或 $\alpha_{t1}=\alpha_{t2}$；

(3) 螺旋角大小相等，外啮合时应旋向相反，内啮合时应旋向相同。即

$$\beta_1=\pm\beta_2$$ （其中"+"用于内啮合，"−"用于外啮合）。

2. 一对斜齿轮传动的重合度

如图 7-36 所示，由于斜齿轮的轮齿是依次进入啮合的，所以，斜齿轮的重合度大于同样参数的直齿轮的重合度。斜齿轮的重合度可分为两个部分，一部分是与直齿轮相当的重合度，称为端面重合度，用 ε_α 表示；另一部分是由于齿的倾斜而增加的重合度，称为轴向重合度，用 ε_β 表示；总重合度 ε_γ 为这两者之和，即：

$$\varepsilon_\gamma=\varepsilon_\alpha+\varepsilon_\beta \tag{7-45}$$

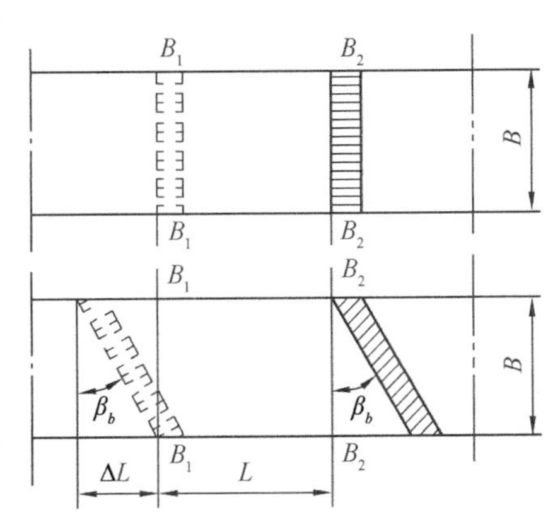

图 7-36　直齿轮和斜齿轮的重合度

端面重合度 ε_α 的计算公式与直齿轮类似，只需代入端面参数即可。

$$\varepsilon_\alpha=\frac{1}{2\pi}[z_1(\tan\alpha_{at1}-\tan\alpha_t')+z_2(\tan\alpha_{at2}-\tan\alpha_t')] \tag{7-46}$$

轴向重合度为斜向轮齿在端面的投影长度 ΔL 与端面基圆齿距之比。

$$\varepsilon_\beta=\frac{\Delta L}{p_{bt}}=\frac{B\tan\beta_b}{\pi m_t\cos\alpha_t}=\frac{B\tan\beta\cos\alpha_t}{\pi m_n\cos\alpha_t/\cos\beta}=\frac{B\sin\beta}{\pi m_n} \tag{7-47}$$

由于齿宽 B 和螺旋角 β 都没有限制，故斜齿轮的重合度可达很大值。有些机器中 ε_γ 可达 10 或 10 以上。但 β 增大后会使轴向力增大，导致结构复杂化，为限制过大的轴向力，通常取 $\beta=8°\sim15°$。

[例 7-5]　某机器上有一对标准外啮合直齿圆柱齿轮，已知：$z_1=40$，$z_2=80$，$m=4$，$\alpha=20°$，$h_a^*=1$，为了提高齿轮传动的平稳性，要求在传动比 i_{12}、模数 m 及中心距 a 均不变的前提下，把直齿圆柱齿轮改为斜齿圆柱齿轮，试确定这对斜齿轮的齿数 z_1、z_2 及螺旋角 β。

解： 给定的一对标准直齿轮的中心距为

$$a=\frac{m}{2}(z_1+z_2)=\frac{4}{2}\times(40+80)=240\text{mm}$$

而一对标准斜齿轮中心距的计算公式为

$$a=\frac{m_n}{2\cos\beta}(z_1+z_2)\quad 或\ \cos\beta=\frac{m_n}{2a}(z_1+z_2)$$

按题意，$a=240\text{mm}$，$m_n=4\text{mm}$，而 $\cos\beta<1$，故斜齿轮的齿数和应小于直齿轮的齿数和，即 $z_1+z_2<120$。为了保持传动比 i_{12} 不变，即 $z_2/z_1=2$。设 $z_1=39$，则 $z_2=78$，算得螺旋角 β 为

$$\cos\beta=\frac{m_n}{2a}(z_1+z_2)=\frac{4}{2\times240}\times117=0.975$$

$$\beta=12°50'19''$$

7.9.4　斜齿轮的当量齿轮与当量齿数

1. 引入当量齿轮的目的

斜齿轮的法面齿形与端面齿形是不同的，在工作过程中，所传递的力作用在轮齿的法面，其强度设计、制造都是以法面为依据的。因此，需要研究斜齿轮的法面齿形。

用仿形法加工斜齿轮时，刀具沿螺旋形齿槽方向进刀，其形状应与齿轮的法面齿形相同。由于斜齿轮的端面为渐开线，因而其法面齿形比较复杂，不易精确求得。

斜齿轮的当量齿轮是这样一个虚拟的直齿轮，其齿形与斜齿轮的法面齿形相当。其齿数称为斜齿轮的当量齿数，用 z_v 表示。引入当量齿轮、当量齿数的目的是：

(1) 仿形法加工斜齿轮时，用于选择铣刀刀号；

(2) 用于强度计算；

(3) 用于选择端面变位系数。

2. 当量齿数的计算

图 7-37 所示为实际齿数为 z 的斜齿轮的分度圆柱，过分度圆柱螺旋线上的 C 点作此轮齿的法面 $n—n$，该法面将分度圆柱剖开得一椭圆剖面，在此剖面上，C 点附近的齿形可看作斜齿轮的法面齿形。若以 C 点的曲率半径 ρ 为分度圆半径，并以斜齿轮的法面模数 m_n、法面压力角 α_n 分别作为假想直齿轮的模数和压力角，则该直齿轮的齿形就可以看成斜齿轮的法面齿形，这个假想的直齿轮称为斜齿轮的当量齿轮。当量齿轮的齿数称为当量齿数，用 z_v 表示。

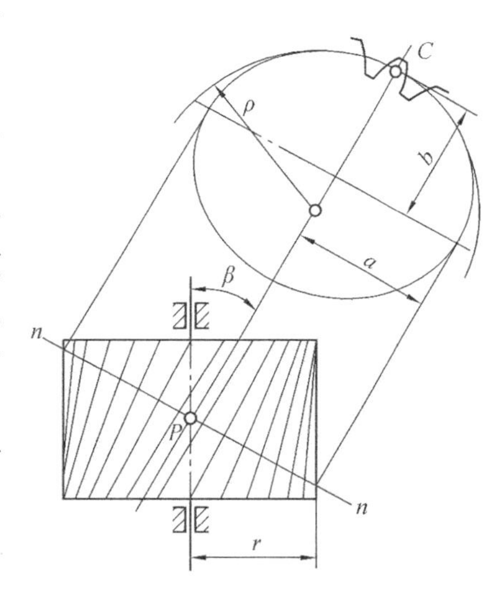

图 7-37　斜齿轮的当量齿轮

由图 7-37 可见，椭圆的长半径 a 和短半径 b 分别为：

$$b=r,\ a=\frac{r}{\cos\beta}$$

式中，r 为斜齿轮的分度圆半径，$r=\frac{1}{2}m_t z$

椭圆上节点 C 处的曲率半径 ρ 为：$\rho=\frac{a^2}{b}=\frac{r}{\cos^2\beta}$

在当量齿轮中，$2\rho=m_n z_v$

故

$$z_v=\frac{2\rho}{m_n}=\frac{2r}{m_n\cos^2\beta}=\frac{m_t z}{m_n\cos^2\beta}=\frac{z}{\cos^3\beta} \tag{7-48}$$

由此可得斜齿轮不发生根切的最少齿数为

$$z_{min}=z_{vmin}\cos^3\beta=17\cos^3\beta$$

因 $\cos^3\beta<1$，故 $z_v>z$，一般不是整数。

7.9.5　斜齿轮传动的特点

与直齿轮传动比较，斜齿轮传动的主要优点是：

(1) 啮合性能好　斜齿圆柱齿轮轮齿之间是一种逐渐啮合过程，轮齿上的受力也是逐渐由小到大，再由大到小；因此斜齿轮啮合较为平稳，冲击和噪声小，适用于高速、大功率传动。

(2) 重合度大　由于斜齿轮的重合度包括端面重合度和轴向重合度，因此，在同等条件下，斜齿轮的啮合过程比直齿轮长，即重合度较大，这就降低了每对齿轮的载荷，从而提高了齿轮的承载能力，延长了齿轮的使用寿命，并使传动平稳。

(3) 结构紧凑　用齿条形刀具切制斜齿圆柱齿轮时，其无根切标准齿轮的最小齿数比直齿圆柱齿轮的少，因而可以得到更加紧凑的结构。

(4) 斜齿轮通常都采用展成法加工，所采用的刀具和机床与直齿轮相同，因此，其制造成本并不增加。

(5) 斜齿轮传动的主要缺点是会产生轴向力，该轴向力是由螺旋角 β 引起的，因此，为了不使斜齿轮产生过大的轴向力，设计时一般取 $\beta=8°\sim15°$。

斜齿轮传动所产生的轴向力是有害的，它将增大传动装置中的摩擦损失和轴承设计的困难，为了克服这个缺点，可采用左右两排轮齿完全对称的人字齿轮，由此产生的轴向力可以相互抵消。但人字齿轮的缺点是加工比较困难。当一根轴上存在多个斜齿轮传动时，可采用不同方向的螺旋角来抵消一部分轴向力。

7.9.6　交错轴斜齿轮传动简介

交错轴斜齿轮传动依然是两个斜齿轮之间的传动，与外啮合平行轴斜齿轮传动不同的是，它们不满足两轮螺旋角大小相等，旋向相反的要求。因此，安装后不能成为平行轴传动，而成为空间两交错轴之间的传动。

1. *几何参数关系与几何尺寸*

图 7-38 所示为一对交错轴斜齿轮传动，其分度圆柱相切于点 C，故点 C 必在两轮轴线的公垂线上，该公垂线的长度即为两轮传动的中心距 a，其大小为

$$a=r_1+r_2=\frac{m_n}{2}\left(\frac{z_1}{\cos\beta_1}+\frac{z_2}{\cos\beta_2}\right) \tag{7-49}$$

过点 C 作两轮分度圆柱的公切面，两轮轴线在该面上投影间的夹角称为轴交错角，用 Σ 表示。由于两齿轮啮合时轮齿的齿向必须一致，因此，两轮螺旋角 β_1、β_2 与轴交错角 Σ 的关系为：

$$\Sigma=|\beta_1+\beta_2| \tag{7-50}$$

当两轮螺旋角方向相同时，β_1、β_2 均用正值代入；当两轮螺旋角方向相反时，β_1、β_2 一个用正值另一个用负值代入。

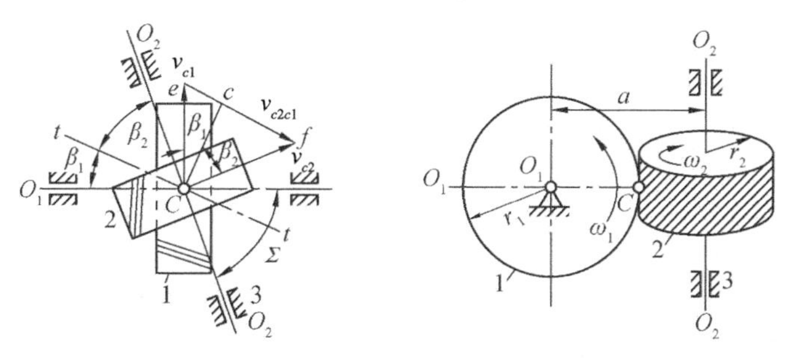

图 7－38 交错轴斜齿轮传动

因每个斜齿轮的螺旋角 $\beta<90°$，若传动的轴交错角 $\Sigma=90°$时，两齿轮的旋向必须相同。若 $\Sigma=0$，则 $\beta_1=-\beta_2$，即为一对平行轴斜齿轮传动。

2. 正确啮合条件

交错轴斜齿轮传动的轮齿是在法面内啮合的，所以其正确啮合条件为：两轮的法面模数 m_n 和法面压力角 α_n 必须分别相等，且均为标准值，即：

$$\left.\begin{aligned} m_{n1}=m_{n2}=m_n \\ \alpha_{n1}=\alpha_{n2}=\alpha_n \end{aligned}\right\} \tag{7-51}$$

由于两轮的螺旋角不一定相等，所以其端面模数 m_t 和端面压力角 α_t 就不一定相等。

3. 传动比及从动轮转向

设两轮的齿数分别为 z_1、z_2，因 $z=d/m_t=d\cos\beta/m_n$，故交错轴斜齿轮传动的传动比为

$$i_{12}=\frac{\omega_1}{\omega_2}=\frac{z_2}{z_1}=\frac{d_2\cos\beta_2}{d_1\cos\beta_1} \tag{7-52}$$

式(7－52)表明，交错轴斜齿轮的传动比由两轮分度圆直径与其螺旋角余弦的乘积来决定。并且，在保持传动比不变的前提下，通过改变 β_1、β_2 的大小可以获得不同的 d_1、d_2 以满足不同中心距的要求。

在交错轴斜齿轮传动中，当主动轮转向确定后，从动轮的转向可通过啮合点 C 的速度关系采用速度矢量图解法求得。在图 7－39 中，$\boldsymbol{v}_{c1}$ 代表轮 1 上点 C 的速度，轮 2 上点 C 的速度 $\boldsymbol{v}_{c2}$ 应为

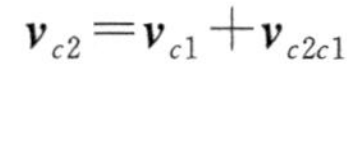

$$\boldsymbol{v}_{c2}=\boldsymbol{v}_{c1}+\boldsymbol{v}_{c2c1}$$

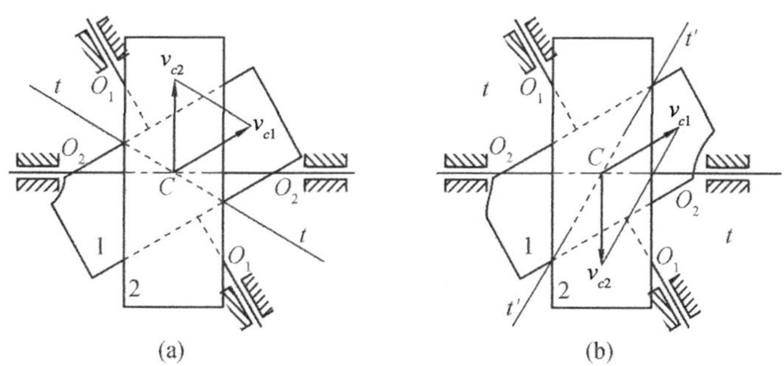

图 7－39 交错轴斜齿轮从动轮转向的确定

式中，v_{c2c1} 是轮 2 上点 C 相对于轮 1 上点 C 的相对速度，即为沿齿长方向的滑动速度，其方向应平行于两轮齿的切线方向 $t—t$，由图中的速度三角形即可求得 v_{c2}，并由此判断出从动轮 2 的转向。

在图 7－39(b)所示的传动中，其结构与图 7－39(a)所示相同，但两轮螺旋角的旋向不同，在主动轮 1 转向不变的情况下，从动轮 2 的转向与图 7－39(a)的相反。

4. 交错轴斜齿轮传动的优缺点

(1) 利用不同螺旋角的普通斜齿轮即可实现空间交错轴之间的传动。并且，当传动比一定时，可通过改变螺旋角的大小来改变两轮的分度圆直径，以满足中心距的要求，或保持中心距不变时，通过调整螺旋角大小与齿数增减来得到不同的传动比。

(2) 当主动轮转向不变时，可借改变螺旋角的方向来改变从动轮的转向。

(3) 交错轴斜齿轮传动除与一般齿轮传动一样沿齿高方向有滑动外，沿齿轮的齿长方向还有相对速度 v_{c2c1}，即沿齿长方向存在较大的相对滑动，轮齿磨损快，机械效率低，故不适宜传递较大功率。

7.10 蜗杆传动机构

蜗杆传动机构是由交错轴斜齿轮传动机构演化而来的，它由蜗杆和蜗轮组成，用于传递交错轴之间的运动，通常取轴交错角 $\Sigma=90°$。

7.10.1 蜗杆和蜗轮的形成

在交错轴斜齿轮机构中，若齿轮 1 的齿数 z_1 很小、螺旋角 β_1 很大、分度圆直径 d_1 很小，而其轴向尺寸又很长时，则轮齿将在分度圆柱上形成完整的螺旋线，类似于螺杆，故称之为蜗杆，如图 7－40 所示。与其配对的齿轮 2 的齿数 z_2 较大，螺旋角 β_2 很小，分度圆直径 d_2 较大，可视为一个宽度不大的斜齿轮，称之为蜗轮。这样得到的蜗杆传动的传动比 i_{12} 很大，一般 $i_{12}=10\sim80$，有时可达 300 以上。

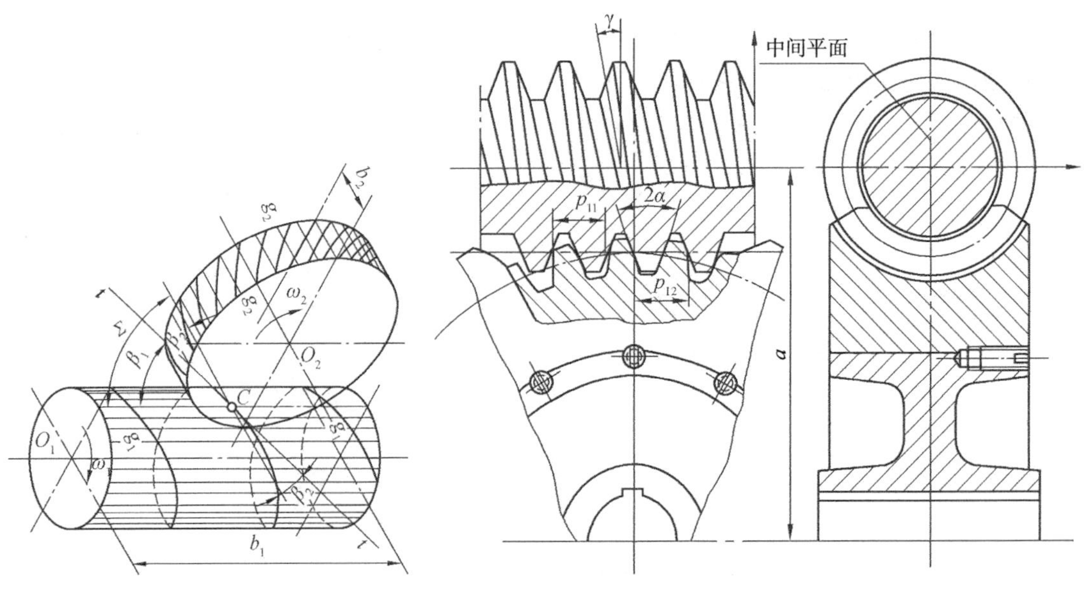

图 7－40 蜗杆和蜗轮的形成　　图 7－41 圆柱蜗杆与蜗轮的啮合传动

交错轴斜齿轮齿间为点接触，为了改善接触状态，将蜗轮圆柱面上的直母线做成与蜗杆轴同心的圆弧形，使它部分地包住蜗杆，如图 7－41 所示。这样加工出的蜗轮与蜗杆啮合时，形成了线接触，从而提高了承载能力。

为了加工出上述形状的蜗轮，采用了对偶法加工蜗轮轮齿，即是采用与蜗杆形状相同的滚刀（为加工出顶隙，蜗杆滚刀的外圆直径要略大于标准蜗杆外径），并保持蜗杆蜗轮啮合时的中心距与啮合传动关系去加工蜗轮。

蜗杆与螺旋相似，也有右旋和左旋之分，一般多采用右旋蜗杆，对蜗杆不再用螺旋角 β_1，而用导程角（螺旋升角）γ_1 作为其螺旋线的参数，$\gamma_1=90°-\beta_1$，由于交错角 $\Sigma=90°$。因此，蜗杆的导程角与蜗轮的螺旋角应大小相等，即 $\gamma_1=\beta_2$，其旋向应相同。并且对蜗杆不再称 z_1 为齿数，而称其为螺旋线的头数，z_1 等于 1 和 2 时称为单头蜗杆和双头蜗杆，$z_1\geqslant 3$ 时称为多头蜗杆。

7.10.2　蜗杆机构的类型

根据蜗杆的外形，蜗杆机构有两种类型：圆柱蜗杆机构（图 7－41）和环面（圆弧面）蜗杆机构（图 7－42）。圆柱蜗杆的齿顶位于圆柱面上，而环面蜗杆的齿顶位于圆弧回转面上。显然，环面蜗杆机构是圆柱蜗杆机构的进一步改进，由于接触状态的改善，环面蜗杆机构具有更大的承载能力和更高的传动效率，但其制造和安装精度要求高，成本也高。本节仅讨论圆柱蜗杆机构。

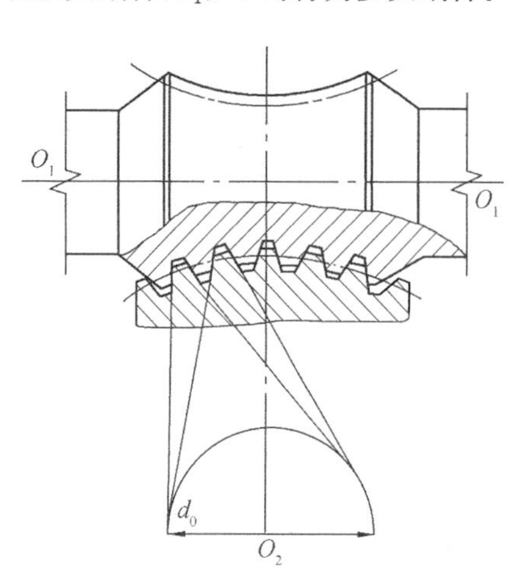

图 7－42　环面（圆弧面）蜗杆机构

圆柱蜗杆多在车床上粗加工而后经磨制而成。图 7－43 为圆柱蜗杆形成原理图，车刀两刀刃夹角 $2\alpha=40°$，加工时随车刀放置的位置和姿态的不同，可得三种齿廓形状的蜗杆。

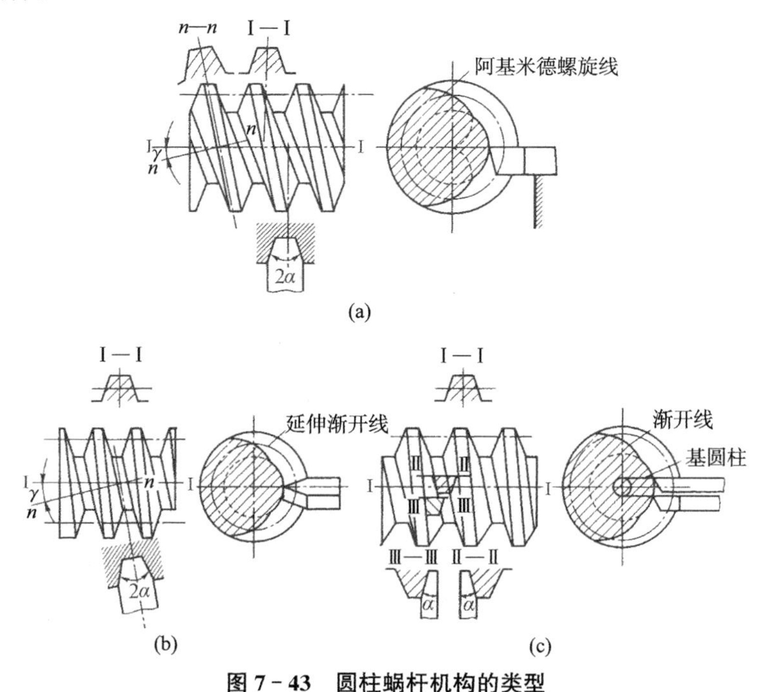

图 7－43　圆柱蜗杆机构的类型

(1) 阿基米德蜗杆　将车刀刃放置于蜗杆轴线的同一平面内，加工出的蜗杆的轴剖面Ⅰ－Ⅰ为直线齿形，与轴线垂直的端面内的齿形为阿基米德螺旋线[如图 7－43(a)]，故称之为阿基米德蜗杆。因它的加工工艺性好，在生产中应用得最为广泛。

(2) 延伸渐开线蜗杆　将车刀刃放在蜗杆齿面的法向位置，这样加工出来的蜗杆在法向剖面内为直线齿廓，其端面齿形为延伸渐开线[如图 7－43(b)]，因而称之为延伸渐开线蜗杆，或称之为法向直廓蜗杆。

(3) 渐开线蜗杆　将车刀刃与蜗杆的基圆柱相切，这样加工出来的蜗杆的端面为渐开线齿形[如图 7－43(c)]，故称为渐开线蜗杆。

7.10.3　蜗杆传动的主要参数及几何尺寸计算

1. 蜗杆的基本齿廓

蜗杆机构虽然是由斜齿轮传动机构演化而来的，但由于其结构的特殊性，其相关规定与斜齿轮有所不同，国家标准 GB/T 10085—2018、GB/T 10087—2018 分别对圆柱蜗杆传动基本参数和圆柱蜗杆基本齿廓进行了专门的规定。

作包含蜗杆轴线并垂直于蜗轮轴线的截面，称为蜗杆传动的主平面。它对于蜗轮是端截面，对于蜗杆是轴截面，在主平面内进行分析，蜗轮与蜗杆的啮合就相当于齿轮与齿条的啮合。国家标准对蜗杆在轴截面内的齿形作了规定，称为蜗杆的基本齿廓。

2. 模数 m 和压力角 α

蜗杆取轴截面内的模数 m_{x1} 为标准值，蜗轮则取端截面内的模数 m_{t2} 为标准值。应有 $m_{x1}=m_{t2}=m$。其中对模数标准值的规定如表 7－7，它与齿轮模数标准值的规定不完全相同。

蜗杆轴截面内的齿形压力角 α_{x1} 为标准值，与齿轮一样规定为 20°，它应等于蜗轮端截面内分度圆上的压力角 α_{t2}，即应有 $\alpha_{x1}=\alpha_{t2}=\alpha=20°$。

3. 齿顶高系数 h_a^* 和顶隙系数 c^*

一般采用 $h_a^*=1, c^*=0.2$。

4. 蜗杆头数 z_1、蜗轮齿数 z_2 和传动比 i_{12}

蜗杆传动的传动比

$$i_{12}=\frac{\omega_1}{\omega_2}=\frac{z_2}{z_1} \tag{7-53}$$

蜗杆头数 z_1 一般取为 1、2、4、6。当头数小时，可以获得大的传动比和好的自锁性，但传动效率低。在动力传动中常采用双头或多头蜗杆。

蜗杆头数 z_1 确定后，按传动比 i_{12} 的大小确定蜗轮齿数 z_2，$z_2=i_{12}z_1$。当 $z_1=1$ 时，要求蜗轮齿数 $z_2\geqslant 17$；当 $z_1=2$ 时，要求 $z_2>27$；一般动力传动中，$z_2<80$；对于只传递运动的情况，z_2 可更大一些。

5. 蜗杆直径 d_1 和导程角 γ

为保证蜗杆与蜗轮能够很好地啮合，蜗轮是用与蜗杆尺寸、形状相当的滚刀去加工的。为了减少价格昂贵的滚刀的数目，蜗杆的基本参数就不能任意选择。在国家标准中规定了分度圆直径 d_1，模数 m 和头数 z_1 的匹配系列值，如表 7－7 所示。

表 7－7 蜗杆的基本参数(摘自 GB/T 10085—2018)

m	z_1	d_1	m	z_1	d_1	m	z_1	d_1	m	z_1	d_1
1	1	18	3.15	1,2,4	(28)	6.3	1,2,4	(50)	12.5	1,2,4	(90)
1.25	1	20		1,2,4,6	35.5		1,2,4,6	63			112
		22.4		1,2,4	(45)		1,2,4	(80)			(140)
1.6	1,2,4	20		1	56		1	112		1	200
	1	28	4	1,2,4	(31.5)	8	1,2,4	(63)	16	1,2,4	(112)
2	1,2,4	(18)		1,2,4,6	40		1,2,4,6	80			140
		22.4		1,2,4	(50)		1,2,4	(100)			(180)
		(28)		1	71		1	140		1	250
	1	35.5	5	1,2,4	(40)	10	1,2,4	(71)	20	1,2,4	(140)
2.5	1,2,4	(22.4)		1,2,4,6	50		1,2,4,6	90			160
	1,2,4,6	28		1,2,4	(63)		1,2,4	(112)			(224)
	1,2,4	(35.5)		1	90		1	160		1	315
	1	45									

注:模数和直径的单位为 mm,括号内的数尽量不采用。

当蜗杆的分度圆直径 d_1,模数 m 和头数 z_1 确定以后,其导程角 γ_1 便随之确定。由于导程 $l=\pi m z_1$,则

$$\tan\gamma_1=\frac{l}{\pi d_1}=\frac{z_1 p_{x1}}{\pi d_1}=\frac{m z_1}{d_1} \tag{7-54}$$

因此,导程角是不能随意选择的,必须按式(7－54)计算而得。

6. 蜗杆蜗轮传动的正确啮合条件

蜗杆传动的正确啮合条件为:在中间平面内其模数相等、压力角相等、螺旋升角与螺旋角的旋向相同。

对于广泛采用的交错角 $\Sigma=90°$ 的蜗杆传动,蜗杆的螺旋升角 γ_1 还应等于蜗轮的螺旋角 β_2,即 $\gamma_1=\beta_2$。

7. 蜗杆传动几何尺寸的计算

确定蜗杆传动的模数 m,蜗杆头数 z_1 后,即可根据表 7－7 确定蜗杆分度圆直径 d_1,其余几何尺寸的计算如表 7－8。

表 7－8 蜗杆机构的几何尺寸计算

名 称	符号	蜗 杆	蜗 轮
齿顶高	h_a	$h_a=h_a^* m$	
齿根高	h_f	$h_f=(h_a^*+c^*)m$	
全齿高	h	$h=h_a+h_f=(2h_a^*+c^*)m$	
分度圆直径	d	从表中选取	$d_2=mz_2$
齿顶圆直径	d_a	$d_{a1}=d_1+2h_a=d_1+2h_a^* m$	$d_{a2}=d_2+2h_a=(z_2+2h_a^*)m$
齿根圆直径	d_f	$d_{f1}=d_1-2h_f=d_1-2(h_a^*+c^*)m$	$d_{f2}=d_2-2h_f=(z_2-2h_a^*-2c^*)m$

续表

名　称	符号	蜗　杆	蜗　轮
蜗杆导程角	γ_1	$\gamma_1=\arctan(mz_1/d_1)$	
蜗轮螺旋角	β_2		$\beta_2=\gamma_1$
中心距	a	$a=(d_1+d_2)/2$	
传动比	i_{12}	$i_{12}=n_1/n_2=z_2/z_1$	

7.10.4　蜗杆传动的特点

1. 优点

(1) 结构紧凑，能实现大的传动比。

(2) 蜗轮蜗杆为线或面接触，承载能力大、传动平稳、噪声低。

(3) 当蜗杆的导程角 γ 小于啮合轮齿间的当量摩擦角时，机构具有自锁性。

2. 缺点

(1) 蜗杆与蜗轮啮合齿面间的相对滑动速度较大，磨损和发热较严重，对材料、润滑和散热条件要求高。

(2) 传动效率低，一般传动效率在 0.7 左右，自锁传动的效率≤0.5。

7.11　直齿圆锥齿轮传动

7.11.1　概述

圆锥齿轮机构用于传递两相交轴之间的运动和动力，轴交角 Σ 可根据传动需要来确定，一般为 $\Sigma=90°$。圆锥齿轮的轮齿分布在圆锥面上，齿形从大端到小端逐渐减小，如图 7-44 所示。因此，圆柱齿轮里的有关“圆柱”就变成了“圆锥”，如分度圆锥、节圆锥、基圆锥、齿顶圆锥等。

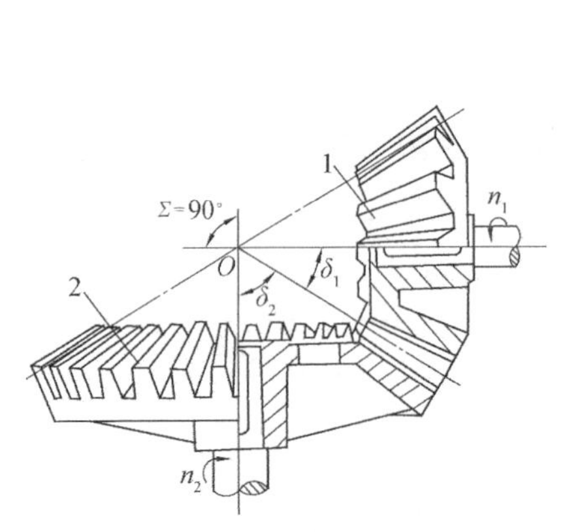

图 7-44　直齿圆锥齿轮

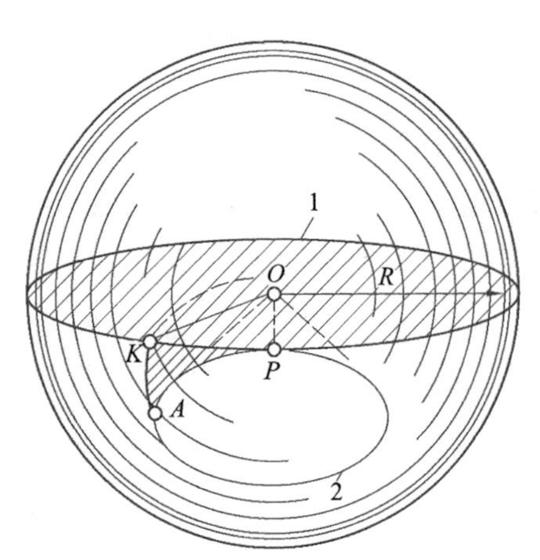

图 7-45　直齿圆锥齿轮齿廓曲面的形成

圆锥齿轮的轮齿主要有直齿和曲线齿两种形式。直齿圆锥齿轮的设计、制造和安装均较简单，故在一般机械传动中得到了广泛的应用。曲线齿圆锥齿轮传动平稳、承载能力大，噪声低，在汽车、拖拉机等高速重载机械中有所应用。本节只讨论直齿圆锥齿轮机构。

7.11.2 直齿圆锥齿轮齿廓曲面的形成与特点

如图 7-45 所示，圆平面 1 与基圆锥 2 相切于直线 OA，其中 O 为锥顶，OA 亦为圆锥的母线。当该平面绕基圆锥作纯滚动时，OA 上任一点 A 的轨迹 AK 称为该基圆锥的渐开线，由于 AK 线上任一点均与锥顶 O 等距，故 AK 是一条以 O 为球心的球面渐开线。它也是圆锥齿轮大端的齿廓曲线，而直线 OK 的轨迹即为直齿圆锥齿轮的齿廓曲面。

由此可见，圆锥齿轮的轮齿是分布在圆锥面上的，所以轮齿两端尺寸的大小不同，为了计算和测量的方便，规定取圆锥齿轮大端的参数为标准值。

圆锥齿轮在啮合过程中，两轮绕各自的轴线回转，其共轭齿廓应分布在以锥顶 O 为球心的球面上。只有与锥顶 O 等距的对应点才能相互啮合，因此，一对圆锥齿轮的大端锥距（简称锥距，用 R 表示）应相等。又由于圆锥齿轮的大端齿廓曲线为球面渐开线。球面无法展开成平面，这样，圆锥齿轮的设计计算就遇到了困难，因此，应寻求一种代替球面渐开线的近似的计算方法。

7.11.3 直齿圆锥齿轮的背锥与当量齿轮

图 7-46 为一圆锥齿轮的轴剖面，其中△OAA 代表分度圆锥（通常就是节圆锥），△Obb 代表齿顶圆锥，△Occ 代表齿根圆锥。r 为分度圆半径。作以锥顶 O 为圆心，以 OA（锥距 R）为半径的圆，则圆弧 bAc 即为齿轮大端球面齿形与轴剖面的交线。该球面齿廓曲线是不能展开成平面的。

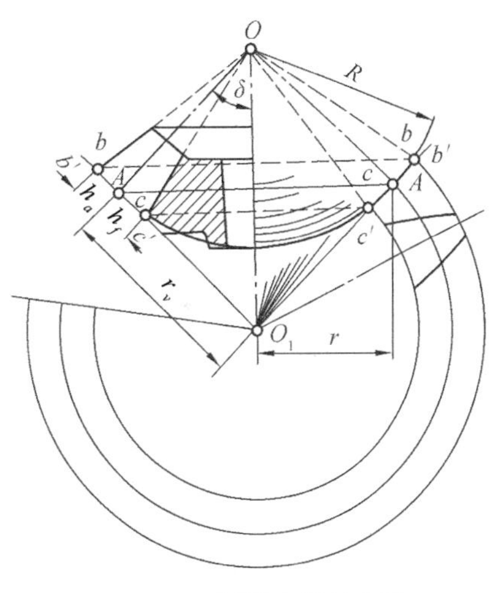

图 7-46 圆锥齿轮的背锥

过 A 点作圆弧 bAc 的切线 O_1A，与齿轮的轴线交于 O_1 点。并以 OO_1 为轴线，以 O_1A 为母线回转，形成一圆锥面，它与圆锥齿轮大端的球面齿形在其分度圆各点处处相切，称为圆锥齿轮的背锥。△O_1AA 即为背锥在圆锥齿轮轴剖面上的投影。由于背锥母线与圆锥齿轮的分度圆锥母线相互垂直，将球面渐开线投影到背锥上得到的齿廓曲线与球面渐开线上的齿廓曲线非常接近，并且其分度圆上的尺寸相同，故可用背锥上的齿形近似地作为圆锥齿轮的大端齿形。

锥面是可以展开成平面的，将背锥展开后得到一扇形齿轮，该扇形齿轮的分度圆半径 r_v 为背锥距 O_1A，其模数 m、压力角 α 和齿高系数 h_a^* 等分别与圆锥齿轮大端参数相同。故可用圆柱齿轮的方法求得该扇形齿轮的齿形，用它近似地作为圆锥齿轮的大端齿形。

将扇形齿轮补足成完整的圆柱齿轮，该虚拟的圆柱齿轮称为锥齿轮的当量齿轮，其齿数 z_v 称为圆锥齿轮的当量齿数。

在图 7-46 中，圆锥齿轮的齿数为 z，大端模数为 m，分度圆锥角为 δ，则当量齿轮的分度圆半径

$$r_v = r/\cos\delta = mz/2\cos\delta$$

而 $$r_v = mz_v/2$$

故得 $$z_v = \frac{z}{\cos\delta} \tag{7-55}$$

因 $\cos\delta < 1$,故 $z_v > z$,而且一般不是整数。

7.11.4 直齿圆锥齿轮的啮合传动

一对直齿圆锥齿轮的啮合传动,相当于其当量齿轮的啮合传动。因此,可以借助于当量齿轮来分析圆锥齿轮的啮合情况。

1. 正确啮合条件

一对圆锥齿轮的正确啮合条件为:两轮的(大端)模数和压力角分别相等。此外,还应保证两圆锥齿轮的锥距相等及锥顶重合。即

$$\left.\begin{aligned} m_1 &= m_2 = m \\ \alpha_1 &= \alpha_2 = \alpha \\ R_1 &= R_2 = R \\ \delta_1 + \delta_2 &= \Sigma \end{aligned}\right\} \tag{7-56}$$

2. 连续传动条件

一对圆锥齿轮的连续传动条件为:其重合度必须大于(至少等于)1。重合度的值可按当量齿轮进行计算。

$$\varepsilon = \frac{1}{2\pi}\left[z_{v1}(\tan\alpha_{av1} - \tan\alpha_v') + z_{v2}(\tan\alpha_{av2} - \tan\alpha_v')\right] \tag{7-57}$$

3. 最少齿数

直齿圆锥齿轮不发生根切的最少齿数 $z_{\min}$ 与其当量齿轮的最少齿数 $z_{v\min}$ 的关系为

$$z_{\min} = z_{v\min}\cos\delta \tag{7-58}$$

故圆锥齿轮不发生根切的最少齿数小于 $z_{v\min}$(当 $h_a^* = 1, \alpha = 20°$时,$z_{v\min} = 17$)。

7.11.5 直齿圆锥齿轮传动的几何尺寸计算

直齿圆锥齿轮规定以大端参数为标准值,大端模数根据 GB 12368—1990 选取(表 7-9),压力角的标准值为 20°。齿顶高系数 $h_a^* = 1$,顶隙系数 $c^* = 0.2$。

表 7-9 直齿圆锥齿轮的模数(摘录 GB 12368—1990)

…	1	1.125	1.25	1.375	1.5	1.75	2	2.25	2.5
2.75	3	3.25	3.5	3.75	4	4.5	5	5.5	6
6.5	7	8	9	10	…				

图 7-47 为轴交角 $\Sigma = 90°$的一对直齿圆锥齿轮轴剖面图,轴交角等于两分度圆锥角之和,即

$$\Sigma = \delta_1 + \delta_2 = 90°$$

一对标准直齿圆锥齿轮的啮合传动，其分度圆锥与节圆锥重合，因此，可视为两分度圆锥做纯滚动。两圆锥齿轮分度圆直径分别为

$$\left.\begin{array}{l} d_1 = 2R\sin\delta_1 \\ d_2 = 2R\sin\delta_2 \end{array}\right\}$$

一对圆锥齿轮的传动比

$$i_{12} = \frac{\omega_1}{\omega_2} = \frac{z_2}{z_1} = \frac{d_2}{d_1} = \frac{\sin\delta_2}{\sin\delta_1} \qquad (7-59)$$

当 $\Sigma = 90°$ 时，有

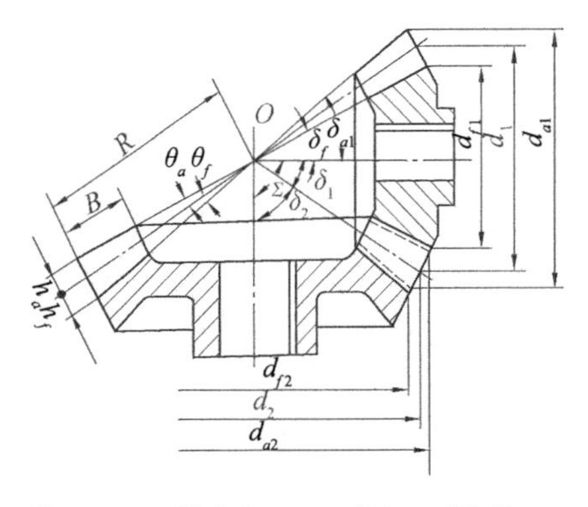

图 7-47　轴交角 $\Sigma=90°$ 的一对直齿圆锥齿轮轴剖面图

$$i_{12} = \cot\delta_1 = \tan\delta_2 \qquad (7-60)$$

根据圆锥齿轮的啮合特点，参考图 7-47 可得出直齿圆锥齿轮的几何尺寸，其计算公式列于表 7-10 中。

表 7-10　标准直齿圆锥齿轮传动几何尺寸的计算（$\Sigma=90°$）

名称	符号	计算公式	
		小齿轮	大齿轮
分度圆锥角	δ	$\delta_1 = \arctan(z_1/z_2)$	$\delta_2 = 90° - \delta_1$
分度圆直径	d	$d_1 = mz_1$	$d_2 = mz_2$
分度圆齿厚	s	$s = \pi m/2$	
齿顶高	h_a	$h_a = h_a^* m$	
齿根高	h_f	$h_f = (h_a^* + c^*)m$	
齿顶圆直径	d_a	$d_{a1} = d_1 + 2h_a\cos\delta_1$	$d_{a2} = d_2 + 2h_a\cos\delta_2$
齿根圆直径	d_f	$d_{f1} = d_1 - 2h_f\cos\delta_1$	$d_{f2} = d_2 - 2h_f\cos\delta_2$
锥距	R	$R = mz/(2\sin\delta) = m\sqrt{z_1^2 + z_2^2}/2$	
齿顶角	θ_a	$\theta_a = \arctan(h_a/R)$	
齿根角	θ_f	$\theta_f = \arctan(h_f/R)$	
当量齿数	z_v	$z_{v1} = \dfrac{z_1}{\cos\delta_1}$	$z_{v2} = \dfrac{z_2}{\cos\delta_2}$
当量齿轮分度圆直径	d_v	$d_{v1} = \dfrac{d_1}{\cos\delta_1}$	$d_{v2} = \dfrac{d_2}{\cos\delta_2}$
重合度	ε	$\varepsilon = \dfrac{1}{2\pi}[z_{v1}(\tan\alpha_{av1} - \tan\alpha_v') + z_{v2}(\tan\alpha_{av2} - \tan\alpha_v')]$	
齿宽	b	$b \leqslant \dfrac{R}{3}$（取整数）	

7.12　典型题解析

[例 7-6]　一个渐开线标准正常直齿圆柱齿轮，齿轮的齿数 $z=17$，压力角 $\alpha=20°$，模数 $m=3\text{mm}$。试求在齿轮分度圆和齿顶圆上齿廓的曲率半径和压力角。

解： 如例图 7-6 所示，由已知条件得

$$r=\frac{mz}{2}=\frac{3\times17}{2}=25.5\text{mm}$$

$$r_b=r\cos\alpha=25.5\cos20°=23.96\text{mm}$$

$$r_a=r+h_a^*m=25.5+1\times3=28.5\text{mm}$$

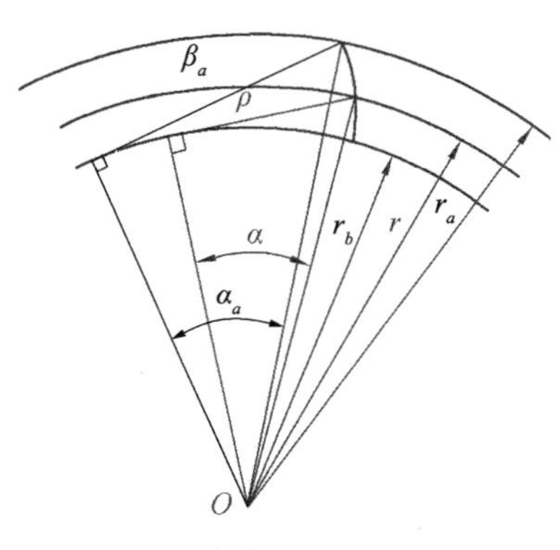

例图 7-6

所以在齿轮分度圆上齿廓的压力角和曲率半径分别为

$$\alpha=\arccos\frac{r_b}{r}=\arccos\frac{23.96}{25.5}=20°$$

$$\rho=r_b\tan\alpha=23.96\tan20°=8.72\text{mm}$$

在齿轮齿顶圆上齿廓的压力角和曲率半径分别为

$$\alpha_a=\arccos\frac{r_b}{r_a}=\arccos\frac{23.96}{28.5}=32.79°$$

$$\rho_a=r_b\tan\alpha_a=23.96\tan32.79°=15.44\text{mm}$$

[例 7-7]　一对标准外啮合直齿圆柱齿轮传动，模数 $m=4$，压力角 $\alpha=20°$，齿数 $z_1=24$，$z_2=36$，当实际安装中心距 a' 比标准中心距 a 大 2mm 时，试计算这对齿轮的啮合角（节圆压力角）α' 及节圆半径 r_1' 和 r_2'。

解： 这对标准齿轮标准安装时的中心距 a 为

$$a=\frac{m(z_1+z_2)}{2}=\frac{4\times(24+36)}{2}=120\text{mm}$$

按题意，实际中心距：$a'=a+2=120+2=122\text{mm}$

因　$r_{b1}+r_{b2}=a\cos\alpha=a'\cos\alpha'$

故　$\cos\alpha'=\dfrac{a\cos\alpha}{a'}=\dfrac{120\times\cos20°}{122}=0.92429$，$\alpha'=22.44°$

$$r_1'=\frac{z_1}{z_1+z_2}a'=\frac{24}{24+36}\times122=48.8\text{mm}$$

$$r_2'=\frac{z_2}{z_1+z_2}a'=\frac{36}{24+36}\times122=73.2\text{mm}$$

[例 7-8]　用一个标准齿条型刀具加工齿轮，齿条的模数 $m=4\text{mm}$，齿形角 $\alpha=20°$，齿顶高系数 $h_a^*=1$，顶隙系数 $c^*=0.25$，齿轮的转动中心到刀具分度线之间的距离为 $H=29\text{mm}$，并且被加工齿轮没有发生根切现象。试确定被加工齿轮的基本参数。

解： $H=\dfrac{mz}{2}$　$\Rightarrow$　$z=\dfrac{2H}{m}=\dfrac{2\times29}{4}=14.5$

由于齿数已经小于标准齿轮不根切的最小齿数 17，所以只可能是正变位齿轮，将齿数圆整至整数，取 $z=14$。则由

$$H=\frac{mz}{2}+xm \quad \Rightarrow \quad x=\frac{H-\frac{mz}{2}}{m}=\frac{29-\frac{4\times 14}{2}}{4}=0.25$$

此时齿轮不根切的最小变位系数为

$$x_{\min}=\frac{h_a^*(z_{\min}-z)}{z_{\min}}=\frac{1\times(17-14)}{17}=0.176$$

故变位系数 $x=0.25>0.176$，满足齿轮不根切条件。

所以被加工齿轮为正变位齿轮，齿数为 14，变位系数为 0.25。

分度圆半径为 $r=\frac{mz}{2}=\frac{4\times 14}{2}=28\text{mm}$

基圆半径为 $r_b=r\cos\alpha=28\cos 20°=26.31\text{mm}$

齿顶圆半径为 $r_a=r+(h_a^*+x)m=28+(1+0.25)\times 4=33\text{mm}$

齿根圆半径为 $r_f=r-(h_a^*+c^*-x)m=28-(1+0.25-0.25)\times 4=24\text{mm}$

[例 7-9]　在下列各种情况下，确定外啮合直齿圆柱齿轮传动的类型。

(1) $z_1=14, z_2=40, \alpha=15°, h_a^*=1, c^*=0.25$。

解： 由式 $z_{\min}=\frac{2h_a^*}{\sin^2\alpha}$ 可得 $z_{\min}=30$，由于 $z_1+z_2<2z_{\min}$，这对齿轮传动只能采用正传动。变位系数的选择应满足 $x_1\geqslant x_{1\min}, x_2\geqslant x_{2\min}$。

(2) $z_1=33, z_2=47, m=6\text{mm}, \alpha=20°, h_a^*=1, a'=235\text{mm}$。

解： 因为 $a=\frac{m(z_1+z_2)}{2}=240\text{mm}>a'=235\text{mm}$

所以，必须采用负传动。齿轮的变位系数由无齿侧间隙方程确定：

$$\alpha'=\arccos\left(\frac{a\cos\alpha}{a'}\right)=16.32°$$

$$x_1+x_2=\frac{z_1+z_2}{2\tan\alpha}(\text{inv}16.32°-\text{inv}20°)=-0.763$$

至于 x_1 和 x_2 各取什么值，还应根据其他条件确定。

(3) $z_1=12, z_2=28, m=5\text{mm}, \alpha=20°, h_a^*=1$，要求无根切现象。

解： 由已确定的参数可知，不根切的最少齿数为 17，根据各种传动类型的齿数条件可知：可以采用的齿轮传动类型是等变位齿轮传动、正传动和负传动。

(4) $a'=138\text{mm}, m=4\text{mm}, \alpha=20°, h_a^*=1, i_{12}=\frac{5}{3}$，传动比误差不超过±1%。

解： $z_1=\frac{2a'}{m(1+i_{12})}=25.875$

若取 $z_1=25$，$z_2=42$

$$\Delta i_{12}=\left|\frac{\frac{5}{3}-\frac{42}{25}}{\frac{5}{3}}\right|=0.008<1\%,$$

由于 $a=134\text{mm}<a'=138\text{mm}$

则应采用正传动。

［例 7-10］ 一对渐开线外啮合标准斜齿圆柱齿轮传动，已知 $z_1=21, z_2=51, m_n=4\text{mm}, \alpha_n=20°, h_{an}^*=1, c_n^*=0.25, \beta=15°$，轮齿宽度 $B=30\text{mm}$。试计算这对齿轮传动的中心距 a 和重合度 ε。

解： 齿轮传动的中心距 a 为

$$a=\frac{m_n(z_1+z_2)}{2\cos\beta}=\frac{4\times(21+51)}{2\cos15°}=149.08\text{mm}$$

$$\tan\alpha_t=\frac{\tan\alpha_n}{\cos\beta}=\frac{\tan20°}{\cos15°}=0.3768$$

所以 $\alpha_t=\arctan0.3768=20.65°$

$$r_{bt1}=\frac{m_n}{2\cos\beta}z_1\cos\alpha_t=\frac{4}{2\cos15°}\times21\cos20.65°=40.69\text{mm}$$

$$r_{at1}=\frac{m_n}{2\cos\beta}z_1+m_nh_{an}^*=\frac{4}{2\cos15°}\times21+4\times1=47.48\text{mm}$$

$$\alpha_{at1}=\arccos\frac{r_{bt1}}{r_{at1}}=\arccos\frac{40.69}{47.48}=31.02°$$

$$r_{bt2}=\frac{m_n}{2\cos\beta}z_2\cos\alpha_t=\frac{4}{2\cos15°}\times51\cos20.65°=98.81\text{mm}$$

$$r_{at2}=\frac{m_n}{2\cos\beta}z_2+m_nh_{an}^*=\frac{4}{2\cos15°}\times51+4\times1=109.60\text{mm}$$

$$\alpha_{at2}=\arccos\frac{r_{bt2}}{r_{at2}}=\arccos\frac{98.81}{109.60}=25.64°$$

$$\begin{aligned}\varepsilon_t&=\frac{1}{2\pi}[z_1(\tan\alpha_{at1}-\tan\alpha_t')+z_2(\tan\alpha_{at2}-\tan\alpha_t')]\\&=\frac{1}{2\pi}[21(\tan31.02°-\tan20.65°)+51(\tan25.64°-\tan20.65°)]\\&=1.5871\end{aligned}$$

$$\varepsilon_\beta=\frac{B\tan\beta_b}{P_{bt}}=\frac{B\sin\beta}{\pi m_n}=\frac{30\times\sin15°}{4\pi}=0.6179$$

最后得重合度 ε 为

$$\varepsilon=\varepsilon_t+\varepsilon_\beta=1.5871+0.6179=2.205$$

思考题与习题

7-1 什么是齿廓啮合基本定律？满足齿廓啮合基本定律的一对齿廓的传动比是否为定值？

7-2 渐开线的性质有哪些？渐开线啮合传动的特点是什么？

7-3 什么是分度圆？什么是节圆？两者之间有什么关系？

7-4 什么是啮合角？啮合角与分度圆的压力角及节圆压力角之间有什么关系？

7－5　满足正确啮合条件的一对直齿圆柱齿轮一定能满足连续传动条件吗？为什么？

7－6　试述直齿圆柱齿轮、斜齿圆柱齿轮、直齿锥齿轮及蜗杆传动的标准参数及正确啮合条件。比较它们的异同。

7－7　什么是根切？根切产生的原因是什么？可以采用什么方法来避免根切？

7－8　什么是标准齿轮？什么是变位齿轮？参数相同的标准齿轮与变位齿轮间有什么关系？

7－9　在题图 7－9 示的渐开线齿廓中，基圆半径 $r_b=100\text{mm}$，试求出：

（1）当 $r_k=135\text{mm}$ 时，渐开线的展角 θ_k，渐开线压力角 α_k 和渐开线在 K 点的曲率半径 ρ_k。

2）当 θ_k 分别等于 20°、25°和 30°时，渐开线的压力角 α_k 和向径 r_k。

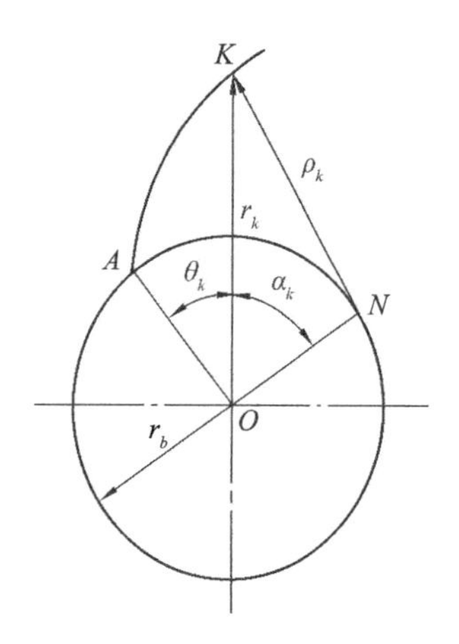

题图 7－9

7－10　今测得一渐开线直齿标准齿轮齿顶圆直径 $d_a=110\text{mm}$，齿根圆直径 $d_f=87.5\text{mm}$，齿数 $z=20$，试确定该齿轮的模数 m，齿顶高系数 h_a^* 和径向间隙系数 c^*。

7－11　已知一对外啮合渐开线直齿圆柱齿轮，齿数 $z_1=20$，$z_2=41$，模数 $m=2\text{mm}$，$h_a^*=1$，$c^*=0.25$，$\alpha=20°$，求：

(1) 当该对齿轮为标准齿轮时，试计算齿轮的分度圆直径 d_1、d_2，基圆直径 d_{b1}、d_{b2}，齿顶圆直径 d_{a1}、d_{a2}，齿根圆直径 d_{f1}、d_{f2}，分度圆上齿距 p、齿厚 s 和齿槽宽 e。

(2) 当该对齿轮为标准齿轮且为正确安装时的中心距，求齿轮 1 的齿顶压力角 α_{a1}，齿顶处齿廓的曲率半径 ρ_{a1}。

7－12　渐开线标准齿轮的基圆和齿根圆重合时的齿数为多少(考虑正常齿和短齿两种情况)？齿数为多少时基圆大于齿根圆？

7－13　已知一对外啮合渐开线标准直齿圆柱齿轮，其传动比 $i_{12}=2.4$，模数 $m=5\text{mm}$，压力角 $\alpha=20°$，$h_a^*=1$，$c^*=0.25$，中心距 $a=170\text{mm}$，试求该对齿轮的齿数 z_1、z_2，分度圆直径 d_1、d_2，齿顶圆直径 d_{a1}、d_{a2}，基圆直径 d_{b1}、d_{b2}。

7－14　加工齿数 $z=12$ 的正常齿制齿轮时，为了不产生根切，其最小变位系数为多少？若选取的变位系数小于或大于此值，会对齿轮的分度圆齿厚和齿顶厚度产生什么影响？

7－15　设有一对外啮合直齿圆柱齿轮，$z_1=12$，$z_2=31$，模数 $m=5\text{mm}$，压力角 $\alpha=20°$，齿顶高系数 $h_a^*=1$，试计算出其标准中心距 a，当实际中心距 $a'=130\text{mm}$ 时，其啮合角 α' 为多少？当取啮合角 $\alpha'=25°$时，试计算出该对齿轮的实际中心距。

7－16　题图 7－16 为无侧隙啮合的渐开线标准直齿轮与齿条传动($\alpha=20°$，$h_a^*=1$)。齿轮主动，逆时针方向转动。其他条件见图示，$\mu_l=1\text{mm/mm}$。试求：

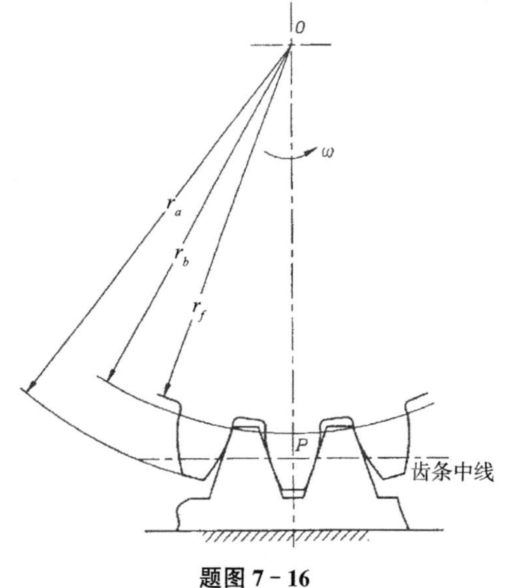

题图 7－16

(1) 在图上绘出并标明：①理论啮合线 N_1N_2；②实际啮合线 B_1B_2；③啮合角 α'；④齿条的节线；⑤齿轮的节圆；⑥齿轮的分度圆；⑦齿轮的齿廓工作段；⑧齿条的齿廓工作段。

(2) 说明重合度的定义；并从图上量取相应线段的长度，估算重合度 ε。

7-17 已知一对正常齿制外啮合齿轮传动，$z_1=19$，$z_2=100$，$m=2$mm，为了提高传动性能而采用变位齿轮时，若取 $x_1=1.0$，$x_2=-1.6$ 时，该两个齿轮的齿顶圆直径、齿根圆直径和分度圆直径各为多少？试画图分析这三者的关系。

7-18 已知一对外啮合变位齿轮，$z_1=15$，$z_2=42$，若取 $x_1=1.0$，$x_2=-1.0$，$m=2$mm，$h_a^*=1$，$c^*=0.25$，$\alpha=20°$，试计算该对齿轮传动时的中心距 a'，啮合角 α'，齿顶圆直径 d_{a1}、d_{a2}，齿顶厚 S_{a1}、S_{a2}，试判断该对齿轮能否正常啮合传动？为什么？

7-19 现有一对外啮合直齿圆柱齿轮传动，已知齿轮的基本参数为 $z_1=36$，$z_2=33$，$\alpha=20°$，$m=2$mm，正常齿制，$x_1=-0.235$，$x_2=1.335$。

(1) 计算齿轮这对齿轮传动的标准中心距 a 和正确安装中心距 a'；

(2) 计算齿轮 1 的 r_1，r_{b1}，r_{a1}，r_{f1}，p，s，e；

(3) 与采用标准齿轮传动相比较，这对齿轮传动有什么优点和缺点，应检验的条件是什么？

7-20 题图 7-20 为一对直齿圆柱齿轮传动，两个圆分别为两个齿轮的基圆，齿轮 2 为主动轮，转向如图所示。试根据图中所画出的齿轮传动尺寸，画出：

(1) 理论啮合线 $\overline{N_1N_2}$；

(2) 实际啮合线 $\overline{B_1B_2}$；

(3) 啮合角 α'。

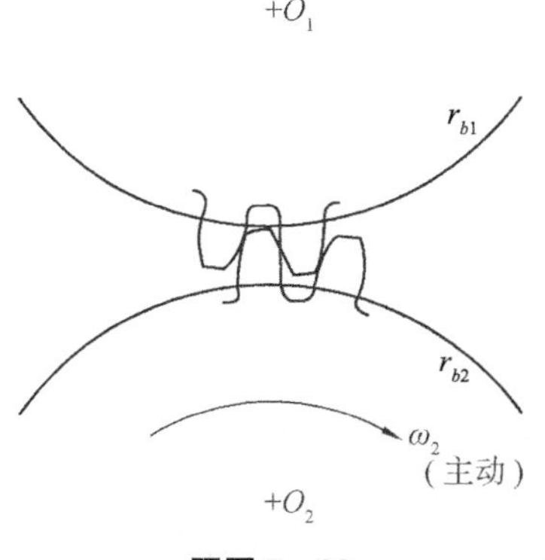

题图 7-20

7-21 用范成法加工渐开线直齿圆柱齿轮，刀具为标准齿条型刀具，其基本参数为：$m=2$mm，$\alpha=20°$，正常齿制。

(1) 齿坯的角速度 $\omega=\dfrac{1}{22.5}$rad/s 时，欲切制齿数 $z=90$ 的标准齿轮，确定齿坯中心与刀具分度线之间的距离 a 和刀具移动的线速度 v。

(2) 在保持上面的 a 和 v 不变的情况下，将齿坯的角速度改为 $\omega=\dfrac{1}{23}$rad/s。这样所切制出来的齿轮的齿数 z 和变位系数 x 各是多少？齿轮是正变位齿轮还是负变位齿轮？

(3) 同样，保持 a 和 v 不变的情况下，将齿坯的角速度改为 $\omega=\dfrac{1}{22.1}$rad/s，所切制出来的

齿轮的齿数 z 和变位系数 x 各是多少？最后加工的结果如何？

7－22　设一对斜齿圆柱齿轮，$z_1=20$，$z_2=41$，$m=4\text{mm}$，$\alpha=20°$，若取其螺旋角 $\beta=15°$，在求得中心距 a 进行圆整后再最后确定螺旋角值，试计算：

（1）该对斜齿轮分度圆及齿顶圆直径；

（2）若齿宽 $B=30\text{mm}$，试计算其端面重合度 ε_α、轴向重合度 ε_β 和总重合度 ε_γ；

（3）求当量齿数 z_{v1}、z_{v2}，并决定加工时的铣刀号数。

7－23　一对交错轴斜齿轮传动，已知轴交错角 $\Sigma=90°$，$\beta_1=30°$，$i_{12}=2$，$z_1=35$，法向齿距 $p_n=12.56\text{mm}$，试求其中心距 a。

7－24　已知一蜗杆传动的参数为：蜗杆头数 $z_1=1$，传动比 $i_{12}=40$，蜗轮直径 $d_2=200\text{mm}$，蜗轮的导程角 $\gamma=5.71°$，试确定：模数 m，传动中心距 a。

7－25　已知一蜗杆传动，测得如下数据：蜗杆头数 $z_1=2$，蜗轮齿数 $z_2=40$，蜗杆轴向齿距 $p_x=15.71\text{mm}$，蜗杆顶圆直径 $d_{a1}=60\text{mm}$。试求出模数 m，蜗轮螺旋角 β_2，蜗轮分度圆直径 d_2 及中心距 a。

7－26　已知一对直齿圆锥齿轮的基本参数为：$z_1=15$，$z_2=30$，$m=10\text{mm}$，$h_a^*=1$，$c^*=0.25$，$\Sigma=90°$，试计算该对圆锥齿轮的基本尺寸，并判断小齿轮是否会产生根切。

8 齿轮系及其设计

章导学

本章主要介绍定轴轮系、周转轮系、复合轮系的特点及传动比计算方法，讨论轮系的功用以及定轴轮系和行星轮系的设计方法，并对其他的行星传动进行简单介绍。本章的重点是复合轮系传动比的计算，以及转化机构法的原理及其在传动比计算中的运用。

8.1 齿轮系及其分类

在工程实际中，为了满足各种不同的工作要求，往往需要采用多对齿轮构成齿轮传动系统。如工业生产中所用的各种齿轮箱、变速器，日常生活中的机械钟表等。这种由一系列齿轮所组成的齿轮传动系统称为齿轮系，简称轮系。根据轮系运转时，各齿轮轴线相对于机架的位置是否固定，可以将轮系分为三大类。

8.1.1 定轴轮系

当轮系运转时，如果各齿轮轴线相对于机架的位置都固定不动，则该轮系称为定轴轮系。

如果轮系中各齿轮轴线相互平行，则称为平面定轴轮系[图 8－1(a)]，如果定轴轮系中含有圆锥齿轮、蜗杆蜗轮等空间齿轮传动，即各轮的轴线不完全相互平行，则称该轮系为空间定轴轮系[图 8－1(b)]。

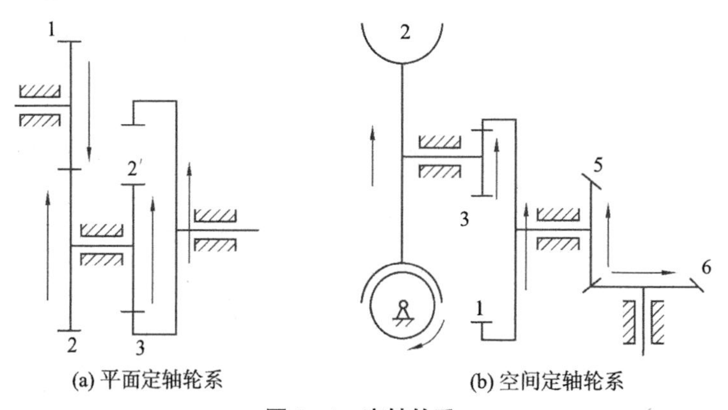

(a) 平面定轴轮系　　(b) 空间定轴轮系

图 8－1　定轴轮系

8.1.2 周转轮系

当轮系运转时，若其中至少有一个齿轮的轴线位置不固定，而绕某一固定轴线回转，则称该轮系为周转轮系。在图 8－2 所示的周转轮系中，外齿轮 1 和内齿轮 3 绕着固定轴线 OO 回转，但齿轮 2 的轴线位置不固定，它一方面绕轴线 O_1O_1 自转，同时又随构件 H 绕固定轴线

OO 做公转。整个轮系的运动犹如行星绕太阳的运行，齿轮 2 相当于行星，故称为行星轮；轴线不动的中心轮 1 和 3 相当于太阳，故又称为太阳轮。支持行星轮 2 自转和公转的构件 H 称为系杆或行星架。

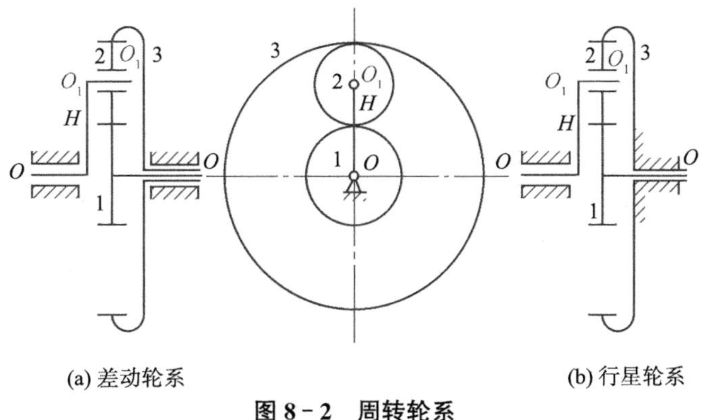

(a) 差动轮系　(b) 行星轮系

图 8-2　周转轮系

在周转轮系中，外力矩通常由轴线固定的系杆或中心轮输入输出，这些能够承受外载荷且轴线与主轴线重合的构件称为周转轮系的基本构件。

根据轮系所具有的自由度数目的不同，又可将周转轮系分为差动轮系和行星轮系两类。

1. 差动轮系

在图 8-2(a)所示的周转轮系中，中心轮 1 和 3 都是转动的，该机构的活动构件数为 $n=4$，低副数 $p_L=4$，高副数 $p_H=2$，机构的自由度 $F=3n-2p_L-p_H=2$。因此，需要有两个独立运动的原动件，机构的运动才能完全确定。这种两个中心轮都不固定、自由度为 2 的周转轮系称为差动轮系。

2. 行星轮系

在图 8-2(b)所示的周转轮系中，中心轮 3 被固定，则该机构的自由度为 1。只需要有一个独立运动的原动件，机构的运动就能完全确定。这种有一个中心轮固定、自由度为 1 的周转轮系称为行星轮系。

此外，周转轮系还常根据基本构件的不同来分类。

1. 2K—H 型周转轮系

它由两个中心轮(2K)和一个系杆(H)组成。图 8-2 所示即为 2K—H 型周转轮系，图 8-3 所示为 2K—H 型周转轮系的不同形式。其中图 8-3(a)为单排形式，图 8-3(b)和图 8-3(c)为双排形式。

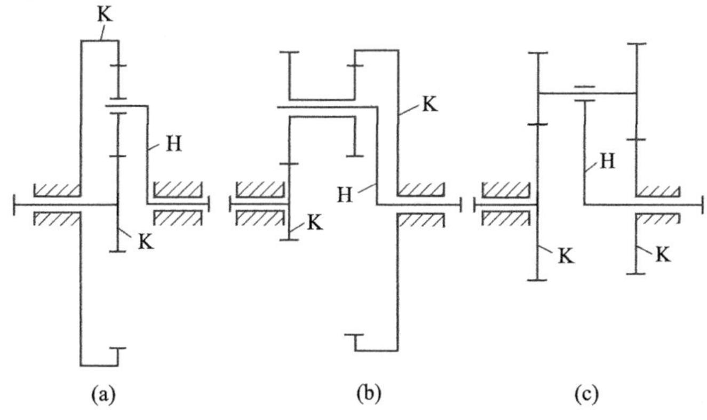

(a)　(b)　(c)

图 8-3　2K—H 型周转轮系的不同形式

2. 3K 型周转轮系

图 8-4 所示的周转轮系则称为 3K 型周转轮系，其系杆 H 仅起支承行星轮 2—2′的作用，不传递外力矩，因此不是基本构件。

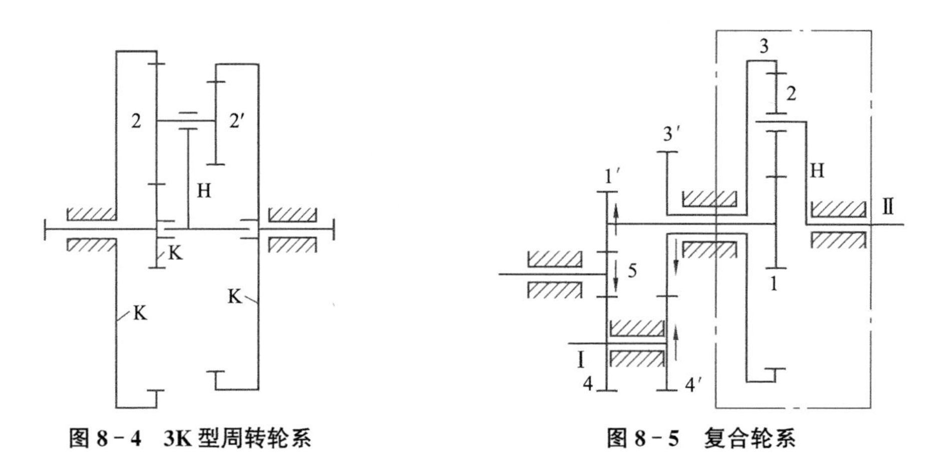

图 8-4　3K 型周转轮系

图 8-5　复合轮系

8.1.3　复合轮系

既含有定轴轮系又含有周转轮系，或者含有两个以上周转轮系组成的轮系，称为复合轮系或混合轮系。如图 8-5 所示的轮系是由一个定轴轮系和一个差动轮系构成的复合轮系。

8.2　定轴轮系的传动比

8.2.1　轮系传动比的定义

轮系传动比是指轮系运动时其输入轴与输出轴的角速度或转速之比，用 i 表示。设 1 为轮系输入轴，K 为输出轴，则该轮系的传动比 $i_{1K}=\omega_1/\omega_K=n_1/n_K$。

轮系传动比的计算，包括计算传动比的大小和确定输出轴转向两方面的内容。

8.2.2　定轴轮系的传动比

1. 传动比大小的计算

现以图 8-6 为例来介绍定轴轮系大小的计算方法。该定轴轮系由四个齿轮对组成，设齿轮 1 的轴为输入轴，齿轮 5 的轴为输出轴，则输入轴与输出轴之间的传动比为

$$i_{15}=\frac{\omega_1}{\omega_5}=\frac{n_1}{n_5}$$

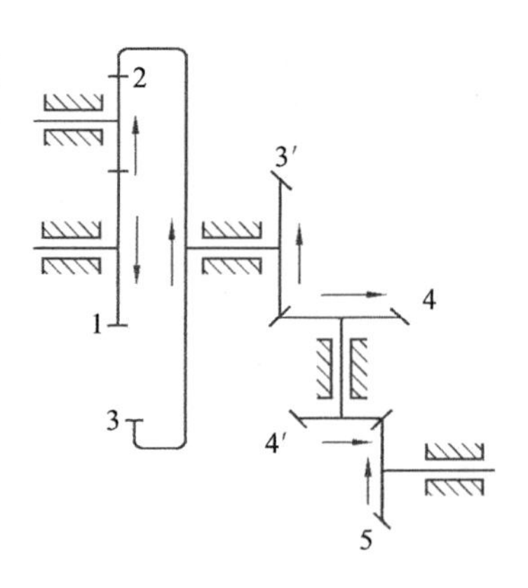

图 8-6　定轴轮系传动比

对每一对齿轮而言，其传动比大小与齿数成反比。因此，该轮系中各对啮合齿轮的传动比大小分别为

$$i_{12}=\frac{\omega_1}{\omega_2}=\frac{z_2}{z_1}$$

$$i_{23}=\frac{\omega_2}{\omega_3}=\frac{z_3}{z_2}$$

$$i_{3'4}=\frac{\omega_{3'}}{\omega_4}=\frac{z_4}{z_{3'}}$$

$$i_{4'5}=\frac{\omega_{4'}}{\omega_5}=\frac{z_5}{z_{4'}}$$

将以上各式连乘并考虑到 $\omega_3=\omega_{3'}$，$\omega_4=\omega_{4'}$，可得

$$i_{12}i_{23}i_{3'4}i_{4'5}=\frac{\omega_1\omega_2\omega_{3'}\omega_{4'}}{\omega_2\omega_3\omega_4\omega_5}=\frac{\omega_1}{\omega_5}$$

即

$$i_{15}=\frac{\omega_1}{\omega_5}=i_{12}i_{23}i_{3'4}i_{4'5}=\frac{z_2z_3z_4z_5}{z_1z_2z_{3'}z_{4'}}$$

上式说明，定轴轮系的传动比为组成该轮系的各对啮合齿轮传动比的连乘积，也可以表示成各对啮合齿轮中所有从动轮齿数的连乘积与所有主动轮齿数的连乘积之比。

设 A 表示输入轴，B 表示输出轴，则一般定轴轮系的传动比计算公式为：

$$i_{AB}=\frac{\omega_A}{\omega_B}=\frac{\text{从}A\text{到}B\text{所有从动齿轮齿数连乘积}}{\text{从}A\text{到}B\text{所有主动齿轮齿数连乘积}} \tag{8-1}$$

则每一对齿轮的主动轮依次分别为齿轮 1、2、3′和 4′，而从动轮依次为齿轮 2、3、4 和 5。其中齿轮 2 在所处的轮系中既是主动轮，又是从动轮，这种齿轮在轮系中称为惰轮，也可称为过桥轮，中介轮。

（注意：惰轮的齿数不影响轮系传动比的大小。）

2. 首末构件转向关系的确定

平面定轴轮系和空间定轴轮系的传动比大小均可用式(8－1)计算，但转向的确定有不同的方法。

(1) 平面定轴轮系

平面定轴轮系中的转向关系可用“＋”“－”来表示，“＋”表示转向相同，“－”表示转向相反。如图 8－7 所示，一对外啮合圆柱齿轮传动两轮的转向相反，其传动比前应加注“－”；一对内啮合圆柱齿轮传动两轮的转向相同，其传动比前应加注“＋”。设轮系中有 m 对外啮合齿轮，则在式(8－1)右侧的分式前应加注 $(-1)^m$。若传动比的计算结果为正，则表示输出轴与输入轴的转向相同，结果为负则表示转向相反。

$$i_{AB}=\frac{\omega_A}{\omega_B}=(-1)^m\frac{\text{从}A\text{到}B\text{所有从动齿轮齿数连乘积}}{\text{从}A\text{到}B\text{所有主动齿轮齿数连乘积}} \tag{8-2}$$

(2) 空间定轴轮系

用正负号表示主、从动轮转向的方法，只有当主、从动轮的轴线平行时才有意义。因此，对于空间定轴轮系，其转向不能再由 $(-1)^m$ 决定，必须在运动简图中用画箭头的方法确定。

如图 8－9 所示的锥齿轮传动和蜗杆传动是两种基本的空间齿轮机构，由于主、从动轮的轴线不平行，两个齿轮的转向没有相同和相反的关系，所以不能用正负号表示，只能用画箭头的方法来表示两轮的转向。

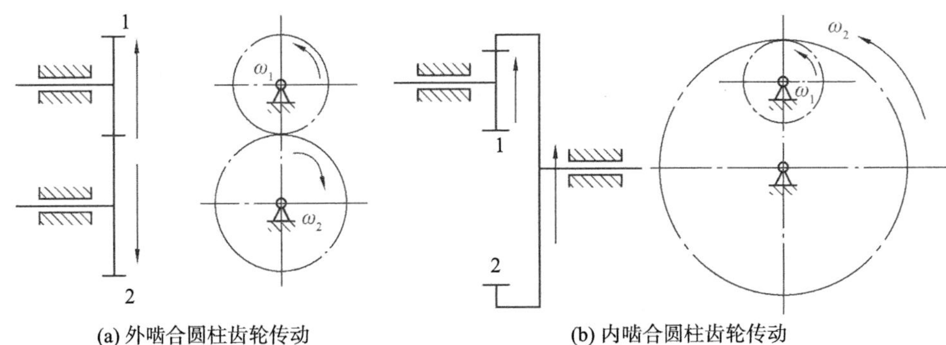

(a) 外啮合圆柱齿轮传动　　　　　　(b) 内啮合圆柱齿轮传动

图 8-7　一对齿轮传动的转向关系

对于圆锥齿轮传动，表示方向的箭头应该同时指向啮合点即箭头对箭头，或同时背离啮合点即箭尾对箭尾，如图 8-8(a)所示。

对于蜗杆传动，可用左、右手规则进行判断。如果是右旋蜗杆，用左手规则判断，即以左手握住蜗杆，四指指向蜗杆的转向，则拇指的指向为啮合点处蜗轮的线速度方向，如图 8-8(b)所示。如果是左旋蜗杆，则用右手规则来判断。

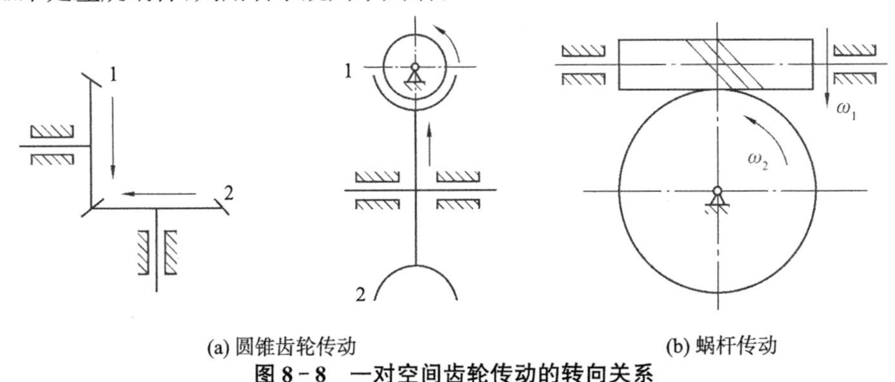

(a) 圆锥齿轮传动　　　　　　(b) 蜗杆传动

图 8-8　一对空间齿轮传动的转向关系

用箭头表示轮系转向的方法同样适用于平面定轴轮系。

图 8-9(a)所示的空间定轴轮系中，所有齿轮的几何轴线并不都是平行的，但首、末两轮的轴线相平行，则它们的转向关系仍可用正负号表示。其符号由图中所画箭头判定，如首轮 1 和末轮 5 的转向相反，则其传动比为

$$i_{15}=\frac{\omega_1}{\omega_4}=\frac{z_2 z_3 z_4 z_5}{z_1 z_{2'} z_{3'} z_4}$$

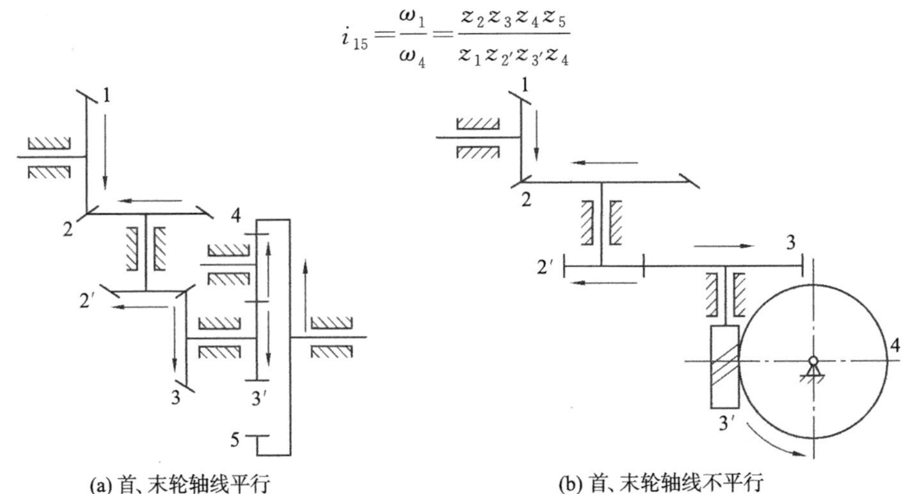

(a) 首、末轮轴线平行　　　　　　(b) 首、末轮轴线不平行

图 8-9　空间定轴轮系

图 8－9(b)所示的空间定轴轮系中,因首、末两轮的轴线不平行,故它们的转向关系只能在图中用箭头表示,其传动比为

$$i_{14}=\frac{\omega_1}{\omega_4}=\frac{z_2 z_3 z_4}{z_1 z_{2'} z_{3'}}$$

此时 i_{14} 的值只表示大小,不表示方向。

[例 8－1]　如例图 8－1 所示的钟表传动示意图中,E 为擒纵轮,N 为发条盘,S、M 及 H 分别为秒针、分针和时针。设 $z_1=72$,$z_2=12$,$z_{2'}=64$,$z_3=8$,$z_{3'}=60$,$z_{4'}=60$,$z_5=6$,$z_{2''}=8$,$z_6=24$,$z_{6'}=6$,求 z_4、z_7 各为多少?

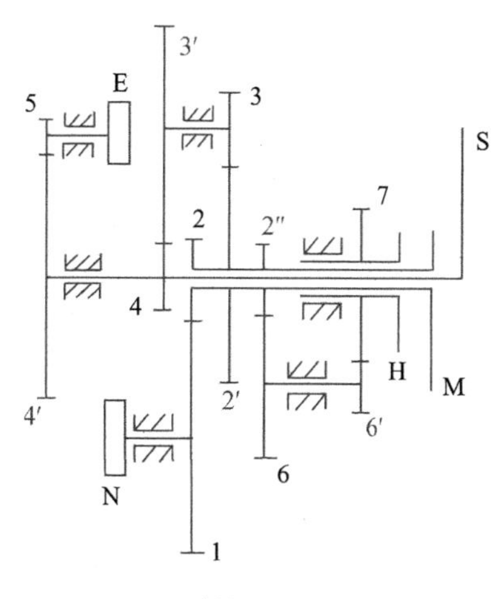

例图 8－1

解: (1) 钟表走秒传动,由齿轮 1,2(2′),3(3′),4 组成定轴轮系,得

$$i_{1S}=\frac{n_1}{n_S}=\frac{n_1}{n_4}=(-1)^3\frac{z_2 z_3 z_4}{z_1 z_{2'} z_{3'}}$$

(2) 钟表走分传动,由齿轮 1,2 组成定轴轮系,得

$$i_{1M}=\frac{n_1}{n_M}=\frac{n_1}{n_2}=-\frac{z_2}{z_1}$$

(3) 钟表走时传动,由齿轮 1,2(2″),6(6′),7 组成定轴轮系,得

$$i_{1H}=\frac{n_1}{n_H}=\frac{n_1}{n_7}=(-1)^3\frac{z_2 z_6 z_7}{z_1 z_{2''} z_{6'}}$$

由于 $\dfrac{n_M}{n_S}=\dfrac{1}{60}$,可得:$\dfrac{n_M}{n_S}=\dfrac{n_1/n_S}{n_1/n_M}=\left(-\dfrac{1}{2}\dfrac{z_2 z_3 z_4}{z_1 z_2 z_{3'}}\right)\Big/\left(-\dfrac{z_2}{z_1}\right)=\dfrac{1}{60}$,故

$$z_4=z_{2'}z_{3'}/(60z_3)=64\times60/(60\times8)=8$$

又由于 $\dfrac{n_H}{n_M}=\dfrac{1}{12}$,故可得:$\dfrac{n_H}{n_M}=\dfrac{n_1/n_M}{n_1/n_H}=\left(-\dfrac{z_2}{z_1}\right)\Big/\left(-\dfrac{z_2 z_6 z_7}{z_1 z_{2''} z_{6'}}\right)=\dfrac{1}{12}$,故得

$$z_7=12z_{2''}z_{6'}/z_6=12\times8\times6/24=24$$

8.3　周转轮系的传动比

周转轮系与定轴轮系的根本区别在于周转轮系中有一个转动着的系杆,使行星轮 2 既有自转又有公转。因此,周转轮系的传动比不能直接用定轴轮系的方法来计算。

8.3.1　转化机构法的基本思想

在计算周转轮系的传动比时,转化机构法的理论依据是机构内部各构件之间的相对运动不因机构整体的绝对运动而改变,即对一个变速箱而言,无论是安装在地面上还是在运行的车辆上,其传动比是不变的。

因此,设想给周转轮系施加一个整体运动,将其转化为定轴轮系,然后利用定轴轮系的传

动比公式来求解周转轮系的传动比。下面以图 8－10 为例，说明转化机构法的基本思想和计算方法。

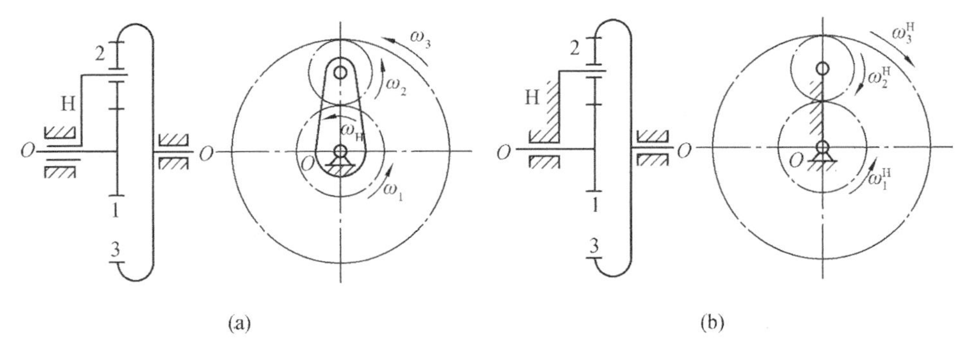

图 8－10　平面定轴轮系转向关系

1. 将周转轮系转化为定轴轮系

在图 8－10(a)所示的周转轮系中，齿轮 1、2、3 及系杆 H 的角速度分别为 ω_1、ω_2、ω_3 及 ω_H，设想给整个周转轮系加上一个与系杆 H 的角速度大小相等、方向相反的公共角速度 $-\omega_H$。则系杆 H 的角速度变为零，即系杆 H 将变为静止不动，如图 8－10(b)所示。因此整个周转轮系便转化为一个定轴轮系，称此定轴轮系为原周转轮系的转化机构或转化轮系。

2. 分析周转轮系与转化机构(定轴轮系)间的速度关系

在转化机构中各构件的角速度用 ω_1^H、ω_2^H、ω_3^H 和 ω_H^H 表示，说明其为相对于系杆 H 的角速度，实质上是各构件对于行星架的相对速度。各构件转化前后角速度的变化情况如表 8－1 所示。

表 8－1　周转轮系转化前后各构件角速度的变化情况

构件代号	周转轮系中各构件的角速度	转化机构中各构件的角速度	转化机构中构件的运动状态
中心轮 1	ω_1	$\omega_1^H=\omega_1-\omega_H$	定轴转动
行星轮 2	ω_2	$\omega_2^H=\omega_2-\omega_H$	定轴转动
中心轮 3	ω_3	$\omega_3^H=\omega_3-\omega_H$	定轴转动
行星架 H	ω_H	$\omega_H^H=\omega_H-\omega_H=0$	固定不动

3. 建立周转轮系传动比的计算方法

既然周转轮系的转化机构为一定轴轮系，因此其传动比可用定轴轮系传动比的计算方法求出，即

$$i_{13}^H=\frac{\omega_1^H}{\omega_3^H}=\frac{\omega_1-\omega_H}{\omega_3-\omega_H}=(-1)^1\frac{z_3}{z_1}=-\frac{z_3}{z_1}\qquad(8-3)$$

式中，i_{13}^H 表示转化机构中齿轮 1 与齿轮 3 的传动比，等式右边的“－”表示在转化机构中轮 1 和轮 3 的转向相反。

将以上分析推广到一般情况。设周转轮系的两个中心轮分别为齿轮 1、n，系杆为 H，则转化机构中齿轮 1 与 n 之间的传动比为

$$i_{1n}^H=\frac{\omega_1^H}{\omega_n^H}=\frac{\omega_1-\omega_H}{\omega_n-\omega_H}=(-1)^m\frac{\text{从 1 到 } n \text{ 所有从动齿轮齿数连乘积}}{\text{从 1 到 } n \text{ 所有主动齿轮齿数连乘积}}\qquad(8-4)$$

式(8－4)在周转轮系和其转化的定轴轮系间搭建了一个关系的桥梁，等式一端的 i_{1n}^{H} 所表示的是可以通过计算得到的定轴轮系的传动比，而等式另一端的$\frac{\omega_1-\omega_H}{\omega_n-\omega_H}$为周转轮系中各构件的转速。因此，求得 i_{1n}^{H} 的值后，通过周转轮系中已知构件的转速可求得未知构件的转速，从而求得各构件间的传动比关系。

对于差动轮系，其自由度为 2，因此，给定三个基本构件的角速度 ω_1、ω_n、ω_H 中的任意两个，便可由式(8－4)求出第三个，从而可求出三个中任意两个之间的传动比。

对于行星轮系，其自由度为 1，在两个中心轮中必有一个是固定的，例如中心轮 n 固定，则其角速度 $\omega_n=0$，实际相当于该轮速度已给定。因此，只要知道另外两个基本构件的角速度 ω_1、ω_H 中的任意一个，便可由式(8－4)求出另一个。并求出两者之间的传动比 i_{1H}。

将 $\omega_n=0$ 代入式(8－4)得

$$i_{1n}^{H}=\frac{\omega_1-\omega_H}{\omega_n-\omega_H}=\frac{\omega_1-\omega_H}{0-\omega_H}=1-i_{1H}$$

故

$$i_{1H}=1-i_{1n}^{H} \tag{8-5}$$

上式表明，在中心轮 n 固定的行星轮系中，活动中心轮 1 对系杆 H 的传动比，等于 1 减去转化机构中轮 1 对原固定中心轮 n 的传动比。

4. 应用式(8－4)计算周转轮系的传动比时的注意事项

(1) 该式只适用于齿轮 1、n 与系杆 H 的回转轴线平行时的情况。

(2) 式中 i_{1n}^{H} 是转化机构中齿轮 1 与齿轮 n 的传动比，其大小和正负号完全按定轴轮系来处理。要特别注意 i_{1n}^{H} 的正负号，当转化机构中各轮轴线互相平行时，用$(-1)^m$ 来确定正负，否则采用箭头法来确定。

(3) ω_1、ω_n 和 ω_H 是周转轮系中各基本构件的实际角速度，将其数值代入时，必须带有“±”。可先假定某一已知构件的转向为正号，则另一构件的转向与其相同时取正号，与其相反时取负号。

8.3.2　周转轮系传动比计算例题

[例 8－2]　在例图 8－2 所示的轮系中，设 $z_1=z_2=30$，$z_3=90$。试求当构件 1、3 的转数分别为 $n_1=1$，$n_3=-1$(设逆时针方向转向为正)时，n_H 及 i_{1H} 的值。

解：由式(8－3)可求得其转化轮系的传动比

$$i_{13}^{H}=\frac{n_1-n_H}{n_3-n_H}=-\frac{z_2z_3}{z_1z_2}=-\frac{z_3}{z_1}$$

将已知数据代入(注意 n_1、n_3的“±”)，有

$$\frac{1-n_H}{-1-n_H}=-\frac{90}{30}=-3$$

解得：$n_H=-\frac{1}{2}$，$i_{1H}=\frac{n_1}{n_H}=\frac{1}{-0.5}=-2$

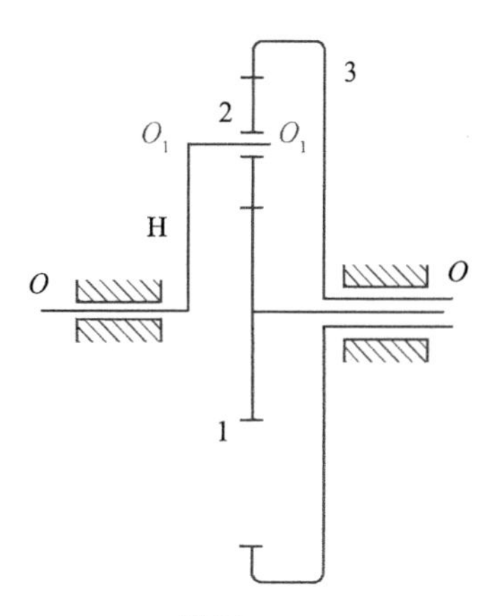

例图 8－2

即当轮 1 逆时针转一转，轮 3 顺时针转一转时，行星架 H 将沿顺时针转$\frac{1}{2}$转。

[例 8 - 3] 在例图 8 - 3 所示的周转轮系中，设已知 $z_1=100$，$z_2=101$，$z_{2'}=100$，$z_3=99$，试求传动比 i_{H1}。

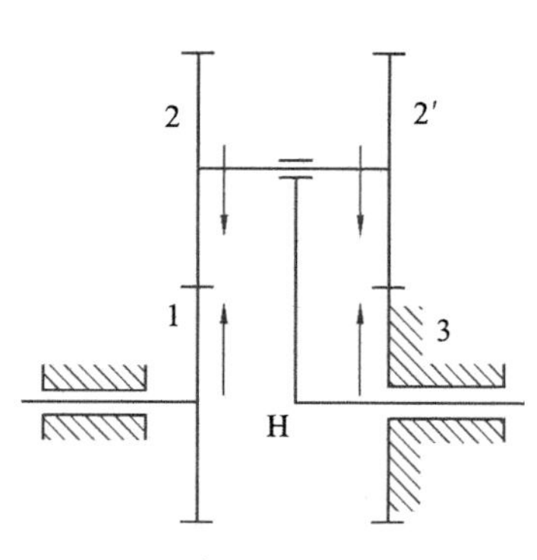

例图 8 - 3

解：在图示的轮系中，由于轮 3 为固定轮(即 $n_3=0$)，故该轮系为一行星轮系，其传动比的计算可以根据式(8 - 5)求得为

$$i_{1H}=1-i_{13}^{H}=1-\frac{z_2 z_3}{z_1 z_{2'}}=1-\frac{101\times 99}{100\times 100}=\frac{1}{10000}$$

$$i_{H1}=\frac{1}{i_{1H}}=10000$$

即当行星架转 10000 转时，轮 1 才转了一转，且两者转向相同。

[例 8 - 4] 例图 8 - 4 所示为马铃薯挖掘机中的行星轮系，已知太阳轮 1 和行星轮 3 的齿数 $z_1=z_3$，及行星架 H 的转速 n_H，试求行星轮 3 的转速 n_3 和行星轮相对行星架的转速 n_3^H。

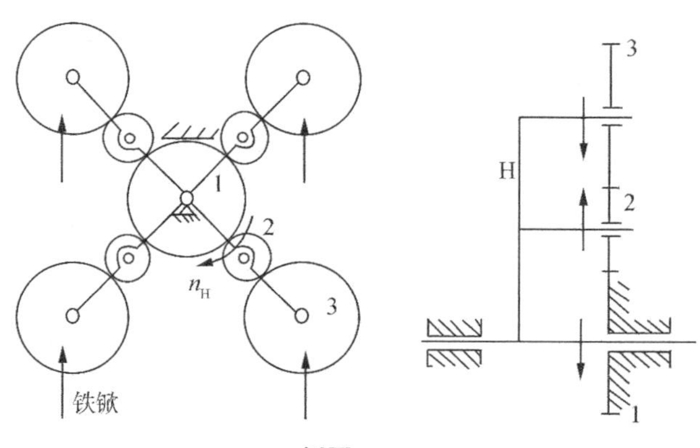

例图 8 - 4

解：该行星轮系有一个固定于机架的太阳轮 1，两个互相啮合的行星轮 2 与 3 以及行星架 H。由于是行星轮系，故可采用转化机构化求传动比。

由 $i_{13}^{H}=\frac{n_1^H}{n_3^H}=\frac{n_1-n_H}{n_3-n_H}=\frac{z_3}{z_1}$，及 $n_1=0$ 得

$$n_3=0;n_3^H=-n_H$$

$n_3^H=-n_H$ 说明行星轮 3 具有自转，自转的转速与行星架的转速大小相等，方向相反。

$n_3=0$ 说明行星轮 3 在绝对运动中没有转动的成分，它只做平动，因此，固结于其上的铁锹方位始终保持不变，有利于马铃薯的挖掘。

[例 8 - 5] 在例图 8 - 5 所示轮系中，已知各轮齿数 $z_1=50$，$z_3=30$，$z_{3'}=20$，$z_4=100$，且知轮 1 和轮 4 的转速分别为 $|n_1|=100\text{r/min}$，$|n_4|=200\text{r/min}$。试分别求：当(1) n_1，n_4 同向时；(2) n_1，n_4 异向时，行星架 H 的转速及转向。

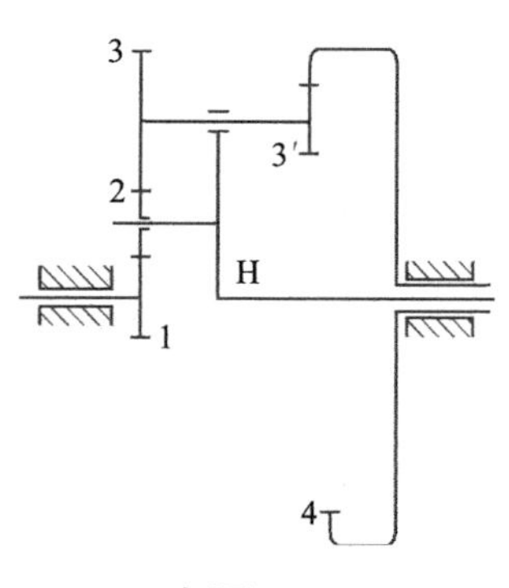

例图 8 - 5

解：这是一个周转轮系，因两中心轮都是活动的，其自由度为 2，故属差动轮系，有

$$i_{14}^{H}=\frac{n_1-n_H}{n_4-n_H}=(-1)^m\frac{z_2z_3z_4}{z_1z_2z_{3'}}=\frac{30\times100}{50\times20}=3$$

(1) 当 n_1，n_4 同向时，取 $n_1=+100\text{r/min}$，$n_4=+200/\text{min}$，则

$$\frac{n_1-n_H}{n_4-n_H}=\frac{100-n_H}{200-n_H}=3$$

解得 $n_H=250\text{r/min}$ 且 n_H 转向与 n_1，n_4 同向。

(2) 当 n_1，n_4 异向时，取 $n_1=+100\text{r/min}$，$n_4=-200/\text{min}$，则

$$\frac{n_1-n_H}{n_4-n_H}=\frac{100-n_H}{-200-n_H}=3$$

解得 $n_H=-350\text{r/min}$，且 n_H 转向与 n_1 相反，而与 n_4 同向。

此题的计算结果表明：在差动轮系的运动分析中，不仅要正确代入两输入运动构件的运动参数数值，而且要特别注意它们之间的转向关系。

8.4　复合轮系的传动比

8.4.1　复合轮系传动比的计算方法

在计算复合轮系的传动比时，既不能将整个轮系作为定轴轮系来处理，也不能将整个轮系作为周转轮系来处理。计算复合轮系传动比的方法如下。

1. 正确划分复合轮系中的定轴轮系与周转轮系

计算复合轮系传动比的首要问题是如何正确地划分复合轮系中的定轴轮系和周转轮系，划分轮系的步骤是：

(1) 明确一个基本周转轮系的组成情况。每一个行星架，连同行星架上的行星轮和与行星轮相啮合的太阳轮就组成一个基本周转轮系。一般每一个行星架就对应一个基本周转轮系。

(2) 把基本周转轮系一一划分出来。找周转轮系的方法是：先找出轴线不固定的行星轮，支持行星轮的构件就是系杆，注意有时系杆不一定是简单的杆状；而几何轴线与系杆的回转轴线相重合、且直接与行星轮相啮合的定轴齿轮就是中心轮。这样的行星轮、系杆和中心轮便组成一个周转轮系。

(3) 剩下的便是定轴轮系部分，它可能是一个或几个定轴轮系。

2. 分别按定轴轮系和周转轮系传动比的计算方法，列出各轮系传动比的方程式。

3. 建立各轮系间关联条件的方程。

4. 联立以上方程式求解。

8.4.2　复合轮系传动比计算举例

[例 8-6]　如例图 8-6 所示为一电动卷扬机的减速器运动简图，设已知各轮齿数，试求其传动比 i_{15}。

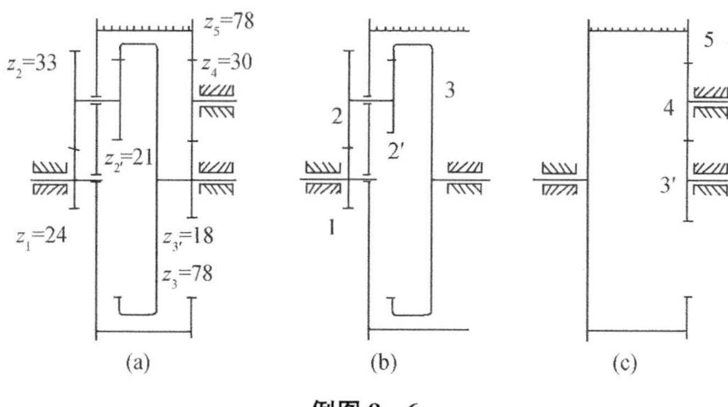

例图 8-6

解：首先将该轮系中的周转轮系分出来，它由双联行星轮 2—2′，行星架 5(它同时又是鼓轮和内齿轮)及两个太阳轮 1、3 组成[例图 8-6(b)]，这是一个差动轮系，由式(8-4)得

$$i_{13}^{5}=\frac{n_1-n_5}{n_3-n_5}=-\frac{z_2z_3}{z_1z_{2'}}=-\frac{33\times78}{24\times21}=-\frac{143}{28} \tag{1}$$

然后将定轴轮系部分分出来，它由齿轮 3′、4、5 组成[例图 8-6(c)]，

故得
$$i_{35}=\frac{n_3}{n_5}=-\frac{z_4z_5}{z_{3'}z_4}=-\frac{78}{18} \tag{2}$$

联解式(1)、式(2)得
$$i_{15}=\frac{n_1}{n_5}=28.24$$

[例 8-7] 在例图 8-7 所示的轮系中，已知齿轮 1 的转速 $n_1=1650$r/min，齿轮 4 的转速 $n_4=1000$r/min，所有齿轮都是标准齿轮，且 $z_2=z_5=z_6=20$。求各个齿轮中未知的齿轮齿数。

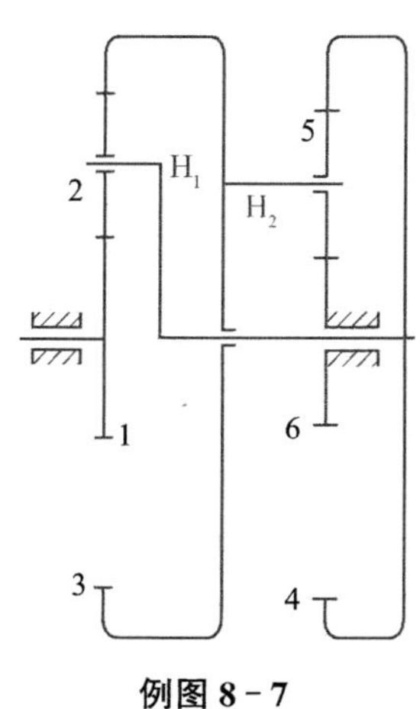

例图 8-7

解：由齿轮 1 与齿轮 3 和齿轮 6 与齿轮 4 的同轴条件得

$$z_3=z_1+2z_2=z_1+2\times20=z_1+40$$

$$z_4=z_6+2z_5=20+2\times20=60$$

由例图 8-7 可知，该轮系中有两个系杆 H_1 和 H_2，故有两个周转轮系。即由齿轮 1、2、3 及系杆 H_1 组成的差动轮系和由齿轮 4、5、6 及系杆 H_2 组成的行星轮系。且其两自由度差动轮系的两个基本构件齿轮 3 与系杆 H_1 又分别与单自由度的行星轮系的两个基本构件系杆 H_2 和齿轮 4 相固联，形成封闭式复合周转轮系。

在 4—5—6—H_2 行星轮系中

因 $i_{4H_2}=1-i_{46}^{H_2}=1-\left(-\frac{z_6}{z_4}\right)=1+\frac{z_6}{z_4}=1+\frac{20}{60}=\frac{4}{3}$

故 $n_{H_2}=\frac{3}{4}n_4$，且 n_{H_2} 转向与 n_4 相同。

在 1—2—3—H_1 差动轮系中

$$i_{13}^{H_1}=\frac{n_1-n_{H_1}}{n_3-n_{H_1}}=-\frac{z_3}{z_1}=-\frac{z_1+40}{z_1}$$

又因 $n_1=1650\text{r/min}, n_{H_1}=n_4=1000\text{r/min}, n_3=n_{H_2}=3n_4/4=750\text{r/min}$，
将各值代入上式可得 $z_1=25$
故 $z_3=z_1+2z_2=25+40=65$

[例 8-8]　在例图 8-8 所示轮系中，已知各齿轮的齿数，求传动比 i_{13}。

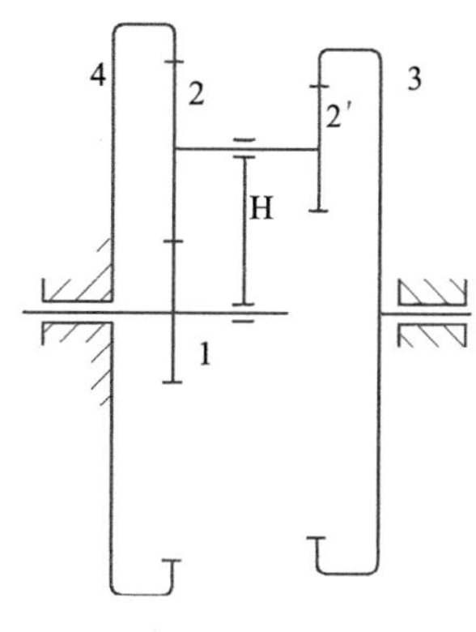

例图 8-8

解：此轮系为 3K 型周转轮系，这类轮系在求解传动比时，可视其为由两个独立的 2K—H 周转轮系组成的复合轮系。三个太阳轮中任取两个太阳轮和与其相啮合的一个行星轮及行星架 H 便组成一个 2K—H 型周转轮系，有三种组成情况：

(1) 1、2、4、H 组成行星轮系；

(2) 1、2—2′、3、H 组成差动轮系；

(3) 4、2—2′、3、H 组成行星轮系。

其中仅有两个是独立的轮系，可任取两个进行求解，显然可有三种取法，因行星轮系可直接写出传动比的表达式，求解便捷，故优先考虑，于是有

$$i_{1H}=1-i_{14}^{H}=1-\left(-\frac{z_4}{z_1}\right)=1+\frac{z_4}{z_1}$$

$$i_{3H}=1-i_{34}^{H}=1-\left(+\frac{z_{2'}z_4}{z_3z_2}\right)=1-\frac{z_{2'}z_4}{z_3z_2}$$

$$i_{13}=i_{1H}/i_{3H}=n_1/n_3=(1+z_4/z_1)/(1-z_{2'}z_4/z_3z_2)$$

若 $z_{2'}z_4<z_3z_2$，i_{13} 为正，齿轮 1 与 3 转向相同。

若 $z_{2'}z_4>z_3z_2$，i_{13} 为负，齿轮 1 与 3 转向相反。

[例 8-9]　例图 8-9 所示的轮系中，各齿轮均为标准齿轮，已知各轮齿数为 $z_1=18$，$z_{1'}=80$，$z_2=20$，$z_3=36$，$z_{3'}=24$，$z_{4'}=80$，$z_5=50$，$z_6=2$(左旋)，$z_7=58$，试求：

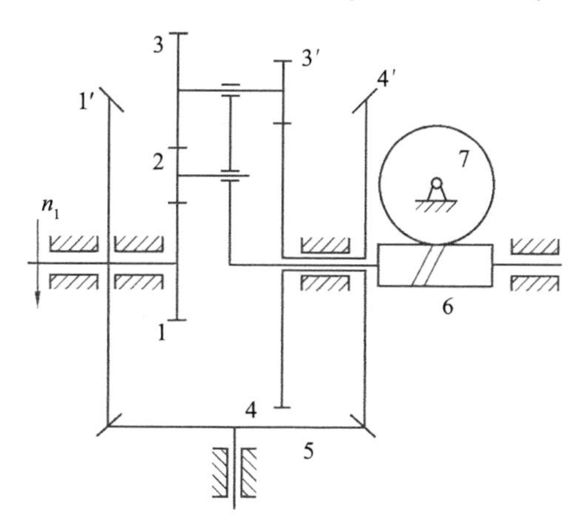

例图 8-9

(1) 齿数 z_4；

(2) 传动比 i_{17}；

(3) 已知轮 1 转向如图所示，试确定轮 7 的转向。

解：(1) 根据同轴条件

$$r_1+2r_2+r_3=r_{3'}+r_4$$

$$\frac{m}{2}z_1+mz_2+\frac{m}{2}z_3=\frac{m}{2}z_{3'}+\frac{m}{2}z_4$$

$$z_4=z_1+2z_2+z_3-z_{3'}=18+2\times20+36-24=70$$

(2) 划分轮系

1、2、3—3′、4、6 组成差动轮系；

1′、5、4′组成定轴轮系；

6、7 组成定轴轮系，于是有

$$i_{14}^{6}=\frac{n_1-n_6}{n_4-n_6}=-\frac{z_3z_4}{z_1z_{3'}}=-\frac{36\times70}{18\times24}=-\frac{35}{6} \tag{1}$$

$$i_{1'4'}=\frac{n_1}{n_4}=-\frac{z_{4'}}{z_{1'}}=-\frac{80}{80}=-1 \tag{2}$$

$$i_{67}=\frac{n_6}{n_7}=\frac{z_7}{z_6}=\frac{58}{2}=29 \tag{3}$$

由式(2)得 $n_4=-n_1$，将其代入式(1)

$$\frac{n_1-n_6}{-n_1-n_6}=-\frac{35}{6} \qquad \frac{n_1/n_6-1}{-n_1/n_6-1}=-\frac{35}{6}$$

解得$\frac{n_1}{n_6}=-\frac{41}{29}$，负号说明轮 6 与轮 1 方向相反，取其绝对值并将其与式(3)相乘得

$$i_{17}=\frac{n_1}{n_7}=\left|\frac{n_1}{n_6}\right|\cdot\frac{n_6}{n_7}=\left|-\frac{41}{29}\right|\cdot29=41$$

(3) n_1 与 n_6 方向相反，在根据左右手定则可确定蜗轮 7 顺时针方向回转。

8.5 轮系的功用

在各种机械设备中轮系的应用非常广泛，主要有以下几个方面。

1. 实现大传动比传动

当两轴之间需要较大的传动比时，若仅用一对齿轮传动，则两轮齿数相差太大，小齿轮轮齿极易磨损和损坏。因此，设计一对齿轮传动时，综合考虑强度、寿命等多方面原因，一般传动比不得大于 5～7，当两轴间要求大传动比时，就需要采用轮系来满足。特别是采用周转轮系，能够在结构紧凑的条件，采用很少的齿轮，实现大传动比传动，如例 8－3 所示的轮系就是理论上实现大传动比的一个实例。

2. 实现分路传动

利用轮系可以将主动轴的转速同时传送到几根从动轴上，获得所需的各种转速，从而达到减少动力源和保证各从动轴之间具有确定速比的目的。如图 8－11 所示，只需一台驱动电机就可带动六根从动轴按确定的速比运动，这种轮系常用于各种制药和印刷机械中。图 8－12 为滚齿机上实现轮坯与滚刀范成运动的传动简图，轴Ⅰ的运动和动力一路经过锥齿轮 1、2 传给滚刀，另一路经过齿轮 3、4、5、6、7 和蜗杆传动 8、9 传给轮坯，使得滚刀和轮坯按确定的速比运动。

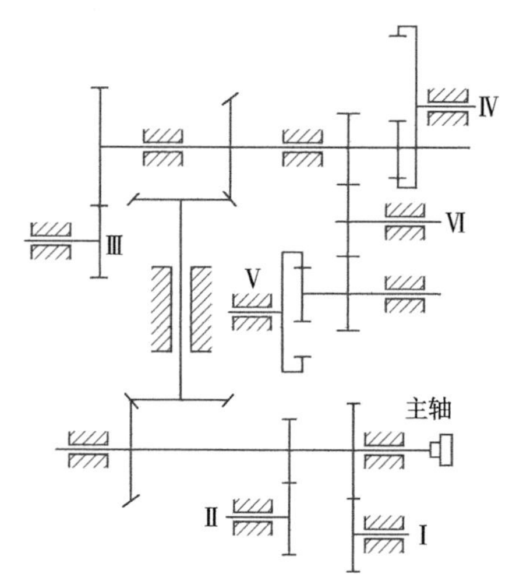

图 8－11　定轴轮系传动比

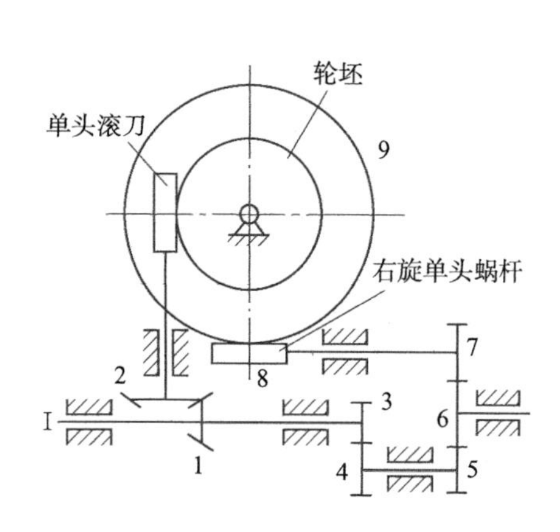

图 8－12　滚齿机传动轮系

3. 实现变速变向传动

输入轴的转速转向不变，利用轮系可使输出轴得到若干种转速或改变输出轴的转向，这种传动称为变速变向传动。如汽车在行驶中经常变速，倒车时要变向等。

图 8－13 所示为汽车上常用的三轴四速变速箱的传动简图。发动机的运动由安装有齿轮 1 和牙嵌离合器的一半 x 的轴Ⅰ输入，输出轴Ⅲ用滑键与双联齿轮 4、6 和离合器的另一半 y 相联。齿轮 2、3、5、7 安装在轴Ⅱ上，齿轮 8 则安装在轴Ⅳ上。操纵变速杆拨动双联齿轮 4、6，使之与轴Ⅱ上的不同齿轮啮合，从而得到不同的输出转速。如果轮 4 与 3 啮合或轮 6 与 5 啮合，可得中速或低速挡；当向右移动双联齿轮使离合器 x 与 y 接合时，得高速挡；当双联齿轮移至最左边位置时，轮 6 与 8 啮合，得最低速倒车挡。

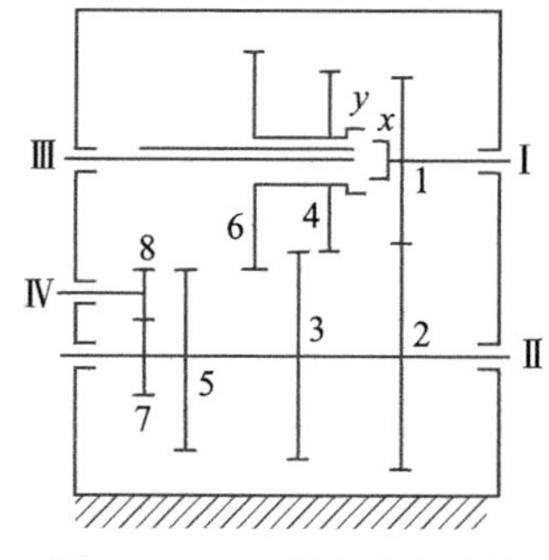

图 8－13　三轴四速变速箱

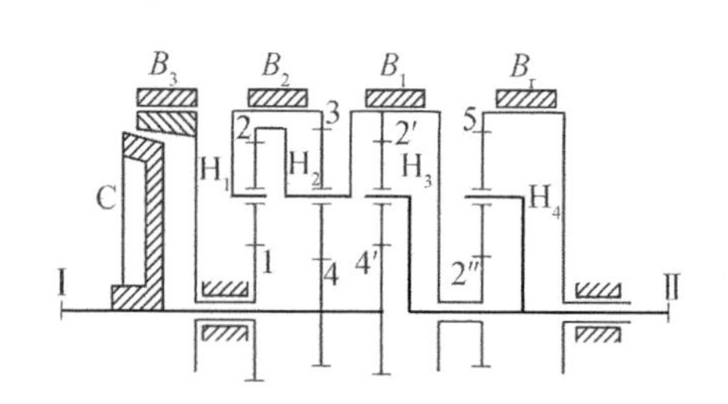

图 8－14　汽车变速机构

图 8－14 是一种新型的汽车变速机构，Ⅰ为输入轴，Ⅱ为输出轴，4 个 2K—H 行星轮系组

合使用。并配置一个锥面离合器 C 和四个带式制动器 B_1、B_2、B_3、B_r 等。在轮系运动过程中，通过离合器和制动器的配合使用，可以得到各挡不同的速度和正反转。这种变速机构的特点是在不需要改变各轮啮合状态的情况下，就可实现变速与换向传动。

变速变向传动还广泛地应用在金属切削机床等设备上。

4. 实现运动的合成与分解

由于差动轮系的自由度为 2，所以需要给定三个基本构件中任意两个的运动，第三个构件的运动才能确定，因此，第三个构件的运动是另两个构件运动的合成。

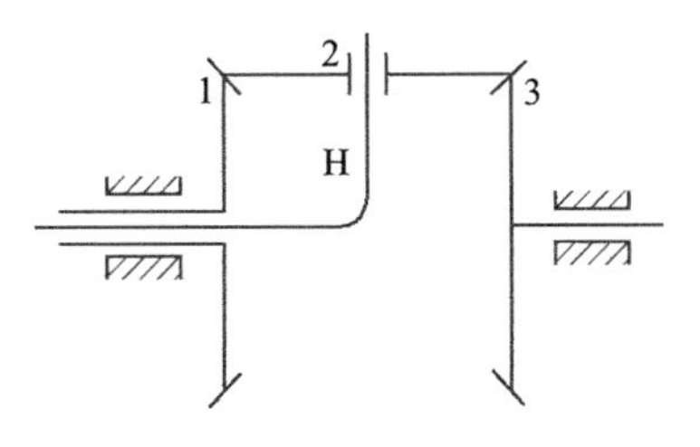

图 8-15　运动的合成

如图 8-15 所示的差动轮系中，

由 $i_{13}^{H}=\dfrac{n_1-n_H}{n_3-n_H}=-1$

得 $n_1+n_3=2n_H$

可见，系杆 H 的转速是齿轮 1 和齿轮 3 转速的合成。差动轮系可用作运动合成的特性，被广泛应用于机床、计算机构和补偿调整等装置中。

同样，利用周转轮系也可以实现运动的分解，即将差动轮系中已知的一个独立运动分解为两个独立的运动。图 8-16 所示为装在汽车后桥上的差动轮系(常称差速器)。发动机通过传动驱动齿轮 5，齿轮 4 上固连着行星架 H，其上装有行星轮 2。齿轮 1、2、3 及行星架 H 组成一差动轮系。

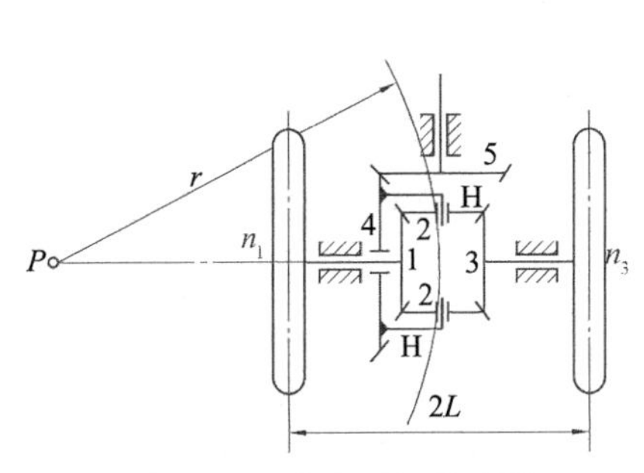

图 8-16　汽车后桥差速器

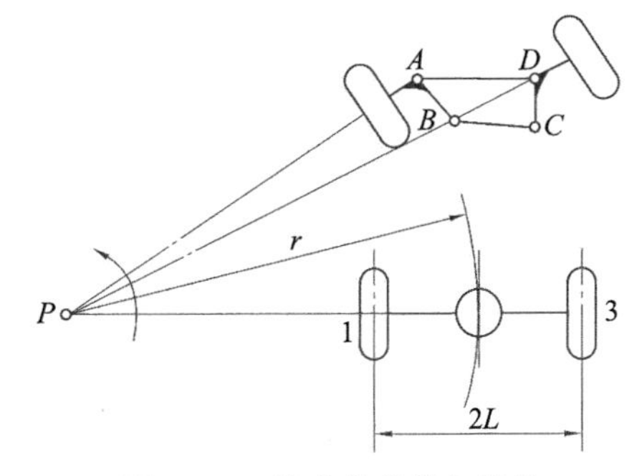

图 8-17　汽车前轮转向机构

在该差动轮系中，$z_1=z_3$，$n_H=n_4$，根据式(8-4)有

$$i_{13}^{H}=\frac{n_1-n_H}{n_3-n_H}=-\frac{z_3}{z_1}=-1$$

$$2n_4=n_1+n_3 \tag{1}$$

因该轮系有两个自由度，若仅由发动机输入圆锥齿轮 5 的运动时，圆锥齿轮 1 和 3 的转速不能确定。但两转速之和 n_1+n_3 是常数。

如设车轮和地面不打滑，当汽车沿直线行驶时，其两后轮的转速应相等(即 $n_1=n_3$)；由这个附加的约束条件，可求得 $n_1=n_3=n_H=n_4$，此时，行星轮 2 没有自转运动，整个轮系成为一个整体随轮 4 转动。

而当汽车拐弯时，由于两后轮走的路径不相等，则两后轮的转速应不相等(即 $n_1\neq n_3$)。在汽车后桥上采用差动轮系的目的，就是为了当汽车以不同的状态行驶时，两后轮能自动改变车速，以减小轮胎和地面之间的滑动。

设汽车向左转弯行驶，汽车的两前轮在转向机构（图 8－17 所示的梯形机构 $ABCD$）的作用下，其轴线与汽车两后轮的轴线汇交于点 P，这时整个汽车可看作是绕点 P 回转。在不打滑的条件下，两后轮的转速应与弯道半径成正比，由图 8－17 可得

$$\frac{n_1}{n_3}=\frac{r-L}{r+L} \tag{2}$$

式中，r 为弯道平均半径；L 为后轮距之半。

这也是一个附加的约束条件，使两后轮有确定运动，联解式（1）、（2）就可以求得两后轮的转速分别为

$$n_1=\frac{r-L}{r}n_4$$

$$n_3=\frac{r+L}{r}n_4$$

显然，这两个转速随弯道半径的不同而不同，此时行星轮 2 除与系杆 H 一起公转外，还绕系杆 H 做自转。

8.6 轮系的设计

8.6.1 定轴轮系的设计

1. 定轴轮系类型的选择

根据工作要求和使用场合恰当地选择轮系的类型，例如，在一般情况下，优先选用直齿圆柱齿轮，当设计的定轴轮系用于高速、重载场合时，为了减小传动的冲击、振动和噪声，宜优先选用由平行轴斜齿轮组成的定轴轮系；由于工作或结构空间的要求，需要改变方向时，可选含有圆锥齿轮传动的空间定轴轮系；当设计的轮系要求传动比大。结构紧凑或用于有自锁要求的场合时，则应选择含有蜗杆传动的空间定轴轮系。

2. 定轴轮系中各轮齿数的确定

要确定定轴轮系中各轮的齿数，关键在于合理地分配轮系中各对齿轮的传动比。为了把轮系的总传动比合理地分配给各对齿轮，在具体分配时应注意下述几点：

（1）每一级齿轮的传动比要在合理范围内选取。齿轮传动时，传动比通常小于 5；蜗杆传动时，传动比不大于 50。

（2）当齿轮传动的传动比大于 8 时，一般应设计成两级传动；当传动比大于 30 时，常设计成两级以上齿轮传动。

（3）当轮系为减速传动时（工程实际中的大多数情况），按照“前小后大”的原则分配传动比。同时，为了使机构外廓尺寸协调和结构匀称，相邻两级传动比的差值不宜过大。运动链这样逐级减速，可使各级中间轴有较高的转速和较小的扭矩，从而获得较为紧凑的结构。

（4）当设计闭式齿轮减速器时，为了润滑方便，应使各级传动中的大齿轮都能浸入油池，且浸入的深度应大致相等，以防止某个大齿轮浸油过深增加搅油损耗，根据这一条件分配传动比时，高速级的传动比应大于低速级的传动比，通常 $i_{高}=(1.3\sim1.4)i_{低}$。

根据具体条件合理地分配了各对齿轮传动的传动比，就可以根据各对齿轮的传动比来确定每一个齿轮的齿数。

8.6.2　行星轮系的设计

1. 行星轮系的类型选择

行星轮系的种类很多，按基本构件可分为 2K—H、3K 等类型。在选择传动类型时，应考虑传动比的要求、传动的效率、外廓结构尺寸和制造及装配工艺等因素。

最基本的行星轮系是包含三个基本构件的 2K—H 型行星轮系，表 8-2 列出了 2K—H 行星轮系的几种常用类型及特点，供设计和选用时参考。

表 8-2　2K—H 型行星轮系的类型及特点

轮系类型	传动比计算式	传动比适用范围
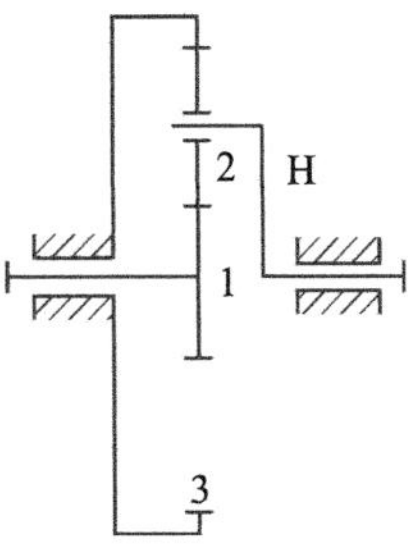	$i_{1H}=1+\frac{z_3}{z_1}>2$	$i_{1H}=2.8\sim13$
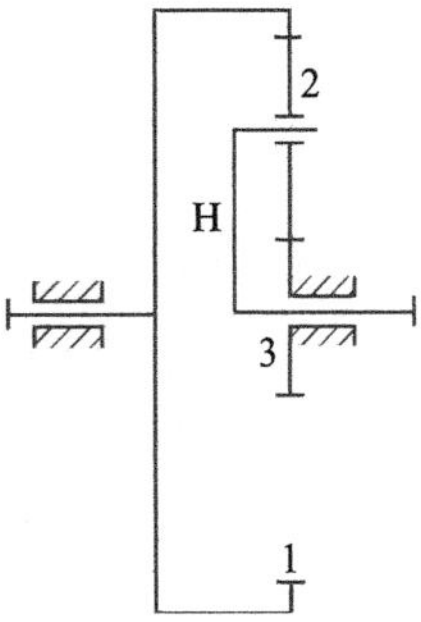	$i_{1H}=1+\frac{z_3}{z_1}<2$	$i_{1H}=1.14\sim1.56$
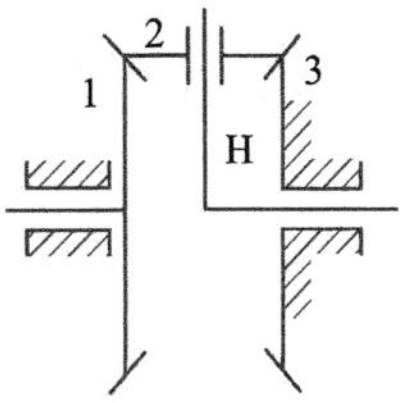	$i_{1H}=1+\frac{z_3}{z_1}=2$	$i_{1H}=2$
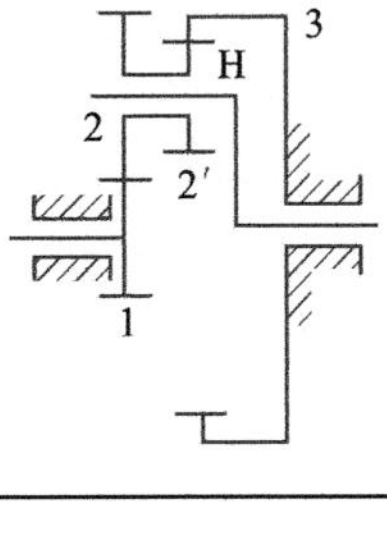	$i_{1H}=1+\frac{z_2z_3}{z_1z_{2'}}$	$i_{1H}=8\sim16$

续表

<table>
<tr><th>轮系类型</th><th>传动比计算式</th><th>传动比适用范围</th></tr>
<tr><td>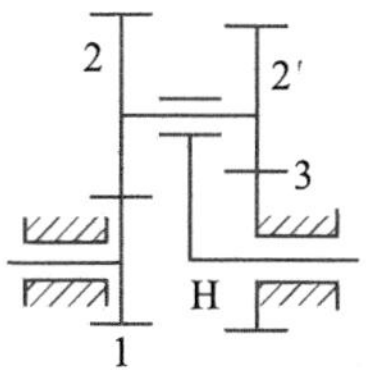</td><td rowspan="2">$i_{1H}=1-\frac{z_2 z_3}{z_1 z_{2'}}$
$i_{H1}=\frac{z_1 z_{2'}}{z_1 z_{2'}-z_2 z_3}$</td><td rowspan="2">随着各齿轮齿数配对的不同，传动比可在很大范围内变化。
当系杆 H 主动时，可以获得上万的传动比</td></tr>
<tr><td>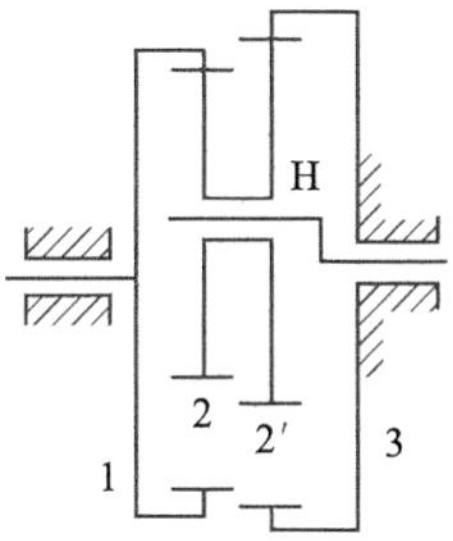</td></tr>
</table>

2. 行星轮系各轮齿数的确定和行星轮数目的选择

行星轮系是一种共轴式(即输入轴线和输出轴线重合)传动装置，并且又采用了几个完全相同的行星轮均布在中心轮的四周，因此，设计行星轮系时，其各轮齿数的确定除要遵循单级齿轮传动齿数选择的原则外，还必须满足传动比条件、同心条件、装配条件和邻接条件，才能装配起来，正常运转并实现预定的传动比。对于不同的行星轮系，满足下列四个条件的具体关系式将有所不同。现以图 8-2(b)所示的单排 2K—H 型行星轮系为例加以讨论。

(1) 传动比条件

即行星轮系必须能实现给定的传动比 i_{1H}，由前述分析知：

$$i_{1H}=1+\frac{z_3}{z_1}$$

故

$$z_3=(i_{1H}-1)z_1 \tag{8-6}$$

(2) 同心条件

即系杆的回转轴线应与两个中心轮的轴线相重合。若采用标准齿轮或高度变位齿轮传动，则同心条件为

$$r_1+r_2=r_3-r_2$$

即

$$z_1+z_2=z_3-z_2$$

或

$$z_2=(z_3-z_1)/2=z_1(i_{1H}-2)/2 \tag{8-7}$$

式(8-7)表明，两中心轮的齿数应同时为奇数或偶数。

(3) 装配条件

在行星轮系中，行星轮的数目通常大于 2。装配条件是指为了保证各个行星轮都能均匀分布地装入两个中心轮之间，行星轮的数目与各轮齿数之间必须有一定的关系。否则，将会因行星轮和中心轮轮齿位置的互相干涉，而影响正常装配。

如图 8-18 所示，设 k 为均布的行星轮数，则相邻两行星轮间所夹的中心角为 $\varphi=2\pi/k$。

当在两中心轮之间的位置 O_2 装入第一个行星轮后，两中心轮轮齿间的相对转动位置已通过该行星轮建立了关系。为了在同一位置装入第二个行星轮，设想将中心轮 3 固定，而通过转动中心轮 1，使系杆转过 φ 角，第一个行星轮由位置 O_2 到达 O_2'，这时中心轮 1 上的 A 点转到 A' 点位置，其对应转过的角度为 θ。

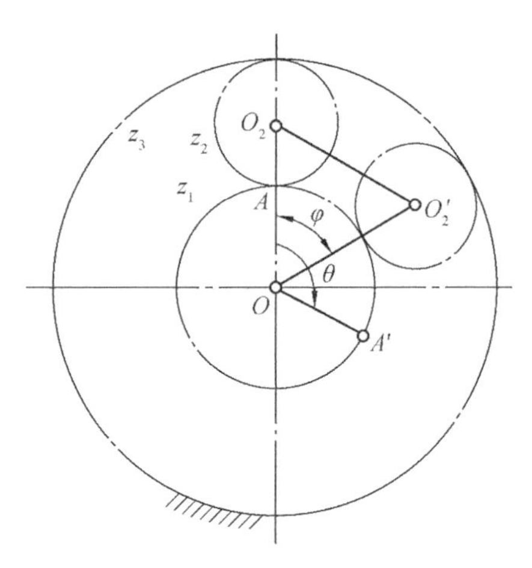

图 8-18　行星轮系装配条件

由于　$\dfrac{\theta}{\varphi}=\dfrac{\omega_1}{\omega_H}=i_{1H}=1+\dfrac{z_3}{z_1}$

所以　$\theta=\left(1+\dfrac{z_3}{z_1}\right)\varphi=\left(1+\dfrac{z_3}{z_1}\right)\dfrac{2\pi}{k}$

若要在位置 O_2 装入第二个行星轮，则要求中心轮 1 在回转前后的轮齿相位完全相同，即中心轮 1 恰好转过 N 个整数齿。即有

$$\theta=N\frac{2\pi}{z_1}=\left(1+\frac{z_3}{z_1}\right)\frac{2\pi}{k}$$

即

$$\frac{z_1+z_3}{k}=N$$

采用同样的方法，可以依次装入第二个、第三个、直至第 k 个行星轮。由此可知，这种行星轮系的装配条件是，两中心轮的齿数 z_1、z_3 之和应能被行星轮个数 k 所整除。

(4) 邻接条件

邻接条件是指多个行星轮均布在两个中心轮之间，要求相邻两行星轮的齿顶之间不得相碰。如图 8-18 所示，即相邻两行星轮的中心距 O_2O_2' 应大于行星轮齿顶圆直径 d_{a2}。若采用标准齿轮，则

$$2(r_1+r_2)\sin\frac{\pi}{k}>2(r_2+h_a^* m)$$

$$(z_1+z_2)\sin\frac{\pi}{k}>z_2+2h_a^* \tag{8-8}$$

确定各轮齿数的步骤是：先选定 z_1 和 k，使得在给定传动比 i_{1H} 的前提下 N、z_2 和 z_3 均为正整数，而后验算邻接条件。如果不满足，则应减少行星轮数目 k 或调整齿轮的齿数。

以上讨论的四个条件关系式，适用于单排 2K—H 型行星轮系且采用标准齿轮传动或高度变位齿轮传动的场合，当用角变位齿轮传动时，邻接条件关系式和同心条件关系式应有所变化。

3. 行星轮系的均载

行星轮系由于在结构上采用了多个行星轮来分担载荷，因此在传递动力时具有承载能力高和单位功率重量小等优点。但是，由于行星轮、中心轮及行星架等各个刚性零件都不可避免地存在着制造和安装误差，将导致各个行星轮所负担的载荷不均匀，行星传动装置的承载能力和使用寿命降低。因此，如何使行星传动中各个行星轮间的载荷均匀分布(即均载)具有重要的意义。

目前普遍采用的均载方法是从结构设计上采取措施，使各个构件间能够自动补偿各种误

差，从而达到每个行星轮受载均衡的目的。常见的均载方法有柔性浮动自位均载方法和采用弹性结构的均载方法。实施这些均载方法的装置称为均载装置，其结构类型很多，在具体设计时可参阅相关文献。

8.7　其他行星传动简介

8.7.1　渐开线少齿差行星传动

渐开线少齿差行星传动机构的基本原理如图 8－19 所示，1 为固定中心内齿轮(代号 K)，2 为行星轮，运动由系杆 H 输入，通过等角速比机构 W 由轴 V 输出。故又称 K—H—V 行星轮系。与前述各种行星轮的主要差异是：它输出的运动是行星轮的绝对运动，而前述各种行星轮系输出的是中心轮或行星架的绝对运动。

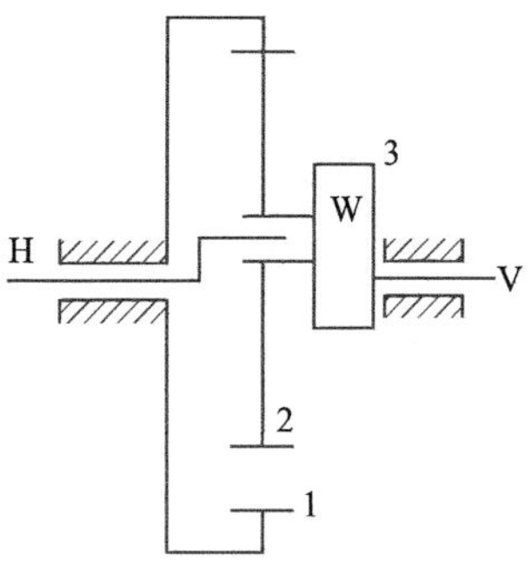

图 8－19　渐开线少齿差行星传动机构

由行星轮系传动比的计算公式可得

$$i_{12}^{H}=\frac{\omega_1-\omega_H}{\omega_2-\omega_H}=\frac{z_2}{z_1}$$

将 $\omega_1=0$ 及 $\omega_2=\omega_V$(由 W 机构实现)代入并整理得

$$i_{HV}=\frac{\omega_H}{\omega_V}=-\frac{z_2}{z_1-z_2} \tag{8-9}$$

式(8－9)说明 K—H—V 行星轮系的传动比取决于中心轮与行星轮的齿数差，齿数差越小，传动比越大，因此结构紧凑。一般取 1～4，故称为少齿差行星传动。式(8－9)中的负号表示输出轴与输入轴的转向相反。

少齿差行星轮系中的 W 机构可以采用各种类型的等速传动机构，如图 8－20 所示的双万向联轴器、十字滑块联轴器、平行四边行机构等。在实际应用中，大多采用孔销式输出机构。

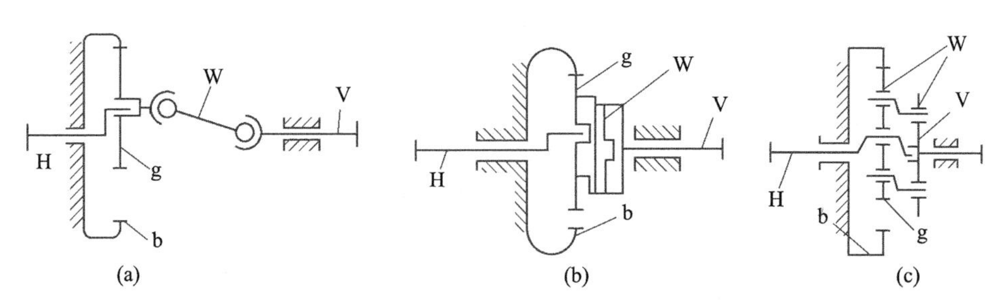

图 8－20　少齿差行星轮系中的 W 机构

图 8－21 所示是孔销式输出机构工作原理图。行星轮 2 上均布有 6 个孔(一般为 4—12 个)，在输出轴 V 的圆盘上对应装有 6 个均布销轴分别插入行星轮的圆孔中。且使两构件上的均布直径都为 2ρ，为使行星轮 2 的绝对速度等速传给输出轴 V，孔半径 r_W 与销轴半径 r_P 的关系应满足：$r_W-r_P=A$ (A 为中心轮 2 与输出轴 V 的偏心距)，这样，在运动过程中 $O_2O_VO_PO_W$ 就相当于一个平行四边形机构，无论行星轮转到什么位置，O_2O_V 始终与 O_PO_W

平行,即保证等速输出运动。

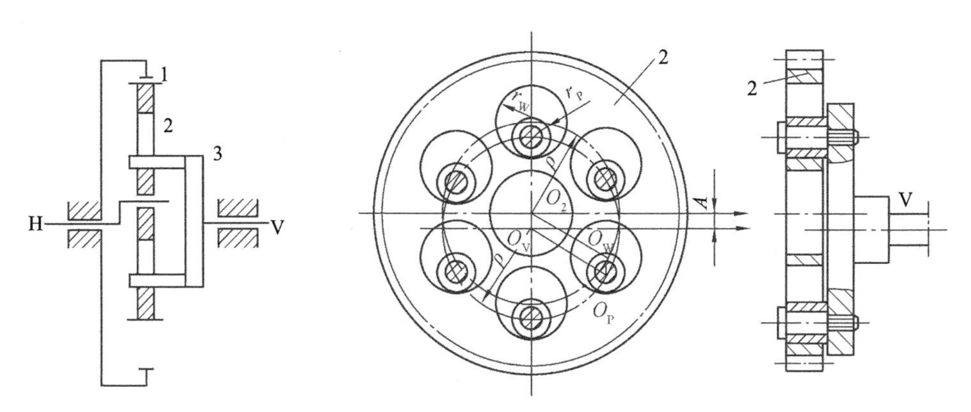

图 8－21　孔销式输出机构工作原理图

8.7.2　摆线针轮行星传动

摆线针轮行星传动的工作原理与渐开线少齿差行星传动基本相同,其结构形式也是 K—H—V 型。如图 8－22 所示,只是其中心轮 1 由固定在机壳上带套筒的圆柱销组成,称为针轮;行星轮 2 的齿廓为短幅外摆线的等距曲线,称为摆线行星轮。其输入构件为偏心圆盘,输出机构采用孔销式机构。因这种传动的齿数差总是等于 1,故属于齿差 K—H—V 型行星齿轮传动。其传动比为

$$i_{HV}=\frac{\omega_H}{\omega_V}=-\frac{z_2}{z_1-z_2}=-z_2 \tag{8-10}$$

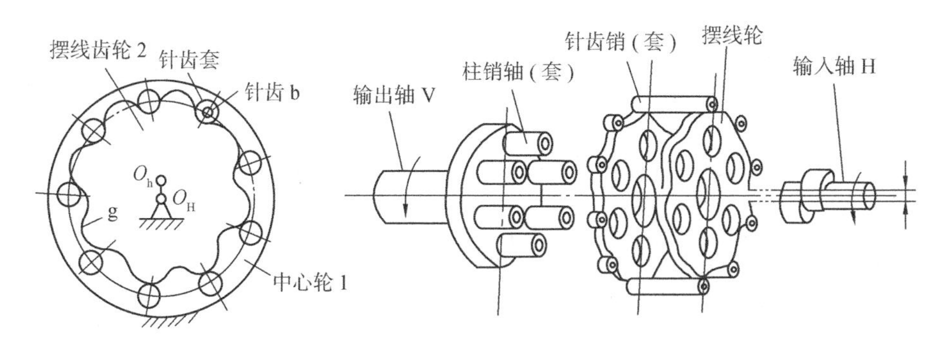

图 8－22　摆线针轮行星传动结构示意图

摆线针轮行星传动的主要特点是:

(1) 减速比大,结构紧凑,单级传动比可达 9 ～ 115,多级可获更大传动比;

(2) 与渐开线少齿差行星传动相比,无齿顶相碰和齿廓重叠干涉等问题;

(3) 同时啮合的齿数多,理论上有一半的轮齿同时啮合,因此,传动平稳、承载能力高;

(4) 由于轮齿啮合处的摩擦为滚动摩擦,故传动效率高(一般可达 90% ～ 94%);

(5) 其主要缺点是加工工艺复杂,制造成本较高。

摆线针轮机构是一种较新型的传动机构,目前已在国防、冶金、化工等多个行业中得到广泛应用。

8.7.3　谐波齿轮传动

谐波齿轮传动的工作原理与渐开线少齿差行星传动类似，但其结构形式和传动原理却不相同。谐波传动是建立在弹性变形理论基础上的一种新型传动。图 8 - 23 为谐波传动的示意图。1 为具有内齿的刚轮，2 为具有外齿的柔轮，H 为波发生器。这三个构件与少齿差行星传动机构的中心内齿轮、行星轮 2 和系杆 H 相当。实际应用中通常以刚轮为固定件，波发生器为主动件，柔轮为从动件。

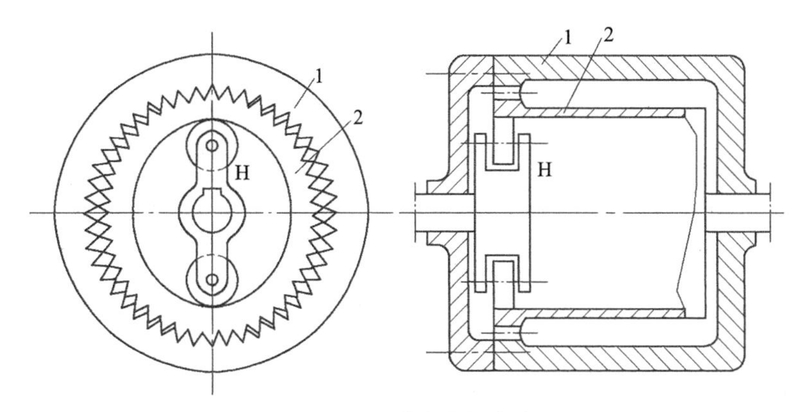

图 8 - 23　谐波齿轮传动

当波发生器 H 装入柔轮内孔时，由于前者的总长度略大于后者的内孔直径，故柔轮变为椭圆，并且在椭圆的长轴两端，柔轮与刚轮的轮齿应处于完全啮合状态，产生两个局部啮合区。同时在椭圆的短轴两端，两轮轮齿应完全脱开。在其余各处，根据柔轮回转方向的不同，或处于啮入状态，或处于啮出状态。当波发生器连续转动时，柔轮长短轴的位置不断变化，从而使轮齿的啮合区和脱开区也随之不断变化，由于柔轮的齿数小于刚轮的齿数，于是在柔轮与刚轮之间就产生了相对位移，从而传递运动。

在波发生器转动一周期间，柔轮上一点变形的循环次数与波发生器上的凸起部位数是一致的，称为波数。常用的有双波和三波(见图 8 - 24)。为了有利于柔轮的力平衡和防止轮齿干涉，刚轮和柔轮的齿数差应等于波发生器波数(即波发生器上的滚轮数)的整倍数，通常使其等于波数。

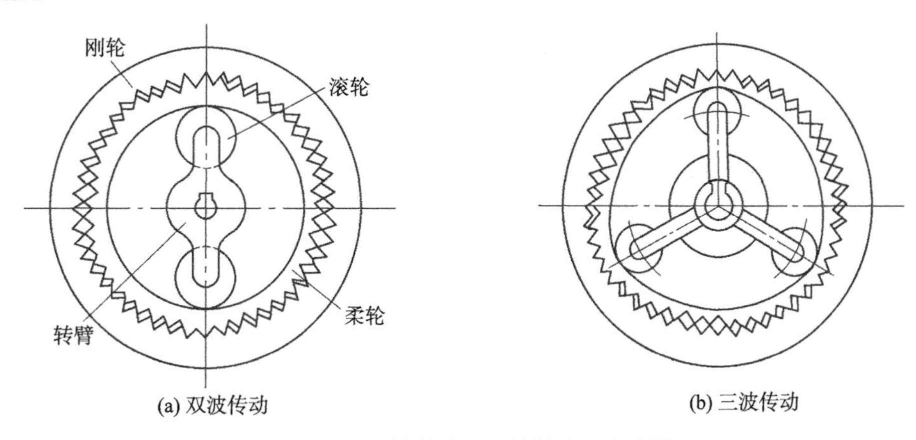

(a) 双波传动　　(b) 三波传动

图 8 - 24　双滚轮式和三滚轮式波发生器

由于在谐波齿轮传动过程中，柔轮与刚轮的啮合过程与行星齿轮传动类似，其传动比可按周转轮系的计算方法求得。

当刚轮 1 固定($\omega_1=0$)，波发生器 H 主动，柔轮 2 从动时，传动比为

$$i_{21}^{H}=\frac{\omega_2-\omega_H}{\omega_1-\omega_H}=\frac{z_1}{z_2}$$

即

$$i_{H2}=\frac{\omega_H}{\omega_2}=-\frac{z_2}{z_1-z_2} \tag{8-11}$$

式(8－11)中负号表示主、从动件转向相反。

当柔轮 2 固定($\omega_2=0$)，波发生器 H 主动，刚轮 1 从动时，传动比为

$$i_{H1}=\frac{\omega_H}{\omega_1}=\frac{z_1}{z_1-z_2} \tag{8-12}$$

式(8－12)中正号表示主、从动件转向相同。

谐波齿轮传动具有以下特点：

(1) 传动比大、范围宽(一级传动比范围为 50～500，二级传动比可达 2500～250000)；

(2) 传动效率较高，单级 $\eta=0.7\sim0.9$；

(3) 传动过程中，刚轮与柔轮轴线重合，故不需要 W 机构输出运动和动力，因此，结构简单、体积小、重量轻；

(4) 同时啮合的轮齿对数多，齿面相对滑动速度低，因此，承载能力强、传动平稳；

(5) 能够实现密封空间的运动传递；

(6) 谐波齿轮传动的缺点是柔轮易发生疲劳损坏，起动力矩大。

近年来谐波齿轮传动技术发展十分迅速，应用日益广泛。在机械制造、冶金、发电设备、矿山、造船及国防工业(如宇航技术、雷达装置等)中都得到了广泛应用。

8.7.4 活齿传动

活齿传动是一种新型齿轮传动机构，按活齿轮的结构不同，可分为推杆活齿传动、摆动活齿传动、滚柱活齿传动、套筒活齿传动等(如图 8－25 所示)。

活齿传动原理与谐波齿轮传动类似，但其行星轮所采用的不是柔轮，而是一个由许多活动轮齿和轮齿架组成的活齿轮，在偏心圆盘 H 的推动下，活动轮齿可在轮齿架各径向槽中上下移动或摆动，与中心轮的轮齿相啮合来完成其啮合运动。此处以推杆活齿传动为例，介绍活齿传动的工作原理如下。

图 8－26 所示为推杆活齿传动原理图，活齿传动机构由激波器 H、活齿轮 G 及中心轮 K 三个基本构件组成，可根据需要选择不同的构件作为固定件。在工作过程中，当中心轮 K 固定，激波器 H 顺时针转动时，由于偏心圆盘激波器向径的变化，激波器产生径向推力，迫使与中心轮齿廓啮合的各活齿沿其径向导槽移动。这时活齿受活齿架径向导槽移动副及中心轮齿廓高副的约束，推动活齿轮以等角速 ω_G 转动，以实现运动的传递。

传动过程中，当啮合高副由中心轮的齿顶 C 点处转到中心轮的齿根 K 点处时，即激波器 H 将活齿由最小向径接触处推到最大向径接触处时，活齿处于工作状态，啮合副完成工作行程；当激波器 H 继续转动时，由于激波器回程曲线的向径减小，故不能推动活齿运动，活齿在

中心轮 CK 齿廓反推作用下，由激波器最大向径位置 C 返回到最小向径位置 K，此时活齿处于非工作状态，啮合副完成空回行程。因此每一个推杆活齿每次只能推动活齿轮 G 转过一定的角度，其连续转动是靠各推杆活齿的交替工作来实现的。

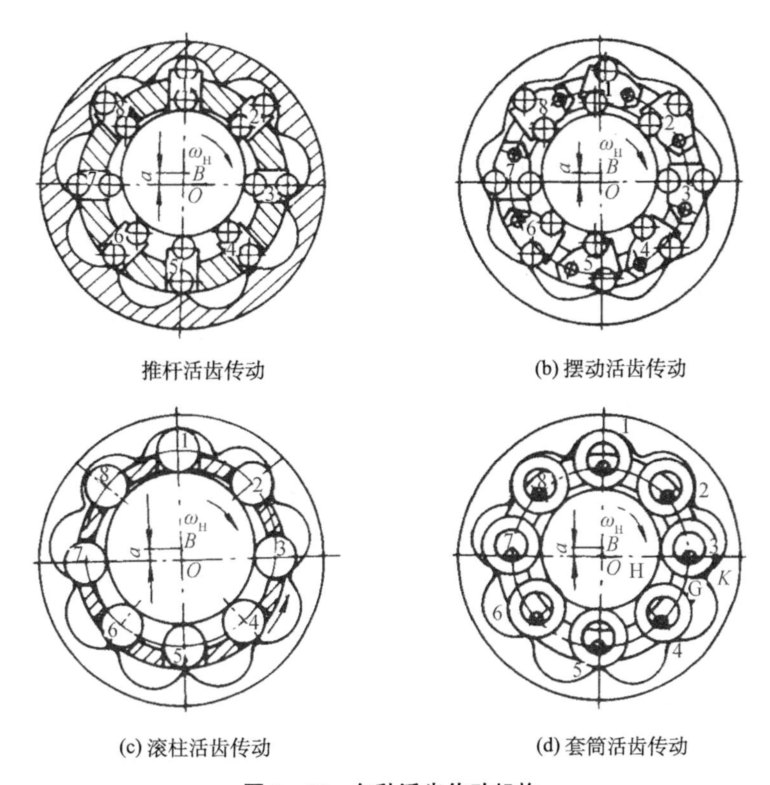

图 8-25　各种活齿传动机构

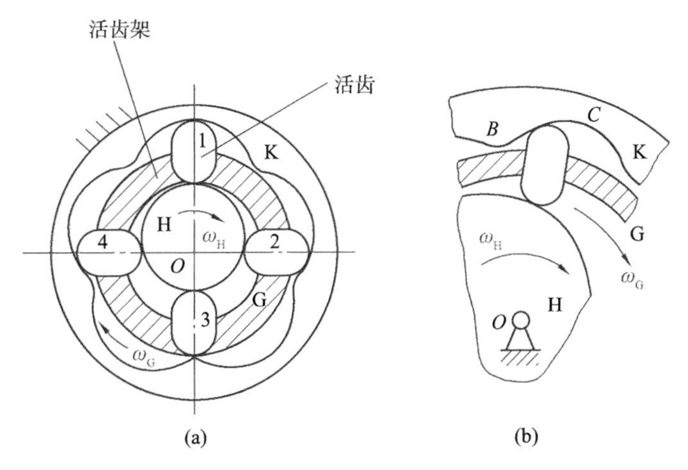

图 8-26　推杆活齿传动

活齿传动机构是由 K—H—V 行星轮系演化而成的，因此其传动比可按周转轮系的计算方法求得。

当中心轮 K 固定($\omega_K=0$)，激波器 H 主动，活齿轮 G 从动时，传动比为

$$i_{GK}^{H}=\frac{\omega_G-\omega_H}{\omega_K-\omega_H}=\frac{z_K}{z_G}$$

即：
$$i_{HG}=\frac{\omega_H}{\omega_G}=-\frac{z_G}{z_K-z_G} \tag{8-13}$$

由于 $z_K>z_G$，所以活齿轮 G 与激波器 H 的转向相反。

活齿传动的特点是：

(1) 传动比大，单级传动比 $i=60\sim80$；

(2) 由其传动原理知，所有活齿均与中心轮的齿廓接触，其中约 $\frac{1}{2}$ 的活齿处于工作状态，因此其传动平稳，承载能力大；

(3) 传动过程中不需要 W 等角速比输出机构，因而结构紧凑、体积小、质量轻；

(4) 传动效率较高，$\eta=70\%\sim95\%$。其传动效率随传动比的增加而降低。

(5) 活齿传动各构件的精度要求高，特别是活齿架上的径向等分槽、中心轮的齿廓等加工工艺较复杂。

思考题与习题

8-1　如何判断不同类型轮系中从动轮的转向。

8-2　转化机构法的基本思想是什么？

8-3　试述复合轮系的传动比计算步骤。

8-4　分析定轴轮系、周转轮系和复合轮系各有什么特点，在传动比计算时有什么差异？

8-5　在蜗杆传动中，判断蜗轮、蜗杆转向关系时采用左、右手规则，其原理与方法是什么？

8-6　已知题图 8-6 所示轮系中各轮的齿数分别为 $z_1=z_3=15$，$z_2=40$，$z_4=25$，$z_5=20$，$z_6=40$，试求传动比 i_{16}，并指出如何改变 i_{16} 的符号。

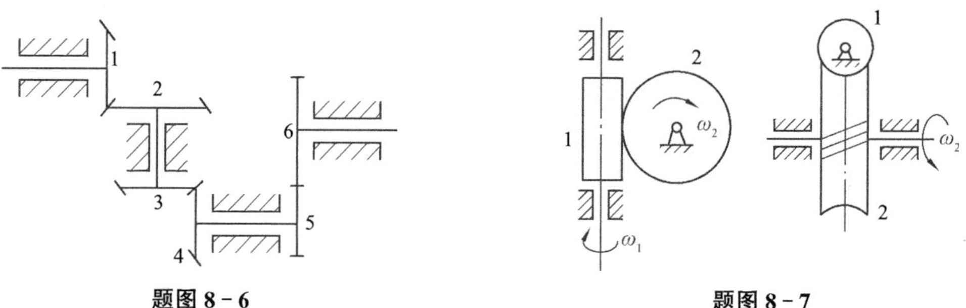

题图 8-6　　题图 8-7

8-7　在题图 8-7 所示的蜗杆传动中，试分别在左右两图上标出蜗杆 1 的旋向和转向。

8-8　如题图 8-8 所示，蜗杆的转速 $n_1=900\text{r/min}$，$z_2=60$，$z_{2'}=25$，$z_3=20$，$z_{3'}=25$，$z_4=20$，$z_{4'}=30$，$z_5=35$，$z_{5'}=28$，$z_6=135$。

(1) 写出 $i_{16}=\frac{\omega_1}{\omega_6}$，$i_{26}=\frac{\omega_2}{\omega_6}$，$i_{5'6}=\frac{\omega_{5'}}{\omega_6}$ 的表达式；

(2) 确定 n_6 的大小和转向。

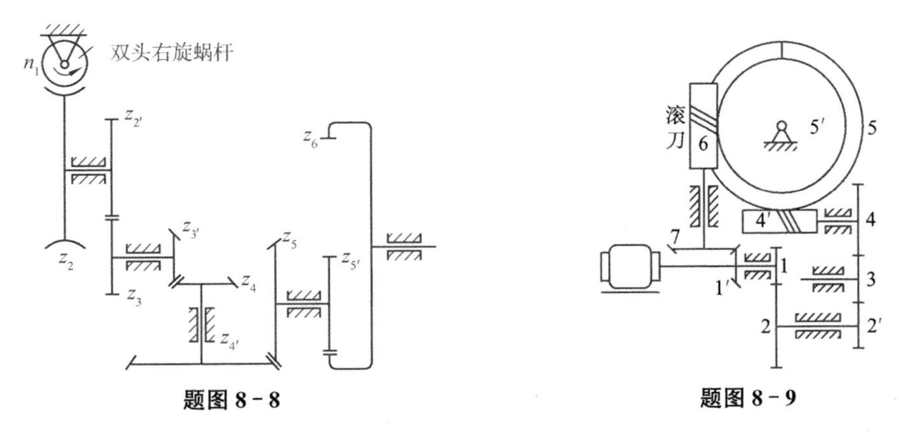

题图 8-8　　　　　题图 8-9

8-9　题图 8-9 所示为一滚齿机工作台的传动机构，工作台与蜗轮 5 相固联。已知 $z_1=z_{1'}=20$，$z_2=35$，$z_{4'}=1$（右旋），$z_5=40$，滚刀 $z_6=1$（左旋），$z_7=28$。若要加工一个 $z_{5'}=64$ 的齿轮，试决定挂轮组各轮的齿数 $z_{2'}$ 和 z_4。

8-10　在题图 8-10 所示的轮系中，已知 $z_1=20$，$z_2=30$，$z_3=18$，$z_4=68$，齿轮 1 的转速 $n_1=150\text{r/min}$，试求系杆 H 的转速 n_H 的大小和方向。

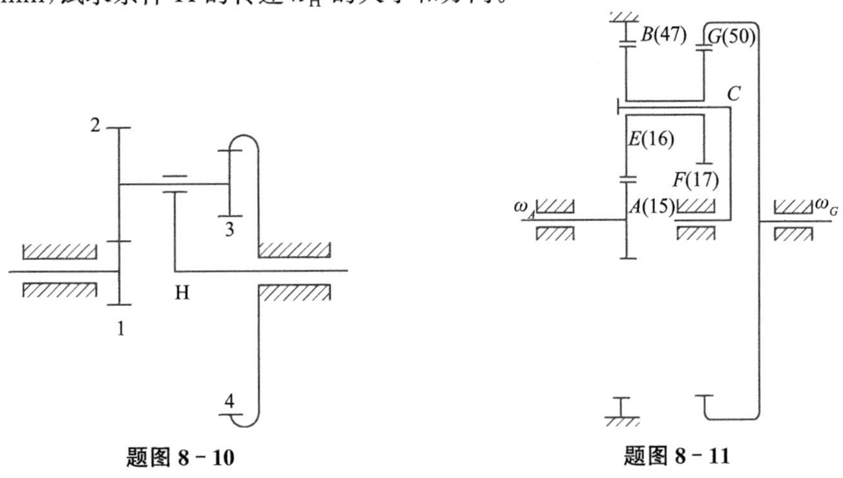

题图 8-10　　　　　题图 8-11

8-11　计算题图 8-11 所示大减速比减速器的传动比 $i_{AG}=\dfrac{\omega_A}{\omega_G}$。

8-12　题图 8-12 所示轮系中，已知 $z_1=z_4=40$，$z_2=z_5=30$，$z_3=z_6=100$，齿轮 1 的转速 $n_1=100\text{r/min}$，试求系杆 H 的转速 n_H 的大小和方向。

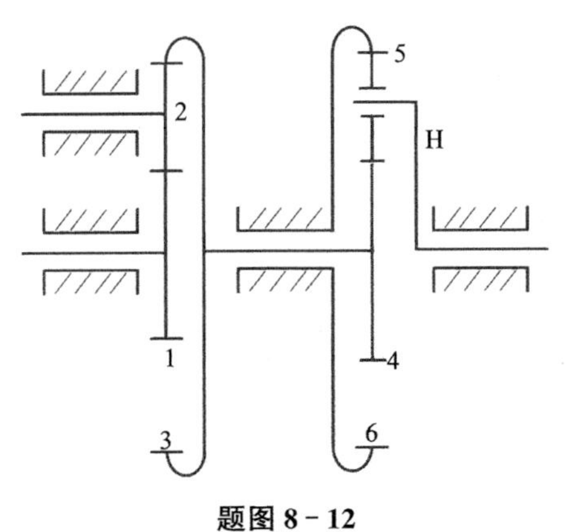

题图 8-12

8－13　在题图 8－13 所示轮系中；已知 ω_6 及各轮齿数为：$z_1=50$，$z_{1'}=30$，$z_{1''}=60$，$z_2=30$，$z_{2'}=20$，$z_3=100$，$z_4=45$，$z_5=60$，$z_{5'}=45$，$z_6=20$，求 ω_3 的大小和方向。

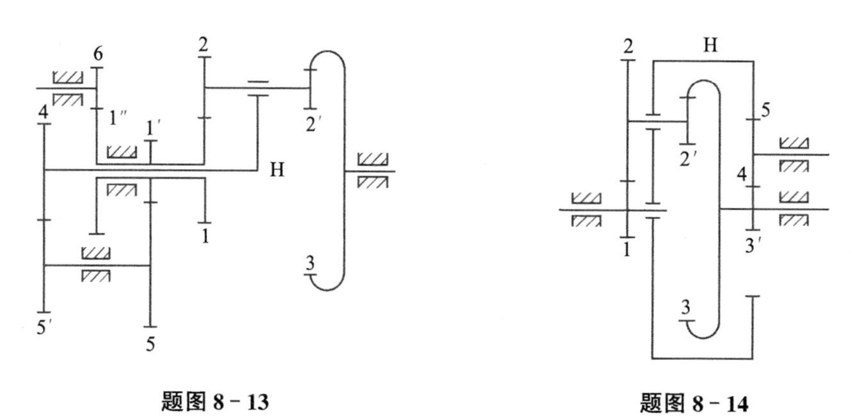

题图 8－13　　　　题图 8－14

8－14　在题图 8－14 所示的电动卷扬机减速器中，各齿轮的齿数为 $z_1=24$，$z_2=52$，$z_{2'}=21$，$z_3=97$，$z_{3'}=18$，$z_4=30$，$z_5=78$，求 i_{1H}。

8－15　在题图 8－15 所示的轮系中，已知各轮的齿数 $z_1=20$，$z_2=30$，$z_3=z_4=12$，$z_5=36$，$z_6=18$，$z_7=68$，求该轮系的传动比 i_{1H}。

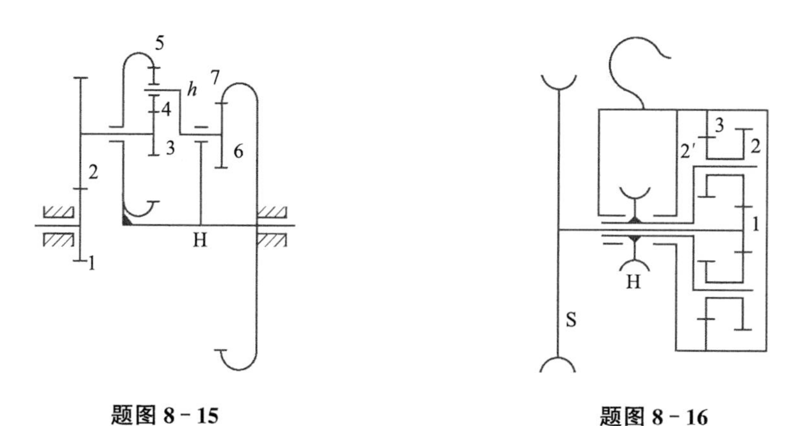

题图 8－15　　　　题图 8－16

8－16　在题图 8－16 所示的手动葫芦中，S 为手动链轮，H 为起重链轮，已知 $z_1=12$，$z_2=28$，$z_{2'}=14$，$z_3=54$，求传动比 i_{SH}。

8－17　在题图 8－17 所示机构中，已知 $z_1=z_2=25$，$z_{2'}=20$，全部圆柱齿轮均为模数相同的直齿标准齿轮，求传动比 i_{1H}。

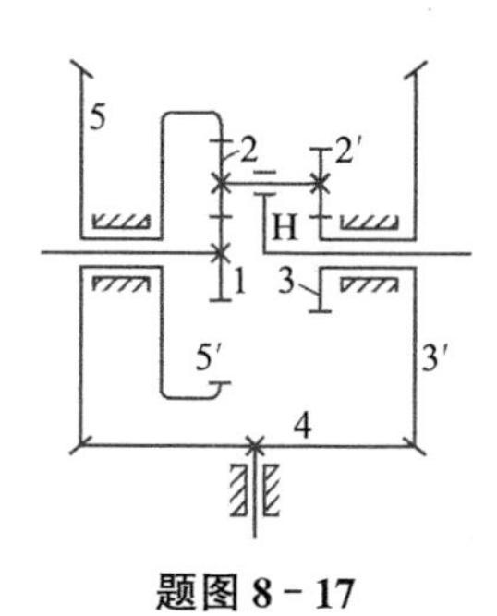

题图 8－17

8-18　在题图 8-18 所示双螺旋桨飞机的减速器中，已知 $z_1=26$，$z_2=z_{2'}=20$，$z_4=30$，$z_5=z_{5'}=18$，齿轮 1 的转速 $n_1=15000$r/min，试求螺旋桨 P 和 Q 的转速 n_P、n_Q 的大小和方向。

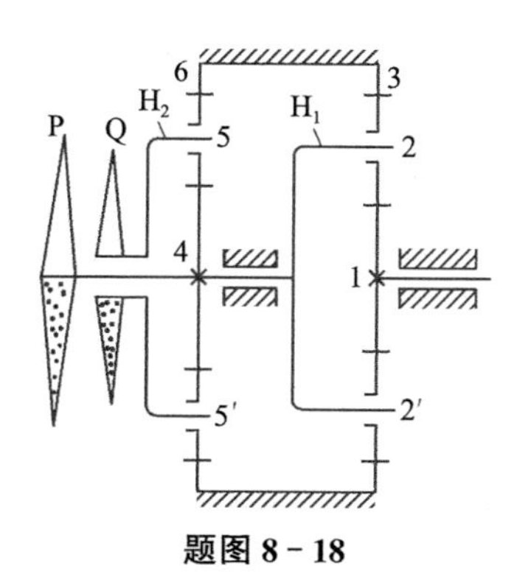

题图 8-18

8-19　在题图 8-19 所示的串联行星轮系中，已知各轮的齿数，试求传动比 i_{aH}。

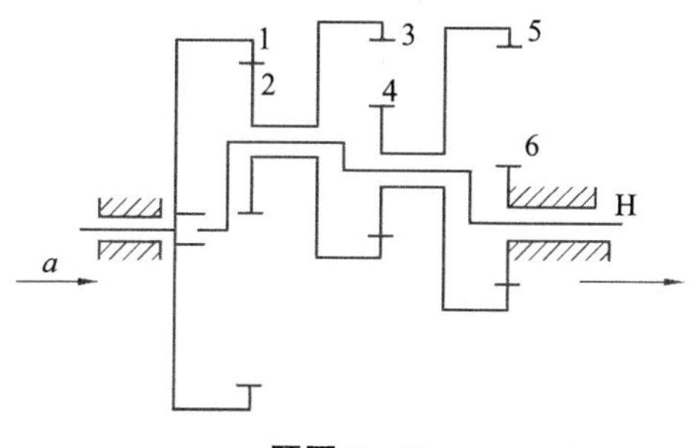

题图 8-19

9 其他常用机构

章导学

本章主要介绍棘轮机构、槽轮机构、凸轮式间歇运动机构、不完全齿轮机构四种常用的间歇运动机构，以及万向联轴节机构和螺旋机构的工作原理、运动特性及其应用。

9.1 间歇运动机构

能够产生有规律的停歇和运动的机构称为间歇运动机构，也称为步进机构或分度机构。常用的间歇运动机构有棘轮机构、槽轮机构、不完全齿轮机构、凸轮式间歇运动机构等。它们在灌装机械、流水生产线、电影放映机、印刷包装机、加工中心等机械设备中得到广泛应用。

9.1.1 间歇运动机构的特点

1. 运动系数

在间歇运动机构中，主动构件做连续回转运动或往复摆动，从动构件做间歇运动。设在一个周期 T 中，从动件的运动时间为 T_d、停歇时间为 T_t，则运动时间在整个周期中所占的比例称为运动系数 τ。

$$\tau=T_d/T \tag{9-1}$$

也有用动停比 k 来代替运动系数的，动停比是运动时间与停歇时间的比值。

$$k=T_d/T_t \tag{9-2}$$

运动系数 τ 与动停比 k 之间的关系为

$$\tau=k/(k+1) \tag{9-3}$$

运动系数是间歇运动机构设计的一个重要参数，从提高生产率的角度看，τ 值越小越好，表示机构能更快地从一个工位转到另一个工位。但 τ 值越小，机构运动的加速度越大，因此，设计时应根据机构性能和工艺要求合理选择。

2. 分度数

当从动构件作间歇回转运动时，在一个周期内从动构件停歇的次数称为分度数，用 n 表示。它取决于回转工作台的工位数，一般是设计时的给定数据。也有一些间歇运动机构不用分度数这一概念，而用每次分度运动所转过的角度来表示。

3. 动力学性能

在间歇运动机构中，从动件在一个很短的时间内要完成起动、加速、减速、停止的全过程，会产生较大的加速度，从而对机构带来冲击和振动。因此，从动件运动规律的设计是一个十分重要的问题。

4. 定位精度

工作台(从动构件)的定位精度必须能够满足使用要求,如放映机中驱动胶片的槽轮机构(图 9-15),如果定位精度不够,将影响画面的稳定性和视觉效果。影响定位精度的主要因素有制造误差、运动间隙和动态误差。其中动态误差是由惯性力所带来的冲击造成的,它还会造成机构在停止状态时的振动。因此,对于一些定位精度要求高的间歇运动机构,需要另行设置定位装置。

9.1.2　棘轮机构

1. 棘轮机构的组成和工作原理

图 9-1 是一种最常用的外啮合棘轮机构,它主要由棘轮、主动棘爪、止回棘爪、摆杆和机架等组成。摆杆 1 为主动件,空套在与棘轮 3 固联的从动轴上,当摆杆 1 顺时针方向转动时,驱动棘爪 2 插入棘轮 3 的齿槽中,驱动棘轮转过某一角度,而止动棘爪 4 在棘轮齿背上滑过。当摆杆 1 逆时针方向转动时,主动棘爪 2 在棘轮齿背上滑过,止动棘爪 4 插入棘轮齿槽中,阻止棘轮 3 向逆时针方向反转,棘轮静止不动。

因此,当主动摆杆作连续的往复摆动时,从动棘轮作单向间歇转动。为保证棘爪工作可靠,常利用弹簧 5 将止动棘爪紧压齿面。

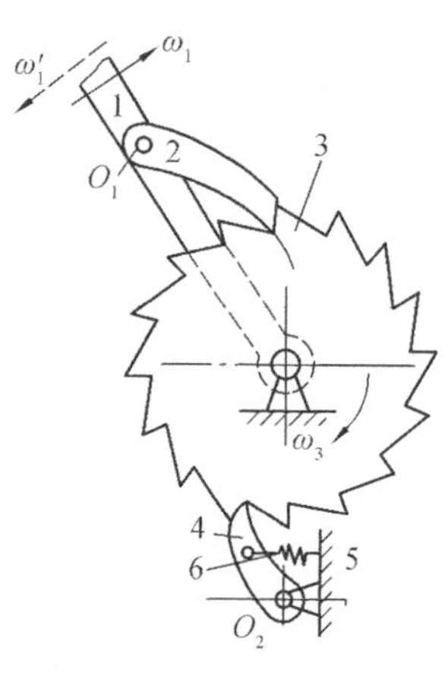

图 9-1　外啮合棘轮机构

2. 棘轮机构的类型

根据棘轮和棘爪相互作用原理,棘轮机构主要可分为齿式棘轮机构和摩擦式棘轮机构。

(1) 齿式棘轮机构

齿式棘轮机构是通过棘爪与棘轮轮齿之间的啮合来传递运动或动力的。

按棘轮轮齿的分布,可分为外啮合齿式棘轮机构(图 9-1)、内啮合棘轮机构[图 9-2(a)]和棘条机构[图 9-2(b)]。当棘轮的直径为无穷大时,则成为棘条,此时可将摇杆 1 的往复摆动转变为棘条的单向移动。

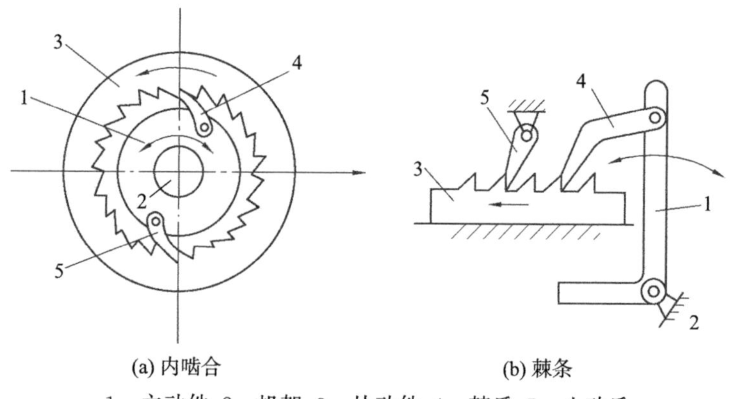

(a) 内啮合　　(b) 棘条

1—主动件;2—机架;3—从动件;4—棘爪;5—止动爪

图 9-2　齿式棘轮机构

按棘轮转向是否可调，可分为单向式棘轮机构和双向式棘轮机构。

单向式棘轮机构：如图 9－1 所示，其特点是摆杆向一个方向摆动时，棘轮沿同一方向转过某一角度；而摆杆向另一个方向摆动时，棘轮静止不动。

双向式棘轮机构：如图 9－3 所示，若将棘轮轮齿做成短梯形或矩形时，变动棘爪的放置位置或方向后[图 9－3(a)中虚、实线位置，或图 9－3(b)中将棘爪绕自身轴线转 180°后固定]，可改变棘轮的转动方向。棘轮在正、反两个转动方向上都可实现间歇转动。

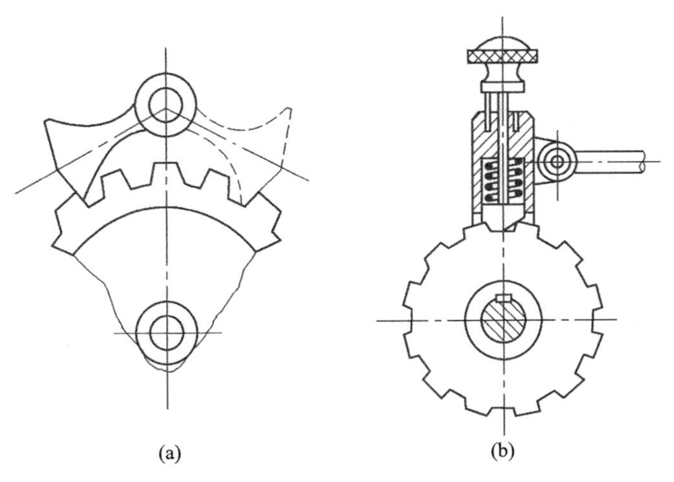

图 9－3　双向式棘轮机构

按工作时主动棘爪的数目，可分为单动式和双动式棘轮机构。

图 9－4 所示为双动式棘轮机构，摇杆的往复摆动，都能使棘轮沿单一方向转动，棘轮转动方向是不可改变的。

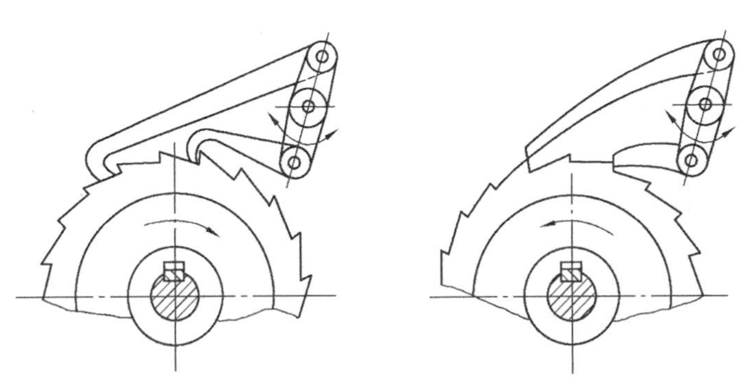

图 9－4　双动式棘轮机构

按棘轮每次转角是否可调，可分为固定转角棘轮机构和可调转角棘轮机构。棘轮转角的调整方法将在后面介绍。

齿式棘轮机构结构简单、易于制造、运动可靠、棘轮转角容易实现有级调整，但棘爪在齿面滑过时会引起噪声和冲击，在高速时就更为严重，所以齿式棘轮机构经常在低速、轻载的场合，用作间歇运动控制。

(2) 摩擦式棘轮机构

图 9－5 所示为偏心楔块式棘轮机构，它的工作原理与齿式棘轮机构相同，只是用偏心扇形楔块 2 代替棘爪，用摩擦轮 3 代替棘轮。利用楔块与摩擦轮间的摩擦力与楔块偏心的几何

条件来实现摩擦轮的单向间歇转动。根据结构形式的不同，摩擦式棘轮机构分为外接式[图 9－5(a)]和内接式[图 9－5(b)]两种。

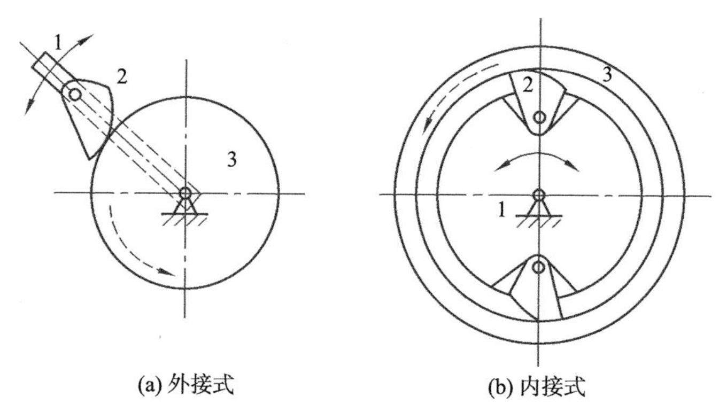

图 9－5 偏心楔块式棘轮机构

图 9－6 所示为常用的滚子楔紧式棘轮机构，当构件 1 逆时针转动或构件 3 顺时针转动时，在摩擦力作用下能使滚子 2 楔紧在构件 1、3 形成的收敛狭隙处，则构件 1、3 成一体，一起转动；运动相反时，构件 1、3 成脱离状态。

以上提到的偏心楔块式棘轮机构和滚子楔紧式棘轮机构都属于摩擦式棘轮机构。摩擦式棘轮机构传递运动较平稳，无噪声，从动件的转角可作无级调整。缺点是难以避免打滑现象，因此运动的准确性较差，不适用于精确传递运动的场合。

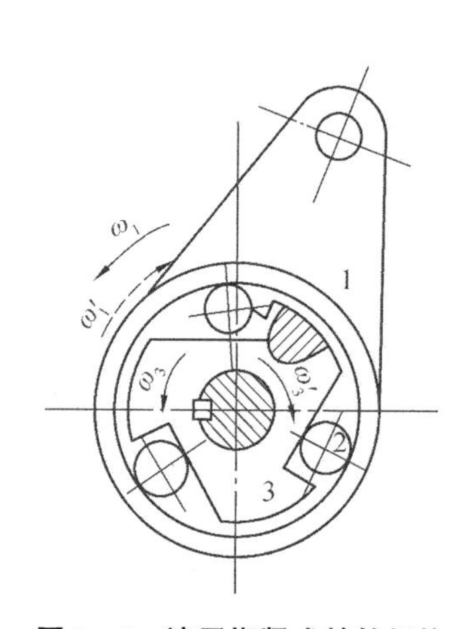

图 9－6 滚子楔紧式棘轮机构

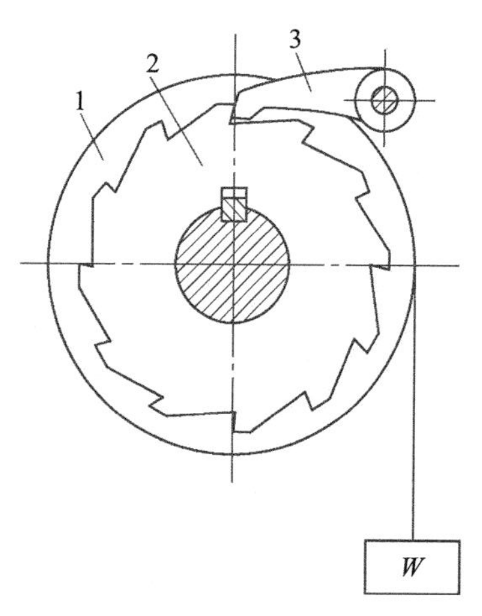

图 9－7 齿式棘轮机构作为制动器

3. 棘轮机构的其他专门应用

棘轮机构除了实现机构的间歇运动和分度运动外，还可作为制动器和超越离合器使用。

(1) 作为制动器

在图 9－1 至图 9－5 中，如果棘爪的轴心不动，而以棘轮为主动件，则棘轮只能单向运动，其反向运动被棘爪所阻止。根据这一特点，可将棘轮机构用于反转运动的制动器。在图 9－6 中，固定构件 1 或 3，同样可以达到单向运动的目的。

在图 9－7 中，棘轮 2 与卷筒 1 为一体，当卷筒逆时针方向转动时提升重物，当发生事故时，止动棘爪 3 阻止卷筒反转。

(2) 作为离合器

图 9-8(a)所示为一摩擦式棘轮机构，当星轮 1 为主动件时，若其逆时针方向回转，则滚柱 3 由于摩擦力的作用滚向楔形空间的小端，将套筒 2 楔紧，使其随星轮一同转动；若其顺时针转动，则滚柱 3 滚向楔形空间的大端，套筒 2 停止不动；即套筒 2 只随星轮 1 逆时针转动。同理，当套筒 2 为主动件时，星轮 1 只随其顺时针转动。在这种情况下，棘轮机构是一个单向离合器。

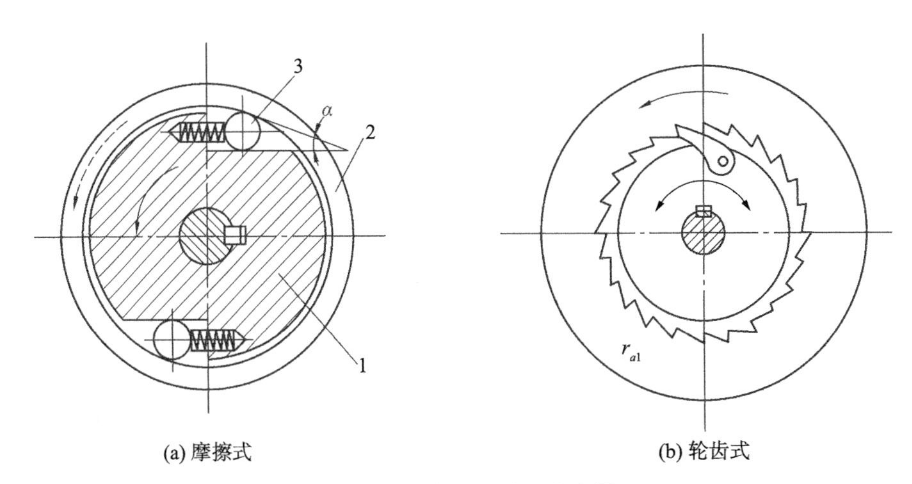

图 9-8 棘轮机构作为离合器

当套筒 2 随星轮 1 逆时针回转时，如果套筒 2 从另一条传动路线得到一个更快的逆时针回转速度，这时星轮相对于套筒顺时针回转，楔形空间的摩擦不再起作用，套筒可以超越星轮以更快的速度转动。此时棘轮机构成为超越离合器，它能使正常工作的运动链与快速运动的运动链并行不悖地进行合成。超越离合器一般应用于机床等设备中。

图 9-8(b)是自行车中所采用的轮齿式超越离合器，其工作原理与摩擦式相同。

4. 齿式棘轮机构设计

(1) 模数和齿数的确定

棘轮的齿数是由整个机器的运动要求确定的。一般为避免机构尺寸过于庞大，而棘轮轮齿又要具有一定的强度，故棘轮的齿数不宜过多。对于一般棘轮机构，棘爪每次至少拨动棘轮转过一个齿，即棘轮转角应大于棘轮的齿距角 $2\pi/z$，因此，设计时可根据所要求的棘轮最小转角 $\theta_{\min}$ 来确定棘轮齿数 z，即使

$$\frac{2\pi}{z}\leqslant\theta_{\min}，或\ z\geqslant\frac{2\pi}{\theta_{\min}} \tag{9-4}$$

棘轮的周节 p 和模数 m 与渐开线齿轮的定义基本相同，只是它是从齿顶圆上度量的。

即 $m=\dfrac{d_a}{z}$，$p=\pi m$

模数 m 也规定了标准值，但由于棘轮的加工方法较为简单，因此模数有时也可采用非标准值。

(2) 棘轮与棘爪轴心位置的确定

如图 9-9 所示，为了在传递相同的力或转矩时，棘爪受力最小，则应尽量使棘轮轴心 O_2 与棘爪轴心 O_1 的位置满足 $O_1P\perp O_2P$，即$\angle O_1PO_2=90°$，多数情况下，$\angle O_1PO_2>90°$。

(3) 棘轮机构的可靠工作条件

齿式棘轮机构的可靠性工作条件是指在棘爪啮入时能顺利地滑入棘轮齿槽,而不会自动脱离棘齿。图 9-9 中 θ 为棘轮工作齿面与径向线间的夹角,称齿面角,L 为棘爪长,O_1 为棘爪轴心,O_2 为棘轮轴心,啮合力作用点为 P(为简便起见,设 P 点位于棘轮齿顶)。

当棘爪与棘轮开始在齿顶 P 啮合时,由于棘爪应向内滑动,因此,棘轮工作齿面对棘爪的总反力 F_R 相对法向反力 F_N 偏转一摩擦角 φ。因此,棘爪顺利滑入齿根的条件为:棘轮对棘爪总反力 F_R 的作用线必须在棘爪轴心 O_1 和棘轮轴心 O_2 之间穿过。

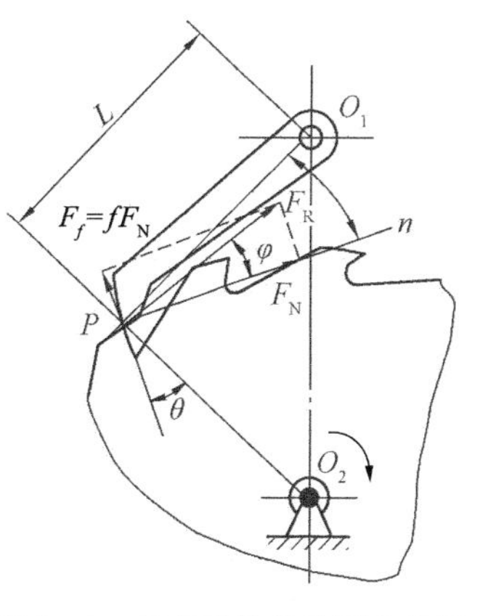

图 9-9 齿式棘轮机构受力分析

由图 9-9 可见:$\angle nPO_2=90°-\theta$

$$\angle O_1Pn=\angle O_1PO_2-\angle nPO_2=\angle O_1PO_2-(90°-\theta)$$

根据棘爪顺利滑入齿根的条件,应有:$\angle O_1Pn>\varphi$,因此

$$\theta>\varphi-(\angle O_1PO_2-90°) \tag{9-5}$$

当$\angle O_1PO_2=90°$时,上述条件变为:$\theta>\varphi$。当材料的摩擦因数 $f=0.2$ 时,摩擦角 $\varphi\approx 12°$,因此一般取 $\theta=20°$。

(4) 棘轮每次转角大小的调整方法

① 采用棘轮罩　如图 9-10(a)所示。在摆杆摆角不变的情况下,通过调整棘轮罩的位置,改变棘爪沿棘轮罩表面滑过的行程,从而实现棘轮转角大小的调整。

② 改变摆杆摆角　摇杆的摆动运动是由另一个机构产生的,如图 9-10(b)所示为牛头刨床中采用的曲柄摇杆机构,通过改变曲柄摇杆机构中曲柄 O_1A 或摇杆 O_2B 的长度的方法来改变摇杆摆角的大小,从而实现棘轮机构转角大小的调整。

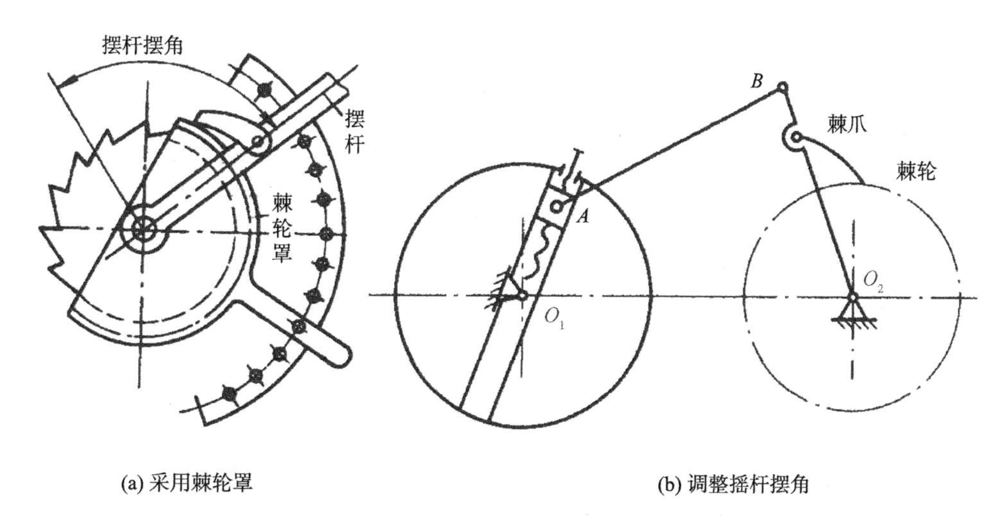

(a) 采用棘轮罩　　(b) 调整摇杆摆角

图 9-10 棘轮转角的调整方法

(5) 棘轮机构的几何尺寸

棘轮、棘爪的几何尺寸计算公式如表 9-1 所示(参看图 9-9)。

表 9-1　棘轮机构的几何尺寸公式表

尺寸名称	符号	计算公式
模数	m	常用 1、2、3、4、5、6、8、10、12、14、16 等
周节	P	$\pi d_a/z=\pi m$
齿顶圆直径	d_a	zm
齿高	h	$0.75m$
齿顶厚	s	m
齿面角	θ	20°或25°
齿根处圆角半径	r	≥1.5mm
棘爪长度	L	2πm

9.1.3　槽轮机构

1. 槽轮机构的组成和工作原理

槽轮机构是一种最常用的间歇运动机构，它由装有圆柱销的主动拨盘 1，具有径向槽的从动槽轮 2 及机架三部分组成。

图 9-11 是一分度数为 $n=4$ 的外槽轮机构，拨盘 1 连续回转，在拨盘 1 上的圆柱销 A 进入槽轮 2 的径向槽之前，槽轮 2 上内凹的锁止弧 nn 被拨盘 1 上的外凸圆弧 mm 锁住，故槽轮 2 静止不动。当圆柱销 A 开始进入槽轮径向槽时，锁止弧 nn 刚好被松开，圆柱销 A 将驱动槽轮转动，当圆柱销 A 开始脱出径向槽时，槽轮上的另一内凹锁止弧再被拨盘上的外凸圆弧锁住，使槽轮 2 又静止不动，直至圆柱销再次进入槽轮上另一径向槽时，槽轮重新被圆柱销驱动。因此，当主动拨盘 1 作连续转动时，槽轮 2 被驱动作单向间歇转动。

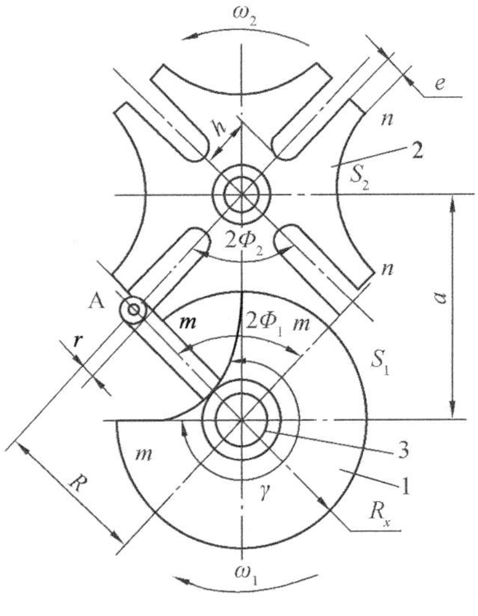

图 9-11　$n=4$ 的外槽轮机构

为避免槽轮 2 在启动和停歇时产生刚性冲击，圆柱销 A 进入与脱出径向槽时，槽的中心线应与圆柱销中心的运动圆周相切。

2. 槽轮机构的类型、特点及应用

传递平行轴间运动的槽轮机构称为平面槽轮机构，它可分为外槽轮机构（图 9-11）和内槽轮机构（图 9-12），外槽轮机构主、从动轴的转向相反，内槽轮机构主、从动轴的转向相同。外槽轮机构应用最为广泛，而内槽轮机构具有传动平稳、停歇时间短、所占空间小等特点在特殊场合得到应用。

在上述内外槽轮机构中，槽轮是几何对称的。为了满足某些特殊的工作要求，平面槽轮机构也可以设计成不对称的。如图 9-13(a)所示为不等臂长的多销槽轮机构，其径向槽的尺寸不同，拨盘上的圆销分布也不均匀，在槽轮一周中可实现几个运动和停歇时间不相同的运动要求，图 9-13(b)的径向槽具有曲线的形状，它可以改变分度过程的运动规律。

传递相交轴之间运动的槽轮机构为空间槽轮机构，如图 9-14 所示。

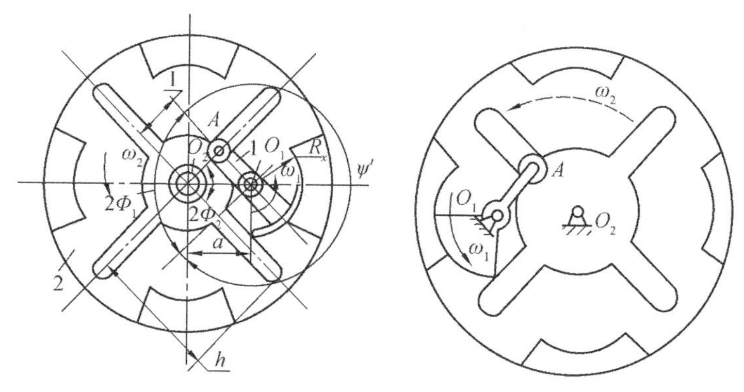

图 9-12　内槽轮机构

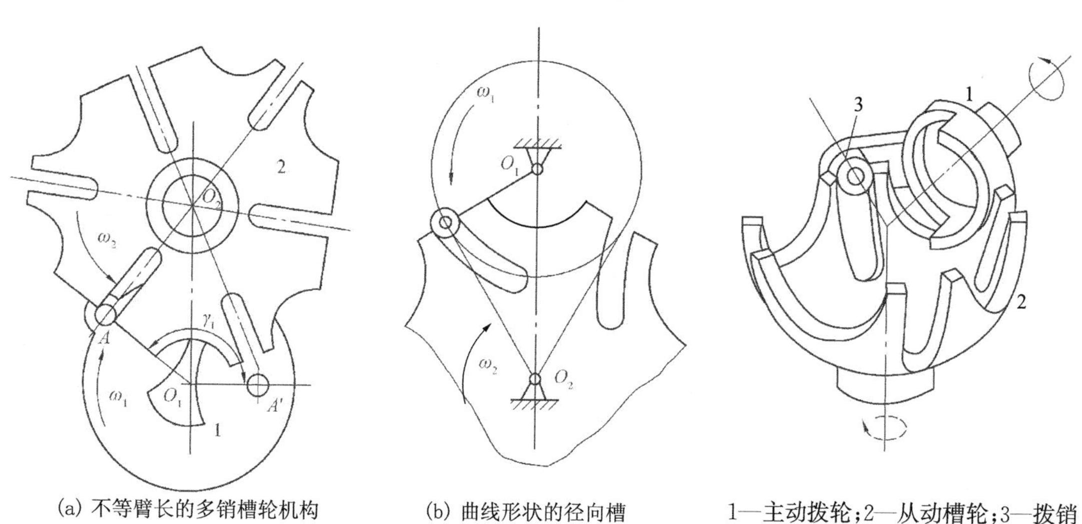

(a) 不等臂长的多销槽轮机构　　(b) 曲线形状的径向槽　　1—主动拨轮;2—从动槽轮;3—拨销

图 9-13　一些特殊的平面槽轮机构　　**图 9-14　球面槽轮机构**

槽轮机构的优点是结构简单,制造容易,工作可靠,能准确控制转角,机械效率高。与棘轮机构相比,槽轮机构在进入和脱离啮合时运动较平稳;缺点是在运动过程中,槽轮的角速度不是常数,角加速度变化较大,具有柔性冲击。

槽轮机构一般用于转速不高,要求实现间歇转动的自动机械、轻工机械或仪器仪表中。如图 9-15 所示。

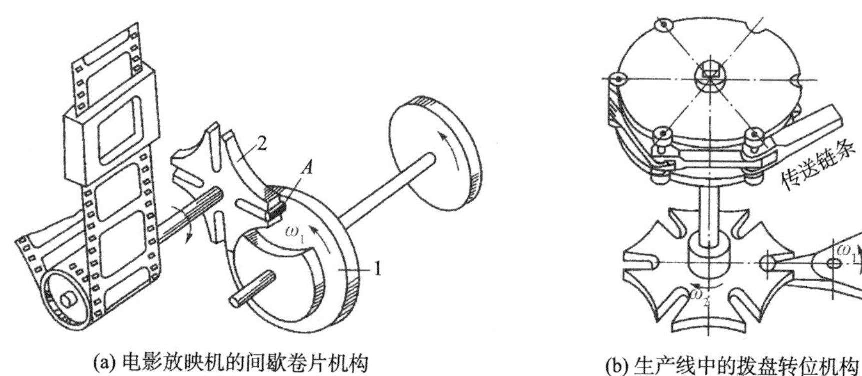

(a) 电影放映机的间歇卷片机构　　(b) 生产线中的拨盘转位机构

图 9-15　槽轮机构的应用示例

3. 槽轮机构的运动分析

(1) 槽轮机构的运动系数

在图 9－11 的外槽轮机构中，当主动拨盘 1 回转一周时，槽轮 2 的运动时间 t_2 与拨盘 1 的运动时间 t_1 的比值称为槽轮机构的运动系数，用 τ 表示。

$$\tau = t_2/t_1 \tag{9-6}$$

当拨盘 1 做等速回转时，时间的比值可用转角的比值来表示，对图 9－11 所示的单圆柱销槽轮机构，t_1 对应拨盘 1 的转角 2π，t_2 对应槽轮 2 运动时拨盘 1 的转角 $2\Phi_1$ 及槽轮 2 的转角 $2\Phi_2$，因此，槽轮机构运动系数为

$$\tau = \frac{t_2}{t_1} = \frac{2\Phi_1}{2\pi} = \frac{\pi - 2\Phi_2}{2\pi} = \frac{\pi - \frac{2\pi}{z}}{2\pi} = \frac{z-2}{2z} = \frac{1}{2} - \frac{1}{z} \tag{9-7}$$

因为运动系数 τ 应大于零，所以外槽轮机构径向槽数 z 应大于 2，这样 τ 总是小于 0.5，即槽轮机构的运动时间总是小于静止时间。

若要使 $\tau \geqslant 0.5$，可在拨盘上安装多个圆柱销。设均匀分布的圆柱销数为 n，则运动系数

$$\tau = n\frac{z-2}{2z} \tag{9-8}$$

因 τ 应小于 1，故 $n < \frac{2z}{z-2}$。

式(9－8)表明了圆柱销数 n 与槽数 z 的关系，将计算结果列于表 9－2，供设计时参考。

表 9－2 圆柱销数 n 与槽数 z 的关系

z	3	4,5	≥6
n	1～5	1～3	1～2

对于图 9－12 所示的单圆柱销内槽轮机构，其运动系数为

$$\tau = \frac{t_2}{t_1} = \frac{2\pi - 2\Phi_1}{2\pi} = \frac{2\pi - (\pi - 2\Phi_2)}{2\pi}$$

$$= \frac{\pi + 2\Phi_2}{2\pi} = \frac{\pi + \frac{2\pi}{z}}{2\pi} = \frac{z+2}{2z} \tag{9-9}$$

可见，单圆柱销内槽轮机构的运动系数 $\tau > 0.5$。

由于 τ 应小于 1，因此，内槽轮机构的径向槽数 z 应大于 2，圆柱销数 n 只能等于 1。

(2) 槽轮机构的运动特性

图 9－16 为外槽轮机构的某一运动位置，槽轮 2 的转角 φ_2 与拨盘 1 的转角 φ_1 之间的关系为

$$\tan\varphi_2 = \frac{\overline{AB}}{\overline{O_2B}} = \frac{R\sin\varphi_1}{a - R\cos\varphi_1} \tag{9-10}$$

式中 R——圆柱销回转半径；

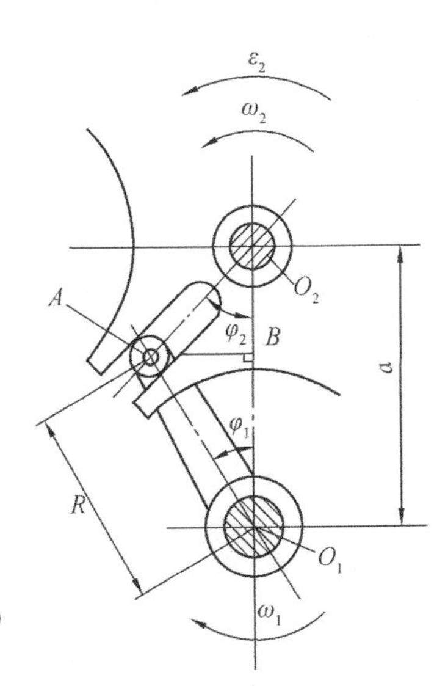

图 9－16 外槽轮机构运动分析

a——中心距。

由图 9－11 可知：$R/a=\sin\varphi_2=\sin(\pi/z)$

因此，

$$\varphi_2=\arctan\frac{\sin(\pi/z)\sin\varphi_1}{1-\sin(\pi/z)\cos\varphi_1} \tag{9-11}$$

槽轮 2 的角速度为

$$\omega_2=\frac{d\varphi_2}{dt}=\frac{\sin(\pi/z)[\cos\varphi_1-\sin(\pi/z)]}{1-2\sin(\pi/z)\cos\varphi_1-\sin^2(\pi/z)}\omega_1 \tag{9-12}$$

设拨盘 1 的角速度 ω_1 为常数，则槽轮 2 的角加速度为

$$a_2=\frac{d\omega_2}{dt}=\frac{\sin(\pi/z)[\sin^2(\pi/z)-1]\sin\varphi_1}{[1-2\sin(\pi/z)\cos\varphi_1+\sin^2(\pi/z)]^2}\omega_1^2 \tag{9-13}$$

同理可推导出拨盘 1 以等角速度 ω_1 转动时，内槽轮机构的运动方程式为

$$\varphi_2=\arctan\frac{\sin(\pi/z)\sin\varphi_1}{1+\sin(\pi/z)\cos\varphi_1} \tag{9-14}$$

$$\omega_2=\frac{d\varphi_2}{dt}=\frac{\sin(\pi/z)[\cos\varphi_1-\sin(\pi/z)]}{1+2\sin(\pi/z)\cos\varphi_1+\sin^2(\pi/z)}\omega_1 \tag{9-15}$$

$$a_2=\frac{d\omega_2}{dt}=\frac{\sin(\pi/z)[\sin^2(\pi/z)-1]\sin\varphi_1}{[1+2\sin(\pi/z)\cos\varphi_1+\sin^2(\pi/z)]^2}\omega_1^2 \tag{9-16}$$

由此可见，槽轮 2 的角速度、角加速度均为槽数 z 和拨盘 1 位置角 φ_1 的函数。

为了表明槽轮机构的运动特性，绘制内、外槽轮机构的 ω_2/ω_1 和 a_2/ω_1^2 随拨盘转角 φ_1 的变化曲线，如图 9－17 所示，两图中槽数均分别为 4 和 8，用以比较槽数对机构运动特性的影响，图中虚线表示 ω_2/ω_1，实线表示 a_2/ω_1^2。

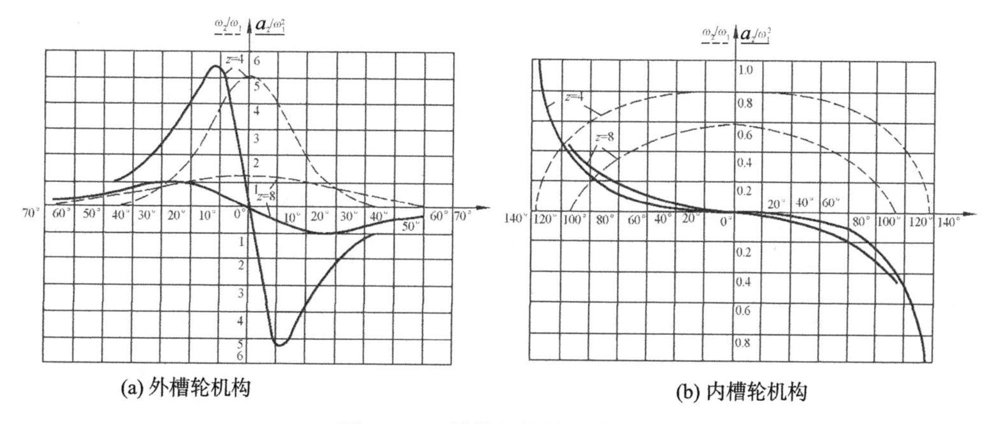

(a) 外槽轮机构　　　　(b) 内槽轮机构

图 9－17　槽轮机构的运动线图

由图 9－17 可见：

(1) 当圆柱销进入或离开径向槽时，两种类型的槽轮机构，均存在柔性冲击。加速度的突变幅值均为 $\tan(\pi/z)\omega_1^2$，说明槽数越少，柔性冲击越大。

(2) 比较两种槽轮机构的速度变化曲线表明：在一个周期中，外槽轮机构角速度变化幅值远比内槽轮机构的大。另外，随着槽数 z 的增加，两者的速度波动幅度都明显减小，但外槽轮机构减小得更快一些。

(3) 比较两种槽轮机构的加速度变化曲线表明：在一个周期中，外槽轮机构角加速度变化幅值远比内槽轮机构的大，并且存在两个峰值。可见，内槽轮机构的动力性能要比外槽轮机构好得多。

9.1.4　凸轮式间歇运动机构

1. 凸轮式间歇运动机构的组成和工作原理

凸轮式间歇运动机构也称为凸轮分度机构，是 20 世纪中期才发展起来的间歇运动机构。它由主动凸轮、从动转盘和机架组成。

如图 9－18 和图 9－19 所示，主动凸轮 1 的圆柱面上开有一条两端开口、不闭合的曲线沟槽(或凸脊)，从动转盘 2 的端面或圆柱面上有均匀分布的圆柱销 3。当主动凸轮做连续转动时，通过其曲线沟槽(或凸脊)拨动从动转盘 2 上的圆柱销 3，从而使从动转盘做间歇分度运动。由于从动转盘的运动完全取决于主动凸轮的轮廓曲线形状，因此，只要设计出适当的凸轮轮廓，就可使从动转盘获得预期的运动规律、减小动载荷和避免冲击，使之适应高速运转的要求。并且，这种机构本身具有定位功能，无须采用其他的定位装置就可获得高的定位精度，机构结构紧凑，是一种高速、高精度的定位机构。

凸轮式间歇运动机构的缺点是加工成本高，对装配、调整要求严格。

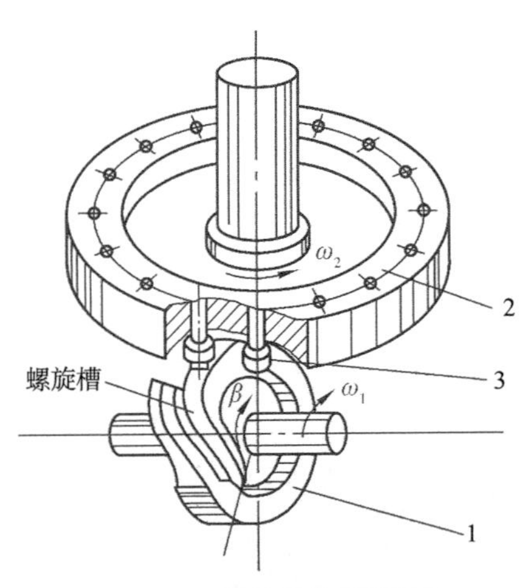

图 9－18　圆柱凸轮间歇机构

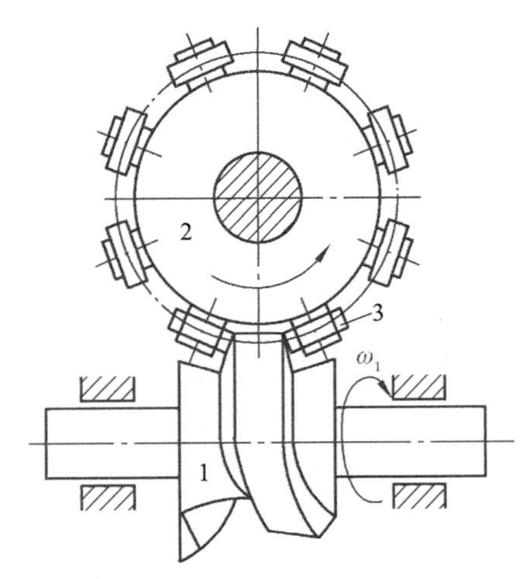

图 9－19　蜗杆凸轮间歇机构

2. 凸轮式间歇运动机构的类型

凸轮式间歇运动机构主要有两种形式：圆柱凸轮分度机构(图 9－18)和蜗杆凸轮分度机构(图 9－19)。

圆柱凸轮分度机构的主动凸轮是具有曲线沟槽(或凸脊)的圆柱凸轮，从动转盘 2 是端面均布柱销的圆盘，通常凸轮的槽数为 1，柱销数 $z \geqslant 6$。

蜗杆凸轮分度机构的主动凸轮是圆弧面蜗杆凸轮，从动转盘 2 为具有周向均布柱销的圆盘，对于单头蜗杆凸轮，柱销数一般也为 $z \geqslant 6$。

3. 凸轮式间歇运动机构的特点及应用

与前两类间歇运动机构相比，凸轮式间歇运动机构有如下几个突出的优点：

(1) 运转可靠，转位准确。

(2) 无须另加定位装置，即可实现准确定位。

(3) 凸轮式间歇运动机构的分度数决定了滚子数目，而动停比取决于凸轮廓线的设计，两者之间没有确定的关系，因而设计时有较大的自由度。

(4) 通过对从动盘运动规律的合理设计，可有效地减小动载荷和运动冲击。因此，凸轮式间歇运动机构的运转速度要比棘轮机构和槽轮机构高得多，蜗杆式分度凸轮机构的转速可达 3000 r/min。

凸轮分度机构是目前最理想的高速、高精度的间歇运动机构，在高速冲床、加工中心、印刷机械、包装机械中得到越来越广泛的应用，在许多场合正逐步取代棘轮机构和槽轮机构。

9.1.5　不完全齿轮机构

1. 不完全齿轮机构的工作原理与类型

不完全齿轮机构是由普通齿轮机构演变而成的一种间歇运动机构，与一般齿轮机构相比，最大区别在于齿轮的轮齿不是布满整个圆周。如图 9－20 所示，主动齿轮 1 上有一个齿或一部分齿，其余部分为外凸锁止弧，从动齿轮 2 上有与主动齿轮轮齿相应的啮合齿和内凹锁止弧，并相间布置。

在不完全齿轮机构中，主动齿轮 1 做连续回转运动，当轮齿进入啮合区时，从动齿轮 2 开始转动，在主动齿轮 1 的轮齿退出啮合后，由于两轮的凸、凹锁止弧的定位作用，从动齿轮 2 能可靠停歇，从而实现从动齿轮做间歇回转运动。

图 9－20(a)所示的不完全齿轮机构中，主动齿轮 1 上只有 1 个轮齿，从动齿轮 2 上有 8 个齿，故主动齿轮转 1 转时，从动齿轮只转$\frac{1}{8}$转。在图 9－20(b)所示的不完全齿轮机构中，主动轮 1 上有 4 个齿，从动齿轮 2 的圆周上有四个运动段和四个停歇段相间分布，每段上有四个齿与主动轮齿相啮合。主动齿轮转 1 转，从动齿轮转$\frac{1}{4}$转。

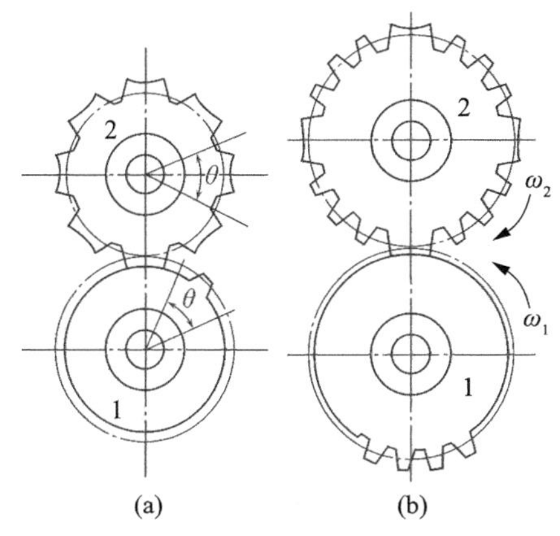

图 9－20　外啮合不完全齿轮机构

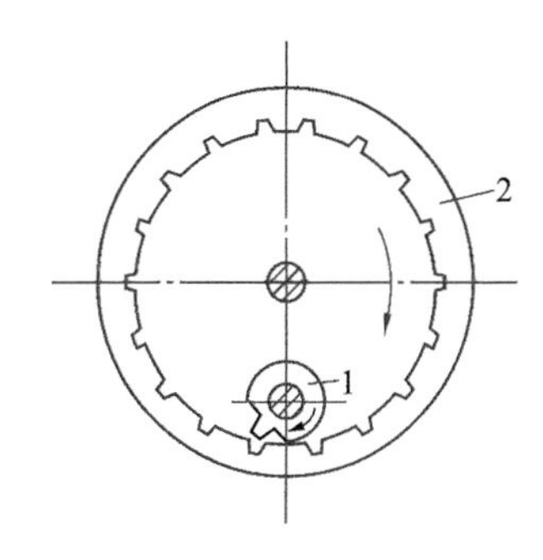

图 9－21　内啮合不完全齿轮机构

不完全齿轮机构有外啮合(图 9－20)和内啮合(图 9－21)两种形式，与普通齿轮一样，外啮合的不完全齿轮机构两轮转向相反，内啮合的不完全齿轮机构两轮转向相同。当轮 2 的直径变得无穷大时，变为不完全齿条(图 9－25)。

不完全齿轮机构的结构简单、制造容易、工作可靠，设计时从动轮的运动时间和静止时间的比例可在较大范围内变化。因此，常用于多工位、多工序的自动机械或生产线上，实现工作台的间歇转位和进给运动。

2. 不完全齿轮机构的运动特点

(1) 不完全齿轮机构在进入和退出啮合时，速度有突变，引起刚性冲击，故只宜用于低速、轻载场合。

为改善从动齿轮的动力特性，可在主、从动齿轮上分别装上如图 9－22 所示的瞬心线附加板 K 和 L。其作用是在首齿接触传动之前，让 K 和 L 先接触，使从动齿轮的角速度由零逐渐过渡到所设计的等角速度值；而在终止运动阶段，借助于另一对附加板，使从动齿轮的角速度由正常值逐渐减小为零。由于不完全齿轮机构在从动齿轮开始运动阶段的冲击，一般都比终止运动阶段的冲击严重，故有时仅在开始运动处加装一对附加杆。

(2) 不完全齿轮机构在进入和退出啮合时，存在齿顶干涉，因此，主动齿轮首、末齿顶需降低。

在不完全齿轮机构中，为了保证主动轮的首齿能顺利地进入啮合状态而不与从动轮的齿顶相碰，需将首齿齿顶高作适当的削减(如图 9－23 所示)。同时，为了保证从动轮停歇在预定位置，主动轮的末齿齿顶高也需要适当的修正。其他齿的齿顶高保持普通齿轮的齿顶高，而从动齿轮的齿顶高不降低。

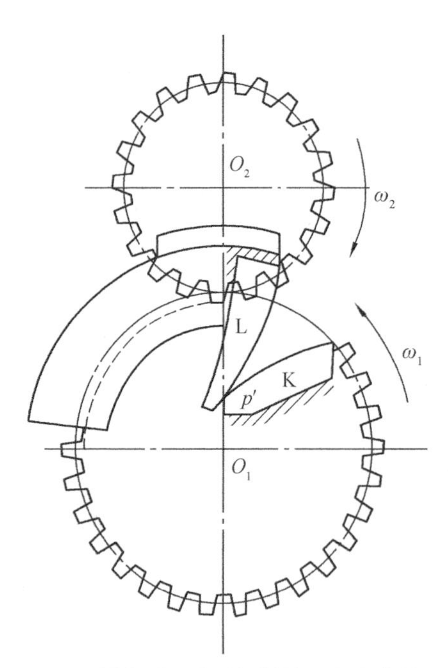

图 9－22　具有瞬心线附加板的不完全齿轮机构

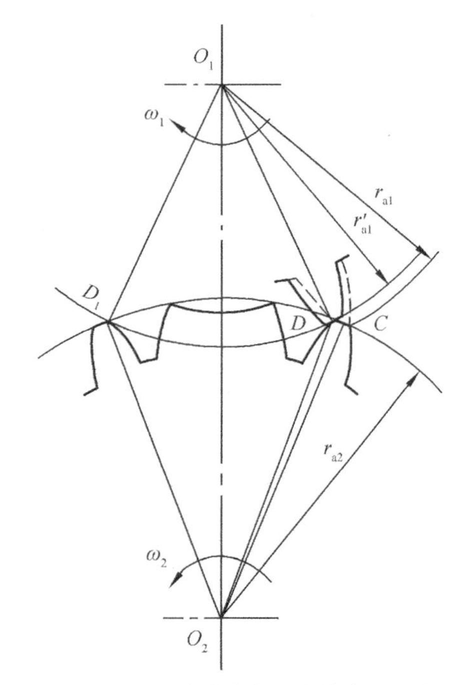

图 9－23　不完全齿轮机构的齿顶干涉

3. 不完全齿轮机构的应用

图 9－24 所示为用于乒乓球拍周缘铣削加工的专用靠模铣床中的不完全齿轮机构，当两个不完全齿轮机构 4 和 5 分别与进入啮合时，即可使工件轴 3 上获得正反两种不同方向的间

歇转动，从而按照工艺要求完成球拍周缘的加工工作。

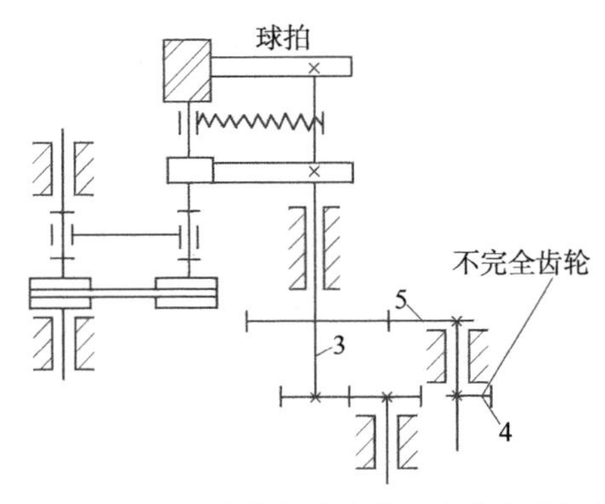

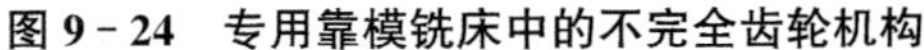

图 9-24　专用靠模铣床中的不完全齿轮机构

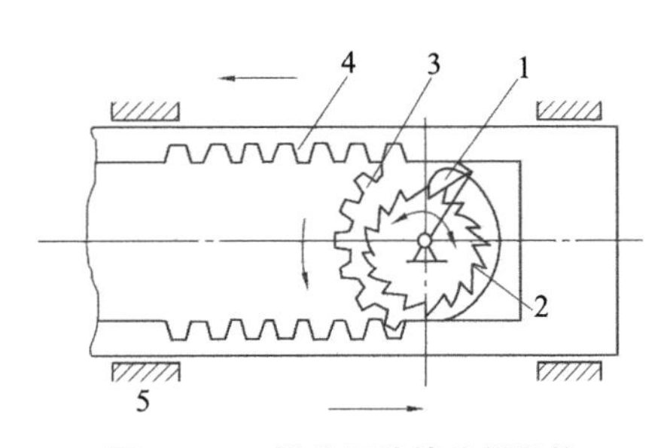

图 9-25　插秧机秧箱移行机构

图 9-25 所示为插秧机的秧箱移行机构，该机构由与摆杆固连的棘爪 1、棘轮 2、与棘轮固连的不完全齿轮 3、上下齿条 4(秧箱)组成，当构件 1 顺时针方向摆动时，2、3 不动，秧箱 4 停歇，此时秧爪(图中未画出)取秧；当取秧完毕，构件 1 沿逆时针方向摆动时，2 与 3 一起沿逆时针方向转动，3 与上齿条啮合，使秧箱 4 向左移动。当秧箱移到终止位置(见图 9-25 所示位置)，齿轮 3 与下齿条 4 啮合，使秧箱自动换向向右移动。

9.2　万向联轴节机构

万向联轴节适用于传递两相交轴间的运动和动力，而且在传递过程中还允许主、从动轴线的夹角在一定范围内变动。因此，它是一种常用的变夹角传动机构，广泛应用于车辆、机床、冶金等机械传动系统中。

9.2.1　单万向联轴节

图 9-26 为单万向联轴节结构简图，端部有叉面的轴 1 和轴 3 分别与机架 4 和十字头 2 组成两组轴线互相垂直的转动副 A 和 B 及 C 和 D，并且这四个转动副的回转轴线都相交于十字头的中心点 O，因此轴 1 与轴 3 间允许有夹角 α。单万向联轴节可以传递两相交轴间的运动。当主动轴 1 转动一周，从动轴 3 也随着转动一周，但主动轴 1 与从动轴 3 间的瞬时传动比却不为常数。其两轴角速度比关系为

$$i_{31}=\frac{\omega_3}{\omega_1}=\frac{\cos\alpha}{1-\sin^2\alpha\cos^2\varphi_1} \qquad (9-17)$$

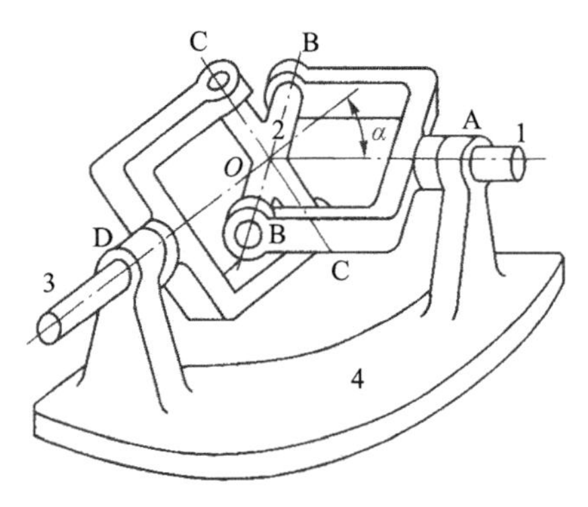

图 9-26　单万向联轴节

式中，φ_1 为输入轴的转角，$\varphi_1=0$ 的起始位置为 A 轴叉平面位于二轴所构成的平面内时的位置。即 A、D、B 三条轴线共面的位置，如图 9-27(a)所示。

式(9-17)说明，主动轴 1 以等角速度 ω_1 输入运动，从动轴 3 的输出角速度是变化的。两轴夹角 α 一定，当 $\varphi_1=0$ 或 180°时[图 9-27(a)]，分母值最小，传动比值最大，其值为

$(\omega_3/\omega_1)_{max}=1/\cos\alpha$；而当 $\varphi_1=90°$ 或 270°时[图 9－27(b)]，分母值最大，传动比值最小，其值为$(\omega_3/\omega_1)_{min}=\cos\alpha$。

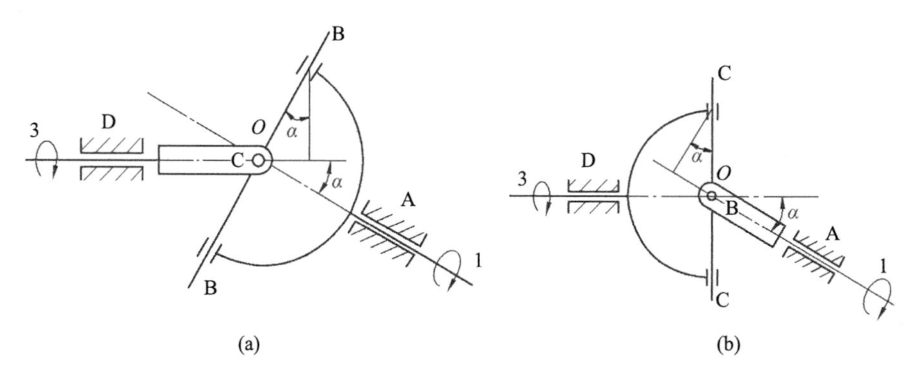

图 9－27　单万向联轴节的两个特殊位置

当两轴夹角 α 值变化时，角速度比的值也将改变，图 9－28 为不同轴夹角 α 情况下，传动比 i_{31} 随 φ_1 的变化曲线。由图 9－28 可知，传动比的变化幅度随轴夹角 α 增加而增大。为使 ω_3 波动不致过大，一般情况下两轴夹角 α 最大不超过 35°～45°。

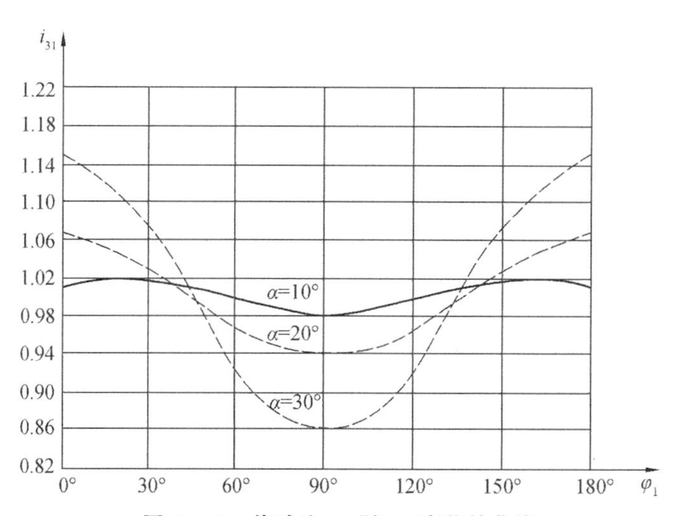

图 9－28　传动比 i_{31} 随 φ_1 变化的曲线

9.2.2　双万向联轴节

由于单万向联轴节从动轴 3 的角速度 ω_3 作周期变化，因而传动中将产生附加动载荷，使机器发生振动，所以它的应用受到一定的限制。为了消除这一缺陷，可采用如图 9－29 所示的双万向联轴节。双万向联轴节是由左右两个单万向节组成的，中间轴 2 的两部分用滑键联接，以适应传动中主、从动轴相对位置与距离的变化。对于左右两单万向节，主、从动轴传动比可套用式(9－17)进行计算。

由 $\dfrac{\omega_1}{\omega_2}=\dfrac{\cos\alpha_1}{1-\sin^2\alpha_1\cos^2\varphi_{21}}$，　$\dfrac{\omega_3}{\omega_2}=\dfrac{\cos\alpha_3}{1-\sin^2\alpha_3\cos^2\varphi_{23}}$，得

$$\frac{\omega_1}{\omega_3}=\frac{\cos\alpha_1}{1-\sin^2\alpha_1\cos^2\varphi_{21}}\times\frac{1-\sin^2\alpha_3\cos^2\varphi_{23}}{\cos\alpha_3}\tag{9－18}$$

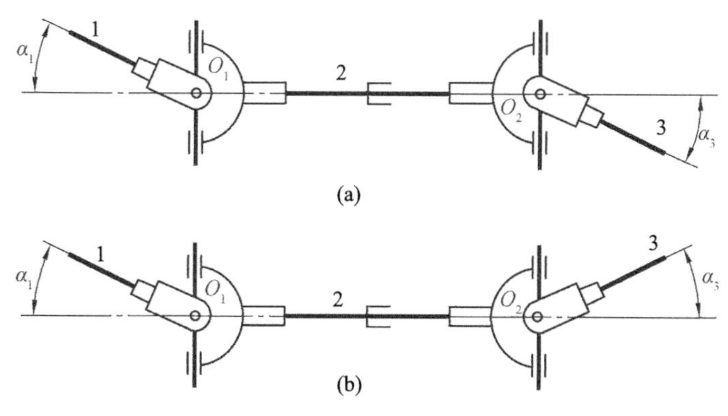

图 9-29 双万向联轴节

式中，ω_2 为中间轴角速度，φ_{21}，φ_{23} 为中间轴两端叉面相对起始位置转角。$\varphi_{21}=0$ 时，轴 2 的叉平面应位于轴 1 与轴 2 构成的平面内；$\varphi_{23}=0$ 时，轴 2 的叉平面位于轴 3 与轴 2 构成的平面内。

因此，要使 ω_1/ω_3 恒等于 1，则机构必须满足以下两个条件：

(1) $\alpha_1=\alpha_3$，即主动轴与中间轴的夹角必须等于从动轴与中间轴的夹角；

(2) $\varphi_{21}=\varphi_{23}$，即任何时刻中间轴两端叉面相对同一起始位置的转角相同。

由于中间轴两部分用滑键连接，无相对转动，因此，只需中间轴两端叉平面分别位于该中间轴与主动轴和从动轴所构成的平面内即可。作为特殊情况，当中间轴两端叉平面位于同一平面内，实际应用更为方便。

图 9-29(a)(b)两种情况下的双万向联轴节都能满足 ω_1 恒等于 ω_3 的要求。

9.2.3 万向联轴节的应用

单万向联轴节结构上的特点，使它能传递不平行轴的运动，并且当工作中两轴夹角发生变化时仍能继续传递运动，因此，可用于安装、制造精度不高的传动机构中。双万向联轴节常用来传递两平行轴[图 9-29(a)]或两相交轴[图 9-29(b)]之间的运动，当位置发生变化从而使两轴夹角发生变化时，不但可以继续工作，而且在满足前述两条件时，还能保证两轴等角速度比传动。

图 9-30 是双万向联轴节 2 传递汽车变速箱输出轴 1 与后桥车架弹簧支承上的后桥差速器输入轴 3 间的运动。当汽车行驶时，由于道路不平或振动引起变速箱与差速器相对位置变化，双万向节仍能继续稳定地传递动力和运动。

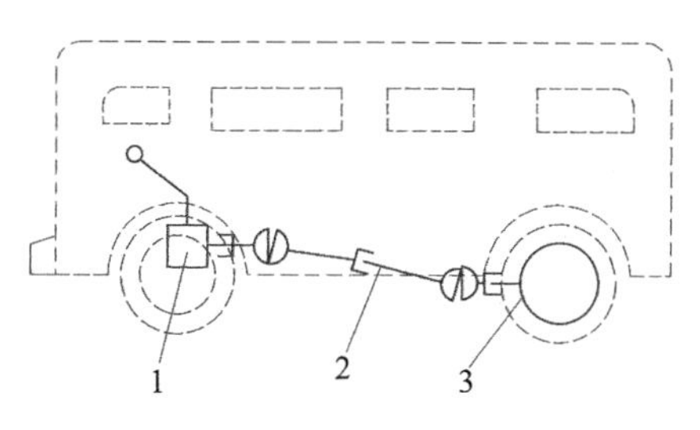

图 9-30 双万向联轴节在汽车驱动系统中的应用

9.3　螺旋机构

9.3.1　螺旋机构的工作原理

螺旋机构是利用螺旋副传递运动和动力的机构。在常用螺旋机构中，除螺旋副外，还有转动副和移动副。图 9－31(a)为最简单的螺旋机构，它由螺杆 1、螺母 2 和机架 3 三构件组成，其所组成的运动副为：转动副 A、螺旋副 B 和移动副 C。

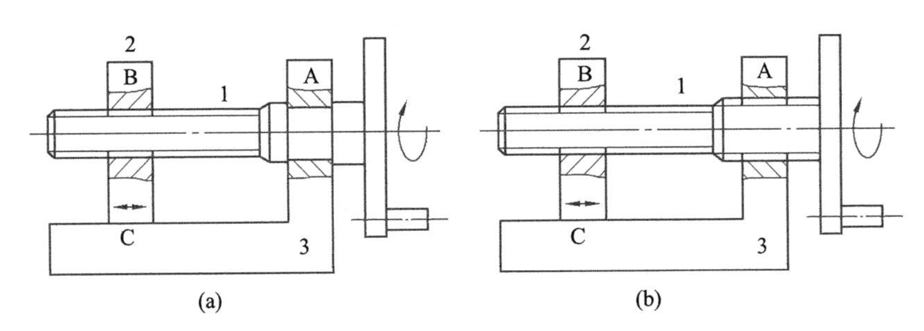

图 9－31　螺旋机构

设螺杆 1 的导程为 l_B，则当螺杆 1 转过 φ 角时，螺母 2 的位移

$$s=l_B\frac{\varphi}{2\pi} \tag{9-19}$$

9.3.2　螺旋机构的类型

1. 差动螺旋机构

如图 9－31(b)所示的螺旋机构中，A、B 均为螺旋副，其导程分别为 l_A 和 l_B，若两者旋向相同。当螺杆 1 转过 φ 角时，螺母 2 的位移为两螺旋副移动量之差

$$s=(l_A-l_B)\frac{\varphi}{2\pi} \tag{9-20a}$$

这种螺旋机构称为差动螺旋机构。由式(9－20a)可知，若 l_A 和 l_B 接近相等，则可以控制 s 的微小移动，称为微动螺旋机构，常用于刀具的微量进给和微量调整机构中。

2. 复式螺旋机构

在图 9－31(b)所示的螺旋机构中，若两个螺旋的旋向相反，则螺母 2 的位移为两螺旋副移动量之和

$$s=(l_A+l_B)\frac{\varphi}{2\pi} \tag{9-20b}$$

这时螺母 2 可以产生快速移动。这种螺旋机构称为复式螺旋机构。

3. 滚动螺旋机构

按螺杆与螺母之间的摩擦状态，螺旋机构还可分为滑动螺旋机构与滚动螺旋机构。

在滑动螺旋机构中，螺杆与螺母的螺旋面直接接触，摩擦和磨损较大，精度较低。但制造方便，具有好的自锁性，因此滑动螺旋机构得到广泛应用。

在滚动螺旋机构中，螺杆与螺母不发生直接接触，如图 9－32 所示，在螺杆与螺母之间放入滚动体，使螺杆与螺母之间由滑动摩擦变成了滚动摩擦，从而显著提高了传动效率和传动精度，但加工成本较高。由于接触面间的摩擦系数很小，因此，滚动螺旋机构通常没有自锁功能。滚动螺旋机构常用在高精度精密传动中。

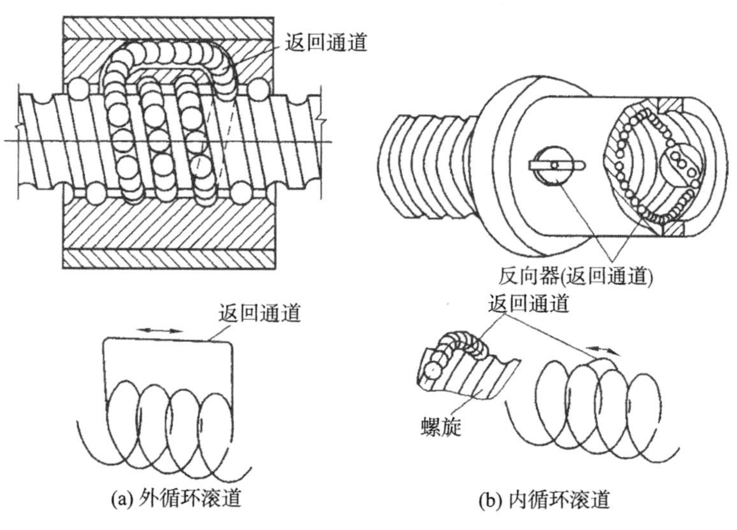

图 9－32　滚动螺旋机构及滚动体的循环方式

按滚动体的循环方式，滚动螺旋机构可分为外循环和内循环两种形式。所谓外循环是指滚珠在回程时，脱离螺杆的滚道，而在螺旋滚道外进行循环。而内循环是指滚珠在循环过程中始终和螺杆接触，内螺母上开有侧孔，孔内装有反向器，能将相邻的滚道连通，滚珠越过螺纹顶部进入相邻滚道，形成封闭回路。因此一个内循环回路中只有一圈滚珠，设置有一个反向器。一个螺母常装配 2～4 个反向器。而外循环螺母只须设置一个前后连通的返回通道。

9.3.3　螺旋机构的特点及应用

螺旋机构结构简单、制造方便、运动准确，能获得大的降速比和力的增益，工作平稳。滑动螺旋机构通过合理选择螺旋导程角，可具有自锁性，但效率较低。而滚动螺旋机构具有摩擦系数低、传动精度高等特点，得到越来越广泛的应用。

螺旋机构主要在以下几个方面得到应用：

1. 改变运动形式

将螺杆(或螺母)的转动转变为螺母(或螺杆)的直线运动是螺旋机构的基本功能，并且利用其自锁功能可以进行精确定位。在传递运动时，若将螺母(或螺杆)固定下来，即可获得螺杆(或螺母)的转动和移动。在不具有自锁性的螺旋机构中，既可将旋转运动转变成直线运动，也可将直线运动转变成旋转运动。

图 9－33 所示为一种新型螺丝刀，刀杆 3 为螺杆，与手柄 4 上的螺母 6 组成螺旋机构，机构中的导程角大于摩擦角，反行程不自锁。在刀杆上加工有左、右螺旋槽各一条，手柄上也相应装有左旋、右旋螺母各一个，通过操作钮 5 可选择左旋或右旋螺母起作用。推进手柄 4 可使刀杆 3 带动刀头 1 按预定方向旋转，从而可完成拧紧或拧松螺钉的动作。

2. 传递运动和动力

图 9－34 所示为台钳定心夹紧机构，由平面夹爪 1 和 V 型夹爪 2 组成定心机构。螺杆 3

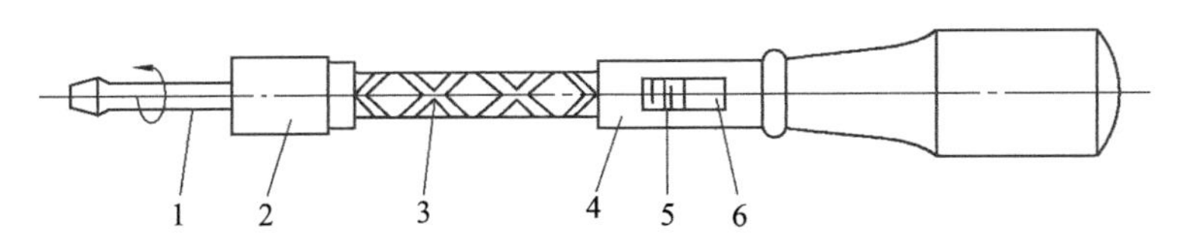

图 9-33　螺旋机构在新型螺丝刀中的应用

的 A、B 两端分别为左旋和右旋螺纹，当正转或反转螺杆 3 时，夹爪 1 与夹爪 2 同时开合，夹紧或放松工件 5，并能适应不同工件的准确定心。

图 9-35 所示为车辆连接装置中，操作杆 3 两侧的螺旋机构（1 为螺母，2 为螺杆）旋向相反，组成复式螺旋机构，当转动操作杆时，可以使车钩 E、F 较快地接近或分开。

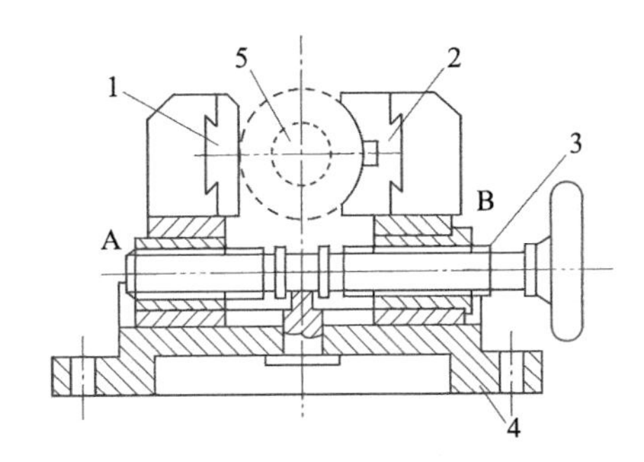

图 9-34　台钳定心夹紧机构

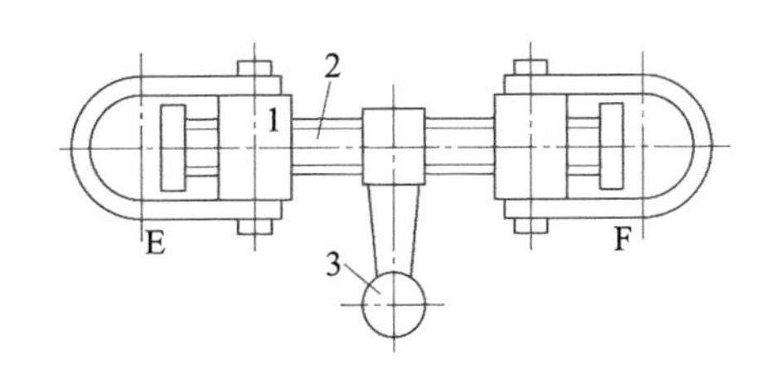

图 9-35　车辆连接装置中的复式螺旋机构

3. 微调和测量

图 9-36 所示为机床刀具的微调机构，螺母 2 固定于刀杆 3，螺杆 1 与中螺母 2 组成了螺旋副 A，同时又与刀杆 4 上的螺母组成螺旋副 B。刀杆 4 与 2 组成移动副 C，4 的末端是刀具。当螺旋副 A 与 B 旋向相同而导程不同时，构成了差动螺旋机构。当转动螺杆 1 时，刀具相对于刀杆做微量的移动，以实现高精度微量进刀的目的。

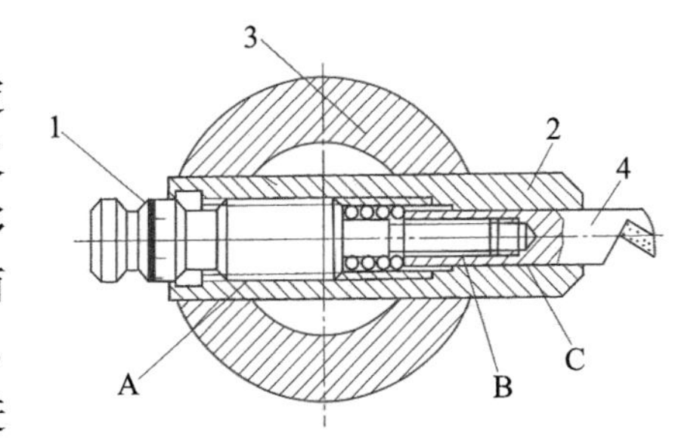

图 9-36　机床刀具的微调机构

思考题与习题

9-1　简述摩擦式棘轮机构有何特点。与齿式棘轮机构有什么异同？

9-2　如何保证棘爪顺利滑入棘轮齿槽？

9-3　简述槽轮机构的组成及主要参数。

9-4　简述凸轮间歇运动机构的分类及其优点。

9-5　为什么要把不完全齿轮机构中主动齿轮首、末齿顶高降低？

9-6　怎样避免不完全齿轮机构在开始传动和停止传动时发生冲击？

9-7　单万向联轴节有什么缺点？双万向联轴节用于平面内两轴等角速度传动时的安装条件是什么？

9-8　举例说明差动螺旋和复式螺旋的应用。

9-9　比较本章所述几种间歇运动机构的异同点，并说明各适用的场合。

9-10 在牛头刨床的横向送进机构中，已知工作台的横向送进量 $s=0.1\text{mm}$，送进螺杆的导程 $l=3\text{mm}$，棘轮模数 $m=6\text{mm}$。试求：

(1) 棘轮的齿数 z；

(2) 棘轮的齿顶圆直径 d_a、齿根圆直径 d_f 及周节 P；

(3) 确定棘爪的长度 L。

9-11 某打字机的换行机构，已知棘轮齿数为 60，棘轮带动的输纸皮辊直径为 40mm，当棘轮每转过 2 齿或 3 齿时，打字机的行距分别是多少？（纸被压紧在皮辊表面，输纸时纸张与皮辊间无相对滑动。）

9-12 已知外槽轮机构的槽数 $z=4$，主动件 1 的角速度 $\omega_1=10\ \text{rad/s}$，试求：

(1) 主动件 1 在什么位置槽轮的角加速度最大？

(2) 槽轮的最大角加速度。

9-13 某加工自动线上有一工作台要求有 5 个转动工位，为了完成加工任务，要求每个工位需停歇的时间为 12 s，采用单销外槽轮机构来实现工作台的转位。试求：

(1) 槽轮机构的运动系数；

(2) 拨盘的转速；

(3) 槽轮的运动时间。

9-14 在六角车床是六角刀架转位用的槽轮机构中，已知槽数 $z=6$，槽轮静止时间 $t_s=5/6\text{s}$，运动时间 $t_m=2t_s$，求槽轮机构的运动系数 τ 及所需的圆销数 n。

9-15 如题图 9-15 所示为微调的螺旋机构，构件 1 与机架 3 组成螺旋副 A，其导程为 2.8 mm，右旋。构件 2 与机架 3 组成移动副 C，2 与 1 还组成螺旋副 B。现要求当构件 1 转一圈时，构件 2 向右移动 0.2 mm，问螺旋副 B 的导程为多少？右旋还是左旋？

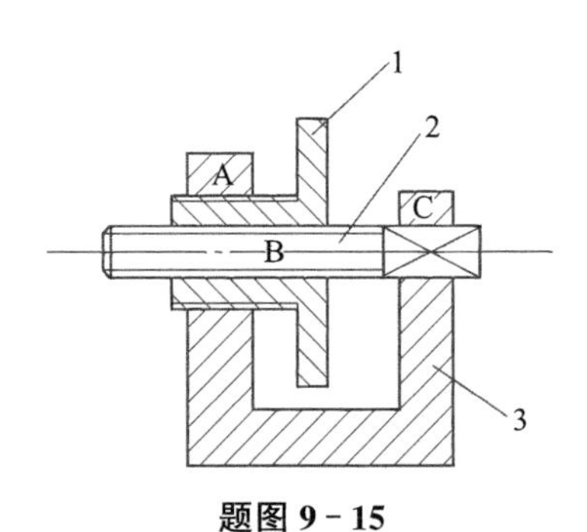

题图 9-15

第四篇　机械系统的动力学

篇导学

机械系统动力学是机械原理的主要组成部分。它研究机械在运转过程中的受力、机械中各构件的质量与机械运动之间的相互关系，是现代机械设计的理论基础。

机械系统动力学主要研究的是：在已知外力作用下，具有确定惯性参量的机械系统的真实运动规律；速度波动产生的原因及其调节方法；分析机械运动过程中各构件之间的相互作用力；研究回转构件和机构平衡的理论和方法等。

10 机械的运转及其速度波动的调节

章导学

本章主要介绍作用在机械上的外力以及在外力作用下机械的运转过程，分析了机械等效动力学模型和运动方程式的建立与求解，介绍了机械在稳定运转过程中周期性速度波动产生的原因及采用飞轮进行速度波动调节的方法。本章的重点是飞轮的设计。

10.1　概述

机械系统通常由原动件、传动系统和执行机构组成。前面在对机构进行分析时，原动件的运动大多被假定是已知的，且一般假设为匀速运动。但实际过程中，原动件的速度并不是恒定的，其运动规律是由各运动构件的质量、转动惯量以及作用在机构上的外力等因素共同决定的。这些参数的变化，将导致原动件速度的波动，从而影响机构的实际运动。因此，随着现代机械向高速度、高精度、低振动、低噪声方向发展，研究机械系统的真实运动规律具有十分重要的意义。

另一方面，机械运转过程中，由于速度的波动，导致运动副产生附加的动压力，并导致机械振动，从而降低机械寿命、效率和工作可靠性。研究速度波动产生的原因并掌握其调节方法，是机械设计者应具备的基本知识。

为了达到这一目的，首先分析作用在机械上的力和机械的运转过程。

10.1.1　作用在机械上的力

机械总是在各种力的作用下运动的，在本章的研究中，忽略各构件的重力和各运动副间的摩擦力，而只考虑原动机产生的驱动力和执行机构承受的工作阻力。

在稳定运转过程中的一个运转周期，驱动力所做的功等于工作阻力所做的功。但在运转周期中的某一阶段，驱动力所做的功并不等于工作阻力所做的功。也就是说驱动力所做的功和工作阻力所做的功还与机械的运转有密切关系，因此有必要对驱动力和工作阻力进行分析。

1. 驱动力

由原动机输出并驱动原动件运动的力称为驱动力，其变化规律取决于原动机的机械特性。原动机不同，驱动力的特性也不相同。工程中常用内燃机、电动机、蒸汽机、汽轮机、水轮机、风力机等机械作为原动机。在一些控制系统中，也常用电磁铁、弹簧、记忆合金等特殊装置来提供驱动力。

工程中常用原动机所提供的驱动力（或力矩）与其运动参数（指位移、速度等）之间的关系来表示原动机的机械特性。

(1) 驱动力为常量，即 $F_d=C$。如利用重锤的质量作驱动力时，其值为常数。机械特性曲线如图 10-1(a)所示。

(2) 驱动力是位移的函数，即 $F_d=f(s)$。如利用弹簧作驱动力时，其值为位移的函数。其机械特性曲线如图 10-1(b)所示。

(3) 驱动力矩是速度的函数，即 $M_d=f(\omega)$。如内燃机、电动机发出的驱动力均与其转数有关。图 10-1(c)为内燃机的机械特性曲线，图 10-1(d)为直流串激电动机的机械特性曲线，图 10-1(e)为交流异步电动机的机械特性曲线。

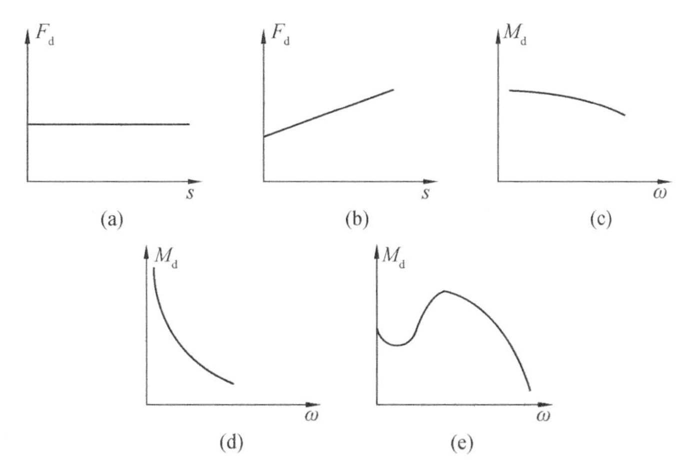

图 10-1　常用原动机的机械特性曲线

许多机械在工作过程中要求原动机的功率能保持相对稳定，由 $N=M\omega$ 可知，即要求满足高转速、小扭矩或低转速、大扭矩的工作要求。

由图 10-1(c)所示的内燃机机械特性曲线中，当工作负荷增加而导致机械转速降低时，其驱动力矩不能随转速降低而显著增大以自动平衡外载荷的变化，导致速度继续降低、直到停车，故内燃机无自调性。为满足低转速、大扭矩的工作要求，用内燃机作原动机时，只能靠使用变速器或减速器来调整速度与扭矩之间的协调关系。

由图 10-1(d)所示的直流串激电动机的机械特性曲线可知，当工作负荷增加而导致机械转数降低时，其驱动力矩也随之加大，适合低转速、大扭矩的工作要求。当工作负荷减少而导致机械转数上升时，其驱动力矩也随之减小，满足高转速、小扭矩的工作要求。因此，直流串激电动机具有良好的自调性。电力机车车轮的驱动电机即采用该种电机。爬坡时能满足低转速、大扭矩的工作要求，下坡时能满足速度快、力矩小的工作要求。

图 10－2 所示为机械系统中应用最为广泛的三相交流异步电动机的机械特性曲线，在 $\omega \leqslant \omega_{min}$ 的区间内，当工作负荷增加而导致机械转速降低时，其驱动力矩也随之下降，不能自动平衡外载荷的变化，导致速度继续降低直至停车，故 AB 曲线对应电机的不稳定运转过程。而在 $\omega \geqslant \omega_{min}$ 的区间，即 BC 段曲线上，电机的机械特性曲线能够较好地满足工作要求，因此，电机应在 BC 段工作。为简化 BC 段的曲线方程，常用一条过 C 点且接近 BC 曲线的直线来代替 BC 段的曲线。它与曲线 BC 的交点为 N。其中 N 点的力矩为电动机的额定力矩 M_n，N 点对应的角速度为电动机的额定角速度 ω_n。C 点对应的角速度为电动机的同步角速度 ω_0，即旋转磁场的角速度。直线 CN 上任一点处的驱动力矩 M_d 与其角速度 ω 的关系为

$$M_d = \frac{\omega_0 - \omega}{\tan\alpha}$$

将 $\tan\alpha = (\omega_0 - \omega_n)/M_n$，代入并整理可得

$$M_d = \frac{M_n \omega_0}{\omega_0 - \omega_n} - \frac{M_n}{\omega_0 - \omega_n}\omega = a + b\omega \tag{10-1}$$

式中，$a = \frac{M_n \omega_0}{\omega_0 - \omega_n}$，$b = -\frac{M_n}{\omega_0 - \omega_n}$，$M_n$、$\omega_0$、$\omega_n$ 均可从电机铭牌上查出。当用解析法研究机械系统的运转时，异步电动机的驱动力矩特性可用上述直线方程来表示。

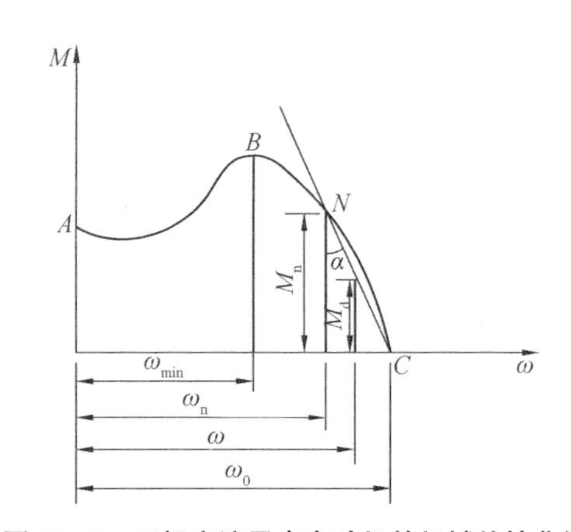

图 10－2　三相交流异步电动机的机械特性曲线

2. 工作阻力

工作阻力是机械完成有用功所需克服的工作负荷，其变化规律取决于机械的工艺特点。显然，不同机械的工作阻力特性不同，在此仅对常见的工作阻力特性作简单说明。

（1）工作阻力是常量，即 $F_r = C$。如起重机、轧钢机等机械的工作阻力均为常量。

（2）工作阻力随位移而变化，即 $F_r = f(s)$。如空气压缩机、弹簧上的工作阻力均随位移而变化。

（3）工作阻力随速度而变化，即 $F_r = f(\omega)$。如鼓风机、离心泵等机械上的工作阻力均随叶片的转速而变化。

（4）工作阻力随时间而变化，即 $F_r = f(t)$。如球磨机、揉面机等机械上的工作阻力均随

时间的增加而变化。

驱动力和生产阻力的确定涉及许多专业知识,在研究实际的机械系统时,可查阅相关的手册和资料。

10.1.2 机械的运转过程

机械运转通常经历三个阶段,如图 10-3 所示。

1. 启动阶段

在启动阶段,原动件的速度 ω 由 0 增大到正常工作速度(平均速度)ω_m,机械系统的动能由 0 上升到 E。因此,这一阶段驱动力作的功 W_d 大于阻抗力所消耗的功 W_r,其动能关系可以表示为

$$W_d - W_r = E \tag{10-2}$$

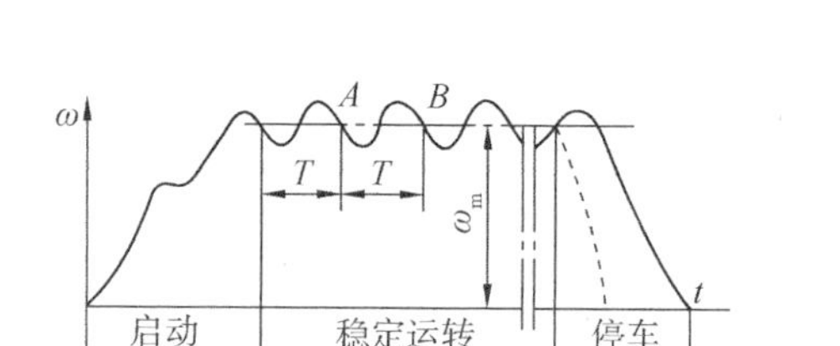

图 10-3 机械运转过程的三个阶段

2. 稳定运转阶段

稳定运转是机器的正常工作阶段。此时,原动件的平均速度 ω_m 保持稳定,但瞬时速度随外力等因素的变化而产生周期性或非周期性波动。

对于周期性速度波动,驱动力和生产阻力在一个周期内所做的功相等($W_d = W_r$),系统在一个周期始末的动能相等($E_B = E_A$),原动件的速度也相等(如图 10-3 中 A、B 两点:$E_B = E_A$),但在一个周期内的任一区间,驱动功和阻抗功不一定相等,机械的动能将增加或减少,瞬时速度产生波动。

3. 停车阶段

在停车阶段,原动件的速度由工作速度 ω_m 降为 0,机械系统的动能也由 E 降到 0。此时,驱动力一般已经撤去,即 $W_d = 0$,因此有

$$E = W_r \tag{10-3}$$

为了缩短停机时间,可以在机械中安装制动装置来增加损耗功。此时,式(10-3)中的 W_r 除了摩擦力所消耗的功外,主要是制动力所做的功。制动时的运转曲线如图 10-3 中虚线所示。

10.2 机械系统运动方程的建立

10.2.1 机械系统运动方程的一般表达式

在实际应用中,绝大多数机械系统只具有一个自由度,对于单自由度机械系统,可以根据

功能原理建立其运动方程式。

设某机械系统中各构件在 dt 时间内总动能的增量为 dE，根据功能原理，此动能增量应等于该瞬间作用于该机械系统的各外力所做元功之和 dW，因此，该机械系统运动方程的微分表达式为

$$dE = dW \tag{10-4}$$

进一步分析，设该机械系统由 n 个活动构件组成，并用 E_i 表示构件 i 的动能，S 表示构件的质心位置，则系统总动能 E 的一般表达式为

$$E = \sum_{i=1}^{n} E_i = \sum_{i=1}^{n} \left(\frac{1}{2} m_i v_{Si}^2 + \frac{1}{2} J_{Si} \omega_i^2 \right) \tag{10-5}$$

式中，m_i 为构件 i 的质量，J_{Si} 为构件 i 相对于质心的转动惯量，v_{Si} 为构件 i 质心的速度，ω_i 为构件 i 的角速度。

另外，设作用在构件 i 上的作用力为 F_i，力矩为 M_i，力 F_i 的作用点速度为 v_i，则其瞬时功率的一般表达式为

$$N = \frac{dW}{dt} = \sum_{i=1}^{n} N_i = \sum_{i=1}^{n} (F_i v_i \cos\alpha_i \pm M_i \omega_i) \tag{10-6}$$

式中，α_i 为作用在构件 i 上的外力 F_i 与该力作用点的速度 v_i 之间的夹角，"±"表示作用在构件 i 上的力矩 M_i 与该构件角速度 ω_i 之间方向的异同，如果方向相同取"+"，方向相反取"—"。

由式(10－4)、(10－5)和(10－6)可得出机械运动方程式微分形式的一般表达式为

$$d\left[\sum_{i=1}^{n} \left(\frac{1}{2} m_i v_{Si}^2 + \frac{1}{2} J_{Si} \omega_i^2 \right) \right] = \left[\sum_{i=1}^{n} (F_i v_i \cos\alpha_i \pm M_i \omega_i) \right] dt \tag{10-7}$$

要直接求解上述方程式显然是相当烦琐的，为了求得简单易解的机械运动方程式，对于单自由度机械系统，可以先将其简化成为一个等效动力学模型，然后再据此式列出运动方程式进行求解。

10.2.2 机械系统的等效动力学模型

1. 等效转化的方法与原则

等效转化的思路是：在研究单自由度机械系统的真实运动时，将机械系统等效转化为只有一个独立运动的等效构件，并且等效构件的运动与机构中相应构件的运动一致。这样，在单自由度机械系统中，只要确定了一个构件的运动，其他构件的运动就随之确定，因此，通过研究等效构件的运动规律，就能确定原机械系统的运动。

等效转化的原则是：等效构件的等效质量具有的动能等于原机械系统的总动能；等效构件上作用的等效力或力矩产生的瞬时功率等于原机械系统所有外力产生的瞬时功率之和。把这种具有等效质量或等效转动惯量，其上作用了等效力或等效力矩的等效构件称为原机械系统的等效动力学模型。

2. 两种常用的等效动力学模型

一般选择简单运动的构件作为等效构件，如图 10－4 即为两种常用的等效动力学模型。在图 10－4(a)所示模型中，等效构件为移动的滑块，其运动与机构中的滑块运动一样，但其具

有的质量为等效质量 m_e，其上作用的力为等效力 F_e；在图 10－4(b)所示模型中，等效构件为回转构件，其运动与原机构中相应回转构件(如曲柄)的运动一样，但其具有的转动惯量为等效转动惯量 J_e，其上作用的力矩为等效力矩 M_e。

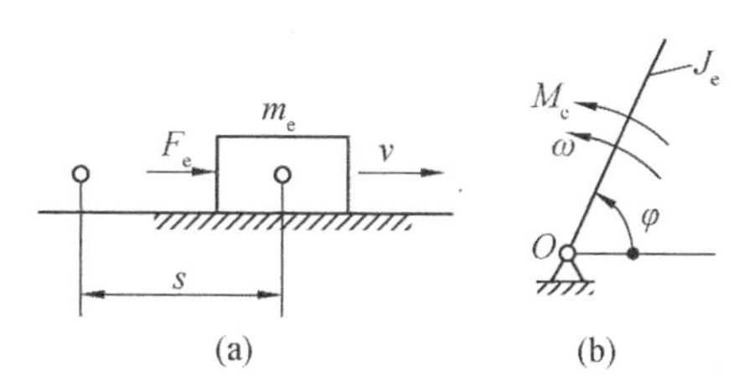

图 10－4　两种常用的等效动力学模型

3. 等效质量和等效转动惯量的计算方法

对于具有 n 个活动构件的机械系统，构件 i 上的质量为 m_i，相对各质心 C_i 的转动惯量为 J_{Ci}，质心 C_i 的速度为 v_{Ci}，构件 i 的角速度为 ω_i，则系统所具有的总动能为

$$E=\sum_{i=1}^{n}\left(\frac{1}{2}m_i v_{C_i}^2+\frac{1}{2}J_{C_i}\omega_i^2\right) \tag{10-8}$$

当选取角速度为 ω 的回转构件为等效构件时，等效构件的动能为

$$E_e=\frac{1}{2}J_e\omega^2 \tag{10-9}$$

根据上述等效原则 $E_e=E$，可得等效转动惯量 J_e 的一般表达式为

$$J_e=\sum_{i=1}^{n}\left[m_i\left(\frac{v_{C_i}}{\omega}\right)^2+J_{C_i}\left(\frac{\omega_i}{\omega}\right)^2\right] \tag{10-10}$$

同理，当选取移动速度为 v 的滑块为等效构件时，可得等效质量 m_e 的一般表达式为

$$m_e=\sum_{i=1}^{n}\left[m_i\left(\frac{v_{C_i}}{v}\right)^2+J_{C_i}\left(\frac{\omega_i}{v}\right)^2\right] \tag{10-11}$$

由式(10－10)和式(10－11)可知，等效转动惯量和等效质量不仅与各构件的质量和转动惯量有关，而且也与其速比有关。一般情况下构件的质量和转动惯量是常数，而速比是机构位置的函数或常数，因此，等效转动惯量和等效质量也是等效构件位置的函数或是常数。

4. 等效力和等效力矩的计算方法

对于具有 n 个活动构件的机械系统，构件 i 上的作用力为 F_i，力矩为 M_i，力 F_i 作用点的速度为 v_i，构件 i 的角速度为 ω_i，则系统的总瞬时功率为

$$N=\sum_{i=1}^{n}(F_i v_i\cos\alpha_i\pm M_i\omega_i) \tag{10-12}$$

式中，α_i 为外力 F_i 与速度 v_i 方向的夹角。

当选取角速度为 ω 的回转构件为等效构件时，等效构件的瞬时功率为

$$N_e=M_e\omega \tag{10-13}$$

根据上述等效原则 $N_e=N$，可得等效力矩 M_e 的一般表达式为

$$M_e=\sum_{i=1}^{n}\left[F_i\left(\frac{v_i}{\omega}\right)\cos\alpha_i \pm M_i\left(\frac{\omega_i}{\omega}\right)\right] \tag{10-14}$$

同理，当选取速度为 v 的移动构件为等效构件时，可得等效力 F_e 的一般表达式为

$$F_e=\sum_{i=1}^{n}\left[F_i\left(\frac{v_i}{v}\right)\cos\alpha_i \pm M_i\left(\frac{\omega_i}{v}\right)\right] \tag{10-15}$$

式中，“±”取决于 M_i 与 ω_i 的方向是否相同，相同取“+”，相反取“−”。

由式(10－14)和式(10－15)可知，等效力矩或等效力不仅与机构的外力和外力矩有关，也和速比有关。速比通常是等效构件位置的函数或者是常数，因此，当外力或外力矩均为常数或位置的函数时，等效力或等效力矩将是等效构件位置的函数。当外力或外力矩是速度(或时间)的函数时，等效力或等效力矩将是等效构件位置、速度或时间的函数。

需要注意的是，等效力和等效力矩是等效动力学模型中使用的假想力和假想力矩，它并不是机械中各力的合力或合力矩。

［例 10－1］　例图 10－1 所示的曲柄滑块机构中，设已知曲柄 1 为原动件，其角速度为 ω_1。曲柄 1 的质心 S_1 在 O 点，其转动惯量为 J_1；连杆 2 的角速度为 ω_2，质量为 m_2，其对质心 S_2 的转动惯量为 J_{S_2}，质心 S_2 的速度为 v_{S_2}；滑块 3 的质量为 m_3，其质心 S_3 在 B 点，速度为 v_3。其上作用有阻抗力 F_3，求分别以曲柄 1 和滑块 3 为等效构件时的等效参数。

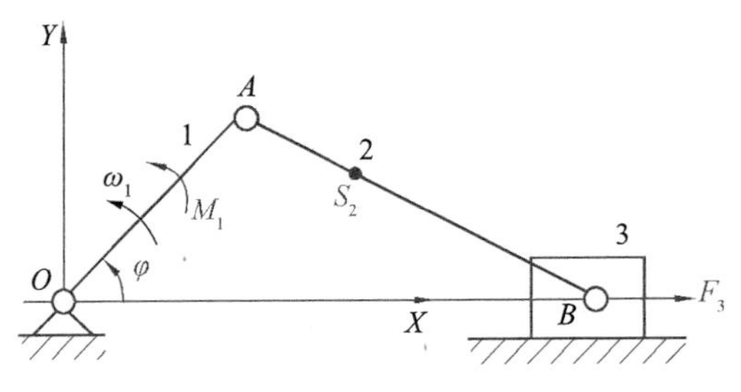

例图 10－1

解： 选择曲柄 OA 为等效构件，则等效力学模型与图 10－4(b)相同。

等效构件的动能为

$$E_e=\frac{1}{2}J_e\omega_1^2$$

曲柄滑块机构的总动能为

$$E=\frac{1}{2}J_1\omega_1^2+\frac{1}{2}m_2v_{S_2}^2+\frac{1}{2}J_{S_2}\omega_2^2+\frac{1}{2}m_3v_3^2$$

根据等效原则得到

$$E_e=E$$

所以计算得到等效转动惯量为

$$J_e=J_1+J_{S_2}\left(\frac{\omega_2}{\omega_1}\right)^2+m_2\left(\frac{v_{S_2}}{\omega_1}\right)^2+m_3\left(\frac{v_3}{\omega_1}\right)^2$$

再由等效前后瞬时功率保持不变的原则，得到

$$M_e\omega_1 = M_1\omega_1 - F_3 v_3$$

所以等效力矩为

$$M_e = M_1 - F_3 v_3/\omega_1$$

当曲柄滑块机构选择滑块3作为等效构件时，等效动力学模型与图10-4(a)一致。

同理，可以求得等效质量为

$$m_e = J_1\left(\frac{\omega_1}{v_3}\right)^2 + J_{S_2}\left(\frac{\omega_2}{v_3}\right)^2 + m_2\left(\frac{V_{S_2}}{v_3}\right)^2 + m_3$$

等效力为 $$F_e = M_1(\omega_1/v_3) - F_3$$

为了简便，本章在以后的叙述中，将 J_e、m_e、M_e、F_e 的下标略去，即以 J、m 分别代表等效转动惯量及等效质量，以 M、F 分别代表等效力矩和等效力。

10.2.3 机械系统运动方程式的演化

当以转动构件为等效构件时，由 $\mathrm{d}E=\mathrm{d}W$ 可得

$$\mathrm{d}\left(\frac{1}{2}J(\varphi)\omega^2\right) = M(\varphi,\omega,t)\mathrm{d}\varphi \tag{10-16}$$

式(10-16)称为能量微分形式的运动方程式。

对式(10-16)进行积分，并代入初始条件：$t=t_0$ 时，$\varphi=\varphi_0$，$\omega=\omega_0$，$J=J_0$，则得到能量积分形式的运动方程式

$$\frac{1}{2}J(\varphi)\omega^2 - \frac{1}{2}J_0\omega_0^2 = \int_{\varphi_0}^{\varphi} M(\varphi,\omega,t)\mathrm{d}\varphi \tag{10-17}$$

将能量微分形式的运动方程式再进行变换

$$\frac{\mathrm{d}\left(\frac{1}{2}J(\varphi)\omega^2\right)}{\mathrm{d}\varphi} = M(\varphi,\omega,t)$$

展开后得到力矩形式的运动方程式

$$J(\varphi)\frac{\mathrm{d}\omega(\varphi)}{\mathrm{d}t} + \frac{\omega^2(\varphi)}{2}\frac{\mathrm{d}J(\varphi)}{\mathrm{d}\varphi} = M(\varphi,\omega,t) \tag{10-18}$$

同理，当以移动构件为等效构件时，也可演化出相应三种形式的运动方程式，请读者自行推导。在实际应用中，可以根据给定的初始条件和边界条件选用合适的运动方程式，以简化求解过程。

10.3 机械系统运动方程式的求解

在运用机械运动方程式求解机械的真实运动规律时，通常情况下，等效转动惯量(等效质量)是机构位置的函数，而等效力矩(等效力)则可能是位置、速度和时间三个运动参数中的一个或几个的函数。因此，对一般机械系统而言，可以先求出机构各位置的等效转动惯量(等效

质量)，再运用微分、积分原理，采用图解法或数值分析方法，逐步求出机构各位置等效力矩(等效力)及其真实运动规律。

下面就几种简单的情况进行分析。

1. 等效力矩和等效转动惯量均为等效构件位置的函数

$J=J(\varphi)$、$M=M(\varphi)$，初始条件为:位置为 $t=t_0$ 时，$\varphi=\varphi_0$，$\omega=\omega_0$，$J=J_0$。则由能量积分形式的运动方程式(10-17)可得

$$\frac{1}{2}J(\varphi)\omega^2(\varphi)=\frac{1}{2}J_0\omega_0^2+\int_{\varphi_0}^{\varphi}M(\varphi)\mathrm{d}\varphi \tag{10-19}$$

$$\omega(\varphi)=\sqrt{\frac{J_0}{J(\varphi)}\omega_0^2+\frac{2}{J(\varphi)}\int_{\varphi_0}^{\varphi}M(\varphi)\mathrm{d}\varphi} \tag{10-20}$$

由此可求得 $\omega=\omega(\varphi)$ 的函数关系，再由 $\omega=\mathrm{d}\varphi/\mathrm{d}t$，即 $\mathrm{d}t=\mathrm{d}\varphi/\omega(\varphi)$ 积分得到

$$t=t_0+\int_{\varphi_0}^{\varphi}\frac{d\varphi}{\omega(\varphi)} \tag{10-21}$$

式(10-21)表示了 $t=t(\varphi)$ 的函数关系，由以上两式，即可得到 $\omega=\omega(t)$。

2. 等效转动惯量为常数，等效力矩是等效构件速度的函数

$M=M(\omega)$，J 为常数，初始条件为:位置为 $t=t_0$ 时，$\varphi=\varphi_0$，$\omega=\omega_0$。则由力矩形式的运动方程式(10-18)可得

$$J\frac{\mathrm{d}\omega}{\mathrm{d}t}=M(\omega) \tag{10-22}$$

于是

$$\mathrm{d}t=\frac{J}{M(\omega)}\mathrm{d}\omega$$

$$t=t_0+J\int_{\omega_0}^{\omega}\frac{\mathrm{d}\omega}{M(\omega)} \tag{10-23}$$

式(10-23)便是 $t=t(\omega)$ 的函数关系式。为求 ω 和 φ 的函数关系，将 $\mathrm{d}t=\mathrm{d}\varphi/\omega$ 代入式(10-18)中，得

$$J\frac{\omega\mathrm{d}\omega}{\mathrm{d}\varphi}=M(\omega) \tag{10-24}$$

于是

$$\varphi=\varphi_0+J\int_{\omega_0}^{\omega}\frac{\omega\mathrm{d}\omega}{M(\omega)} \tag{10-25}$$

上面讨论的几种情况，等效转动惯量和等效力矩都是可积分的函数。如果不能直接积分时，就不能求方程的解析解，而只能利用数值计算方法求其数值解。

[例 10-2] 已知某电动机的驱动力矩 $M_d=1000-10.55\omega$(N·m)，用它来驱动一个阻抗力矩为 $M_r=200$(N·m)的齿轮减速器，其等效转动惯量为 $J_e=5\text{kg}\cdot\text{m}^2$。试求电动机角速度从零增至 50rad/s 时需要的时间。

解: 力矩形式的运动方程式为

$$J(\varphi)\frac{\mathrm{d}\omega}{\mathrm{d}t}+\frac{\omega^2(\varphi)}{2}\frac{\mathrm{d}J(\varphi)}{\mathrm{d}\varphi}=M(\varphi,\omega,t)$$

因等效转动惯量是常数，上式简化为

$$J\frac{d\omega}{dt}=M_d(\omega)-M_r$$

$$dt=\frac{J\,d\omega}{M_d(\omega)-M_r}$$

积分上式，可得

$$t=t_0+J\int_{\omega_0}^{\omega}\frac{d\omega}{M_d(\omega)-M_r}$$

式中，$t_0=0$，$\omega_0=0$，故

$$\begin{aligned}t&=5\int_0^{50}d\omega/(1000-9.55\omega-200)\\&=-\frac{5}{9.55}\ln\left(\frac{1000-200-9.55\omega}{1000-200}\right)\Bigg|_0^{50}\\&=0.476(s)\end{aligned}$$

即该系统电动机的角速度从 0 增至 50rad/s 需 0.476s。

10.4 机械速度波动及其调节

10.4.1 周期性速度波动及其调节方法

1. 周期性速度波动产生的原因

作用在机构上的驱动力矩和阻力矩往往是原动件转角 φ 的周期性函数，例如，对于单缸四冲程内燃机而言，主轴旋转 2 转为一个周期，即 $\varphi_T=4\pi$；再如，对于牛头刨床中的导杆机构，其阻抗力矩的变化周期为曲柄的 1 转，即 $\varphi_T=2\pi$；等等。

当机械系统的驱动力矩与阻抗力矩作周期性变化时，其等效力矩 M_d 与 M_r 必然也是等效构件转角 φ 的周期性函数。

图 10－5(a)所示为某一机构在稳定运转过程中其等效构件(一般取原动件)在一个周期转角 φ_T 中所受等效驱动力矩 $M_d(\varphi)$和等效阻抗力矩 $M_r(\varphi)$的变化曲线。在该周期内任一区段，由于等效驱动力矩和等效阻力矩是变化的，因此它们所做的功并不总是相等的。因此，系统动能和机械速度将发生变化。

在等效构件任一回转角 φ 的位置，机械动能的增量为

$$\Delta E=W_d(\varphi)-W_r(\varphi)=\int_{\varphi_a}^{\varphi}[M_d(\varphi)-M_r(\varphi)]d\varphi=\frac{1}{2}J(\varphi)\omega^2(\varphi)-\frac{1}{2}J(\varphi_a)\omega^2(\varphi_a) \tag{10-26}$$

计算所得的动能变化曲线如图 10－5(b)所示。图 10－5(c)为在相关点上的动能变化情况，即能量指示图。由于在一个运动周期 φ_T 内，等效驱动力矩做的功等于等效阻力矩做的功，因此

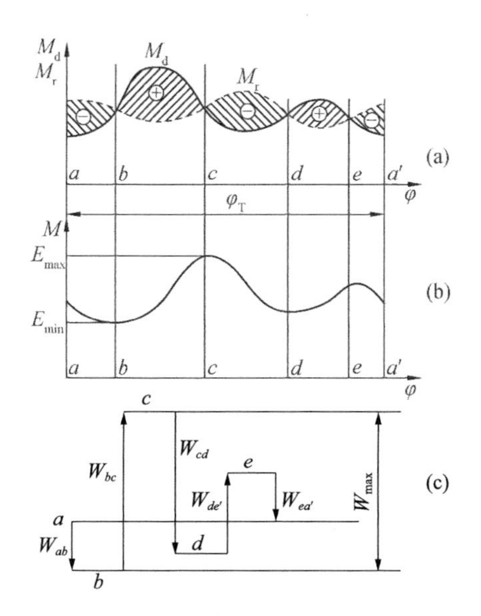

图 10－5 等效力矩与机械动能的变化曲线

$$\int_{\varphi_a}^{\varphi_a+\varphi_T}(M_d-M_r)d\varphi=0 \tag{10-27}$$

所以经过了一个运动周期后，系统的动能增量为零，机械系统的动能恢复到周期初始时的值，机械速度也恢复到周期初始时的大小。由此可知，在稳定运转过程中，机械速度将呈周期性波动。

2. 速度波动程度的评价指标

(1) 平均角速度 ω_m

平均角速度是指一个运动周期内角速度的平均值，即

$$\omega_m=\frac{1}{\varphi_T}\int_0^{\varphi_T}\omega d\varphi \tag{10-28}$$

在工程上，ω_m 常用最大角速度与最小角速度的算术平均值来近似计算，即

$$\omega_m\approx\frac{\omega_{min}+\omega_{max}}{2} \tag{10-29}$$

(2) 速度不均匀系数 δ

机械的速度波动程度可用角速度的波动的幅度($\omega_{max}-\omega_{min}$)与平均角速度 ω_m 的比值来评价，称为速度不均匀系数，用 δ 表示，即

$$\delta=\frac{\omega_{max}-\omega_{min}}{\omega_m} \tag{10-30}$$

不同类型的机械允许速度波动的程度不同。表 10－1 列出了一些常用机械的速度不均匀系数许用值[δ]，供设计时参考。为了使所设计机械在运转过程中速度波动程度在允许范围内，必须保证 $\delta\leqslant[\delta]$。

表 10-1 常用机械速度不均匀系数的许用值[δ]

机械名称	[δ]	机械名称	[δ]
碎石机	$\frac{1}{5}\sim\frac{1}{20}$	水泵、鼓风机	$\frac{1}{30}\sim\frac{1}{50}$
冲床、剪床	$\frac{1}{7}\sim\frac{1}{10}$	造纸机、织布机	$\frac{1}{40}\sim\frac{1}{50}$
轧压机	$\frac{1}{10}\sim\frac{1}{25}$	纺纱机	$\frac{1}{60}\sim\frac{1}{100}$
汽车、拖拉机	$\frac{1}{20}\sim\frac{1}{60}$	直流发电机	$\frac{1}{100}\sim\frac{1}{200}$
金属切削机床	$\frac{1}{30}\sim\frac{1}{40}$	交流发电机	$\frac{1}{200}\sim\frac{1}{300}$

3. 周期性速度波动的调节方法

如图 10-5 所示，机械系统的动能在运动周期内 φ_T 是变化的，并假设等效转动惯量 J 为常数，则当 $E=E_{max}$ 时，$\omega=\omega_{max}$，当 $E=E_{min}$ 时，$\omega=\omega_{min}$。显然，在一个周期内，当机械速度从 ω_{min} 上升到 ω_{max}（或由 ω_{max} 下降到 ω_{min}）时，外力对系统所做的盈功（或亏功）达到最大，称为最大盈亏功 ΔW_{max}，并且有

$$\Delta W_{max}=E_{max}-E_{min}=\frac{1}{2}J\omega_{max}^2-\frac{1}{2}J\omega_{min}^2 \tag{10-31}$$

再由式(10-29)、式(10-30)和式(10-31)可得

$$\Delta W_{max}=J\omega_m^2\delta \tag{10-32}$$

即

$$\delta=\frac{\Delta W_{max}}{J\omega_m^2} \tag{10-33}$$

如果在机械中安装一个具有等效转动惯量 J_F 的飞轮，则式(10-33)改写为

$$\delta=\frac{\Delta W_{max}}{(J+J_F)\omega_m^2} \tag{10-34}$$

可见装上飞轮后，系统的总等效转动惯量增加了，速度不均匀系数 δ 将减小。由于对一个具体的机械系统，其稳定工作时的最大盈亏功 ΔW_{max} 和平均角速度 ω_m 都是确定的，因此，理论上总能有足够大的转动惯量 J_F 来使机械的速度波动 δ 降到允许范围内。

但是，由于飞轮的转动惯量不可能无穷大，因此，加装飞轮只能使波动程度下降，而不能使其运转速度为绝对均匀。并且当 δ 的取值过小时，所需的飞轮转动惯量就会很大。所以过分追求机械运转速度的均匀性是不合适的。

飞轮在机械中的作用，实质上相当于一个能量储存器。当外力对系统做盈功时，它以动能形式把多余的能量储存起来，使机械速度上升的幅度减小；当外力对系统做亏功时，它又释放储存的能量，使机械速度下降的幅度减小。

4. 飞轮的设计

飞轮设计的核心问题是根据等效构件的平均角速度 ω_m 及许用速度不均匀系数 $[\delta]$ 来确定飞轮的转动惯量。

由式(10-34)知，为了使速度不均匀系数 δ 满足不等式 $\delta\leqslant[\delta]$，必须有

$$J_F \geqslant \frac{\Delta W_{max}}{\omega_m^2[\delta]} - J \tag{10-35}$$

式中，J 为原机械系统的等效转动惯量，在设计飞轮时，为简化计算，通常不考虑该转动惯量。这样式(10－35)变为

$$J_F \geqslant \frac{\Delta W_{max}}{\omega_m^2[\delta]} \tag{10-36}$$

式(10－36)为飞轮等效转动惯量的近似计算式。

在式(10－36)中，如果 ω_m 用机器额定转速 n(r/min)代替，则有

$$J_F \geqslant \frac{900\Delta W_{max}}{\pi^2 n^2[\delta]} \tag{10-37}$$

由式(10－37)可见，若$[\delta]$取值很小，则 J_F 将很大，将导致飞轮过于笨重，从而损害机构的经济性和结构的合理性，故不应过分追求机械运转速度的均匀性。

当 ΔW_{max} 和$[\delta]$一定时，J_F 与 ω_m 的平方成反比，因此为了减小飞轮的实际尺寸，最好将飞轮安装在机械的高速轴上。

[例 10－3]　机器在一个运动循环中，主轴上等效阻力矩 M_r 的变化规律如图 10－3 所示。设等效驱动力矩 M_d 为常数，主轴平均角速度 $\omega_m=25$rad/s，许用运转速度不均匀系数$[\delta]=0.02$。除飞轮外其他构件的质量不计。试求：

(1) 驱动力矩 M_d；

(2) 最大盈亏功 ΔW_{max}；

(3) 主轴角速度的最大值 ω_{max} 和最小值 ω_{min} 及其出现的位置(以 φ 角表示)；

(4) 应装在主轴上的飞轮转动惯量 J_F。

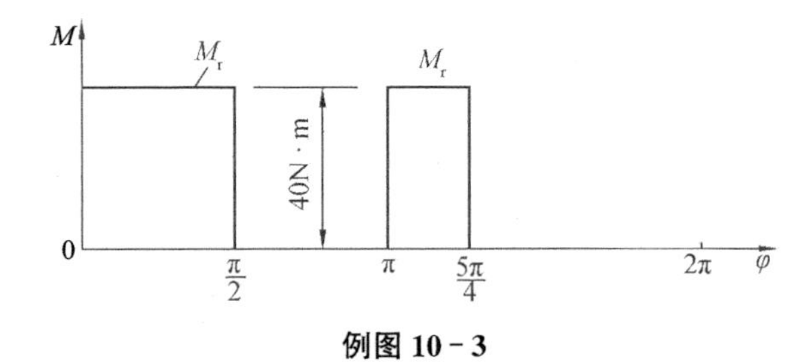

例图 10－3

解：(1) 在一个运动周期内，等效驱动力矩做的功等于等效阻力矩做的功，所以

$$M_d=\frac{40\times\pi/2+40\times(5/4-1)\pi}{2\pi}=15(\text{N}\cdot\text{m})$$

(2) 采用能量指示法求最大盈亏功，在一个周期内，各阶段的盈亏功分别求得为

在$\left[0,\frac{\pi}{2}\right]$区间，$\Delta W=-\frac{\pi}{2}\times(40-15)=-39.25$J

在$\left[\frac{\pi}{2},\pi\right]$区间，$\Delta W=\frac{\pi}{2}\times15=23.55$J

在$\left[\pi,\frac{5}{4}\pi\right]$区间，$\Delta W=-\frac{\pi}{4}\times(40-15)=-19.625$J

在$\left[\frac{5}{4}\pi,2\pi\right]$区间，$\Delta W=\frac{3\pi}{4}\times15=35.325\text{J}$

将以上关系作能量指示图，如例图 10-3(a)所示，由最高点和最低点的距离可求得最大盈亏功为$\Delta W_{max}=39.25\text{J}$。

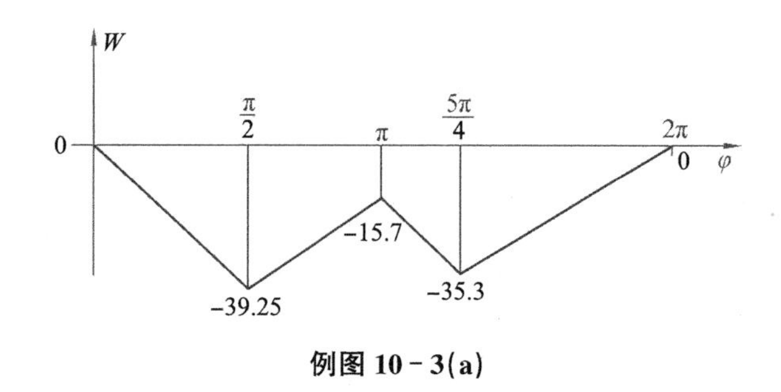

例图 10-3(a)

(3) 由能量指示图可以看出，等效构件的最大角速度ω_{max}出现在$\varphi=0$或$\varphi=2\pi$处，最小角速度ω_{min}出现在$\varphi=\frac{\pi}{2}$处。

因为
$$\omega_m=\frac{\omega_{max}+\omega_{min}}{2},\delta=\frac{\omega_{max}-\omega_{min}}{\omega_m}$$

所以
$$\omega_{max}=\frac{(2+\delta)\omega_m}{2}=\frac{(2+0.02)\times25}{2}=25.25\text{rad/s}$$
$$\omega_{min}=\frac{(2-\delta)\omega_m}{2}=\frac{(2-0.02)\times25}{2}=24.75\text{rad/s}$$

(4) $J_F\geqslant\frac{\Delta W_{max}}{\omega_m^2[\delta]}=\frac{39.25}{25^2\times0.02}=3.14\text{kg}\cdot\text{m}^2$

10.4.2 非周期性速度波动的调节

许多机械在实际运转时，驱动力和生产阻力的变化是非周期性的，因此，机械运转速度将呈非周期性波动。从而破坏机械的稳定运转状态。若长时间内$M_d>M_r$，则机械将越转越快，甚至可能会出现“飞车”现象，从而使机械遭到破坏；反之，若长时间内$M_d<M_r$，则机械又会越转越慢，最后将停止不动。

为了避免上述两种情况的发生，必须对这种非周期性的速度波动进行调节，以使机械重新恢复稳定运转。为此就需要设法使等效驱动力矩与等效阻力矩恢复平衡关系。由于非周期性速度波动的发生原因是驱动力做的功在一段时间(如稳定运动的一个循环)内大于(或小于)阻力做的功，而不是两者的平均值相等，故利用设置飞轮的方法已不能达到调节速度的目的。

机械作非周期性速度波动是由于机械运转的平衡条件受到了破坏，要调节非周期性速度波动，就是要建立新的平衡条件。对于某些机械来说，由于其特殊的机械特性，使其在一定范围内具有能够自动地调节非周期性速度波动的能力(称为机械的自调性)。如图 10-1(d)和图 10-2 的 BC 段所示的电机机械特性曲线中，当生产阻力增大时，会导致机械的运转速度下降，而随着转速的下降，机械的驱动力不断增加，从而建立新的平衡条件。

如果机械系统没有自调性，或者依靠自调性进行调节仍不能满足其工作要求，则必须在机械内安装一个专门的调节装置——调速器。这是一种自动调节装置，它的种类极多。按执行机构分类，主要有机械式、气动式、机械气动式、液压式、电液式和电子式等形式。可根据实际需要选用。

图 10－6 所示为机械式离心调速器，其工作原理如下。

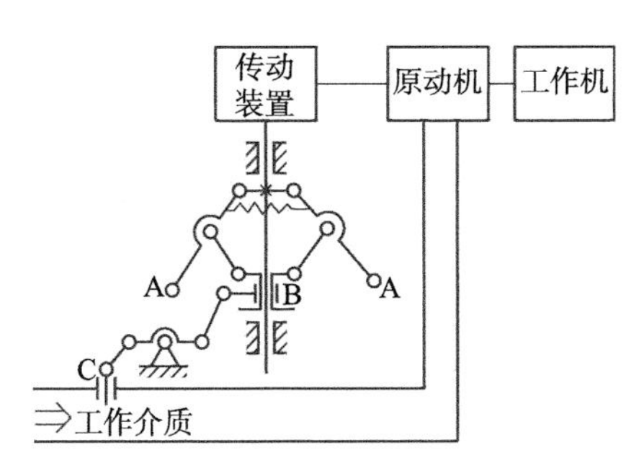

图 10－6　离心式调速器

原动机的主轴通过某种传动装置与调速器主轴相联。当机械的工作载荷减小时，其运转速度将上升，从而离心式调速器的主轴转速也随之升高，其上的重球 A 在离心力作用下而张开，带动套筒 B 上升，再通过连杆机构将阀门 C 关小，使进入原动机的工作介质减少，导致原动机输出的驱动力减小而与工作载荷重新建立平衡条件，使机械获得稳定运转。反之，当机械的工作载荷增大时，则调速器的转速下降，重球 A 收拢，套筒 B 下降，阀门 C 开大，进入原动机的工作介质增多，原动机输出的驱动力增大，再次与工作载荷建立平衡而使机械获得稳定运转。

思考题与习题

10－1　说明机器的运转过程及各运转过程中的力学特性。

10－2　机器等效动力学模型中，等效质量的等效条件是什么？

10－3　试写出求等效质量的一般表达式。不知道机构的真实运动，能否求得其等效质量？为什么？

10－4　在什么情况下机械才会有周期性速度波动？速度波动有何危害？如何调节？

10－5　飞轮为什么可以调速？能否利用飞轮来调节非周期性速度波动？为什么？

10－6　内燃机、曲柄压力机、插齿机、家用缝纫机的飞轮功用有何不同？

10－7　说明离心调速器的工作原理。

10－8　题图 10－8 所示的行星轮系中，已知各个齿轮齿数 $z_1=z_2=20$，$z_3=60$，各构件的重心均在其相对回转轴线上，转动惯量为 $J_1=J_2=0.01\text{kg}\cdot\text{m}^2$，$J_H=0.16\text{kg}\cdot\text{m}^2$，行星轮共 3 个均匀布置，行星轮的重力为 $G=20\text{N}$，模数 $m=10\text{mm}$，重力加速度为 $g=10\text{m/s}^2$，作用在行星架上的力矩 $M_H=40\text{N}\cdot\text{m}$。建立齿轮 1 为等效构件时的等效动力学模型。

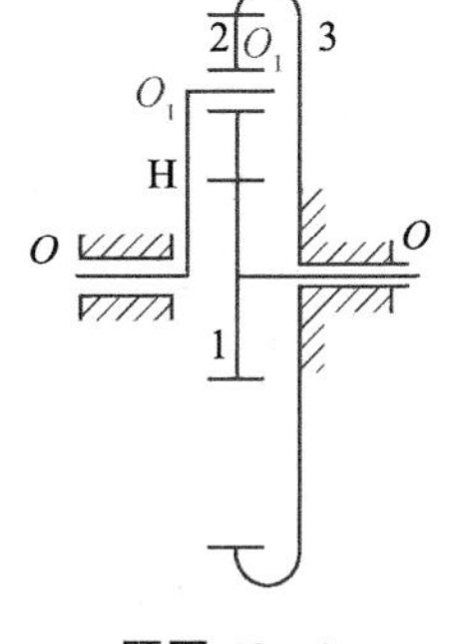

题图 10－8

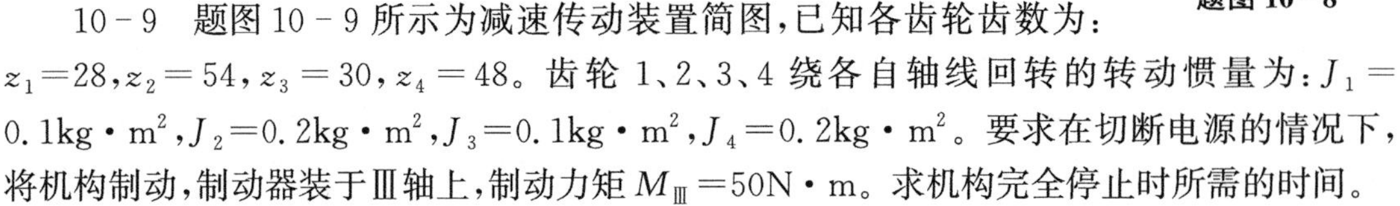

10－9　题图 10－9 所示为减速传动装置简图，已知各齿轮齿数为：$z_1=28$，$z_2=54$，$z_3=30$，$z_4=48$。齿轮 1、2、3、4 绕各自轴线回转的转动惯量为：$J_1=0.1\text{kg}\cdot\text{m}^2$，$J_2=0.2\text{kg}\cdot\text{m}^2$，$J_3=0.1\text{kg}\cdot\text{m}^2$，$J_4=0.2\text{kg}\cdot\text{m}^2$。要求在切断电源的情况下，将机构制动，制动器装于Ⅲ轴上，制动力矩 $M_{Ⅲ}=50\text{N}\cdot\text{m}$。求机构完全停止时所需的时间。

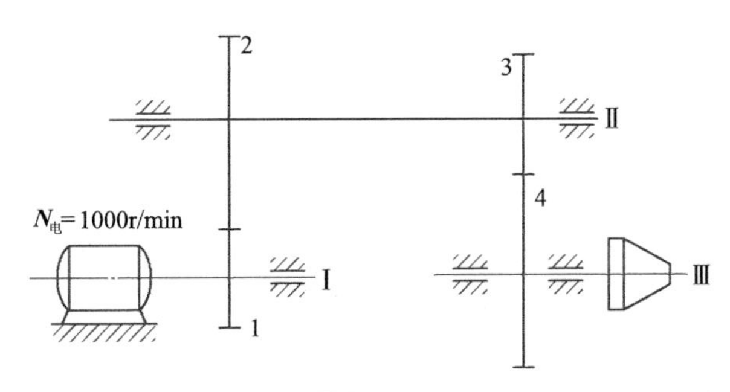

题图 10 - 9

10 - 10 题图 10 - 10 所示齿轮机构，齿轮齿数分别为 $z_1=20$，$z_2=40$，齿轮 1 的转动惯量 $J_1=0.01\text{kg}\cdot\text{m}^2$，作用在齿轮 1 上的力矩 $M_1=10\text{N}\cdot\text{m}$，齿轮 2 上阻力矩为 0。设齿轮 2 上的角加速度为常数，试求齿轮 2 从角速度为 0 上升到 100rad/s 时所需的时间。

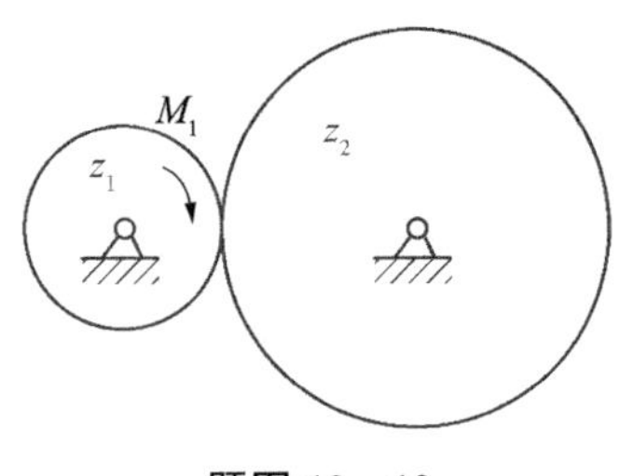

题图 10 - 10

10 - 11 某一机械系统，当取其主轴为等效构件时，在一个稳定运动循环中，其等效阻力矩 M_r 如题图 10 - 11 所示。已知等效驱动力矩为常数，机械主轴的平均转速为 1000r/min。若不计其余构件的转动惯量，试问：

(1) 当要求运转的速度不均匀系数 $\delta\leqslant 0.05$ 时，应在主轴上安装一个转动惯量多大的飞轮；

(2) 如不计摩擦损失，驱动此机器的原动机需要多大的功率(kW)？

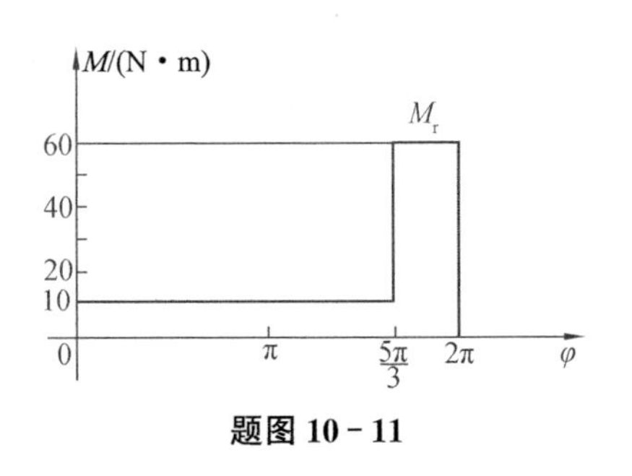

题图 10 - 11

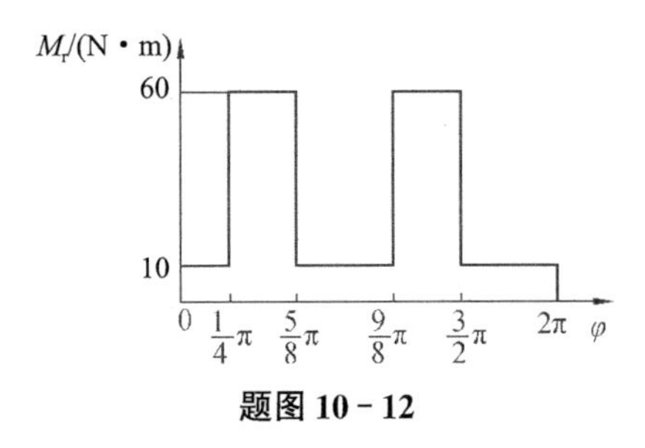

题图 10 - 12

10 - 12 某机组主轴上等效阻力矩如题图 10 - 12 所示，设驱动力矩 M_d 为一常数，试确定最大盈亏功。

10 - 13 某机器稳定运转，其中一个运动循环中的等效驱动力矩 M_d 和等效阻力矩 M_r 的变化如题图 10 - 13 所示。机器的等效转动惯量 $J=1\text{kg}\cdot\text{m}^2$，在运动循环开始时，等效构件的角速度 $\omega_0=20\text{rad/s}$，求

(1) 等效构件的最大角速度 ω_{max} 和最小角速度 ω_{min}；

（2）机器运转速度不均匀系数 δ。

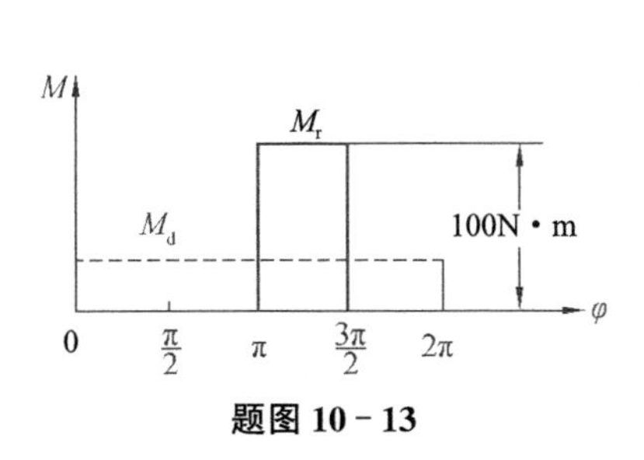

题图 10－13

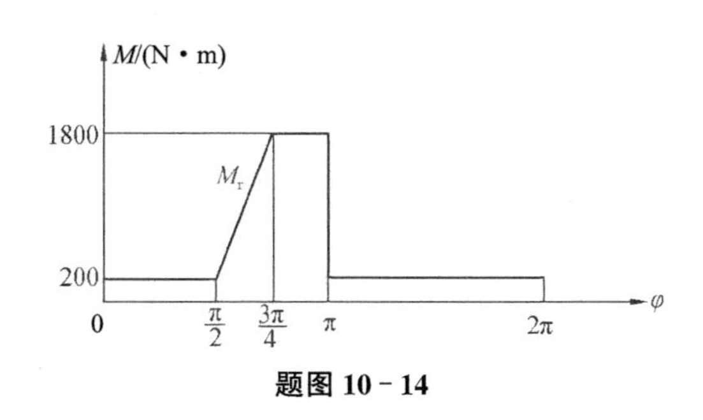

题图 10－14

10－14　已知一机组的主轴平均转速 $n_m=1500\mathrm{r/min}$，作用在其上的等效阻力矩如题图 10－14 所示。设等效驱动力矩 M_d 为常数，主轴为等效构件。除装在主轴上的飞轮转动惯量 J_F 外，忽略其余构件的等效转动惯量。机组的运转速度不均匀系数 $\delta=0.05$。试求：

（1）等效驱动力矩 M_d；

（2）最大盈亏功 ΔW_{max}；

（3）安装在主轴上的飞轮转动惯量 J_F。

11 机械的平衡

章导学

本章主要介绍了机械平衡的目的、刚性转子静平衡与动平衡的概念及进行平衡的原理与方法;阐述了平面机构平衡的概念及对平面机构进行平衡的方法。本章的重点是刚性转子的动平衡及机构的平衡。

11.1 机械平衡的目的、分类与方法

11.1.1 机械平衡的目的

由于设计、制造和安装等多方面的原因,绝大多数构件的质心不在回转轴线上,因此,在机械运转过程中,这些构件将产生惯性力,并在运动副中引起附加的动压力,从而增大运动副的摩擦磨损,影响构件的强度并降低机械效率和使用寿命。同时,由于惯性力的大小和方向一般都随机械运转而作周期性变化,将使机械及其基础产生强迫振动,这不仅会导致机械的工作精度和可靠性下降、零件材料的疲劳损伤加剧,还会产生噪声污染,导致工作环境恶化。若振动频率接近机械系统的固有频率,还将引起共振,影响机械的正常工作,甚至危及人员和厂房安全。

机械平衡的目的就是设法使惯性力得到完全平衡或部分平衡,消除或减轻它的不良影响,以改善机械的工作性能,提高机械效率和延长使用寿命。研究机械的平衡问题在设计高速、重型及精密机械时具有特别重要的意义。

11.1.2 机械平衡的分类

根据机械中各构件的运动形式和结构的不同,机械的平衡问题可分为转子的平衡和机构的平衡。

1. 转子的平衡

机械中绕固定轴线回转的构件常称为转子,其惯性力、惯性力矩的平衡问题称为转子的平衡,根据工作转速的不同,转子的平衡又分为刚性转子的平衡和挠性转子的平衡。

(1) 刚性转子的平衡　当转子的工作速度与其一阶临界转速之比小于 0.7 时,其弹性变形可以忽略不计,这类转子称为刚性转子。其平衡问题可以利用理论力学中的力系平衡理论予以解决,本章将主要介绍这类转子的平衡原理与方法。

(2) 挠性转子的平衡　当转子的工作速度与其一阶临界转速之比等于或大于 0.7 时,由惯性力引起的弹性变形不可忽略,且变形的大小、形态随工作转速而改变,这类转子称为挠性转子,其平衡问题要根据弹性梁(轴)的横向振动理论来解决,挠性转子的平衡问题十分复杂,

需要另作专题研究,故本章不再涉及。

2. 机构的平衡

机械中做往复移动和平面运动的构件,其所产生的惯性力、惯性力矩无法在构件内部进行平衡,必须对整个机构进行研究。由于各运动构件所产生的惯性力和惯性力矩可以合成一个总惯性力和一个总惯性力矩作用在机构的机架上。故可设法使总惯性力和总惯性力矩在机架上得到完全或部分的平衡。因此,这类平衡问题又称为机构在机架上的平衡,简称为机构的平衡。

11.1.3 机械平衡的方法

1. 平衡设计

机械的设计阶段,除应保证其满足工作要求及制造工艺要求外,还应在结构设计中采取措施,以消除或减少可能导致有害振动的不平衡惯件力与惯性力矩。这一过程称为机械的平衡设计,这是从源头解决平衡问题的方法。因此,对于在工作中需要平衡的构件,通常优先考虑进行平衡设计。

2. 平衡试验

经平衡设计的机械,尽管理论上已经达到平衡,但由于制造误差、装配误差及材质不均匀等非设计因素的影响,实际上生产出来的机械往往达不到原始的设计要求,仍会产生新的不平衡现象。这种不平衡在设计阶段是无法确定和消除的,必须采用试验的方法予以平衡。

11.2 刚性转子平衡的原理与方法

11.2.1 静平衡

1. 静平衡的概念

当转子的宽度 b 与直径 D 之比(宽径比)小于 0.2 时,例如砂轮、飞轮、齿轮、带轮和盘形凸轮等,由于其轴向尺寸较小,故可近似地认为其所有的质量都分布在垂直于轴线的同一个平面内。如果转子的质心位置不在回转轴线上,则当转子转动时,其偏心质量就会产生离心惯性力,从而在运动副中引起附加动压力。当转子的支承阻力很小时,在重力的作用下,质心将处于回转轴线下方,因为这种不平衡现象在转子静止时就能显示出来,故称为静不平衡。如果转子的质心位于回转轴线上就称为静平衡。

刚性转子的静平衡就是通过在刚性转子上加减平衡质量的方法,使其质心回到回转轴线上,从而使转子的惯性力得到平衡的一种措施。

2. 静平衡的设计

当转子的结构不对称时,为了消除离心惯性力的影响,设计时应首先根据其结构确定各偏心质量的大小和方位,然后计算出为平衡偏心质量所产生的惯性力而应加平衡质量的大小和方位,并将该平衡质量加在转子上,以使所设计的转子在理论上达到静平衡。这一过程称为刚性转子的静平衡设计。

图 11－1 所示为一盘状转子,其偏心质量分别为 m_1、m_2、m_3 及 m_4,回转半径分别为 r_1、r_2、r_3、r_4,方位如图。当此转子以角速度 ω 等速回转时,各偏心质量所产生的离心惯性力分别为 F_1、F_2、F_3、F_4,它们组成一个平面汇交力系。根据平面汇交力系的合成原理,为平衡这些

离心惯性力，可在此转子上加上平衡质量 m，其回转半径为 r，使它所产生的离心惯性力 F 与 F_1、F_2、F_3、F_4 相平衡，亦即使不平衡惯性力的矢量和为零，即

$$\vec{F}+\vec{F_1}+\vec{F_2}+\vec{F_3}+\vec{F_4}=0 \tag{11-1}$$

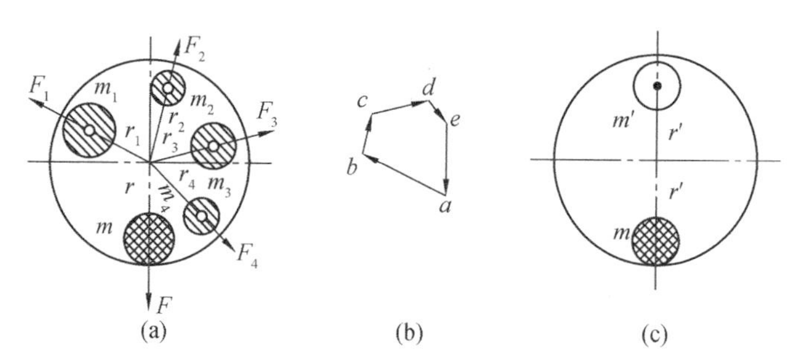

图 11-1　刚性转子的静平衡

则有　　$\sum \boldsymbol{F}=m_1\omega^2\boldsymbol{r}_1+m_2\omega^2\boldsymbol{r}_2+m_3\omega^2\boldsymbol{r}_3+m_4\omega^2\boldsymbol{r}_4+m\omega^2\boldsymbol{r}=0$

或表示为

$$\sum m_i\omega^2\boldsymbol{r}_i+m\omega^2\boldsymbol{r}=0 \tag{11-2}$$

消去 ω 得

$$\sum m_i\boldsymbol{r}_i+m\boldsymbol{r}=0 \tag{11-3}$$

式中 $m_i\boldsymbol{r}_i$ 称为质径积，它相对地表示各偏心质量在同一转速下所产生的离心惯性力的大小和方向。

由上述分析可得如下结论：

(1) 刚性转子静平衡的条件为各偏心质量所产生的离心惯性力的合力为零，或其质径积的矢量和为零。

(2) 对于静不平衡的转子，不论它有多少个偏心质量，只需要适当地加上一个平衡质量即可获得平衡。

在实际设计过程中，也可以在需要加平衡质量的向径反方向相应去掉一部分材料，同样能够达到静平衡。

[例 11-1]　如例图 11-1 所示为一均质盘形回转体，其上有四个通孔，圆孔直径及方位分别为：$D_1=60\text{mm}$，$r_1=240\text{mm}$；$D_2=80\text{mm}$，$r_2=220\text{mm}$；$D_3=100\text{mm}$，$r_3=250\text{mm}$；$D_4=140\text{mm}$，$r_4=200\text{mm}$；现要求再制一孔，使盘形回转体得到平衡，其回转半径 $r=280\text{mm}$。试求该圆孔的直径 D 及方位。

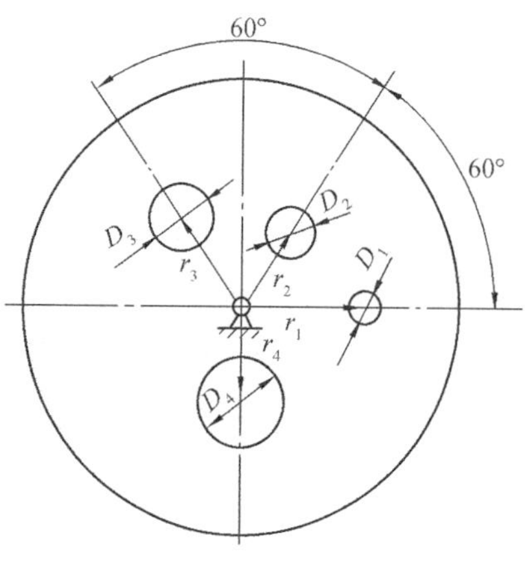

例图 11-1

解：因盘形回转体均质，故计算质径积时，可相对地以圆孔面积代替其质量：$S_1\boldsymbol{r}_1+S_2\boldsymbol{r}_2+S_3\boldsymbol{r}_3+S_4\boldsymbol{r}_4+S\boldsymbol{r}=0$。

以 $\boldsymbol{W}$ 代替各矢量：　　$\boldsymbol{W}_1+\boldsymbol{W}_2+\boldsymbol{W}_3+\boldsymbol{W}_4+\boldsymbol{W}=0$

式中，$\boldsymbol{W}_i=S_i\boldsymbol{r}_i=\pi D_i^2\boldsymbol{r}_i\,(i=1,2,3,4)$

取比例尺 $\mu_W=0.0002\text{m}^3/\text{mm}$ 计算各矢量大小：

$$\boldsymbol{W}_i=\frac{S_i\boldsymbol{r}_i}{\mu_W}$$

作矢量多边形，由例图 11－1(a)可得：$W=0.00196\text{mm}^3$，

由此可得圆孔的直径为 $D=\sqrt{\dfrac{0.00196}{\pi r}}=47.2\text{mm}$

圆孔的方位为：孔心向径沿顺时针方向与 $\boldsymbol{r}_1$ 成 127°角。

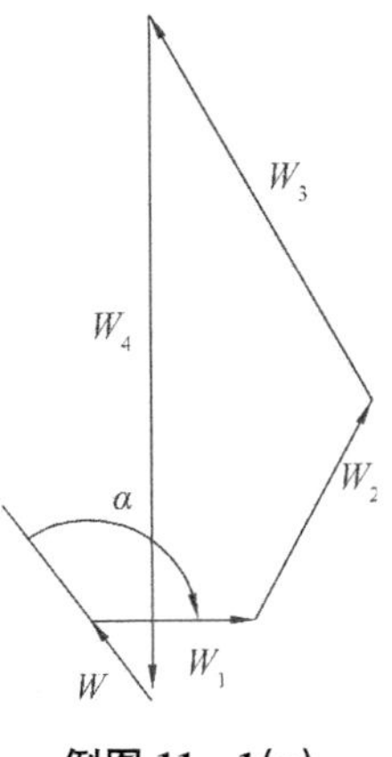

例图 11－1(a)

11.2.2 动平衡

1. 动平衡的概念

对于轴向尺寸较大的转子($b/D\geqslant 0.2$)，其质量就不能被认为分布在同一个平面内。这时，即使转子的质心在回转轴线上，但由于各偏心质量所产生的离心惯性力不在同一回转平面内，所形成的惯性力偶仍使转子处于不平衡状态。这种不平衡在转子运转的情况下才能完全显示出来，故称为动不平衡。

如图 11－2 所示为两个相同的偏心轮 1、2 以相反的位置安装在轴 OO 上，此时虽然 $F_1=F_2$；回转件的总质心 S 位于其轴线上，已达到静平衡。但是，由于这两个偏心轮回转时产生的惯性力 F_1 与 F_2 不在同一回转平面内，从而产生惯性力偶矩：$M=F_iL$，它将在轴承中引起动压力。由此可见，该回转体虽已达到了静平衡，但未达到动平衡。

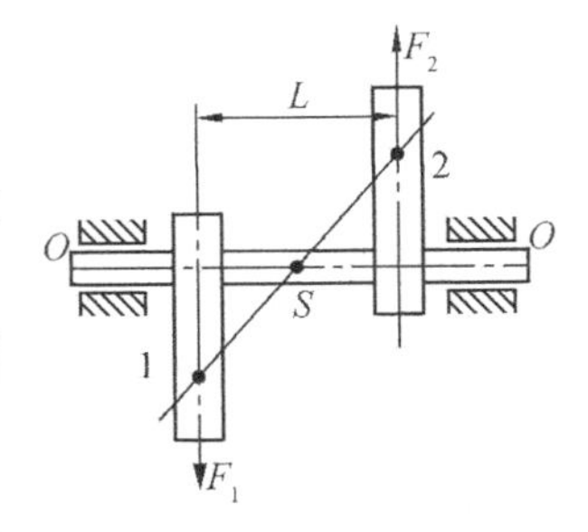

图 11－2 刚性转子的动平衡

当转子各偏心质量引起的惯性力的合力和惯性力偶的合力偶都均为零时，则转子就达到了动平衡。

因此，转子动平衡的条件是：

(1) 其惯性力的矢量和等于零，即：$\sum \boldsymbol{F}=0$，表明应先满足静平衡的条件。

(2) 其惯性力矩的矢量和也等于零，即：$\sum \boldsymbol{M}=0$。

2. 动平衡的设计

为消除刚性转子的动不平衡现象，设计时应首先根据转子的结构确定各回转平面内偏心质量的大小和方位，然后计算所需增加的平衡质量的数目、大小及方位，以使所设计的转子理论上达到动平衡。这一过程称为刚性转子的动平衡设计。

如图 11－3 所示，设转子具有的偏心质量分别为 m_1、m_2、m_3，分别位于平面 1、2、3 上，其回转半径分别为 r_1、r_2、r_3，方位如图所示。当转子以等角速度 ω 回转时，它们产生的惯性力 F_1、F_2、F_3 形成一空间力系。

下面分两步来解决这些惯性力及它们所产生的惯性力矩的平衡方法。

(1) 选择两个垂直于转子回转曲线的平面作为平衡基面，将各惯性力分解到这两个平衡基面内。

由理论力学可知，一个力可以分解为与它相平行的两个分力。

如图 11－3 所示，选择两个平衡基面 A、B，则分布在三个平面内的不平衡质量完全可以用集中在两平衡基面内的各个不平衡质量的分量来代替，代替后所引起的不平衡效果是完全相同的。

以惯性力 $\boldsymbol{F}_1=m_1\omega^2\boldsymbol{r}_1$ 为例进行分解，设偏心质量 m_1 位于平面 A、B 之间，由理论力学可知

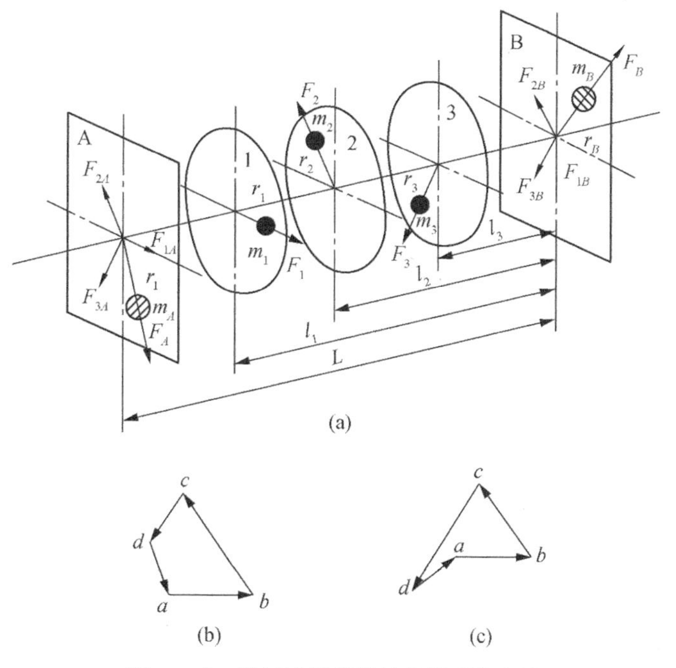

图 11－3　转子动平衡设计的原理和方法

$$\boldsymbol{F}_{1A}=\frac{l_1}{L}\boldsymbol{F}_1 \qquad \boldsymbol{F}_{1B}=\frac{L-l_1}{L}\boldsymbol{F}_1$$

或表述为

$$m_{1A}=\frac{l_1}{L}m_1 \qquad m_{1B}=\frac{L-l_1}{L}m_1$$

采用同样的方法，可将其余各偏心质量所产生的惯性力都分解到两个平衡基面内，形成两个平面汇交力系。

当偏心质量位于平面 A、B 之外时，请根据理论力学的原理，推导出相关公式。

(2) 将分解到两个平衡基面内的力系分别进行平衡。

同样仿照静平衡的方法，对两个平衡基面内的汇交力系进行平衡计算，便可求出在两个平衡基面上所加的平衡质量 m_A、m_B 及向径 $\boldsymbol{r}_A$、$\boldsymbol{r}_B$。

$$\sum m_{iA}\boldsymbol{r}_i+m_A\boldsymbol{r}_A=0$$

$$\sum m_{iB}\boldsymbol{r}_i+m_B\boldsymbol{r}_B=0$$

由上述分析可得如下结论：

(1) 刚性转子动平衡的条件是：不同回转平面内各偏心质量的空间惯性力系的合力及合力矩均为零。

(2) 对于动不平衡的刚性转子，无论其有多少个偏心质量，均只需在任选的两个平衡基面内各增加或减少一个合适的平衡质量，即可达到动平衡。因此，动平衡亦称为双面平衡，而静平衡则称为单面平衡。

(3) 由于动平衡同时满足了静平衡的条件，故经过动平衡设计的刚性转子一定是静平衡的，而经过静平衡设计的刚性转子则不一定是动平衡的。

[例 11－2]　如例图 11－2 所示，转子具有的偏心质量分别为 $m_1=50\text{g}$，$m_2=80\text{g}$，$m_3=$

70g，分别位于平面1、2、3上，其回转半径分别为 $r_1=100\text{mm}$，$r_2=80\text{mm}$，$r_3=120\text{mm}$，各矢径间的夹角 $\alpha_{21}=90°$，$\alpha_{32}=135°$。选定平衡平面 A、B，其间的距离 $l=300\text{mm}$，各平面与 A 平面间的距离 $a_1=50\text{mm}$，$a_2=150\text{mm}$，$a_3=250\text{mm}$。试求两平衡平面内应加平衡质量的质径积的大小和方位。若取径向 $r_b=100\text{mm}$，求两平衡质量的大小。

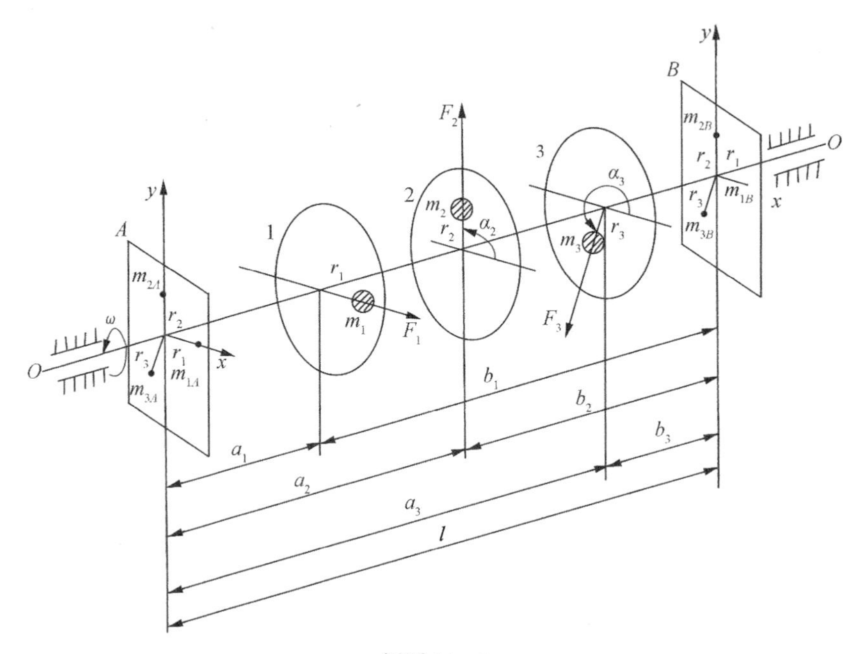

例图 11－2

解：(1) 如例图11－2所示，取坐标系的 x 轴与 r_1 一致，得 $\alpha_1=0°$，$\alpha_2=90°$，$\alpha_3=225°$；

(2) 各质量所在平面距 B 平面的距离 $b_1=l-a_1=250\text{mm}$，$b_2=150\text{mm}$，$b_3=50\text{mm}$；

(3) 求平衡平面上的分解质量

$$m_{1A}=\frac{b_1}{l}m_1=\frac{250}{300}\times 50\text{g}=41.67\text{g}$$

$$m_{1B}=\frac{a_1}{l}m_1=\frac{50}{300}\times 50\text{g}=8.33\text{g}$$

同理求得 $m_{2A}=40\text{g}$，$m_{2B}=40\text{g}$，$m_{3A}=11.67\text{g}$，$m_{3B}=58.33\text{g}$；

(4) 求平衡面 A 上的平衡质径积

$$m_{bA}r_{bA}=\left[\left(\sum m_{iA}r_i\cos\alpha_i\right)^2+\left(\sum m_{iA}r_i\sin\alpha_i\right)^2\right]^{1/2}=3869.75\text{g}\cdot\text{mm}$$

当取 $r_{bA}=r_b=100\text{mm}$ 时，可求得 $m_{bA}=38.7\text{g}$，$\alpha_{bA}=214.82°$；

(5) 同理，可求得平衡面 B 上的平衡质径积的大小和方位：

$$m_{bB}r_{bB}=4472.79\text{g}\cdot\text{mm}$$

$$\alpha_{bB}=23.025°$$

当取 $r_{bB}=r_b=100\text{mm}$ 时，可求得 $m_{bB}=44.73\text{g}$。

11.3 刚性转子的平衡试验

经平衡设计的刚性转子理论上是可以实现完全平衡的,但由于制造误差、安装误差、结构限制,以及材质不均匀等原因,实际生产出来的转子在运转的过程中还可能出现不平衡现象,因此需要利用试验的方法对其作进一步的平衡。

11.3.1 静平衡试验

对于宽径比小于 0.2 的刚性转子,一般只需进行静平衡试验,所用的设备称为静平衡架。

图 11-4 所示为导轨式静平衡架,其主体部分是位于同一水平面内的两根相互平行的刀口状或圆弧状导轨。试验时,将转子的轴颈支承在导轨上,并令其轻轻地自由滚动。如果转子不平衡,则偏心引起的重力矩将使转子在轨道上滚动。当转子停止时,转子质心必处于轴心正下方。这时,在轴心的正上方任意半径处加一适当平衡质量,再轻轻拨动转子。这样经过反复几次试加平衡质量,直到转子在任何位置都能达到随意平衡时,即完成转子静平衡试验。导轨式静平衡架简单可靠,平衡精度较高,缺点是它不能用于平衡两端轴径不等的回转件。

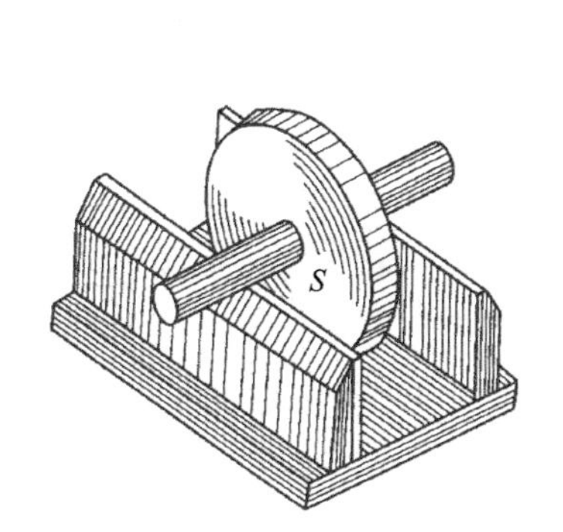

图 11-4 导轨式静平衡架

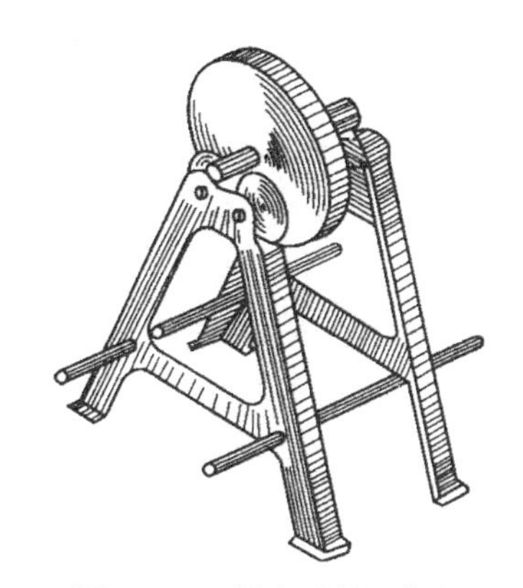
图 11-5 圆盘式静平衡架

若转子两端的轴颈尺寸不同,可采用图 11-5 所示的圆盘式静平衡架进行平衡,试验时,将待平衡转子的轴颈放置于分别由两组圆盘所组成的支承上,并调整圆盘的位置使转子的回转中心水平,其平衡方法与导轨式静平衡架相同,圆盘式静平衡架使用方便,其一端支承的高度可以调节,但圆盘的摩擦阻力较大,故其平衡精度不如导轨式。

11.3.2 动平衡试验

由动平衡原理可知,轴向宽度较大的回转体,必须分别在任意两个平衡基面内各加一个合适的质量,才能使回转体达到平衡。将回转件装在动平衡试验机上运转,然后在两个选定的平衡基面内确定所需平衡质径积的大小和方位,从而使回转体达到动平衡的方法称为动平衡试验法。

动平衡机的种类很多,其构造、工作原理也不尽相同,随着科学技术的发展,动平衡试验机的测量技术越来越先进,试验精度也越来越高。目前,工业上应用较多的动平衡机是根据振动原理设计的,由于离心惯性力,惯性力矩将使转子产生强迫振动,故支承处振动的强弱直接反映出转子的不平衡情况。通过测量转子支承处的振动信号可确定需加于两个平衡基面内的平衡质量的大小及方位。

图 11-6 是一种带软硬支承的动平衡试验机的工作原理图，在回转体 1 中，选择 T' 和 T'' 作为平衡基面，设两平衡基面上的不平衡质量分别为 m' 和 m''，将回转体 1 放置在动平衡试验机的支承架 2 上，T' 基面对应软支承位置，T'' 基面对应硬支承位置，则可对 T' 基面上的不平衡质量进行平衡试验，原理如图 11-6 所示。

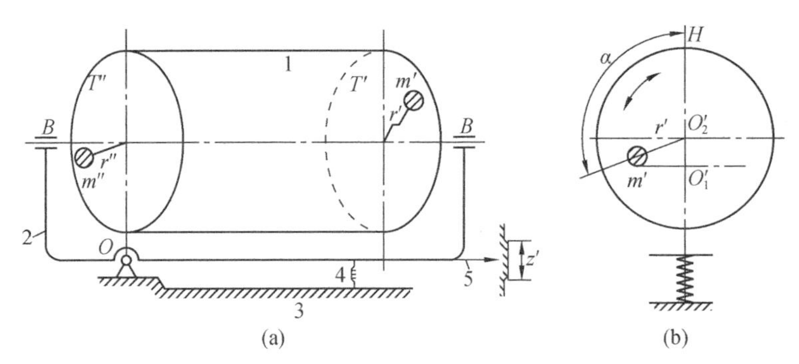

图 11-6　动平稳试验机工作原理图

当电机带动回转体转动时，两基面内不平衡质量所产生的惯性力将引起支承架上下振动，m'' 所引起的振动受到硬支承的约束，而 m' 引起的振动则能通过测量仪器 5 显现出来，当 T' 基面上下振动时，可标识出其达到最高点时所对应的位置 H，此时不平衡质量并不在 OH 连线上，而是在图 11-6(b)所示的超前 α 位置，α 称为强迫振动向位差，由振动理论可知，$\alpha>90°$。在标识出 H 点后，使电机反向，采用同样的方法，即可标识出 T' 基面上的另一最高点 H'，则偏心质量 m' 在 HH' 的中垂线上，且位于同侧回转中心的外面。通过在偏心质量的反侧位置增加相应的平衡质量来实现 T' 基面上的平衡。

同理可实现 T'' 基面上的平衡。

11.4　平面机构的平衡

绕定轴转动的构件，在运动中所产生的惯性力和惯性力矩可以在构件本身加以平衡。而对机构中作往复运动和平面复合运动的构件，在运动中产生的惯性力和惯性力矩则不能在构件本身加以平衡，必须设法将整个机构平衡。

设机构的总质量为 m，机构质心 S 的加速度为 a_S，则机构的总惯性力 $F=-ma_S$，由于 m 不可能为零，所以欲使总惯性力 $F=0$ 必须使 $a_S=0$，也就是说机构的质心应作等速直线运动或静止不动。

由于机构的运动是周期性重复的，其质心不可能总是作等速直线运动，因此，欲使 $a_S=0$，唯一可能的方法是使机构的质心静止不动。

机构平衡的原理：在对机构进行平衡时，就是运用增加平衡质量的方法使机构的质心 S 落在机架上并且固定不动。

11.4.1　完全平衡

完全平衡是使机构的总惯性力恒为零，为此需使机构的质心恒固定不动，而达到完全平衡的目的。有两种措施：

1. 利用机构对称平衡

如图 11－7 所示的曲柄滑块机构，由于机构各构件的尺寸和质量对称，使惯性力在曲柄的回转中心处所引起的动压力完全得到平衡，可以得到很好的平衡效果，但将使机构的体积大为增大。

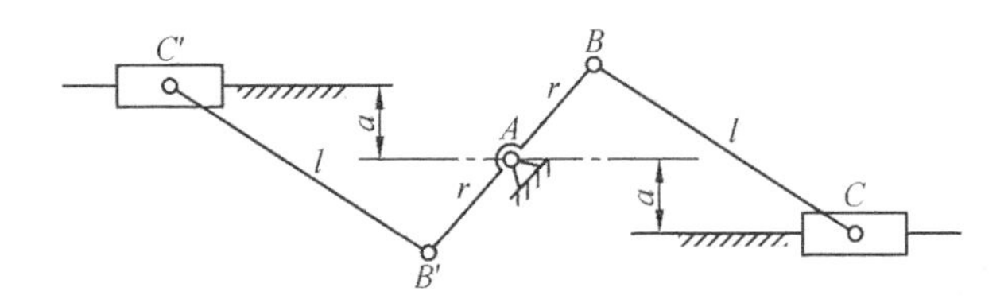

图 11－7　曲柄滑块机构的完全平衡法

2. 利用平衡质量平衡

(1) 铰链四杆机构

在图 11－8 所示的铰链四杆机构中，设构件 1，2，3 的质量分别为 m_1，m_2，m_3，其质心分别位于 S_1，S_2，S_3。

为了进行平衡，设想将构件 2 的质量 m_2 用分别集中于 B、C 两点的两个质量 m_{2B} 及 m_{2C} 代换，根据质量替代原理，可得

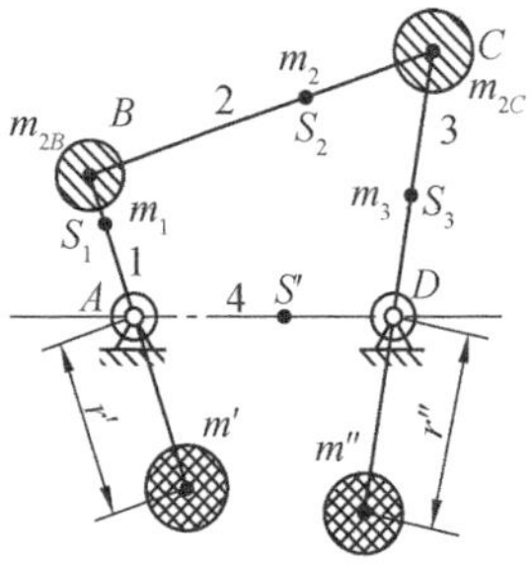

$$m_{2B}=m_2\frac{l_{CS_2}}{l_{BC}} \tag{11-4}$$

$$m_{2C}=m_2\frac{l_{BS_2}}{l_{BC}} \tag{11-5}$$

图 11－8　铰链四杆机构的完全平衡法

对构件 1，在其延长线上加一平衡质量 m' 来平衡其上的集中质量 m_{2B} 和 m_1，使构件 1 的质心移到固定轴 A 处。因为欲使构件 1 的质心移到 A，就必须使

$$m_{2B}l_{AB}+m_1l_{AS_1}=m'r'$$

$$m'=\frac{m_{2B}l_{AB}+m_1l_{AS_1}}{r'} \tag{11-6}$$

同理，对于构件 3，其平衡质量为

$$m''=\frac{m_{2C}l_{DC}+m_3l_{DS_3}}{r''} \tag{11-7}$$

在加上平衡质量 m' 和 m'' 以后，则可以认为机构的所有质量都集中在点 A 和点 D，其大小分别为 m_A 及 m_D，因而机构的总质心 S' 固定不动，其加速度 $a_{S'}=0$，因此，机构的惯性力得到平衡。

(2) 曲柄滑块机构

在图 11－9 所示的曲柄滑块机构中，设构件 1，2，3 的质量分别为 m_1，m_2，m_3，其质心分别位于 S_1，S_2 及点 C。

为了进行平衡，在 l_2 的延长线上加平衡质量 m_2'，使构件 2、3 的质心移至点 B。

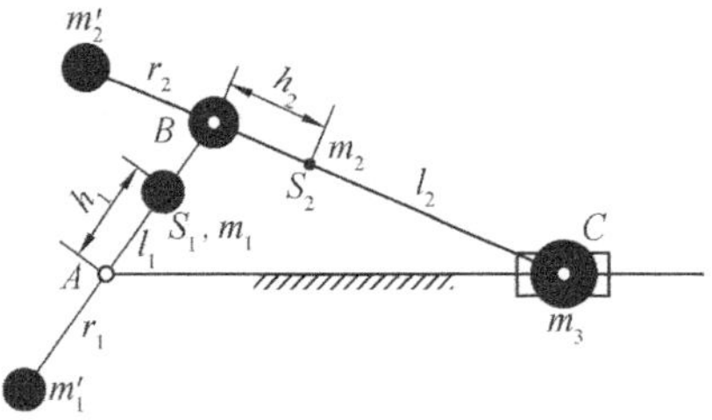

图 11－9　曲柄滑块机构的完全平衡法

因此，

$$m_2'r_2=m_2h_2+m_3l_2$$

$$m_2'=(m_2h_2+m_3l_2)/r_2 \tag{11-8}$$

$$m_B=m_2'+m_2+m_3 \tag{11-9}$$

在曲柄延长线上的 r_1 处加配重 m_1'，使整个机构的质心移至点 A，则有

$$m_1'r_1=m_1h_1+m_Bl_1$$

$$m_1'=(m_1h_1+m_Bl_1)/r_1 \tag{11-10}$$

机构总质量为 $m_A=m_1'+m_1+m_B$，总质心位于点 A。其加速度 $a_{S'}=0$，所以机构的惯性力即得到平衡。

这种平衡方法可完全平衡机构的惯性力，但却使机构质量显著增加，特别是连杆 l 增加质量不利于机构的结构设计。工程上一般很少采用这种方法。

上面所讨论的机构平衡方法，从理论上说，机构的总惯性力得到了完全平衡，但是其主要缺点是导致机构体积增大，由于配置了几个平衡质量，所以机构的质量将大大增加，尤其是把平衡质量装在连杆上更为不便。在大多数情况下，实现完全平衡存在成本太高或实现困难的问题。因此，实际应用中往往采用部分平衡的方法。

11.4.2　部分平衡

1. 利用非完全对称机构平衡

在图 11-10 所示的曲柄滑块机构中，当曲柄转动时，在某些位置，两个滑块的加速度方向相反，它们的惯性力也相反，因而可以相互平衡。但由于两者运动规律不完全相同，所以只能部分平衡。

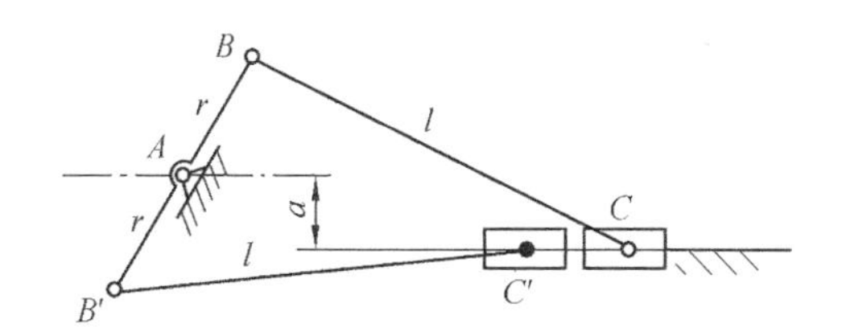

图 11-10　曲柄滑块机构的不完全对称机构平衡

2. 利用平衡质量平衡

在对图 11-11 所示的曲柄滑块机构进行平衡时，先将连杆的质量 m_2 用集中于点 B 的质量 m_{2B} 和集中于点 C 的质量 m_{2C} 来代换，将曲柄 1 的质量 m_1 用集中于点 B 的质量 m_{1B} 和集中于点 A 的质量 m_{1A} 来代换。由于点 A 为固定点，故集中质量 m_{1A} 所产生的惯性力为零。因此，机构产生的惯性力只有两部分：即集中在点 B 的质量($m_B=m_{2B}+m_{1B}$)所产生的离心惯性力 F_B 和集中于点 C 的质量($m_C=m_{2C}+m_3$)所产生的往复惯性力 F_C。

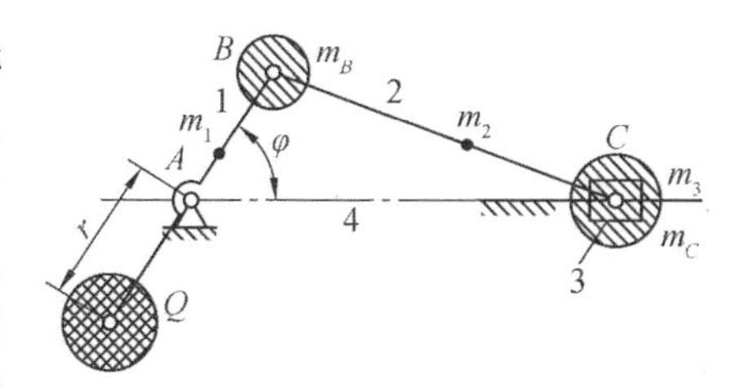

图 11-11　曲柄滑块机构的安装配重部分平衡

为了完全平衡离心惯性力 F_B，只需要曲柄 1 的延长线上加一平衡质量 m_B'，使其满足以下关系式即可。

$$m_B'=\frac{m_B l_{AB}}{r} \tag{11-11}$$

而往复惯性力 F_C，其方向沿导路方向，但因其大小随曲柄转角中的不同而不同，因此，其平衡问题就不像平衡离心惯性力那么简单了。

下面介绍往复惯性力的平衡方法。

由机构的运动分析得到的点 C 的加速度方程式，将其用级数法展开，并取前两项，得

$$a_C=-\omega^2 l_{AB}\left(\cos\varphi+\frac{l_{AB}}{l_{AC}}\cos2\varphi\right) \tag{11-12}$$

因而集中质量 m_C 所产生的往复惯性力为

$$F_C=-m_C a_C=m_C\omega^2 l_{AB}\left(\cos\varphi+\frac{l_{AB}}{l_{AC}}\cos2\varphi\right) \tag{11-13}$$

由此式可见，F_C 有两部分，即第一部分 $m_C\omega^2 l_{AB}\cos\varphi$，第二部分 $m_C\omega^2 l_{AB}^2\cos2\varphi/l_{AC}$，分别称其为第一级惯性力和第二级惯性力。由于第二级和第二级以上的各级惯性力均较第一级惯性力小得多，所以通常只考虑第一级惯性力，

$$F_C=m_C\omega^2 l_{AB}\cos\varphi \tag{11-14}$$

为了平衡惯性力 F_C，可以在曲柄的延长线上（相当于 Q 处）再加上一平衡质量 m''，且使

$$m''r=m_C l_{AB}$$

此平衡质量以所产生的离心惯性力 F''，可分解为一水平分力和一垂直分力

$$\begin{cases}F_h''=m''\omega^2 r\cos\varphi\\ F_V''=m''\omega^2 r\sin\varphi\end{cases} \tag{11-15}$$

由于 $m''r=m_C l_{AB}$，故知 $F_h''=F_C$，即 F_h''已将往复惯性力平衡。不过，此时又多出一个新的不平衡惯性力 F_V''，此垂直惯性力对机械的工作也很不利。

为此取
$$F_h''=\left(\frac{1}{3}\sim\frac{1}{2}\right)F_C$$

即取
$$m''r=\left(\frac{1}{3}\sim\frac{1}{2}\right)m_C l_{AB} \tag{11-16}$$

即只平衡往复惯性力 F_C 的一部分。这样，可以既减少往复惯性力 F_C 的不良影响，又使垂直方向产生的新的不平衡惯性力不致于太大。一般说来，这对机械的工作较为有利。

思考题与习题

11-1　机械平衡的目的是什么？造成机械不平衡的原因有哪些？

11-2　什么叫静平衡？什么叫动平衡？各需几个平衡基面？

11-3　仅经过静平衡校正的转子是否能满足动平衡的要求，经过动平衡校正的转子是否能满足静平衡的要求，为什么？

11-4　为什么可用质径积来表示不平衡量？质径积与惯性力之间存在什么关系？

11－5　对于任何不平衡转子，采用转子上加平衡质量使其达到静平衡的方法是否对改善支承反力总是有利的，为什么？

11－6　什么是平面机构的完全平衡和部分平衡？

11－7　题图 11－7 所示为一盘形回转体，其上有四个不平衡质量，它们的大小及质心到回转轴线的距离分别为 $m_1=10\text{kg}$，$m_2=14\text{kg}$，$m_3=16\text{kg}$，$m_4=20\text{kg}$，$r_1=200\text{mm}$，$r_2=400\text{mm}$，$r_3=300\text{mm}$，$r_4=140\text{mm}$，欲使该回转体满足静平衡条件，试求需加平衡质径积的大小及方位。

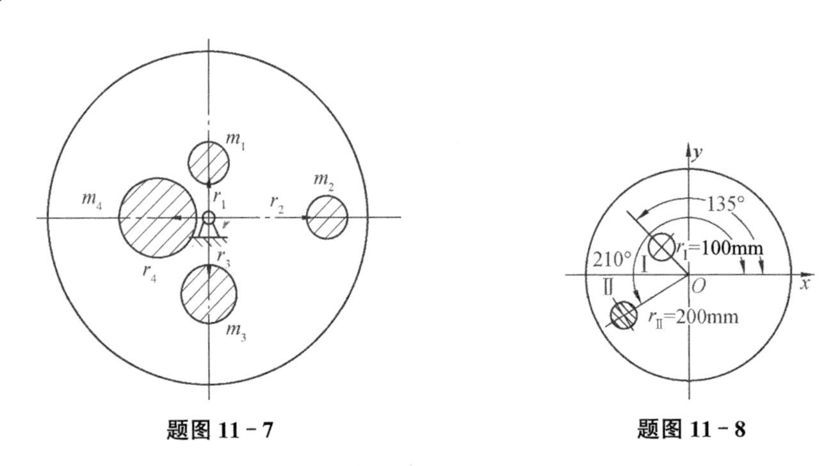

题图 11－7　　题图 11－8

11－8　如题图 11－8 所示为一钢制圆盘，盘厚 $H=30\text{mm}$，位置Ⅰ处钻有一直径 $D=50\text{mm}$ 的通孔，位置Ⅱ处有一质量为 $m_2=0.2\text{kg}$ 的附加物块，为使圆盘平衡，拟在圆盘 $r=200\text{mm}$ 的圆周上增加一物块，试求此物块的质量和位置。（钢的密度 $\rho=7.8\text{g/cm}^3$）

11－9　如题图 11－9 所示均质盘形回转体，有两个偏心质量位于同一回转平面内，$G_1=80\text{N}$，$r_1=60\text{mm}$；$G_2=50\text{N}$，$r_2=80\text{mm}$。盘形回转件转速为 600r/min。

试求：(1) 当平衡质量 G 至回转轴的距离 $r=100\text{mm}$ 时 G 的大小及方位；

(2) 在两支承上所受的动反力。

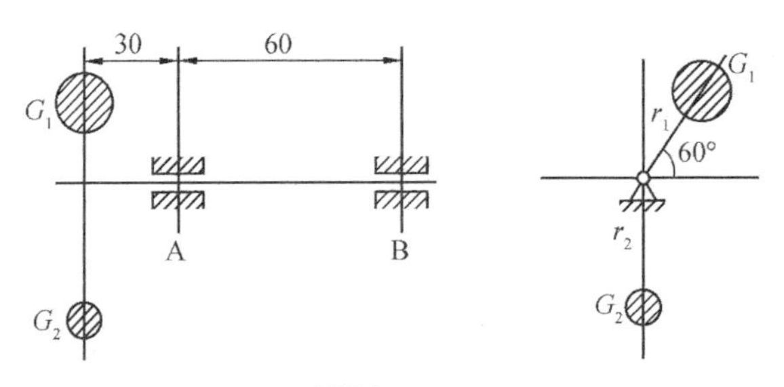

题图 11－9

11－10　题图 11－10 所示一双缸发动机的曲轴，两曲拐在同一平面内，相隔 180°，每一曲拐的质量为 50kg，离轴线距离为 200mm，A、B 两支承间距离为 900mm，工作转速 $n=3000\text{r/min}$。试求：

(1) 支承 A、B 处的动反力大小；

(2) 欲使此曲轴符合动平衡条件，以两端的飞轮平面作为平衡平面，在回转半径为 500mm 处应加平衡质量的大小和方向。

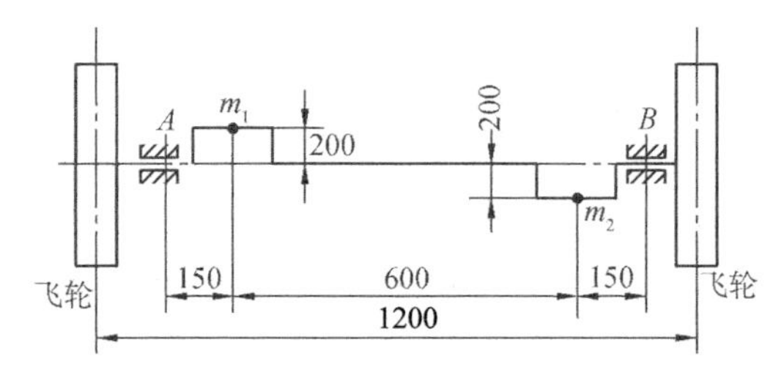

题图 11-10

11-11　在如题图 11-11 所示的回转体中，已知不平衡质量 $G_1=50\text{N}$，$G_2=120\text{N}$，$G_3=180\text{N}$，$G_4=100\text{N}$，其回转半径为 $r_1=100\text{mm}$，$r_2=r_3=r_4=200\text{mm}$。现选平衡平面Ⅰ、Ⅱ，$r_{\text{Ⅰ}}=r_{\text{Ⅱ}}=150\text{mm}$，试求平衡质量 $G_{\text{Ⅰ}}$、$G_{\text{Ⅱ}}$ 的大小及方位。

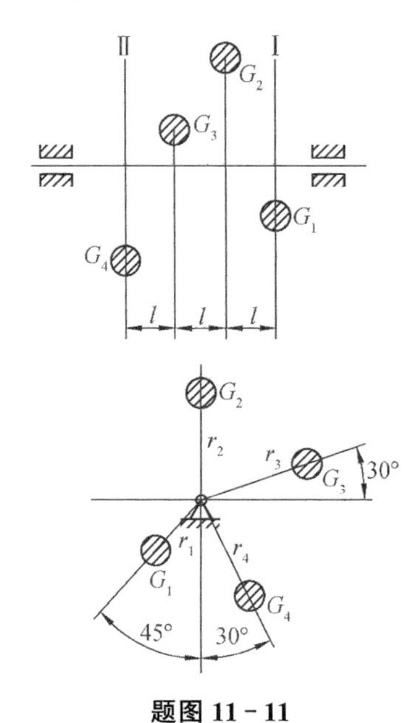

题图 11-11

11-12　题图 11-12 所示曲柄滑块机构中，已知各构件的尺寸为 $l_{AB}=100\text{mm}$，$l_{BC}=400\text{mm}$，连杆 2 质量 $m_2=12\text{kg}$，质心 C_2 在 BC 杆 1/3 处；滑块 3 的质量 $m_3=20\text{kg}$，质心在点 C 处；曲柄 1 的质心与点 A 重合。利用平衡质量法对该机构进行平衡，若对机构进行完全平衡和只平衡滑块 3 处往复惯性力的 50%，需加多大的平衡质量（取 $l_{BC'}=l_{AC''}=50\text{mm}$）及平衡质量应加在什么地方？

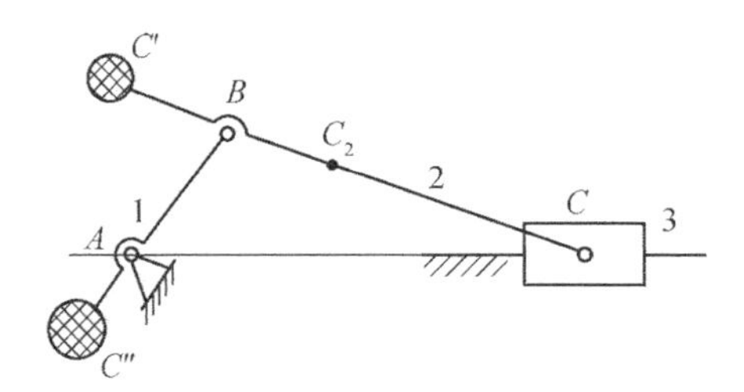

题图 11-12

第五篇　机械运动系统的方案设计

篇导学

机械运动系统方案设计是机械产品设计的最重要环节，也是最具创造性的环节。它包括原动机、机械传动系统、机械执行机构的方案设计及各部分的协调设计。

12　机械运动系统的方案设计

章导学

本章主要介绍了机械运动系统设计的概念与方法，并从机械运动系统的方案出发，对执行机构、原动机和传动系统进行了全面分析和实例说明。本章的重点是执行机构的功能原理设计、运动规律设计、型式设计和运动协调设计等方面的知识。

12.1　机械运动系统方案设计的内容

机械运动系统的方案设计是机械设计过程中的最重要环节，它直接决定产品的性能、质量、成本及市场竞争力，同时它也是最具吸引力、创造性和挑战性的工作。

尽管机器的类型和用途各不相同，但一台机器通常由执行机构、原动机、传动系统和控制系统这四个部分组成，其中执行机构、原动机和传动系统属于机械运动系统。因此，机械运动系统方案设计就是在明确设计任务的前提下，完成这三部分的方案设计及各部分的协调设计。它主要包括以下几个方面的内容。

(1) 执行机构的方案设计：机械执行机构的功能是完成机械的工作任务，机械执行机构的方案设计是机械系统总体方案设计的核心，也是整个机械设计工作的基础。执行机构的方案设计主要包括执行机构的功能原理设计、运动规律设计、执行机构的型式设计、机构的创新设计和执行机构的协调设计等方面的内容。

(2) 原动机类型的选择。

(3) 传动系统的方案设计：传动系统方案设计主要包括传动类型和传动路线的选择，传动链中机构的顺序安排和传动比的分配。

(4) 机械运动系统的方案评价。

12.2　执行机构的功能原理设计

功能原理设计是机械执行机构方案设计的第一步,也是最为重要的一步。其目的是根据设计任务,提出一种工作原理,来实现机械预期的功能要求,并确定下一阶段的设计方向。

显然,对于实现同一预期的功能要求,可以采用多种不同的工作原理,而选择的工作原理不同,所设计机械的工艺动作、工作性能、适用范围等方面就会有很大差异。

因此,在进行功能原理设计时,首先要根据机械的功能要求,构思出所有可能的功能原理,并加以分析比较,从中选择既能很好地满足功能要求,工艺动作又非常简单的工作原理。

12.2.1　确定工作原理的基本方法

1. 从已有的信息中获取

机械工业的发展已为设计者积累了大量的素材,信息技术的发展则为文献检索提供了极大的方便。通过查找论文、专业书刊、专利、产品说明等获得多方信息。根据设计任务,通过类比及相关实验研究确定机械的工作原理。

2. 采用逻辑分析方法

在逻辑分析方法中,应用最为成功的是设计目录法。该方法的基本原理是将为实现某一功能元的所有可能的解用矩阵表形式列出,形成设计目录,根据设计任务获得所需功能原理的解,例如运送物料可以有多种方法,将各种可能方式及各自特点列出,形成物料运送解法目录(表 12－1),根据具体对象可确定所需要的工作原理。

表 12－1　物料运送的解法目录

功能分解	机械力			气液力		电磁力
	推力	重力	摩擦力	负压吸力	流体冲击	磁吸力
原理简图	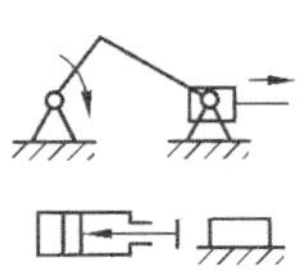	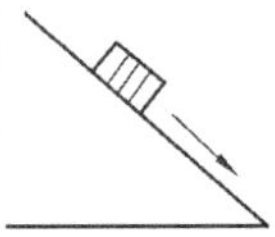	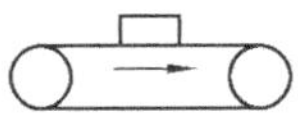	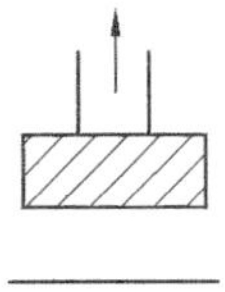	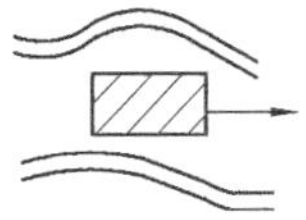	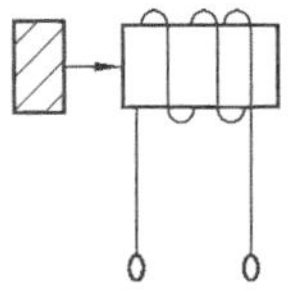
特点	应用广泛	简单	物料小	能耗大	影响因素多	钢铁

3. 发明和创新

(1) 仿生法:利用仿生学或生物力学原理,从自然系统中引出具有多种用途而技术上新颖的解。

(2) 直觉方法:通过个人直觉、联想、借鉴、头脑风暴法等个体和群体的方法,发明和创造新的工作原理。

12.2.2　工作原理的求解实例

1. 自动板料输送机的工作原理设计

要求设计一台自动板料输送机,能够从储料仓中自动输送物料。

根据逻辑分析法，可以对自动板料输送提出机械推拉原理、摩擦原理、气吸原理、磁吸原理等多种方法，根据取料位置，可以采用上部取料或下部取料。

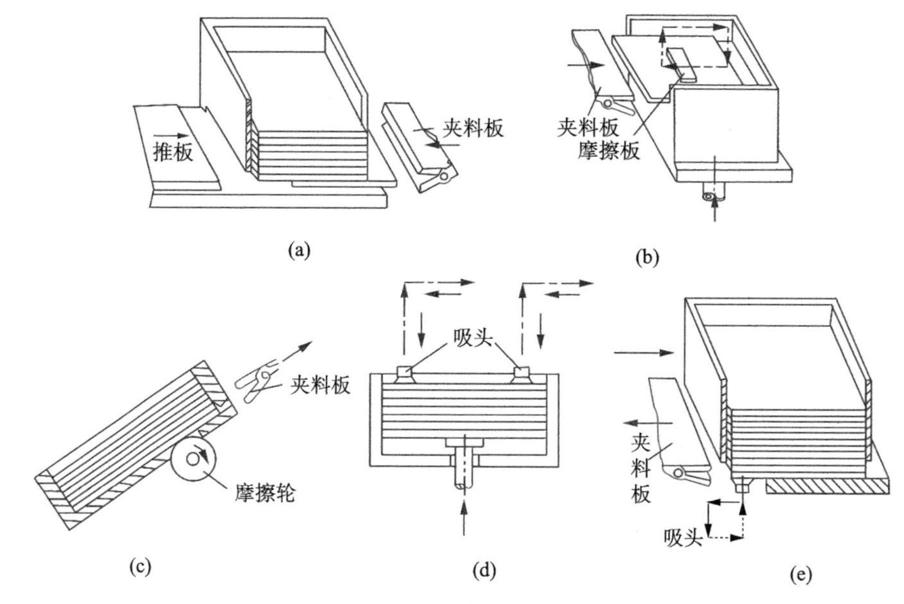

图 12-1　板料自动输送的工作原理

图 12-1 列出了其中的几种工作原理。图 12-1(a)所示为机械推拉原理，将板料从底层推出，再用夹料板将其抽走；图 12-1(b)和图 12-1(c)所示为摩擦传动原理，图 12-1(b)为采用摩擦板从顶层推出一张板料，再用夹料板将其抽走；图 12-1(c)为摩擦轮将板料从底层滚出，再用夹料板将其抽走；图 12-1(d)和图 12-1(e)采用气吸原理，图 12-1(d)为顶层吸取法，可直接吸走顶层一张板料；图 12-1(e)为底层吸取法，吸附料板的边缘，再用夹料板将其抽走。当料板为钢材时，则可以采用磁吸原理。

2. 螺纹加工的工作原理

螺纹加工的传统方法是在车床上几次进给切削而成。螺纹车床的工作原理与普通车床相似，如图 12-2(a)所示，其结构较为复杂，工作效率也较低，显然不适合大批量生产。图 12-2(b)所示是按照复合运动原理设计的搓丝机，利用动搓丝板和送料板的往复运动来加工螺纹，其结构大大简化，而生产率、工件质量和材料利用率都显著提高。

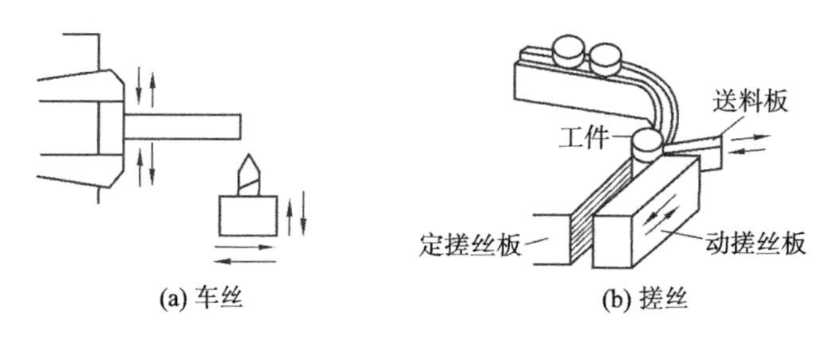

(a) 车丝　(b) 搓丝

图 12-2　螺纹加工的工作原理

3. 糖果包装机的工作原理设计

要满足包装糖果的功能要求，可以采用图 12-3(a)所示的扭结式包装，也可采用图 12-3(b)所示的折叠式包装，还可采用图 12-3(c)所示的接缝式包装，以及采用其他不同的包装方法。

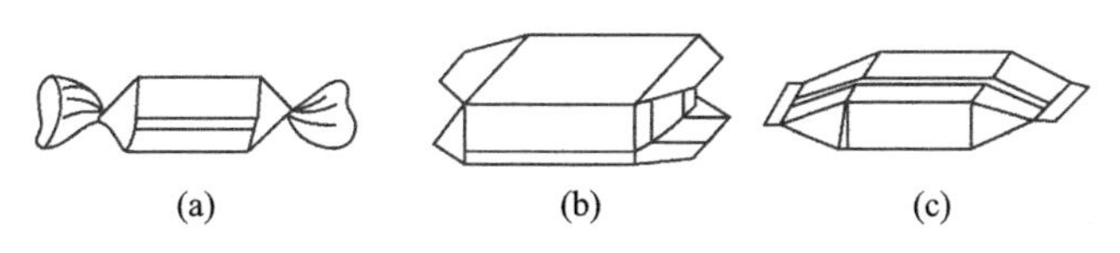

图 12-3　糖果包装原理

综上所述，对同一设计任务，所依据的工作原理不同，工艺动作亦不相同，所设计的机械运动方案也完全不同。

12.3　执行机构的运动规律设计

实现同一工作原理，可以采用不同的运动规律。运动规律设计的目的，是根据功能原理所提出的工艺要求，构思出能够实现该工艺要求的各种运动规律。这一工作通常是通过对工作原理所提出的工艺动作进行分解来进行的。工艺动作分解的方法不同，所得到的运动规律各不相同。通过比较分析，从中选择简单适用的运动规律，作为机械的运动方案。

12.3.1　工艺动作分解的基本原则

1. 工艺动作的集中与分散原则

工艺动作的集中原则是指工件在一个工位上，经一次定位装夹，采用多刀、多面、多个执行构件运动同时完成几个执行动作，以达到工件的工艺要求。如图 12-4 所示的自动切书机就采用了这种工艺动作集中的方式。其优点是：可以减少中间辅助环节，如产品的输送、定位、装卸次数，使执行上述动作的机构得以简化，提高生产效率、保证加工精度及质量。其缺点是：工艺通用性差，机械的结构较复杂，执行构件多而集中导致不便调整。

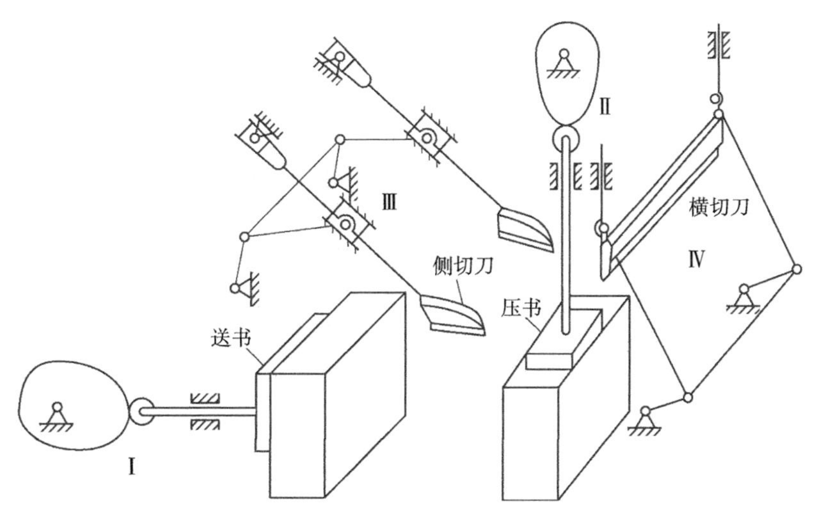

图 12-4　自动切书机的工艺动作

工艺动作的分散原则是将工件的加工工艺过程分解为若干工艺动作，并分别在各个工位上以不同的执行机构进行加工，以达到工件的工艺要求。由于工艺动作分散，执行机构完成每一个工艺动作的机构均较为简单，也就比较容易实现，从而可使机器的生产率有较大的提高。如图 12-5 所示，链条装配工艺过程可分解为送内片、装套筒、装滚子、装内片、装销轴、装外片、冲头铆接等工艺。虽然总体工艺较复杂，但将工艺动作进行分解后，每一道工序只需分别配置简单的执行机构就可完成相应的工艺动作。

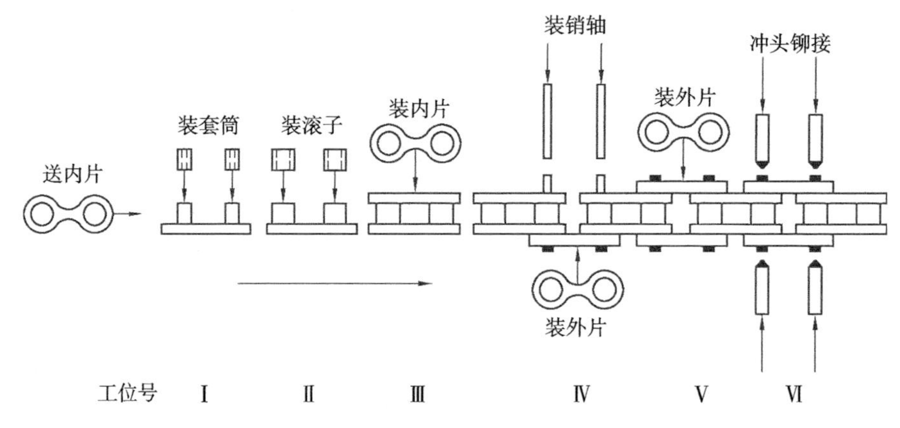

图 12-5 链条装配工艺过程的分解

工艺动作的集中原则和分散原则从表面上看是互相矛盾的，其实是依据实际情况而定的，两个原则是为了同一个目的：即提高机器的生产率。只是根据不同的对象采用不同方式而已。

2. 平衡工艺节拍原则

平衡工艺节拍原则是指各工艺的动作时间基本相等的原则。对于多工位机械，工作循环的时间节拍有严格要求，由于各工艺中时间最长的一道工艺决定了机械的时间节拍。因此，为了提高生产效率，应采用提高工艺速度或进一步分解工艺动作的方法尽量缩短加工时间最长的那道工艺的工作时间，使各工位的工艺时间相等。

3. 多件平行加工原则

多件平行加工原则是指在同一工位上同时加工几个工件，也就是同时采用相同的几套执行机构来加工多个工件，从而使机器的生产率成倍提高。如 GY4—1 型电脑多头绣花缝纫机就采用了 12 套相同的执行机构(机头)来进行绣花工作，使生产率一下子提高了 12 倍。

4. 减少机械工作行程和空行程时间

设计工艺过程时，在不妨碍各执行构件正常动作和相互协调配合的前提下，尽量使各执行机构工作行程的时间相互重叠、工作行程时间与空行程时间相互重叠、空行程时间与空行程时间相互重叠，从而缩短工件加工循环的时间以提高机器的生产率。

如图 12-6 所示的打印机，当送料器在送料时，打印头就可以向下打印，即送料的工作行程与打印的工作行程适当地重叠，只要保证打印头在打到工件前把工件送到位即可，而不必等工件到位后打印头才开始动作。而在打印头完成打印工艺后空回时，送料器也同时退回原处，

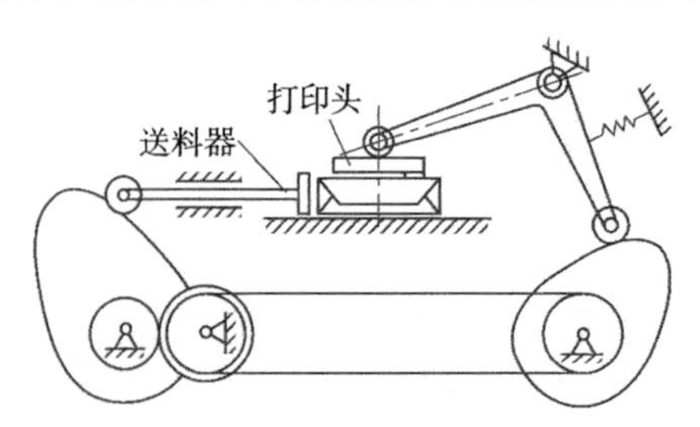

图 12-6 自动打印机动作示意图

准备第二次推料。即它们的空回时间也互相重叠，这样就可以大大缩短在工件上打印的循环时间，从而明显提高打印机的工作效率。

12.3.2 执行机构运动方案的设计实例

1. 根据刀具与工件间相对运动的原理，设计加工内孔的机床运动方案

根据这一工作原理，加工内孔的工艺动作可以有几种不同的分解方法，如图 12－7 所示。

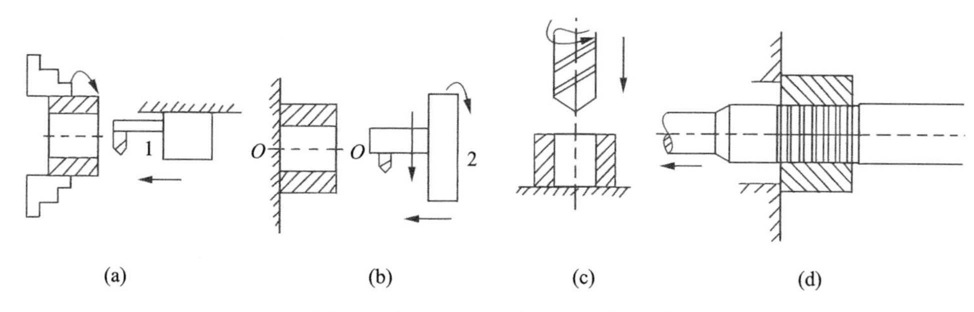

图 12－7 加工内孔的机床运动方案

第一种分解方法是让工件做连续等速转动，刀具做纵向等速移动；同时，为了得到所需的内孔尺寸，刀具还需做径向进给运动。工艺动作的这种分解方法，就得到如图 12－7(a)所示的车内孔的车床方案。第二种分解方法是让工件固定不动，使刀具既绕被加工孔的中心线转动，又做纵向进给运动。为了调整被加工孔的直径，刀具还需做径向调整运动。这种分解方法就形成了如图 12－7(b)所示的镗内孔的镗床方案。第三种分解方法是让工件固定不动，而采用不同尺寸的专用刀具——钻头和铣刀等，使刀具做等速转动并做纵向送进运动。这种分解方法就形成了如图 12－7(c)所示的加工内孔的钻床方案。第四种方法是让工件和刀具均不转动，而只让刀具做直线运动。这种分解方法就形成了如图 12－7(d)所示的拉床方案。

2. 根据改变容积的工作原理，设计容积式泵的运动方案

根据改变容积的工作原理，首先可以将其工艺动作分为往复移动和旋转运动两种形式，每种形式还可以得到不同的运动方案，分述如下。

(1) 采用往复移动的工艺动作改变容积

根据往复移动的工艺动作，可设计出三种不同运动方案的泵，如图 12－8 所示，分别是由磁铁和弹簧驱动弹性隔膜上下运动组成的隔膜泵，由凸轮机构组成的往复泵以及由曲柄滑块机构组成的往复泵。

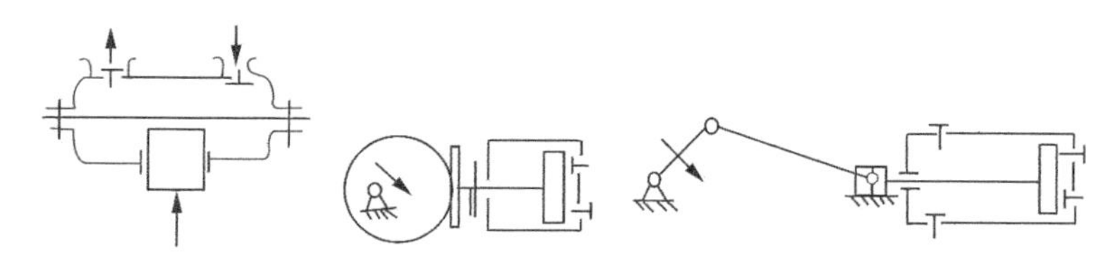

图 12－8 工艺动作为往复移动的容积式泵

(2) 采用旋转运动的工艺动作改变容积

图 12－9 所示为采用旋转运动工艺动作改变容积的泵。第一种为偏心旋转泵，主动构件 2 和滑片 7 将空间分成两部分，5 为输入口，6 为输出口。当构件 2 旋转时，左右空间的容积变化，从而起到泵的作用。第二种为叶片泵，当轮 2 转动时，叶片 7 一边随之转动，一边在离心力

和壳体 1 的共同作用下在槽中伸缩，由于偏心壳体 1 而引起的叶片间容积的变化，上半部的容积空间不断增大，下半部容积空间不断减小，从而连续地从输入口 5 吸入液体和从输出口 6 压出液体。第三种为齿轮泵，当一对齿轮在转动时，两边的齿槽中的液体由入口 5 向出口 6 连续输送，而啮合处的齿将两侧的液体封住，使液体不能通过啮合点，脱离啮合后，齿槽容积逐渐增大而从入口 5 吸入液体。

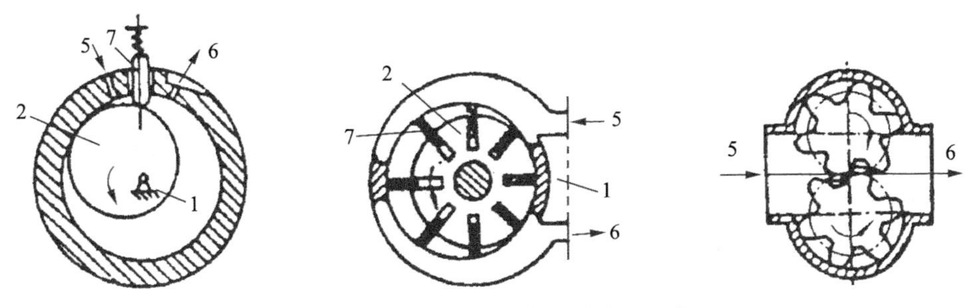

图 12－9　工艺动作为旋转运动的容积式泵

除上述几种工艺动作外，显然还存在其他工艺动作可以用来改变容积。因此，采用什么方案最为合理，要视具体情况而定。

3. 根据搓丝原理，设计搓丝机的运动方案

根据搓丝原理，可以设计三种搓丝机的运动方案。

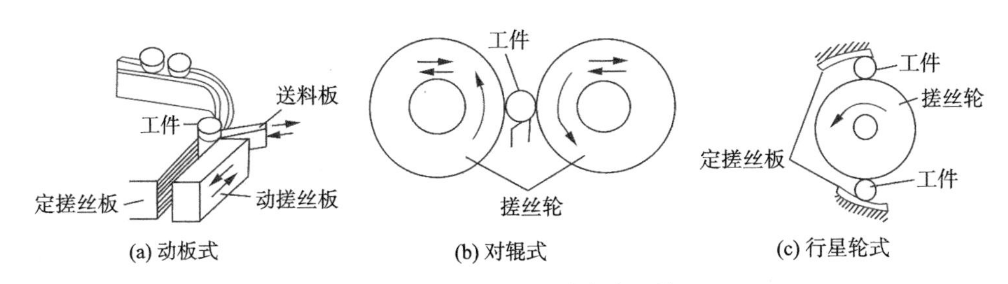

图 12－10　搓丝机运动方案设计

图 12－10(a)所示是按照复合运动原理设计的搓丝机，图 12－10(b)所示为对辊式搓丝机，与图 12－10(a)相比，将往复运动改成了单向旋转运动，不但省掉了往复式搓丝机的空行程使生产率提高，而且缩小了机器的体积。图 12－10(c)所示是根据行星机构原理制造的行星搓丝机，工艺动作进一步简化，而生产率成倍提高。

此外，在对运动规律进行设计时，不但要注意工艺动作本身的形式，还要注意其变化规律的特点，即运转过程中速度和加速度变化的要求。这些要求有些是工艺过程本身提出来的(如机床的走刀要近似匀速以保证加工工件的表面质量)；有些是从动力学的观点提出来的(为了减小机械运转过程中的动载荷等)。认真地分析和确定工艺动作的运动规律，对保证工艺质量、减小设备尺寸和重量以及降低功率消耗等，都具有重要的意义。

机械运动规律设计和运动方案选择所涉及的问题很多，设计者只有在认真总结生产实践经验的基础上，综合运用多方面的知识，才能拟定出比较合理的运动规律和选择出较为优秀的运动方案。在拟订和评价各种运动规律和运动方案时，应同时考虑到机械的工作性能、适应性、可靠性、经济性及先进性等多方面的因素。

12.4 执行机构的型式设计

实现同一种运动规律,可以选用不同型式的机构。所谓机构型式设计,是指究竟选择或设计何种机构来实现预期的运动规律。例如,为了实现直线往复运动,可选用齿轮齿条机构、丝杆螺母机构、曲柄滑块机构、直动从动件盘形凸轮机构等。当现有机构不能满足要求时,还可采用机构的扩展、组合或变异等多种方式来创新和设计新的机构。但究竟选择哪种机构,需要考虑机构的动力特性、机械效率、制造成本、外形尺寸等因素。根据所设计的机械的特点进行综合考虑,分析比较,从各种可能使用的机构中选择出合适的机构。

机构型式设计又称为机构的型综合,它包括机构的选型和机构的构型。其直接影响到机械结构的繁简程度和机械的使用效果等。因此,执行机构的型式设计是机械系统运动方案设计中举足轻重的环节,也是一项极具创造性的工作。

12.4.1 执行机构型式设计的原则

(1) 满足执行构件的运动规律要求:满足执行构件所需的运动规律要求,包括运动形式、运动规律或运动轨迹方面的要求,是执行机构型式设计时要考虑的最基本因素。

(2) 选择较简单的机构:实现同样的运动要求,应尽量采用构件数和运动副数目最少的机构。这样不仅可以缩短运动链、降低功耗、提高效率;而且有利于减小运动链的累积误差,提高传动精度和工作可靠性。

(3) 选择合适的运动副形式:一般来说,转动副易于制造,有各种滚珠轴承可以选用,容易保证运动副元素的配合精度,且效率较高,因此,应用最为广泛;同转动副相比,移动副元素制造较困难,不易保证配合精度,效率较低,易发生自锁或楔紧,故一般只宜用于作为直线运动或可将转动变为移动的场合,但目前也有各种类型的直线轴承和直线导轨可以选用。高副机构易于实现较复杂的运动规律或运动轨迹,但高副元素形状较复杂且易于磨损,故一般用于低速轻载场合。

(4) 使机构具有良好的传动条件和动力特性:应注意选用具有较大传动角、较大机械增益和效率较高的机构。这样可减小主动轴上的力矩、原动机的功率及机构的尺寸和重量。

(5) 保证机构运转的安全性,避免发生机械损坏或出现生产和人为事故。例如,为了防止机械因过载而损坏,可采用具有过载保安性的带传动等摩擦传动机构;在起重机械中,经常采用具有自锁功能的机构(如蜗杆蜗轮机构)。

12.4.2 机构的选型

所谓机构的选型,就是从现有机构中选择执行机构的型式。其方法是在对已有的数以千计的各种机构按照运动特性或动作功能进行分类的基础上,根据设计对象中执行构件所需要的运动特性进行搜索、选择、比较和评价,选出执行机构的合适型式。

当有多种机构均可满足所需要求时,则可根据上节所述原则,对初选的机构型式进行分析和比较,从中选择出较优的机构。利用这种方法进行机构选型,方便、直观、适合于较为简单的执行机构的设计。表 12-2 列出了常见运动特性及其所对应的机构。表 12-3 列出了常见机构的性能和特点。

表 12-2 常见运动特性及其对应机构

运动特性		实现运动特性的机构举例
连续转动	定传动比匀速	平行四杆机构、双万向联轴节机构、齿轮机构、轮系、谐波传动机构、摆线针轮机构、摩擦传动机构、挠性传动机构等
	变传动比匀速	轴向滑移圆柱齿轮机构、混合轮系变速机构、摩擦传动机构、挠性无级变速机构等
	非匀速	双曲柄机构、转动导杆机构、单万向联轴节机构、非圆齿轮机构、某些组合机构等
往复运动	往复移动	曲柄滑块机构、移动导杆机构、正弦机构、移动从动件凸轮机构、齿轮齿条机构、楔块机构、螺旋机构、气动机构、液压机构等
	往复摆动	曲柄摇杆机构、双摇杆机构、摆动导杆机构、曲柄摇块机构、空间连杆机构、摆动从动件凸轮机构、某些组合机构等
间歇运动	间歇转动	棘轮机构、槽轮机构、不完全齿轮机构、凸轮式间歇运动机构、某些组合机构等
	间歇摆动	特殊形式的连杆机构、摆动从动件凸轮机构、齿轮-连杆组合机构、利用连杆曲线圆弧段或直线段组成的多杆机构等
	间歇移动	棘齿条机构、从动件做间歇往复运动的凸轮机构、反凸轮机构、气动机构、液压机构、移动构件有停歇的斜面机构等
预定轨迹	直线轨迹	连杆近似直线机构、八杆精确直线机构、某些组合机构等
	曲线轨迹	利用连杆曲线实现预定轨迹的多杆机构、凸轮-连杆组合机构、齿轮-连杆组合机构、行星轮系与连杆组合的机构等
特殊运动要求	换向	双向式棘轮机构、定轴轮系(三星轮换向机构)等
	超越	齿式棘轮机构、摩擦式棘轮机构等
	过载保护	带传动机构、摩擦传动机构等
	…	…

表 12-3 常见机构的性能和特点

评价指标	具体项目	评价			
		连杆机构	凸轮机构	齿轮机构	组合机构
运动性能	运动规律轨迹	任意性较差，只能实现有限个精确位置	基本上任意	一般为定比转动或移动	基本上任意
	运动精度	较低	较高	高	较高
	运转速度	较低	较高	很高	较高
工作性能	效率	一般	一般	高	一般
	使用范围	较广	较广	广	较广
动力性能	承载能力	较大	较小	大	较大
	传力特性	一般	一般	较好	一般
	振动、噪声	较大	较小	小	较小
	耐磨性	好	差	较好	较好

续表

评价指标	具体项目	评价			
		连杆机构	凸轮机构	齿轮机构	组合机构
经济性	加工难易	易	难	较难	较难
	维护方便	方便	较麻烦	较方便	较方便
	能耗	一般	一般	一般	一般
结构紧凑	尺寸	较大	较小	较小	较小
	重量	较轻	较重	较重	较重
	结构复杂性	复杂	一般	简单	复杂

需要说明的是，表中所列出的机构只能实现这些运动形式的机构中的一小部分，在实际应用中，可进一步通过各种手册查阅。

由于利用执行机构的运动形式进行机构选型十分直观方便，设计者只需根据给定工艺动作的运动要求，从有关手册中查阅相应的机构即可。因此，这种方法使用非常普遍。若所选机构的型式不能令人满意，还可以对机构进行构型，以获得满足设计任务要求的新型机构。

12.4.3 机构的构型

在进行执行机构的型式设计时，当机构的选型不能满足所需要求时，则应跳出原有的思维模式，运用创新的方式进行机构的构型，即运用机构的组成及创新原理，重新构筑机构的型式。显然，它是一项比机构的选型更具有挑战性和创造性的工作。

机构创新构型的方法主要有扩展法、组合法和变异法。

1. 扩展法

扩展法是根据机构组成原理创新机构的一种方法。当用选型法选择的基本机构在满足运动特性或功能上有欠缺时，可以以此机构为基础，运用机构的组成原理，在其上连接若干基本杆组，从而构筑出新的机构型式。这种方法的优点是在不改变机构自由度的情况下，能增加或改善机构的功能。

例如，要设计一个急回特性比较显著、行程速比系数较大的急回机构。通过机构的选型，可得到曲柄摇杆机构、偏置曲柄滑块机构和导杆机构等，当这几种基本机构的急回特性都不够显著时，可以扩展法进行机构的设计。

如图 12-11(a)所示，选择曲柄摇杆机构 $OABC$ 为基本机构，在其连杆 AB 延长线上的点 D 添加一个由杆件 DE 和滑块所组成的 RRP Ⅱ级杆组，形成如图所示的六杆机构。不仅可使机构的急回特性显著增加，而且还使执行构件(滑块)的行程也得以扩大，满足了设计要求。

图 12-11(b)所示是以摆动导杆机构 ABC 为基本机构，在其导杆 CB 延长线上的点 D 处连接一个 RPP Ⅱ级杆组，形成如图所示的六杆机构。该机构不仅可增加执行构件(滑块)的行程、还具有工作行程近似等速的优点。

图 12-11(c)所示是选择转动导杆机构 ABC 作为基本机构，先在其转动导杆 CB 延长线上的 B' 处连接一个 RPR Ⅱ级杆组，形成六杆机构 $ABB'C'C$，然后再在其摆动导杆 $C'B'$ 延长线上的点 D 添加一个 RRP Ⅱ级杆组，形成如图所示的八杆机构。该机构可使执行构件(滑块)获得更大的行程和更显著的急回特性。

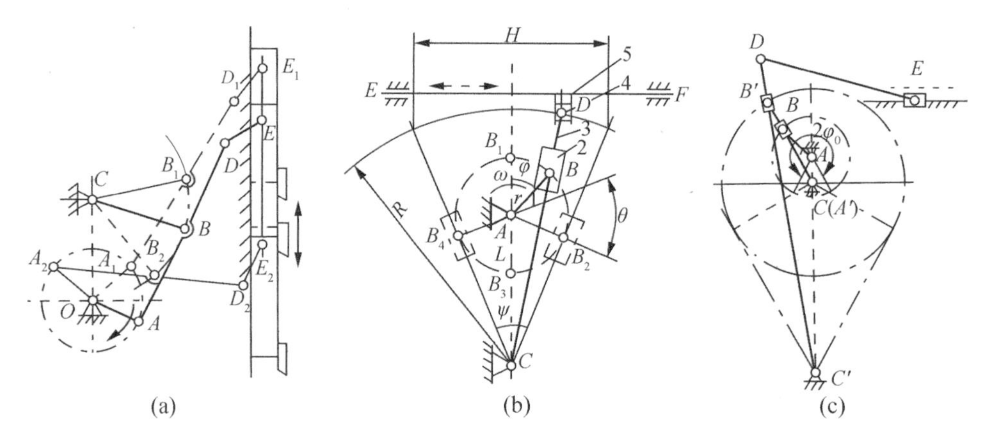

图 12-11　采用扩展法提高机构的急回特性

2. 组合法

基本机构毕竟只能实现有限的功能和运动要求。对于更复杂的功能和运动要求，则常采用将几种基本机构用适当方式组合起来，来实现基本机构不易实现的运动或动力特性。

机构的组合是发明创造新机构的重要途径之一，机构的组合有多种方式，在机构组合系统中，单个的基本机构称为组合系统的子机构。常见的机构组合方式主要有以下几种。

(1) 串联式组合

在机构组合系统中，若前一级子机构的输出构件即为后一级子机构的输入构件，则这种组合方式称为串联式组合。图 12-12(a)所示的机构就是这种组合方式的一个例子。图中，构件 1,2,5 组成凸轮机构(子机构Ⅰ)，构件 2,3,4,5 组成曲柄滑块机构(子机构Ⅱ)，构件 2 是凸轮机构的从动件，同时又是曲柄滑块机构的主动件。这种组合方式可用图 12-12(b)中所示的框图来表示。

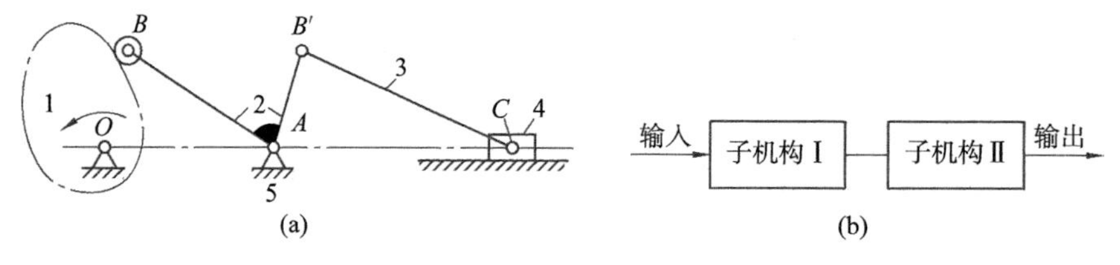

图 12-12　机构的串联式组合

(2) 并联式组合

在机构组合系统中，若几个子机构共用同一个输入构件，而它们的输出运动又同时输入给一个多自由度的子机构，从而形成一个自由度为 1 的机构系统，则这种组合方式称为并联式组合。图 12-13(a)中所示的双色胶辊印刷机的接纸机构就是这种组合方式的一个实例。图中，凸轮 1、1′为一个构件，当其转动时，同时带动四杆机构 $ABCD$(子机构Ⅰ)和四杆机构 $GHKM$(子机构Ⅱ)运动，而这两个四杆机构的输出运动又同时传给五杆机构 $DEFNM$(子机构Ⅲ)，从而使其连杆 9 上的 P 点描绘出一条工作所要求的运动轨迹。图 12-13(b)所示为这种组合方式的框图。

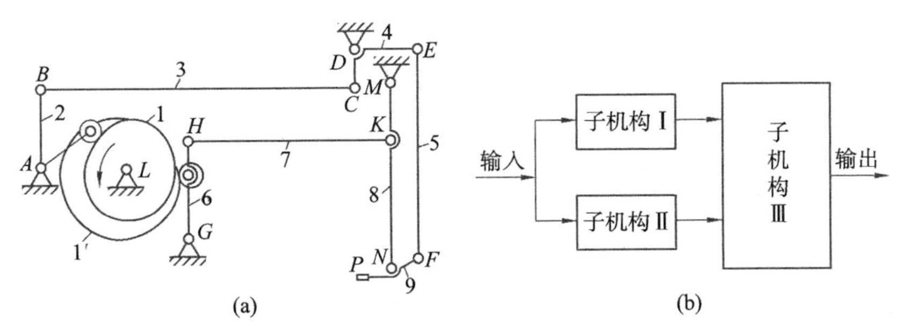

图 12-13 机构的并联式组合

(3) 反馈式组合

在机构组合系统中,若其多自由度子机构的一个输入运动是通过单自由度子机构从该多自由度子机构的输出构件回馈的,则这种组合方式称为反馈式组合。图 12-14(a)所示的精密滚齿机中的分度校正机构就是这种组合方式的一个实例。图中蜗杆 1 除了可绕本身的轴线转动外,还可以沿轴向移动,它和蜗轮 2 组成一个自由度为 2 的蜗杆蜗轮机构(子机构Ⅰ);凸轮 2′和推杆 3 组成自由度为 1 的移动滚子从动件盘形凸轮机构(子机构Ⅱ)。其中,蜗杆 1 为主动件,凸轮 2′和蜗轮 2 为一个构件。蜗杆 1 的一个输入运动(沿轴线方向的移动)就是通过凸轮机构从蜗轮 2 回馈的。图 12-14(b)是这种组合方式的框图。

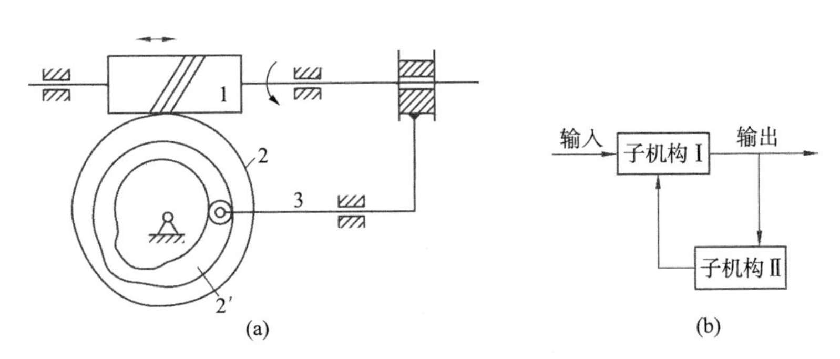

图 12-14 机构的反馈式组合

(4) 复合式组合

在机构组合系统中,若由一个或几个串联的基本机构去封闭一个具有两个或多个自由度的基本机构,则这种组合方式称为复合式组合。在这种组合方式中,各基本机构有机连接,相互依存,它与串联式组合和并联式组合既有共同之处,又有不同之处。图 12-15(a)所示的凸轮-连杆组合机构,就是这种组合方式的一个例子。图中构件 1,4,5 组成自由度为 1 的凸轮机构(子机构Ⅰ),构件 1,2,3,4,5 组成自由度为 2 的五杆机构(子机构Ⅱ)。当构件 1 为主动件时,点 C 的运动由构件 1 和构件 4 的运动确定。与串联式组合相比,其相同之处在于子机构Ⅰ和子机构Ⅱ的组成关系也是串联关系,不同的是,子机构Ⅱ的输入运动并不完全是子机构Ⅰ的输出运动;与并联式组合相比,其相同之处在于点 C 的输出运动也是两个输入运动的合成,不同的是,这两个输入运动一个来自子机构Ⅰ,而另一个来自主动件。这种组合方式的框图如图 12-15(b)所示。

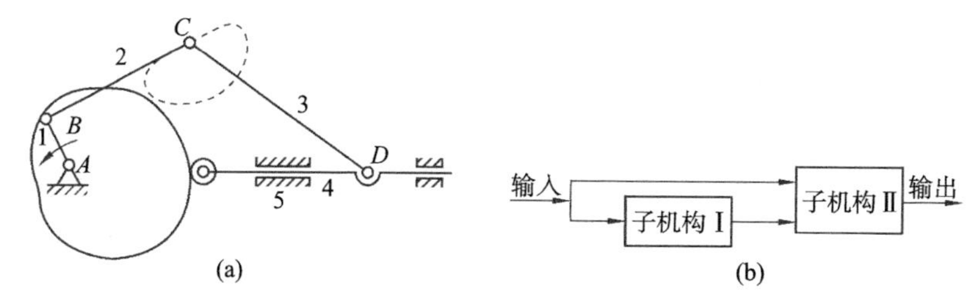

图 12-15　机构的复合式组合

3. 变异法

机构的运动主要取决于运动副的形状、尺寸和位置，所谓机构的变异就是通过运动副形状、尺寸和位置安排上的变化生成新的机构型式。常用的方法有机架变换法、运动副变换法和局部变异法等。

(1) 机架变换法：机架变换法所依据的原理是各构件间的相对运动关系保持不变。在四杆机构中，选择不同的构件为机架可以得到不同功能的机构，这一点已为大家所熟知。图 12-16 中 1、2 为一对内啮合齿轮，O_1O_2 为连杆，当选择连杆为机架时则为一定轴齿轮机构，经过机架变换后，选择齿轮 1 为机架，则得到行星齿轮机构，由此可增加行星轮上不同点所输出的轨迹的种类。用机架变换的观点研究现有机构，发现其内在联系，并由此使机构发生变异，是机构创新构型的常用方法之一。

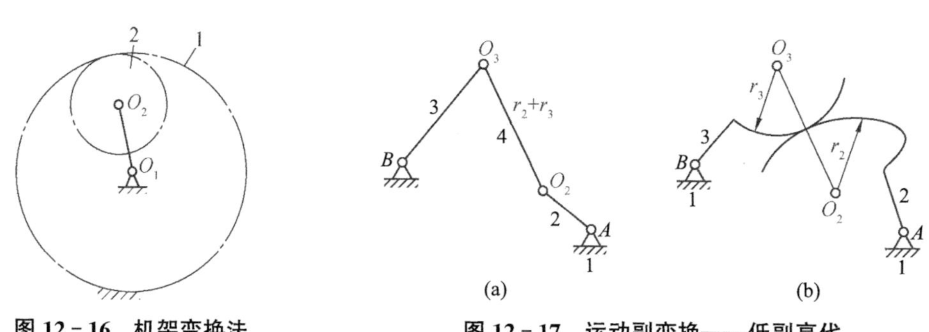

图 12-16　机架变换法　　**图 12-17　运动副变换——低副高代**

(2) 运动副变换法：运动副是机构运动变换的主要元素。通过运动副变换生成新的机构型式是机构创新构型的途径之一。常见的运动副变换有转动副变异为移动副、高副变异为低副、低副变异为高副、同性移动副的变换及局部变异法等。前两种情况已在第 1 章和第 2 章中作过介绍，这里介绍低副变异为高副（即低副高代）、同性移动副的变换及局部变异法等三种方法。

低副高代与高副低代的原理相同。图 12-17 所示为铰链四杆机构经低副高代变异为高副机构的情况。其代换方法是选一个具有两个转动副的构件（如图 12-17 中的构件 4）作为代换构件，从运动链中除去该构件，而原来与该代换构件相邻的两构件（构件 2，3）一个演化为凸轮，另一个演化为摆杆，成为一种特殊的摆动从动件凸轮机构。

移动副的运动特性是由其相对移动的方位确定的。相对移动方位相同的移动副为同性移动副。它们的演化规则为：①组成移动副的滑杆和滑块可以互换；②组成移动副的方位线可任意平移。依据这一演化规则可以获得新的机构。

如图 12-18(a)、(b)中构成移动副的构件 2、3 只是换了一种表示方法，它们的运动特性完全相同。图 12－18(c)与图 12－18(b)的不同之处只是将构件 2、3 所组成移动副的方位线平移了一段距离，图 12－18(d)是图 12－18(c)的另一种表示方法，它就是常见的摆动液压缸机构。

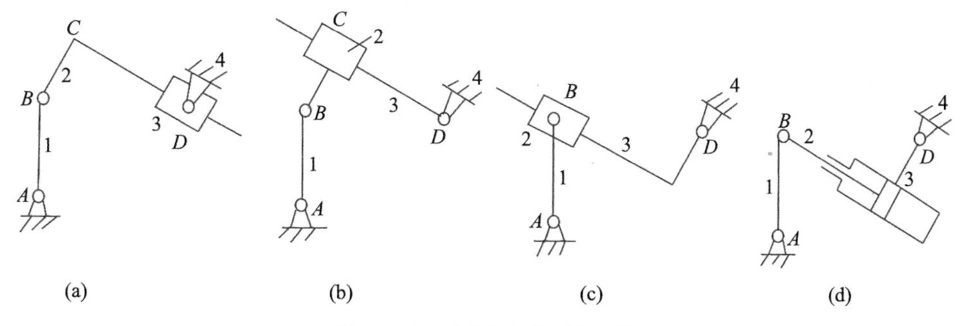

图 12－18 同性移动副的变换

(3) 局部变异法：改变机构的局部结构，得到具有某种特殊运动特性的机构。如图 12－19 所示，将摆动导杆机构中的导杆做成导杆槽，并将直槽改为带有一段圆弧的曲线槽，且使圆弧的半径等于曲柄长 AB，其中心与曲柄转轴 A 重合，并将滑块 B 改成滚子。经过这样的变异后，当曲柄 AB 运动至导杆曲线槽圆弧段位置时，滑块将获得准确的停歇。

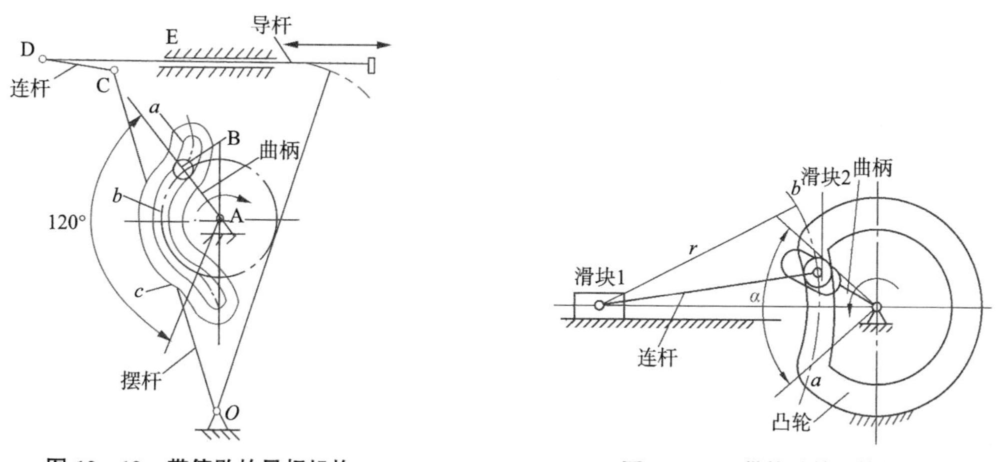

图 12－19 带停歇的导杆机构

图 12－20 带停歇的滑块机构

改变机构局部结构的方法很多，常用方法之一是用一自由度为 1 的机构或构件组合置换机构的主动杆。如图 12－20 所示，以倒置后的凸轮机构(凸轮为机架)取代曲柄滑块机构中的曲柄，凸轮的沟槽中有一段凹圆弧，其半径等于连杆的长度。因此，当主动杆曲柄转过 α 角的过程中，滑块保持停歇状态。

12.5 执行机构的运动协调设计

12.5.1 运动协调设计的概念

一部复杂的机械通常由多个执行机构组合而成。各个执行机构之间必须以一定的次序协调动作，使其统一于一个整体，互相配合，以完成预期的工作要求。如果各个机构动作不协调，就会破坏机械的整个工作过程，达不到工作要求，甚至会损坏构件和产品，造成生产和人身事故。所谓执行机构的协调设计，就是根据工艺过程对各动作的要求，分析各执行机构应当如何协调和配合，设计出协调配合图。这种协调配合图通常称为机械的运动循环图，它具有指导各执行机构的设计、安装和调试的作用。

12.5.2　运动协调设计的方法

根据生产工艺的不同，机械的运动循环可分为两大类：一类是非周期性运动循环，即机械中各执行机构的运动规律是非周期性的，例如起重机、建筑机械和某些工程机械；另一类是周期性运动循环，即机械中各执行机构的运动是周期性的，经过一定的时间间隔后，各执行构件的位移、速度和加速度等运动参数就周期性地重复，生产中大多数机械属于这一类型。对于周期性运动循环的机械，执行机构运动协调设计的步骤如下：

1. 确定机械的工作循环周期

根据设计任务书中所定的机械的理论生产率，确定机械的工作循环周期。工作循环周期是指一个产品在该设备的生产工艺过程中所需要的总时间，机械的工作循环周期即机械的运动循环周期，用 T 来表示。

2. 确定机械在一个运动循环中各执行构件的各个行程段及其所需的时间

根据机械生产工艺过程，分别确定各个执行构件的工作行程段、空回行程段和可能具有的若干个停歇段。确定各执行构件的状态（运动或停止）在每个行程段所需花费的时间以及对应于原动件的转角（或在一个运动循环中的对应位置）。

3. 确定各执行构件动作间的协调配合关系

根据机械生产过程对工艺动作先后顺序和配合关系的要求，协调各执行构件在各行程段的配合关系。此时，不仅要考虑动作的先后顺序，还应考虑各执行机构在时间和空间上的协调性，即不仅要保证各执行机构在时间上按一定顺序协调配合，而且要保证在运动过程中不会产生空间位置上的相互干涉。

12.5.3　机械运动循环图

用来描述各执行构件运动间相互协调配合的图称为机械运动循环图。

由于机械在主轴或分配轴转动一周或若干周内完成一个运动循环，故运动循环图常以主轴或分配轴的转角为坐标来编制。通常选取机械中某一主要的执行构件作为参考件，取其有代表性的特征位置作为起始位置（通常以生产工艺的起始点作为运动循环的起始点）。由此来确定其他执行构件的运动相对于该主要执行构件运动的先后次序和配合关系。

常用的机械运动循环图有三种形式，即直线式、圆周式和直角坐标式，其各自的特点及绘制方法如表 12－4 所示。

图 12－21 是我们所熟悉的牛头刨床的三种运动循环图，它们都是以曲柄导杆机构中的曲柄为参考件的。曲柄回转一周为一个运动循环。由图中可见工作台的横向进给是在刨头空回行程开始一段时间以后开始，在空回行程结束以前完成的。这种安排考虑了刨刀与移动的工件不发生干涉，也考虑了设计中机构容易实现这一时序的运动。

表 12－4　机械运动循环图的形式、绘制方法和特点

形式	绘制方法	特点
直线式	将机械在一个运动循环中各执行构件各行程区段的起止时间和先后顺序，按比例地绘制在直线坐标轴上	绘制方法简单，能清楚地表示出一个运动循环内各执行构件运动的相互顺序和时间关系； 直观性较差，不能显示各执行构件运动规律
圆周式	以极坐标系原点 O 为圆心作若干个同心圆环，每个圆环代表一个执行构件，由各相应圆环分别引径向线段表示各执行构件不同运动状态的起始和终止位置	能比较直观地看出各执行机构主动件在主轴或分配轴上所处的相位，便于各机构的设计、安装和调试； 当执行机构数目较多时，由于同心圆环太多不能一目了然，也无法显示各执行构件的运动规律
直角坐标式	用横坐标轴表示机械主轴或分配轴转角，以纵坐标轴表示各执行构件的角位移或线位移，为简明起见，各区段之间均用直线连接	不仅能清楚地表示出各执行构件动作的先后顺序，而且能表示出各执行构件在各区段的运动规律。对指导各执行机构的几何尺寸设计非常便利

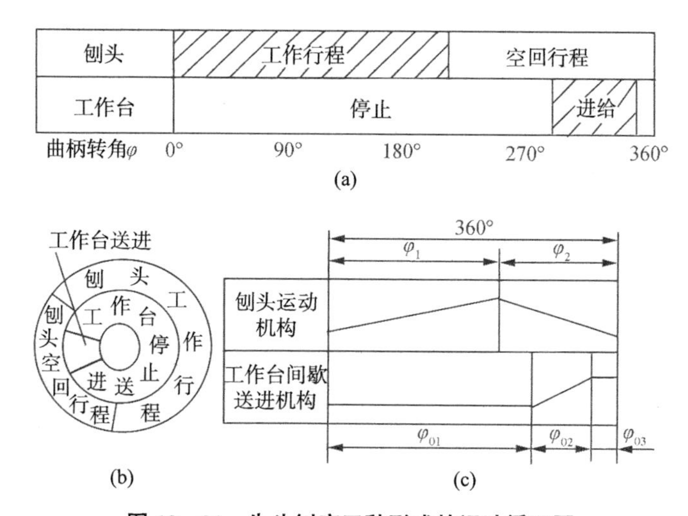

图 12－21　牛头刨床三种形式的运动循环图

下面以多工位卧式冷镦机为例，简要说明运动循环图的绘制过程。

卧式冷镦机用以冷镦带孔螺母坯，其成型过程由进料、截料、整形、压角和冲孔等工艺组成，其中整形、压角和冲孔三道工艺动作总称为冷镦。为完成上述工艺过程，选用了以下机构(图 12－22)。

(1) 进料机构：工艺要求在冲头空行程的某一时间间隔内进料，其余时间停歇。为此，采用曲柄摇杆机构(由构件 7、8、9 和机架组成)、棘轮机构(由构件 9、10、11 和机架组成)，以及齿轮机构(12)串联组成的机构系统Ⅲ。将曲轴 1 的连续转动变换成辊轮 6 的单向间歇转动，利用摩擦力将盘料校正并送入切料口 b。

(2) 断料机构：在盘料送到切料口 b 后，必须用断料刀断料后送到整形工位，现采用曲柄滑块机构(由构件 14、15、16 与机架组成)与直动从动件移动凸轮机构(由构件 13、14 与机架组成)串联组成的机构系统Ⅱ控制断料刀 13，使其以预定规律左右移动。在冲头 3 向下移动的同时，断料刀 13 左移，并领先于冲头将截好的料送至整形工位，然后停歇，待冲头开始接触工件时，断料刀开始后退并停歇。

(3) 冷镦机构：整形、压角和冲孔三道工序的冷镦动作，采用同一个曲柄滑块机构来完成。

如图中所示机构Ⅰ,电动机通过带传动带动曲轴(主轴)1 转动,借助连杆 2 使滑块(即冲头)3 往复移动;由于在机架 5 上固定有整形、压角和冲孔三道工序的阴模 4,因而当固结于滑块的冲头冷镦一次时,即可同时完成三道工序。但进行下一运动循环时,必须在工序间有传送冷墩件的运料机构。

(4) 顶料机构:在冲头冷镦一次后,为了将阴模中的坯料顶出或顶至钳口内,可采用铰链四杆机构,如图中所示的机构Ⅳ。铰链四杆机构的主动构件由冲头滑块上的凸块在冲头回程向上移动时带动。当顶杆 19 完成顶料运动时,钳架 17 恰好停在顶料的出口处。

(5) 运料机构:为了将整形后的坯料送至压角工位及将压角后的坯料送至冲孔工位,采用了两对锥齿轮和等宽凸轮 18 来推动钳架 17 间歇带动坯料进入下一工位(如图 12 - 22 中所示机构Ⅴ)。在工艺上要求钳架先于冲头带着工件摆至预定工位,然后停歇,以待冲头冷镦,当冲头后退时,钳架摆回到上一工位停歇,待运料机构将坯料送入钳架 17 的钳口后,又继续重复上述动作。

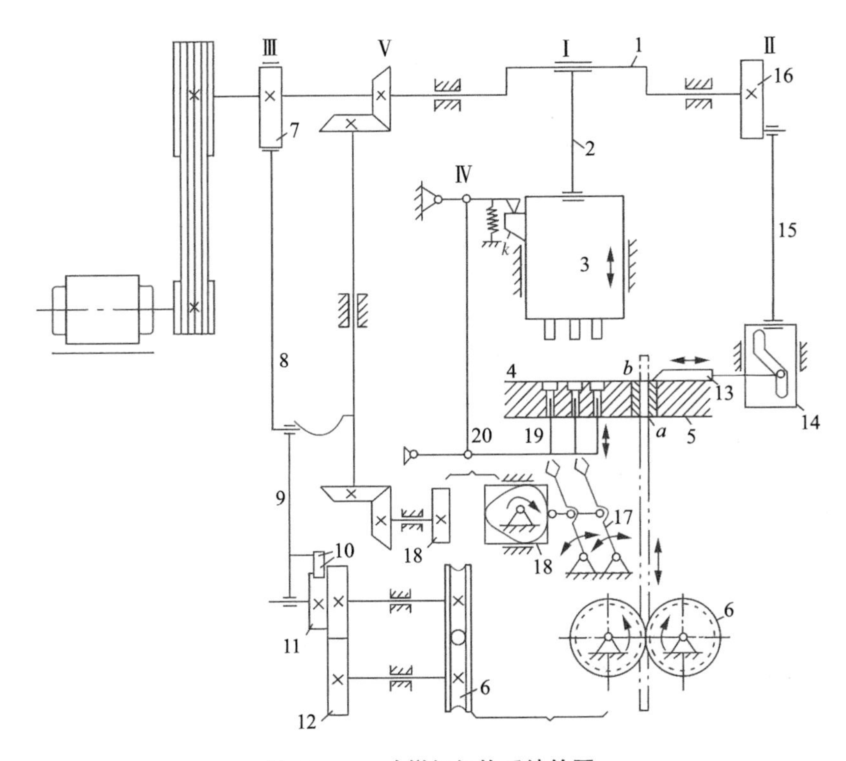

图 12 - 22 冷镦机机构系统简图

1—曲轴;2—连杆;3—冲头;4—阴模;5—机架;6—辊轮;7—曲柄(偏心轮);8—连杆;9—摇杆;10—棘爪;11—棘轮;12—齿轮;13—断料刀;14—圆柱凸轮;15—连杆;16—曲柄(圆盘);17—钳架;18—等宽凸轮;19—摇杆(顶杆);20—连杆

根据上述各工序的动作要求及各动作之间的配合关系,并选择冲头往复一次(亦即曲柄转动一周)为一个循环,绘制出多工位卧式冷镦机的直线运动循环图或圆周运动循环圈(如图 12 - 23 所示)。值得指出的是,实际的循环图中还应标出各特征位置所对应的主导构件(如曲柄)所转过的角速度或所经历的时间,供机构设计时参考。

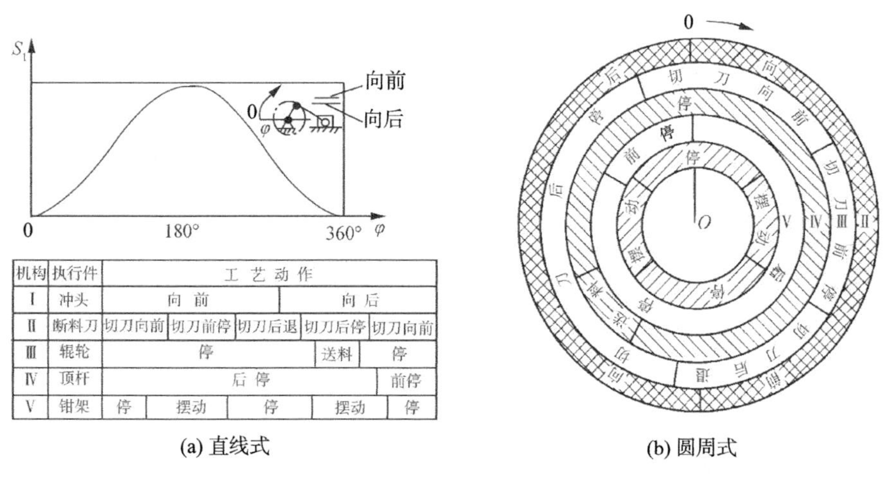

(a) 直线式 (b) 圆周式

图 12－23 冷镦机的两种运动循环图

12.6 原动机的选择

在进行机械系统运动方案设计时，原动机的机械特性及各项性能与机械执行机构的负载特性和工作要求是否相匹配，在很大程度上决定着整个机械系统的工作性能和构造特征。而原动机的类型很多，特性各异。因此，合理选择原动机的类型是机械系统运动方案设计的一个关键问题。

12.6.1 原动机的主要类型和特点

原动机的主要类型和特点如表 12－5 所示。

表 12－5 原动机的主要类型和特点

原动机的主要类型	特 点
三相异步电动机	结构简单、价格便宜、体积小、运行可靠、维护方便、坚固耐用；能保持恒速运行及经受较频繁的启动、反转及制动；但启动转矩小，调速困难。一般机械系统中应用得最多
同步电动机	能在功率因子 $\cos\varphi=1$ 的状态下运行，不从电网吸收无功功率，运行可靠，保持恒速运行；但结构较异步电动机复杂，造价较高，转速不能凋节。适用于大功率离心式水泵和通风机等
直流电动机	能在恒功率下进行调速，调速性能好，调速范围宽，启动转矩大。但结构较复杂，维护工作量较大，价格较高，机械特性较软，需直流电源
控制电动机	能精密控制系统位置和角度、体积小、质量小；具有宽广而平滑的调速范围和快速响应能力，其理想的机械特性和调速特性均为直线。广泛用于工业控制、军事、航空航天等领域
内燃机	功率范围宽、操作简便、启动迅速，适用于没有电源的场合；但对燃油要求高、排气污染环境、噪声大、结构复杂，多用于工程机械、农业机械、船舶、车辆等
液压马达	可获得很大的动力和转矩，运动速度和输出动力、转矩调整控制方便，易实现复杂工艺过程的动作要求；但需要有高压油的供给系统，油温变化较大时，影响工作稳定性；密封不良时，污染工作环境；液压系统制造装配要求高
气动马达	工作介质为空气，易远距离输送，无污染，能适应恶劣环境，动作速度快；但需要有压缩空气供给系统，工作稳定性较差，噪声大；输出转矩不大，传动时速度较难控制。适用于小型轻载的工作机械

原动机的运动形式有回转运动、往复摆动和往复直线运动等。当采用电动机、液压马达、气动马达和内燃机等原动机时,原动机做连续回转运动;但液压马达和气动马达也可做往复摆动;当采用油缸、气缸或直线电动机等原动机时,原动机做往复直线运动。在机械系统运动方案设计中,应充分考虑原动机运动形式及工作转速(频率)的差异。

12.6.2 原动机的选择原则

(1) 满足工作环境对原动机的要求。如能源供应、降低噪声和环境保护等要求。

(2) 原动机的机械特性和工作制度应与机械系统的负载特性(包括功率、转矩、转速等)相匹配,以保证机械系统有稳定的运行状态。

(3) 满足工作机的启动、制动、过载能力和发热的要求。

(4) 满足机械系统整体布置的需要。

(5) 在满足工作机要求的前提下,原动机应具有较高的性能价格比,运行可靠,经济指标(原始购置费用、运行费用和维修费用)合理。

12.6.3 原动机的选择步骤

1. 确定机械系统的负载特性

机械系统的负载由工作负载和非工作负载组成。工作负载可根据机械系统的功能由执行机构的运动和受力求得;非工作负载指机械系统所有的额外消耗,如机械内部的摩擦消耗、辅助装置的消耗等。

2. 确定工作机的工作制度

工作机的工作制度是指工作负载随执行机构的工艺要求而变化的规律,包括长期工作制、短期工作制和断续工作制三大类,有恒载和变载、断续和连续运行、长期和短期运行等形式。由此来选择相应工作制度的原动机。工作机的工作制度是选择原动机的重要依据之一。

3. 选择原动机的类型

影响原动机类型选择的因素较多,首先应考虑能源供应及环境要求,选样原动机的种类,再根据驱动效率、运动精度、负载大小、过载能力、调速要求、外形尺寸等因素,综合考虑工作机的工况和原动机的特点,具体分析,以选得合适的类型。

需要指出的是,电动机有较高的驱动效率和运动精度,其类型和型号繁多,能满足不同类型工作机的要求,而且还具有良好的调速、启动和反向功能,因此可作为首选类型,而对于野外作业和移动作业,宜选用内燃机。

4. 选择原动机的转速

可根据工作机的调速范围和传动系统的结构和性能要求来选择。转速选择过高,导致传动系统传动比增大,结构复杂,效率降低;转速选择过低,则原动机本身尺寸增大,价格较高。

一般原动机的转速范围可由工作机的转速乘以传动系统的总传动比得出。

5. 确定原动机的功率

在确定了原动机的类型和转速后,即可根据工作机的负载功率(或转矩)和工作制来计算原动机的额定功率。机械系统所需原动机的功率 P_d 可表示为

$$P_{d}=k\left(\sum \frac{P_{g}}{\eta_{i}}+\sum \frac{P_{f}}{\eta_{j}}\right) \tag{12-1}$$

式中，P_g 为工作机所需功率；P_f 为各辅助系统所需的功率；η_i 为从原动机经传动系统到工作机的效率；η_j 为从原动机经传动系统到各辅助装置的效率；k 为考虑过载或功耗波动的余量因数，一般取 1.1～1.3。

需要指出的是，上述所确定的功率 P_d 是在工作机的工作制度与原动机工作制度相同的前提下所需的原动机额定功率。

根据机械系统所需要的原动机功率、转速和确定的原动机类型，可查阅有关手册选择原动机的型号。

12.7 机械传动系统方案设计

机械传动系统，是指将原动机的运动和动力传递到执行构件的中间环节，它是机械的重要组成部分。机械传动系统的作用不仅是转换运动形式、改变速度大小和保证各执行构件间协调配合工作等，而且还要将原动机的功率和转矩传递给执行构件，以克服生产阻力，完成机械的工作任务。

12.7.1 机械传动系统方案设计的过程

机械传动系统的设计是机械设计中极其重要的一环，设计得正确、合理与否，对能否提高机械的性能和质量、降低制造成本与维护费用等影响很大，故应认真对待。机械传动系统方案的设计是一项创造性活动，要求设计者善于运用已有知识和实践经验，认真总结过去的有关工作经验，广泛收集、了解国内外的有关信息，充分发挥创造思维和想象能力，灵活应用各种设计方法和技巧，以便设计出新颖、灵巧、高效的传动系统。

机械传动系统设计过程如下：

(1) 确定传动系统的总传动比，建立从原动机到执行机构间的传动比关系。

(2) 选择传动类型。即根据设计任务书中所规定的功能要求，执行系统对动力、传动比或速度变化的要求以及原动机的工作特性，选择合适的传动装置。

(3) 拟订传动链布置方案。即根据空间位置、运动和动力传递路线及所选传动装置的传动特点和适用条件，合理地拟订传动路线，安排各传动机构的先后顺序，以完成从原动机到各执行机构之间的传动系统的总体布置方案。

(4) 分配传动比。即根据传动系统的组成方案，将总传动比合理地分配至各级传动机构。

(5) 确定各级传动机构的基本参数和主要几何尺寸，计算传动系统的各项运动学和动力学参数，为各级传动机构的结构设计、强度计算和传动系统方案评价提供依据和指标。

(6) 绘制传动系统运动简图。

12.7.2 传动机构的类型和特点

机械中应用的传动有多种类型，按工作原理可分为机械传动、流体传动、电力传动和磁力传动四种类型。本章主要介绍机械传动。

机械传动种类很多，可按不同的原则进行分类。

1. 按传动的工作原理分类

机械传动按工作原理可分为啮合传动和摩擦传动两大类。与摩擦传动相比，啮合传动的优点是工作可靠，寿命长，传动比准确，传递功率大，传动效率高（蜗杆传动除外），速度范围广；缺点是对加工制造安装的精度要求较高。摩擦传动的优点是工作平稳，噪声低，结构简单，造价低，具有过载保护能力；缺点是外廓尺寸较大，传动比不准确，传动效率较低，传动元件寿命较短。具体分类如表 12－6 所示。

表 12－6　按传动的工作原理对机械传动分类

<table>
<tr><td rowspan="13">机械传动</td><td rowspan="10">啮合传动</td><td rowspan="5">单级齿轮传动</td><td rowspan="4">圆形齿轮传动</td><td>圆柱齿轮传动</td></tr>
<tr><td>圆锥齿轮传动</td></tr>
<tr><td>蜗杆蜗轮传动</td></tr>
<tr><td>螺旋齿轮传动</td></tr>
<tr><td colspan="2">非圆齿轮传动</td></tr>
<tr><td rowspan="3">轮系传动</td><td colspan="2">定轴轮系传动</td></tr>
<tr><td rowspan="2">周转轮系传动</td><td>行星轮系传动</td></tr>
<tr><td>差动轮系传动</td></tr>
<tr><td rowspan="2">挠性啮合传动</td><td colspan="2">链传动</td></tr>
<tr><td colspan="2">同步齿形带传动</td></tr>
<tr><td rowspan="3">摩擦传动</td><td rowspan="2">挠性(件)传动</td><td colspan="2">带传动</td></tr>
<tr><td colspan="2">绳传动</td></tr>
<tr><td colspan="3">摩擦轮传动</td></tr>
</table>

2. 按传动比和输出速度的变化情况分类

按传动比可分为定传动比传动与变传动比传动两大类，具体情况如表 12－7 所示。

表 12－7　按传动比和输出速度的变化情况对传动类型分类

<table>
<tr><td colspan="2">传动类型</td><td>输出速度</td><td>传动类型举例</td></tr>
<tr><td colspan="2">定传动比传动</td><td>恒定</td><td>齿轮传动、链传动、带传动、蜗杆传动、螺旋传动、不调速的电力、液压及气压传动</td></tr>
<tr><td rowspan="5">变传动比传动</td><td rowspan="2">有级变速</td><td>恒定</td><td>带齿轮的皮带传动、滑移齿轮变速箱</td></tr>
<tr><td>可调</td><td>电力、液压传动中的有级调速传动</td></tr>
<tr><td rowspan="2">无级变速</td><td>恒定</td><td>机械无级变速器、液力耦合器和变矩器、电磁滑块离合器、磁粉离合器、流体黏性传动</td></tr>
<tr><td>可调</td><td>内燃机调速传动，电力、液压及气压无级调速传动</td></tr>
<tr><td>周期性变速</td><td>恒定</td><td>非圆齿轮传动、凸轮机构、连杆机构及组合机构</td></tr>
</table>

3. 常用机械传动的主要性能

了解和掌握各类传动的特点和性能是合理设计机械传动系统的前提。表 12－8 给出了常用机械传动的类型及主要性能，供设计传动系统时参考。

表 12-8　常用机械传动的类型及主要性能的常用值范围

传动类型		单级传动比 i	功率 P/kW	效率 η	速度 v/(m/s)
		常用值	常用值		
摩擦轮传动		≤7	≤20	0.85～0.92	≤25
带传动	平带	≤3	≤20	0.94～0.98	≤30
	V带	≤8	≤40	0.9～0.94	≤25～30
	同步带	≤10	≤10	0.96～0.98	≤50
链传动		≤8	≤100	闭式 0.95～0.98 开式 0.90～0.93	≤20
齿轮传动	圆柱齿轮	≤5		闭式 0.96～0.99 开式 0.94～0.96	与精度等级有关 7 级精度 直齿≤20 斜齿≤25
	锥齿轮	≤3		闭式 0.94～0.98 开式 0.92～0.95	与精度等级有关 7 级精度 直齿≤8
蜗杆传动		≤40	≤50	闭式 0.7～0.9 开式 0.5～0.7	v_s≤15
螺旋传动			小功率传动	滑动 0.3～0.6 滚动≥0.9	低速

12.7.3　传动机构的选择原则

选择机械传动类型时，可参考以下原则。

1. 传动机构要与原动机和执行系统相互匹配

当执行系统要求输入速度能调节，而又选不到调速范围合适的原动机时，应选择能满足要求的变速传动；当传动系统启动时的负载扭矩超过原动机的启动扭矩时，应在原动机和传动系统间增设离合器或液力耦合器，使原动机可空载启动；当执行机构要求正反向工作时，若选用的原动机不具备此特性，则应在传动系统中设置换向装置；当执行机构需频繁启动、停车或频繁变速时，若原动机不能适应此工况，则传动系统中应设置空挡，使原动机能脱开传动链空转。此外，传动类型的选择还应考虑使原动机和执行机构的工作点都能接近各自的最佳工况。

2. 传动机构的性能要能满足传递的功率和运转速度的要求

选择传动类型时应优先考虑技术指标中的传递功率和运转速度两项指标。各种机械传动都有合理的功率范围，如摩擦传动不适合传递大功率，而齿轮传动的功率可达数万千瓦；受运转时发热、振动、噪声或制造精度等条件的限制，各种传动的极限速度也都存在着合理范围。

3. 考虑传动比的准确性及合理范围

当运动有同步要求或精确的传动比要求时，宜选用齿轮、蜗杆、同步带等传动，而不能选用有滑动的平带、V 带传动及摩擦轮传动。

4. 考虑结构布置和外廓尺寸的要求

两轮的位置（如平行、垂直或交错等）及间距是选择传动类型时必须考虑的问题。在相同的传递功率和速度下，不同类型的传动，其外廓尺寸相差很大，当要求结构紧凑时，应优先选用齿轮、蜗杆或行星齿轮传动；相反，若因布置上的原因，要求两轴距离较大时，则应采用带、链传动，而不宜采用齿轮传动。

5. 考虑提高传动效率

大功率传动时尤其要优先考虑传动效率。原则是：在满足系统功能要求的前提下，优先选用效率高的传动类型；在满足传动比、功率等技术指标的条件下，尽可能选用结构简单的单级传动，以缩短传动链，提高传动效率。

6. 考虑经济性

首先考虑选择寿命长的传动类型，其次考虑费用问题，包括初始费用(即制造、安装费用)、运行费用和维修费用。初始费用主要取决于价格，它是选择传动类型时必须要考虑的经济因素。运行费用则与传动效率密切相关，特别是大功率以及需要长期连续运转的传动，由于对能源消耗产生的运行费用影响较大，应优先选用效率较高的传动，如高精度齿轮传动等；而对于一般小功率传动，可选用结构简单、初始费用低的传动，如带传动、链传动以及普通精度的齿轮传动等。

7. 考虑机械安全运转和环境条件

要根据现场条件，包括场地大小、能源条件、工作环境(包括是否多尘、高温、易腐蚀、易燃、易爆等)，来选择传动类型。当执行系统载荷频繁变化、变化量大且有可能过载时，为保证安全运转，应考虑选用有过载保护性能的传动类型，或在传动系统中增设过载保护装置；当执行系统转动惯量较大或有紧急停车要求时，为缩短停车过程和适应紧急停车，应考虑安装制动装置。

以上介绍的只是传动类型选择的基本原则。在选择传动类型时，同时满足以上各原则往往比较困难，有时甚至相互矛盾或制约。例如，要求传动效率高时，传动件的制造精度往往也高，其价格也必然会高；要求外廓尺寸小时，零件材料相对较好，其价格也相应较高。因此在选择传动类型时，应对机器的各项要求综合考虑，以选择较合理的传动型式。

需要指出的是，在现代机械设计中，随着各种新技术的应用，机械传动系统不断简化已经成为一种趋势。例如，利用伺服电动机、步进电动机、微型低速电动机以及电动机调频技术等，在一定条件下可简化或完全替代机械传动系统，从而使复杂传动系统的效率低、可靠性差、外廓尺寸大等问题得到缓解或避免。此外，随着微电子技术和信息处理技术的不断发展，对机械自动化和智能化的要求愈来愈高，单纯的机械传动有时已不能满足要求，因此应注意机、电、液、气传动的结合，充分发挥各种技术的优势，使设计方案更加合理和完善。

12.7.4 传动链的方案设计

选择了传动类型后，相同的传动机构按不同的传动路线及不同的顺序布置，就会产生出不同效果的传动方案。只有合理地安排传动路线，恰当布置传动机构，才能使整个传动系统获得理想的性能。

1. 传动链形式的选择

传动链形式的选择主要是根据执行机构的工作特性、执行机构和原动机的数目以及传动系统性能的要求来决定的，以传动系统结构简单、尺寸紧凑、传动链短、传动精度高、效率高、成本低为原则。

根据运动和动力的传递路线，传动链常可分为下列四种：

(1) 串联式单路传动。其传动路线如图 12－24 所示。这种传动路线结构简单，但传动机构数目越多，传动系统的效率越低，因此，应尽量减少机构数目。当系统中只有一个执行机构和一个原动机时，宜采用此种传动路线。

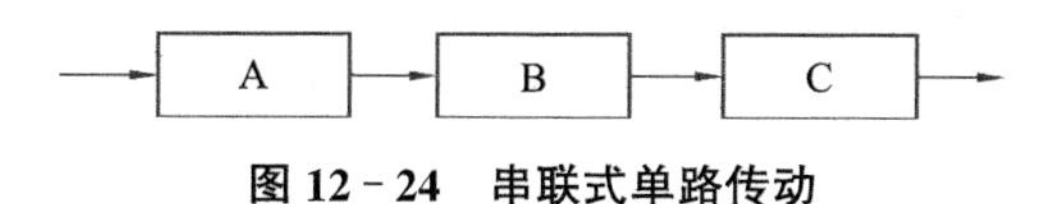

图 12-24 串联式单路传动

(2) 并联式分路传动。其传动路线如图 12-25 所示。当系统有多个执行机构，而只有一个原动机时，可采用此种传动路线。

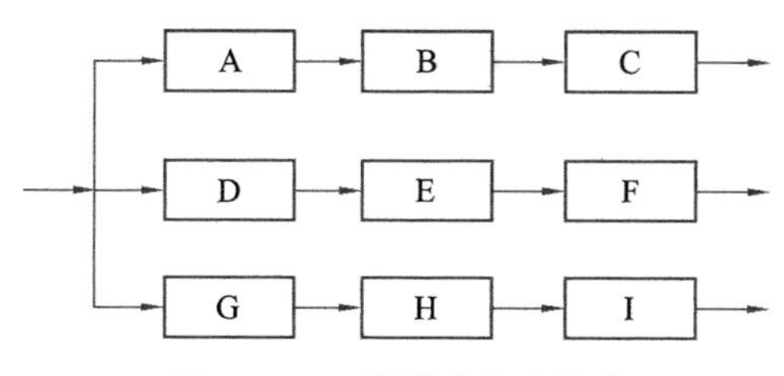

图 12-25 并联式分路传动

牛头刨床中就采用了这种传动路线，由一个电动机同时驱动工作台横向进给机构和刨刀架纵向移动机构。

(3) 并联式多路联合传动。其传动路线如图 12-26 所示。当系统只有一个执行机构，但需要有多个运动且每个运动传递的功率都较大时，则采用多个原动机驱动。轧钢机、球磨机中常采用这种传动路线。

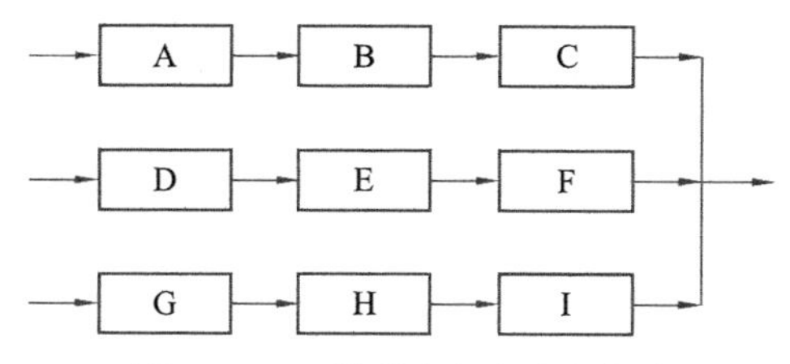

图 12-26 并联式多路联合传动

(4) 混合式传动。混合式传动是上述几种路线的组合，常用的形式如图 12-27 所示，齿轮加工机床中刀具和工件的传动系统就采用这种传动路线。

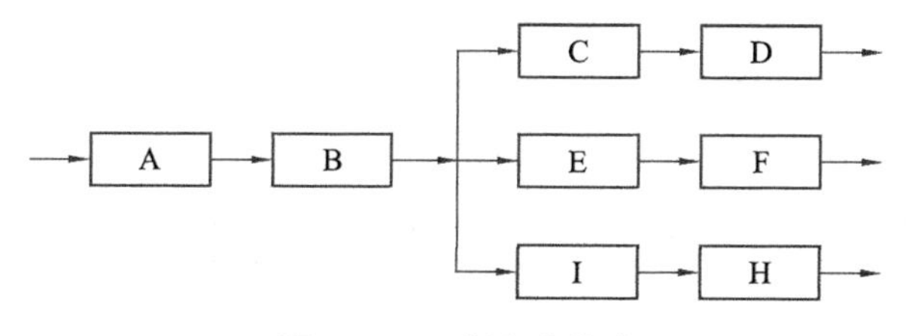

图 12-27 混合式传动

2. 传动链顺序的布置

布置传动机构的顺序时，一般应考虑以下几点：

(1) 机械运转平稳，减小振动。一般将传动平稳、动载荷小的机构放在高速级。如带传动传动平稳，能缓冲吸振，且有过载保护，故一般布置在高速级；而链传动运转不均匀，有冲击，应布置在低速级。又如斜齿轮传动平稳性比直齿轮传动好，故常用在高速级或要求传动平稳的场合。

(2) 提高传动系统的效率。蜗杆蜗轮机构传动平稳，但效率低，一般用于中、小功率运动的场合。对于采用锡青铜为蜗轮材料的蜗杆传动，应布置在高速级，以利于形成润滑油膜，提高承载能力和传动效率。

(3) 结构简单紧凑，易于加工制造。带传动布置在高速级不仅可使传动平稳，而且可减小传动装置的尺寸。一般将改变运动形式的机构(如螺旋传动、连杆机构、凸轮机构等)布置在传动系统的最后一级(靠近执行机构或作为执行机构)，可使结构紧凑。大尺寸、大模数的圆锥齿轮加工较困难，因此应尽量放在高速级并限制其传动比，以减少其直径和模数。

(4) 承载能力大，寿命长。开式齿轮传动的工作环境较差，润滑条件不好，磨损严重，寿命较短，应布置在低速级。对于采用铝铁青铜或铸铁作为蜗轮材料的蜗杆传动，常布置在低速级，使齿面滑动速度较低，以防止产生胶合或严重磨损。

3. 各级传动比的分配

将传动系统的总传动比合理地分配至各级传动装置，是传动系统方案设计中的重要一环。合理的传动比分配不仅可以使各级传动机构尺寸协调和传动系统结构匀称紧凑，又可减小零件尺寸和机构重量，降低造价，还可以降低转动构件的圆周速度和等效转动惯量，从而减小动载荷，改善传动性能，减小传动误差。

分配传动比时通常需考虑以下原则：

(1) 各级传动比应在合理的范围内选取(见表 12－9)，在特殊情况下也不要超过所允许的最大值。

表 12－9 常用机构的传递速度、传动比及功率范围

传动机构种类	平带	V 带	摩擦轮	齿轮	蜗杆	链
圆周速度/(m/s)	5～25	5～30	15～25	15～120	15～35	15～40
减速比	≤5	≤8～15	7～10	≤4～8	≤80	≤6～10
最大功率/W	200	750～1 200	150～250	50 000	550	3 750

(2) 注意各级传动零件尺寸协调，结构合理，不会干涉碰撞。如带传动和单级圆柱齿轮减速器组成的传动装置中，一般应使带传动的传动比小于齿轮传动的传动比，否则，有可能出现大带轮半径大于减速器的中心高，使带轮与机座碰撞。

(3) 尽量减小外廓尺寸和整体重量。在分配传动比时，若为减速传动装置，则一般应按传动比逐级增大的原则分配；反之，传动比应逐级减小。

(4) 设计减速器时，尽量使各级大齿轮浸油深度大致相同(低速级大齿轮浸油稍深)，若各级大齿轮直径相接近，则应使高速级的传动比大于低速级的传动比。

12.7.5 肥皂压花机机械传动路线分析及传动比的分配设计实例

肥皂压花机是在肥皂块上利用模具压制花纹和字样的自动机械，其机械传动系统的机构简图如图 12－28 所示。按一定尺寸切制好的肥皂块 12 由推杆 11 送至压模工位，下模具 7 上移，将肥皂块推至固定上模具 8 的下方，靠压力在肥皂块上、下两面同时压制出图案，下模具返回时，凸轮机构 13 的顶杆将肥皂块推出，完成一个运动循环。

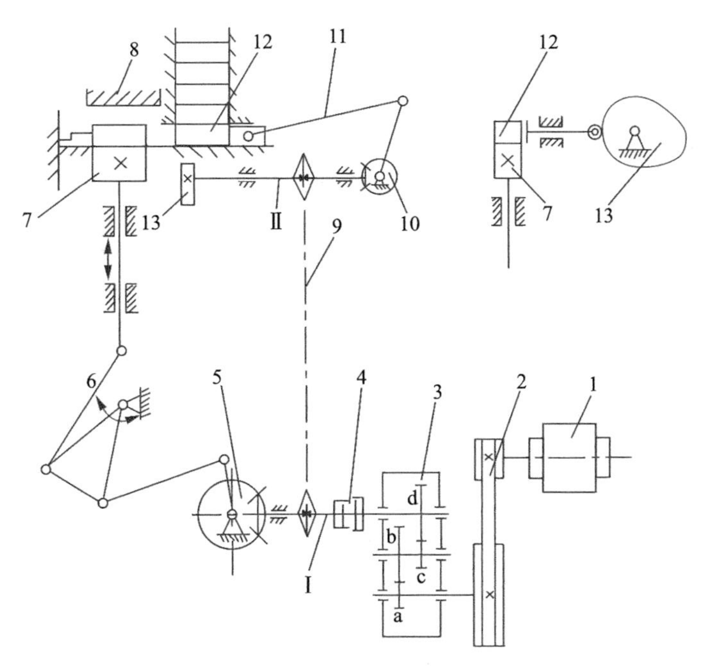

图 12-28 肥皂压花机传动系统机构简图

1. 传动路线分析

该机的工作部分包括三套执行机构,分别完成规定的动作。曲柄滑块机构 11 完成肥皂块送进运动,六杆机构 6 完成模具的往复运动,凸轮机构 13 完成成品移位运动。三个运动相互协调,连续工作。因整机功率不大,故共用一个电动机 1。考虑执行机构的工作频率较低,故需采用减速传动装置。减速装置为三套执行机构公用,由一级 V 带传动 2 和两级齿轮传动 3,4 组成。带传动兼有安全保护功能,适宜在高速级工作,故安排在第一级。链传动 9 是为实现较大距离的传动而设置的,锥齿轮传动 5 和 10 用于改变传动方向。

该机的传动系统为三路并联分流传动,其中模具的往复运动路线为主传动链,肥皂块送进运动和成品移位运动路线为辅助传动链,具体传动路线如图 12-29 所示。

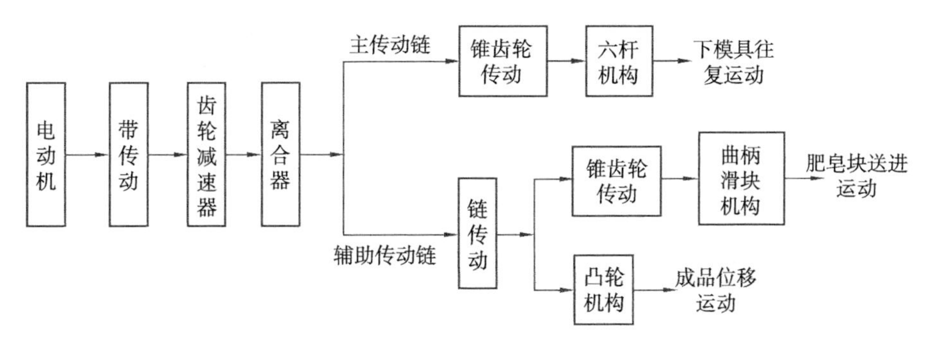

图 12-29 肥皂压花机传动路线图

2. 传动比分配

该机的工作条件是:电动机转速为 1450r/min,每分钟压制 50 块肥皂,要求传动比误差为 ±2%。现进行传动比分配并确定相关参数。

(1) 主传动链(电动机——下模具往复移动)。锥齿轮传动 5 的作用主要是改变传动方向,可暂定其传动比为1。这时,每压制一块肥皂,六杆机构带动下模具完成一个运动循环,相应分配轴Ⅰ应转动一周,故轴Ⅰ的转速为$n_1=50\text{r/min}$。因已知电动机转速$n_d=1450\text{r/min}$,由此可知,该传动链总传动比的预定值为

$$i_{\text{total}}=\frac{n_d}{n_1}=\frac{1450}{50}=29$$

设带传动及二级齿轮减速器中高速级和低速级齿轮传动的传动比分别为i_1、i_2、i_3,根据多级传动的传动比分配时“前小后大”及相邻两级之差不宜过大的原则,取$i_1=2.5$,则减速器的总传动比为29/2.5=11.6,两级齿轮传动平均传动比为3.4。从有利于实现两级传动等强度及保证较好的润滑条件出发,按二级展开式圆柱齿轮减速器传动比分配原则,一般预取$i_2'=1.2i_3'$,则可求得$i_2'=3.7$,$i_3'=3.11$。

选取各轮齿数为

$$z_a=23,z_b=86,z_c=21,z_d=65$$

实际传动比为

$$i_2=\frac{z_b}{z_a}=\frac{86}{23}=3.739$$

$$i_3=\frac{z_d}{z_c}=\frac{65}{21}=3.095$$

主传动链的实际总传动比为

$$i_{\text{total}}=i_1i_2i_3=2.5\times3.739\times3.095=28.93$$

则传动比误差为

$$\Delta i=\frac{29-28.93}{29}=0.24\%$$

按传动比误差小于2%的要求,且各传动比均在常用范围之内,故该传动链传动比分配方案可用。

(2) 辅助传动链。肥皂块送进和成品移位运动的工作频率应与模具往复运动的频率相同,即在一个运动周期内,三套执行机构各完成一次运动循环,送进—压花—移位。因此分配轴Ⅱ必须与分配轴Ⅰ同步,即$n_{\text{Ⅱ}}=n_{\text{Ⅰ}}$,故链传动9和锥齿轮传动10的传动比均应为1。

12.8　机械系统运动方案的评价

机械系统运动方案设计的评价就是从多种方案中寻求一种既能实现预期功能要求,又具备性能优良、价格低廉的方案,这也是机械系统方案设计的最终目标。机械运动系统的方案设计是一个多解性问题。面对多种设计方案,设计者必须分析比较各方案的性能优劣、价值高低,经过科学评价和决策才能获得最满意的方案。因此,如何通过科学评价和决策来确定最满意的方案,是方案设计阶段的一个重要任务。

12.8.1　评价的内容

(1) 功能性　是否能顺利地实现机械产品的预定功能目标,与同类产品比较是否更先进。

各项功能指标可调性如何，对总功能影响较大的子功能是否具有较突出的良好性能，其工作原理是否有创新与突破。

(2) 经济性　从产品设计、制造难易程度，从设计、制造、使用周期的长短，从材料的价格以及耗费情况，以及从产品在使用过程中能耗的大小等方面来进行评价。

(3) 安全性　安全性包括机械产品本身的安全保护装置是否齐备，例如过载的保护、断电的保护等；还包括对人身、对环境的安全性问题，对操作者或使用者是否会有人身伤害，是否具有安全防护措施；是否解决了产品在生产和使用过程中的环境污染问题，产品废弃后的回收、利用等问题。

(4) 操作性　机械产品是否方便操作，是否简单、易掌握，人机关系的协调性能如何等。

(5) 舒适性　主要指外包装性能，从外形的和谐、均衡、稳定，到色彩与产品的适应性等方面来评价。

当然，更具体的设计、制造阶段尚未开展，以上评价仅是对预期结果的评价，完全准确的评价还在于产品完全投入市场之后。但对运动方案的初步评价还是很有必要的，它有助于发现问题及时纠正，以免产生更大的返工，造成更大的损失，而使产品成本提高、价值降低。

12.8.2 评价的方法

对于机械系统运动方案的评价可采取各项功能指标量化法，即把参评的各项功能指标用分数来评价。评分标准的判断有两种情况，一种是可用数值表示的，例如产品的功率。另一种情况是不能用数值表示，只能用良好、较好等形容词定性描述。关于机械运动方案的评价指标见表 12-10。

表 12-10　机械运动方案评价指标

序号	评价指标	加权系数	定性描述与相对应得分					
			5	4	3	2	1	0
1	功能目标完成情况	0.2	理想	较好	一般	较差	差	太差
2	方案复杂程度	0.15	简单	较简单	一般	较复杂	复杂	太复杂
3	方案实用性	0.15	实用	较实用	一般	可用	勉强适用	不适用
4	方案可靠性	0.1	可靠	较可靠	一般	差	较差	不可靠
5	方案新颖性	0.1	新颖	较新颖	一般	较陈旧	陈旧	太陈旧
6	方案经济效益	0.05	高	较高	一般	较低	低	太低
7	方案可推广性	0.05	好	良好	一般	较差	差	无推广性
8	方案可操作性	0.05	好	良好	一般	较差	差	不可操作
9	方案先进性	0.05	先进	较先进	一般	较差	差	太差
10	环境问题重视程度	0.1	很重视	重视	一般	较差	差	没考虑

表 12-10 中利用加权系数是因为参评的功能指标并非一项，而且各项指标重要性也不尽相同，对此可采用评分结果乘以加权系数以示区别。各项指标的重要性取决于该项指标所代表的内容对整个方案影响的程度，影响大的加权系数值就大；反之，加权系数值就小。

通过这种方法评价，可比较直观地了解机械运动方案各项性能指标的优劣，了解产品的价值，为进一步的优选决策提供依据。

思考题与习题

12-1 简述机械运动方案设计的内容和类型。

12-2 在机械运动方案设计中，为什么要强调对执行构件的运动类型的充分了解？

12-3 举例说明同一种功能要求可以采用不同工作原理来实现，而同一种工作原理，又可以采用不同的运动规律得到不同的运动方案。

12-4 执行系统的型式设计的基本原则是什么？

12-5 在机械运动方案设计中，运动循环图的功能是什么？有几种类型？为什么运动循环图要有修改和完善过程？

12-6 简述内燃机的机构系统运动方案设计的流程，并讨论各执行机构运动规律设计之间的关系及应注意的主要问题，在此基础上绘制机械运动循环图。

12-7 “门”是启闭某种通道的机构，试举出五种以上不同形式的“门”，并分析其功能、结构和设计思想。

12-8 题图12-8所示为中国古代发明的指南车，试分析其运动特点，并对其进行机构运动方案设计。

题图12-8 指南车

12-9 若采用刀具与工件间的相对运动原理来加工平面，试问有哪几种工艺动作分解方法？各是什么运动规律？并以此说明采用不同的工艺动作分解方法，可以得到不同的方案。

12-10 牛头刨床的方案设计，主要要求如下：

(1) 要求行程速比系数为1.4左右；

(2) 为提高刨刀的使用寿命和工件表面加工质量，要求工作行程近似匀速运动。

请构思能满足上述要求的三种以上方案，并比较各种方案的优点和缺点。

附录　渐开线函数 invα_x 表

（invα_x = tanα_x − α_x）

α_x°	数位前缀	0′	5′	10′	15′	20′	25′	30′	35′	40′	45′	50′	55′
10	0.00	17 941	18 397	18 860	19 332	19 812	20 299	20 795	21 299	21 810	22 330	22 859	23 396
11	0.00	23 941	24 495	25 057	25 628	26 208	26 797	27 394	28 001	28 616	29 241	29 875	30 518
12	0.00	31 171	31 837	32 504	33 185	33 875	34 575	35 285	36 005	36 735	37 474	38 224	38 984
13	0.00	39 754	40 534	41 325	42 126	42 938	43 760	44 593	45 437	46 291	47 157	48 033	48 921
14	0.00	49 819	50 729	51 650	52 582	53 526	54 482	55 448	56 427	57 417	58 420	59 434	60 460
15	0.00	61 498	62 548	63 611	64 686	65 773	66 873	67 985	69 110	70 248	71 398	72 561	73 738
16	0.0	07 493	07 613	07 735	07 857	07 982	08 107	08 234	08 362	08 492	08 623	08 756	08 889
17	0.0	09 025	09 161	09 299	09 439	09 580	09 722	09 866	10 012	10 158	10 307	10 456	10 608
18	0.0	10 760	10 915	11 071	11 228	11 387	11 547	11 709	11 873	12 038	12 205	12 373	12 543
19	0.0	12 715	12 888	13 063	13 240	13 418	13 590	13 779	13 963	14 148	14 334	14 523	14 713
20	0.0	14 904	15 098	15 293	15 490	15 689	15 890	16 092	16 296	16 502	16 710	16 920	17 132
21	0.0	17 345	17 560	17 777	17 996	18 217	18 440	18 665	18 891	19 120	19 350	19 583	19 817
22	0.0	20 054	20 292	20 533	20 775	21 019	21 266	21 514	21 765	22 018	22 272	22 529	22 788
23	0.0	23 049	23 312	23 577	23 845	24 114	24 386	24 660	24 936	25 214	25 495	25 778	26 062
24	0.0	26 350	26 639	26 931	27 225	27 521	27 820	28 121	28 424	28 729	29 037	29 348	29 660
25	0.0	29 975	30 293	30 613	30 935	31 260	31 587	31 917	32 249	32 583	32 920	33 260	33 602
26	0.0	33 947	34 294	34 644	34 997	35 352	35 709	36 069	36 432	36 798	37 166	37 537	37 910
27	0.0	38 287	38 666	39 047	39 432	39 819	40 209	40 602	40 997	41 395	41 797	42 201	42 607
28	0.0	43 017	43 430	43 845	44 264	44 685	45 110	45 537	45 967	46 400	46 337	47 276	47 718
29	0.0	48 164	48 612	49 064	49 518	49 976	50 437	50 901	51 368	51 838	52 312	52 788	53 268
30	0.0	53 751	54 238	54 728	55 221	55 717	56 217	56 720	57 226	57 736	58 249	58 765	59 285
31	0.0	59 809	60 336	60 866	61 400	61 937	62 478	63 022	63 570	64 122	64 677	65 236	65 799
32	0.0	66 364	66 934	67 507	68 084	68 665	69 250	69 838	70 430	71 026	71 626	72 230	72 838
33	0.0	73 449	74 064	74 684	75 307	75 934	76 565	77 200	77 839	78 483	79 130	79 781	80 437
34	0.0	81 007	81 760	82 428	83 100	83 777	84 457	85 142	85 832	86 525	87 223	87 925	88 631
35	0.0	89 342	90 058	90 777	91 502	92 230	92 963	93 701	94 443	95 190	95 942	96 698	97 459
36	0.	09 822	09 899	09 977	10 055	10 133	10 212	10 292	10 371	10 452	10 533	10 614	10 696
37	0.	10 778	10 861	10 944	11 028	11 113	11 197	11 283	11 369	11 455	11 542	11 630	11 718
38	0.	11 806	11 895	11 985	12 075	12 163	12 257	12 348	12 441	12 534	12 627	12 721	12 815
39	0.	12 911	13 006	13 102	13 199	13 297	13 395	13 493	13 592	13 692	13 792	13 893	13 995
40	0.	14 097	14 200	14 303	14 407	14 511	14 616	14 722	14 829	14 936	15 043	15 152	15 261
41	0.	15 370	15 480	15 591	15 703	15 815	15 928	16 041	16 156	16 270	16 386	16 502	16 619
42	0.	16 737	16 855	16 974	17 093	17 214	17 336	17 457	17 579	17 702	17 826	17 951	18 076

续表

α_x°	数位前缀	0′	5′	10′	15′	20′	25′	30′	35′	40′	45′	50′	55′
43	0.	18 202	18 329	18 457	18 585	18 714	18 844	18 975	19 106	19 238	19 371	19 505	19 639
44	0.	19 774	19 910	20 047	20 185	20 323	20 463	20 603	20 743	20 885	21 028	21 171	21 315
45	0.	21 460	21 606	21 753	21 900	22 049	22 198	22 348	22 499	22 651	22 804	22 958	23 112
46	0.	23 268	23 424	23 582	23 740	23 899	24 059	24 220	24 382	24 545	24 709	24 874	25 040
47	0.	25 206	25 374	25 543	25 713	25 883	26 055	26 228	26 401	26 576	26 752	26 929	27 107
48	0.	27 285	27 465	27 646	27 828	28 012	28 196	28 381	28 567	28 755	28 943	29 133	29 324
49	0.	29 516	29 709	29 903	30 098	30 295	30 492	30 691	30 891	31 092	31 295	31 498	31 703
50	0.	31 909	32 116	32 324	32 534	32 745	32 957	33 171	33 385	33 601	33 818	34 037	34 257
51	0.	34 478	34 700	34 924	35 149	35 376	35 604	35 833	36 063	36 295	36 529	36 763	36 999
52	0.	37 237	37 476	37 716	37 958	38 202	38 446	38 693	38 941	39 190	39 441	39 593	39 947
53	0.	40 202	40 459	40 717	40 977	41 236	41 502	41 767	42 034	42 302	42 571	42 843	43 116
54	0.	43 390	43 667	43 945	44 225	44 506	44 789	45 074	45 361	45 650	45 940	46 232	46 526
55	0.	46 822	47 119	47 419	47 720	48 023	48 328	48 635	48 944	49 255	49 568	49 882	50 199
56	0.	50 518	50 838	51 161	51 486	51 813	52 141	52 472	52 805	53 141	53 478	53 817	54 159
57	0.	54 503	54 849	55 197	55 547	55 900	56 255	56 612	56 972	57 333	57 698	58 064	58 433
58	0.	58 804	59 178	59 554	59 933	60 314	60 697	61 083	61 472	61 863	62 257	62 653	63 052
59	0.	63 454	63 858	64 265	64 674	65 086	65 501	65 919	66 340	66 763	67 189	67 618	68 050

参考文献

[1] 孙桓,陈作模. 机械原理. 6 版. 北京:高等教育出版社,2001.
[2] 申永胜. 机械原理教程. 北京:清华大学出版社,2005.
[3] 华大年. 机械原理. 北京:高等教育出版社,1996.
[4] 黄锡恺,郑文纬. 机械原理. 北京:高等教育出版社,1989.
[5] 王琪民. 微型机械导论. 合肥:中国科学技术大学出版社,2003.
[6] 高志. 机械原理. 上海:华东理工大学出版社,2011.
[7] 朱龙英. 机械原理. 西安:西安电子科技大学出版社,2009.
[8] 朱理. 机械原理. 北京:高等教育出版社,2004.
[9] 邹慧君,等. 机械原理. 北京:高等教育出版社,2001.
[10] 王知行,刘廷荣. 机械原理. 北京:高等教育出版社,2000.
[11] 魏兵,等. 机械原理. 武汉:华中科技大学出版社,2007.
[12] 刘会英,等. 机械原理. 北京:机械工业出版社,2003.
[13] 郑甲红,等. 机械原理. 北京:机械工业出版社,2006.
[14] 王跃林. 机械原理. 北京:北京大学出版社,2009.
[15] 杨家军. 机械原理. 武汉:华中科技大学出版社,2009.
[16] 廖汉元,等. 机械原理. 北京:机械工业出版社,2007.
[17] 张策. 机械原理与机械设计. 北京:机械工业出版社,2006.
[18] 郑文纬,等. 机械原理. 7 版. 北京:高等教育出版社,2004.
[19] 赵韩,等. 机械原理. 合肥:合肥工业大学出版社,2009.
[20] 陆宁. 机械原理. 北京:清华大学出版社,2008.
[21] 杨昂岳. 机械原理典型题解析与实战模拟. 长沙:国防科技大学出版社,2009.
[22] 杨家军. 机械创新设计技术. 北京:科技出版社,2008.
[23] 孙丽霞,等. 机械原理知识要点与习题解析. 哈尔滨:哈尔滨工程大学出版社,2006.
[24] 陈晓南. 机械原理学习指导. 西安:西安交通大学出版社,2001.
[25] 郭为忠,于红英. 机械原理. 北京:清华大学出版社,2010.
[26] 成大先. 机械设计手册. 北京:机械工业出版社,2008.
[27] (德)弗尔梅. 机构学. 北京:高等教育出版社,1990.
[28] 高志,刘莹. 机械创新设计. 北京:高等教育出版社,2010.
[29] 张春林. 机械创新设计. 北京:机械工业出版社,2007.
[30] 张策. 机械动力学. 北京:高等教育出版社,2008.
[31] 曲继方. 活齿传动原理. 北京:机械工业出版社,1993.
[32] 邹慧君,等. 机械运动方案设计手册. 上海:上海交通大学出版社,1994.
[33] 邹慧君,等. 机械原理课程设计手册. 北京:高等教育出版社,1998.
[34] 姜琪. 机械运动方案及机构设计. 北京:高等教育出版社,1991.
[35] 石祥钟. 机电一体化系统设计. 北京:化学工业出版社,2009.
[36] 孟宪源. 现代机构手册. 北京:机械工业出版社,1994.
[37] 董海军. 机械原理典型题解分析及自测. 西安:西北工业大学出版社,2001.